2013年在山丹马场

2014年贾幼陵、乔雪竹夫妇

1967年11月16日从天安门出发

参加马的肠吻合手术（1971年8月）

1974年与卡巴金公马

1976年底与布和朝鲁

牧区照

1977年12月大雪，飞机来接
贾幼陵参加内蒙古自治区人
民代表大会

2006年访问香港与范徐丽泰女士合影

驻法大使赵进军在官邸庆贺中国OIE的席位

2009年重回牧区

2009年赛里木湖畔

与阿哈尔捷金马（汗血马）

牧民家中

与新疆褐牛

天山脚下

新吉尔吉斯马

在新源县

全国五一劳动奖章

全国抗震救灾模范

全国民族团结先进个人称号

草原兽医

*CAOYUAN SHOUYI*
*JIAYOULING*

贾幼陵

贾幼陵 著

中国农业出版社

# 贾幼陵自述

　　我不是做学问的，我只是一个做事的，做具体事——与牲口打交道，这一做就是50年，一直没离开过草原、兽医和畜牧行业，这牲口头儿做的我挺自豪的。

　　从我1967年到内蒙古牧区插队开始，就是在生产、生活中遇到什么问题就一根筋追着线索去学：放羊时用望远镜看羊吃什么草，就过去闻一闻，揪下两根送进嘴里尝尝，有了感觉再去请教牧民，千方百计地查到它的科、属、种和拉丁文……神农尝百草，我也是用这种原始的感观实践品尝过几百种草的酸苦辣，识别得出几十种花的香味，认识了上千种植物。一次吃得嘴唇肿得老高，不对呀，我吃的是瓦松，没有毒呀？直到看见附近草上攀附的毒虫斑蝥，才晓得是它光顾过这棵小草。头两年挺难，找不到书，一位在农区生活过会汉语的老爷子宝贝似地借给我一部《元亨疗马集》，但丝毫解决不了我给马扎静脉的问题，慢慢地随着兽医治疗、传染病防治、家畜改良、人工授精以及草原保护工作的展开，逐渐找到大学教材，就在蒙古包的羊油灯下学完了大学专业课程。这就是我的专业背景，来自草原大学，基础浅薄而混杂，但知识面广而实用。

　　1947年我出生在西柏坡的中央医院。当时大部分中央机关已经进驻。除了小时候随父母被傅作义部队追着打，1949年进北京后都是过着无忧无虑的生活，小学入少先队，初中入共青团，高中入共产党，直到"文革"发生。当时很乱，我和3位高中同学相约步行去延安，身强力壮的数学老师自告奋勇要为我们"挑行李"，没想到他最先受不住了。走到延安是5个人，往回走就剩下2个人了，整整2个半月走坏了3双解放球鞋，除了到阳泉煤矿下井坐了电车，其余一步车子也不碰，直至回到学校又步行回到家才自我解除约束。这是我第一次接触农村，了解贫困的社会经历，也是第一次曾被饿晕过去的身体历练。

　　1967年冬天到锡林郭勒盟东乌旗最边远的一个公社插队，那里仍保持着最原始的游牧生产方式，秋天抓膘时羊只吃草尖，别的羊群走过的草场，我的羊头都不低，娇贵得像是吃惯了吞拿鱼的波斯猫，再也不碰其他食品了。而到了冬季遇到雪灾，却因吃不到草而尸横遍野。这使我认识了长生天，知道了他靠不住。

　　1977年年底我被选为内蒙古自治区人大代表，又在自治区被选为五届人大代表，当时懵懵懂懂地就知道不能给自己投票，结果因为没有人认识我，我是差1票满票，大家都熟知的龙梅却是差了好多票。1978年在北京开会时，华国锋主席到代表团，还跟我握了手，我一下觉得跟想象的不一样，主席的手又小又软，但我回到草原，在向边防三团战士作报告时说："我握着伟大领袖华主席温暖的大手……"我不能让战士失望对不对？

　　经过了12年的牧区游牧生活，1979年年底我被抽调到国家农业部畜牧总局。我自认为是游牧的行家里手，自愿到草原处工作，从此开始了我的技术官僚的生涯。

　　1993年被任命为畜牧司司长（后为畜牧兽医局局长），一任就是10年，这在干部轮换机制下是不能容许的。但我这一辈子只能跟牲口打交道，实在不会干别的，只好保留农业部总经济师的虚职，2003年年底，准备好笔墨纸砚，半赋闲在办公室。也就不过清闲了一周，全国突发禽流感，我被紧急招到国务院开会，从此无日无夜、无休无止地工作，2004年7月被任命为国家首席兽医官兼农业部兽医局局长，直至2008年9月退下来，2013年第11届全国政协委员届满退休。

　　在草原上自由散漫惯了的人，在国家行政机关很难舒服。马儿一个眼神、一个响鼻，我就大概知道它想要干什么，但人却不同，领导就更不同。很快机关就传出话来：老贾待不长，他不善于领会、执行上级的精神，只知道他那点儿业务……1994年全国开始出现鸵鸟热，种蛋、种鸟炒到了天价。1995年在全国农区畜牧业大会上，主管农业部和扶贫工作的国务委员陈俊生同志在台上突然说："我到处宣传养非洲鸵鸟的好处，准备在全国贫困县推广，结果这个家伙不同意！"他指着坐在台下的我说："就是他，畜牧司司长贾幼陵，弄得我都不敢再说话了！"在大家的笑声中，他接着说："小贾，你回去写一篇反对养鸵鸟的文章，我来批判！"果然，俊生同志看了我应命写的文章，并且指示"请光明日报发表。"（此文收录于本书）。2002年科技日报有一篇美国的文章，介绍一种"比人跑得快的草"，说是美国从中国引进了一种植物，结果在美国的田野上疯狂繁殖，蔓延的速度几乎超过人跑的速度。当时负责科技的副总理批转给某院院长和农业部分管副部长，指示拿出用该种植物遏制退化草原的实施方案。我看到报纸后，告诉副部长：这种植物就是普通的药用植物葛藤，虽然分布很广，但它只适合于降水量500毫米以上的山区，在干旱草原上根本无法生长。我们起草了给副总理的回函，不想很快收到新批示，领导大光其火：不用你们给我扫盲，你们看看专家的意见！附件是某院院长对领导指示的落实意见，无非是：领导指示精神高瞻远瞩，这种植物生长迅速，适应性强，完全可以在京津风沙源治理和草原荒漠化治理中发挥重要作用，某局将认真贯彻落实领导指示精神……农业部的分管副部长半认真地对我嚷嚷："你这家伙害我啊！以后再也不能听你的了！"

这种事有很多，有时跟领导争辩的声响传出很远，好在我遇到的多数领导能听得进不同意见，我也经得住批评和教训，使我能够在差不多是相同业务岗位上连续工作了14年。一位领导同志跟我说："科学家要讲对与错，是与非；而政治家要讲利与弊。"这话说到点子上了。2006年我在与其他部门的领导协商美国牛肉的进口问题，我用上了这句话，那位领导说："我们也要替国务院考虑利与弊。"我说："我们是业务部门，必须把是非、风险说清说透！否则，国务院要我们干什么？"

在畜牧兽医行政岗位上工作了30年（中间曾做过扶贫工作），曾出过很多纰漏和失误，也出现过不少尴尬和笑话，这30年正是中国畜牧业发展最快的时期，也是食品安全问题集中的时期，同时也是重大动物疫病和人畜共患病的高发期，这些全让我赶上了。但是我可以说：我没有一天懈怠，我尽力了。

之后，也曾在大学任教，也分别在中国兽医协会和中国马业协会为行业做服务。一晃就70岁了，一位朋友提出要为我出书，我想了一下，这么多年，我只是牵头主编过若干与行业相关的工具书，并没有太多的著作问世，更何况我不擅理论，身陷日常忙碌之中。碌碌无为的一个表现就是不注重积累，随做随丢。退休后常常想起以前写过的很多东西，却找不到了。感谢我的两位学生刘芳和孙忠超，帮我在网上收集、整理出20年多来发表的一部分文章，我也找到了一些随笔和记者报导。感谢中国农业出版社黄向阳同志对我的热情帮助，使这本不成书的书得以问世。

贾幼陵 2017 年 8 月
于内蒙古农业大学专家楼

# 目录

第三部分
# 关于畜牧业

第四部分
## 关于兽医

第五部分
# 媒体报道

# 第一部分 随笔

# 致阿尔斯楞图

1967 年 11 月 16 日，来自北京不同中学的我们从天安门出发，驶向终身的第二故乡——东乌珠穆沁草原。二十多辆大巴蜿蜒驶出了张家口，一到坝上，满目皆白，沿途的电线杆子上，每根都立着一只雄壮的草原鹰。坐在最后一排的我，看着欢笑着的今后一生的伙伴们，念出了人生的第一首诗：

> 碧空寒山净，
> 银路荒原清，
> 雄鹰扑翅起，
> 突目望艰程。

一晃时光过去了近五十年，草原上的旖旎风光，浪漫情怀，艰难困苦自不必说，大家都会有自己的人生体会。我想和大家一起感悟的是：

——草原和牧民给予了我们什么？我们又回报了什么？

插队 10 周年的时候，1977 年 10 月 15 日，在内蒙古草原特大雪灾来临前的头一个晚上，我盘腿坐在号称阿尔斯楞图的智者奥吉玛家里，和他一起喝酒。他问了我一个问题：在草原上这么多年，你理解（艾勒各借）了我们吗？你理解了蒙古族牧民吗？至今我没能给出肯定的答复。在浩瀚的草原文化中，在雄浑悲壮、扑朔迷离的游牧文明的历史长河中，在牧区的插队知青，不过是其中的一滴水，漪涟都未必曾翻起过。

我曾与别人说起我在牧区的感受：令我最难忘的是蒙古族牧民的真挚、豪爽和

他们神秘的游牧本能。说是本能，即多是与生俱来或者是代代传承的生存能力，是与恶劣的生活环境、生产条件息息相关的，很多是不足与外人道、也是别人难以理解的。比如，牧人在难见五指的黑夜，伸出手指在口中浸含一下，举到空中辨别风向，再下马判别禾草的种类和倒伏程度，就能准确地向几十里以外孤零零的蒙古包奔驰而去；普通的牧民主妇，把五六十个几乎一模一样的刚出生的山羊羔子精确无误地一一抛还给它们的母亲，她能从山羊的脸形和叫声中判断出它们的母子关系；在冬季驱赶牲畜长途迁徙之中突遇暴风雪，牧民在茫茫雪原中可以最快地确定最近的避风地……共同劳作中的我经常会目瞪口呆，惊诧莫名。这些本领不是牧人想教你就能教的，也不是你想学就能学到的，他们领悟到的只能是先人冥冥中的引导和对长生天敬畏的遵循。

在我们这群知青之中，大概没有人再怀有当初在张家口学唱"今后的几十年"时的热情和理想，也不再非要把自己的插队放在"文化大革命"大环境中辨明是非和得失，我们每个人都清楚自己在牧区得到了些什么，失去了些什么，以至在几十年后仍喋喋不休地与后人和朋友叙述这段经历，不管他们想听还是敷衍。大家最自豪的是曾经把自己青春的几年、十几年奉献给草原，溶于牧民之中，并得到了牧民最热情的肯定。同时，我们也参与或见证了草原生产力和生产方式几千年来最根本

的改革和变迁，见证了草原第二代、第三代牧民的成长和牧区的发展。牧区的烙印已经深深地烙在了我们的心脏上，只要跳，我们随时随地都能感觉得到。

2016年的11月16日，又是白茫茫大雪弥漫在锡林郭勒草原上。我睡眼迷离地

回想着那些电线杆子，回想着奥吉玛的蒙古包，当年的雄鹰已经变成秃鹰，当有一天再见到奥吉玛时，我一定会再和他好好喝一次酒，试着回答几十年前的问题……

2016年11月16日凌晨

# 布和朝鲁
## ——我和这块石头的故事

他（布和朝鲁）就是一块石头，一直默不作声，逆来顺受，一棍子也打不出一个屁来，但他是我大哥，他一生的遭遇也是我离开草原后长久的痛。

1967年12月底，也就是到草原一个月后，我被分配到贫困牧民沾布拉家放羊。沾布拉一家是前几年从科尔沁奈曼旗迁来的，阿爸原来在半农半牧区，汉话说得很好，人也显得憨厚但又透露出一丝精明。妻子德玛阿嘎一句汉话也不会说，但对我热情周到。大儿子达巴10岁了，细脖子上顶了个大脑袋，一看就是营养亏欠，先天发育不良。

蒙古包坐落在沙窝子里，4点太阳就落了，余晖中羊群已经开始回家。望着梁上来回赶羊的一个汉子，沾布拉说："那是我兄弟布和朝鲁，硬石头的意思，他还要饮马，你饿了一天了，咱们先吃肉！"围绕着满满的一大锅手扒肉，全家开吃。我因为从小牙不好，到牧区这一个月吃肉吃得牙痛，所以细嚼慢咽，好不辛苦。突然，坐在我边上的达巴看了我一眼，把我扔在炉子边上的羊肋骨捡了起来，高高地举给他爸爸看，我惊呆

了，听着沾布拉大声地呵斥着孩子，看着肋骨上残留着的肉丝，我突然明白了什么，满脸发烧，无地自容。这家家教好，珍惜来之不易的能够吃饱肚子的生活！

布和朝鲁回来时天已经全黑了，大嫂递给他一碗热茶，他挤着我坐下，正好解了我的尴尬。他比沾布拉小很多，个子也高，古铜色长脸堆着笑容。沾布拉对我说："明天你就跟着我兄弟放羊吧！布和朝鲁虽然笨，但放羊是把好手！"从此，我就和布和朝鲁搭了伙，我在牧区时先后有5个冬天和他一起放羊，他成了我在牧区最亲的兄弟。

沾布拉一脸的络腮胡子，但脸很白净，人也很文静，从未见过他跟人争吵、发火，即便他进了大队临时班子，也与世无争。他是一个多面手，放牧、打猎、庄稼活、木匠活都拿得起来，在队里颇有一个好名声。但是，自从他兄弟从老家来投奔他，人们逐渐发觉他变了，很少看见他放羊了，布和朝鲁成为他家唯一的全劳动力，而我的出现，更加剧了这种变化。

那年东乌珠穆沁旗遇上大雪灾，我们

公社地处昭、哲、锡盟的交界，自古牧民就有长途迁徙的习惯，为了到兴安岭山区避开大雪，一冬天搬20次家，来回跋涉400多里就像家常便饭。大队通知生产小组，准备赶在更大的雪来临之前出发。沾布拉来自半农半牧区，多少还残留一些猫冬的习惯，对长途迁徙存有天然的畏惧，迟迟不肯动身。直至别的牧户都搬迁了，只剩下我们一个蒙古包。犹犹豫豫、慢慢腾腾，只短短的搬了不到一半的路，就孤零零地被抛弃在沙窝子里，大雪已经成灾，只好就地过冬。

初来牧区的我立刻领略到大自然的严酷、老天爷的无情。霍林河北的茫茫雪原，雪深难露草尖，放羊和赶牛基本是我和布和朝鲁两个人的工作，面对着厚厚的大雪，我一筹莫展，每天腰间插上一把大木锨骑马去放羊，哪只羊走不动了，就用木锨铲开雪，露出草来给羊吃，但傍晚归牧时，瘦弱的羊根本跟不上羊群，宁愿趴在我早上铲出来的那一小块草地上。不得已，我又摸黑找到那只羊，用驮回来的三张羊皮给它搭一个小棚子避寒。第二天早上去看，羊还是死在原地。日复一日，羊群在白毛风中挣扎着，死亡越来越多，布和朝鲁用死羊垒起了半人多高挡风圈，全家都处于一种无助的、悲观的和盲目的气氛中。最沉闷的就是布和朝鲁了，他每天除了干活、吃饭、睡觉几乎没有一句话，就像是一个机器人。在春节后的一天，乘着布和朝鲁去放羊，我与沾布拉有过一次认真的谈话。

"大叔，布和朝鲁都36岁了，还没有成家，这也不是事儿呀？"

"谁说不是呀，可也没有办法。他生下来就有毛病，手指、脚趾都多一对，疙硬人呐！脑子也不行，说不全一句话，只能跟着我生活，这么多年说不上个媳妇儿，我们也急呀！"

"无论如何，他总应该有完整的人生，总要成家立业，要想办法呀！"

"我们两口子是外来的，在这里说不上话，你们知青说话可能管用。这地方姑娘十三四就说人家了，要找，也只能在寡妇里试一试。"

这话我记在了心里，似乎有一种"以天下为己任"的庄重感。刚刚20岁还从未有过情感经历的我准备去替人说媒，这注定会成为别人的笑料，我却并不自知。

这一冬天的艰苦和磨练是难忘的，面对着高高的尸墙和50%的死亡率，我暗自下了决心，一定要努力改变这种听天由命的被动的生产和生活方式！沾布拉也认可了我的劳动态度，并以此为他逃避远搬找到了出路，他以德玛身体不好为由，每次远搬前都向班子提出，由我和布和朝鲁代他们家迁徙。之后虽然我已经成为队里的赤脚兽医，但冬天却又变成羊倌，与布和朝鲁一起游牧、搬迁到东乌珠穆沁旗和科右中旗之间广袤的草原上。在长期的共同劳动中，我发现布和朝鲁并不笨，除了吃苦耐劳的本色之外，还积累了大量的劳动本能和农牧业生产技能。他的放羊本领是牧民公认的，因为他从不轻易地离开羊群，对草场的变化也非常敏感，我每天出牧时他都要再三叮嘱到哪一边去放羊，什么地方"艾格"多，什么地方"宝托日"多。每天晚上他都能从羊群倒嚼的声音中分辨出白天放羊的质量。他根本不是一个沉默不语的人，在那个直不起腰的小"套布格"里，他能唠叨半天。他嗓音低沉、缓慢，慢条斯理却用清晰准确的蒙汉两种语言混杂着述说，急于表现他为人的价值。

1969年的冬天又是大雪，我与布和朝鲁一路艰辛地搬向科右中旗的军马场，他带着我单独扎包在一个深深的山谷里，告诉我这里叫图莫胡就（骆驼脖子），是当年著名的土匪头子胡图伦嘎藏身的土匪窝子。这里根本不适合放羊，山高坡陡，骑马放羊几乎不可能。一起来的几户牧民都住在山外缓坡地或河滩地，草虽然矮一些却正是羊喜食的，而且雪也小一点儿。布和朝鲁告诉了我他的打算，原来他是想避开人耳目，在山里多砍些木头修勒勒车。他毕竟不是出生在真正的牧区，因此到了山林中变得精神焕发、跃跃欲试，每天早上一身短打扮，腰里别了把斧子就窜到林子里去了。只苦了我，每天放羊，连牵着马都不行。一天清早，羊一上了山，立马分成了三拨：山羊上了山顶，羯子散在山腰，怀了羔儿的母羊死活不往山上走，1 000多只改良羊散了个满天星，我顾上顾不了下，顾前顾不了后，山里又到处是野兽，不知会出什么事，急得我吼声连连，一身大汗爬上山顶，准备拦住山羊。我刚刚攥把雪擦了擦满头汗水，就看到山崖上过来一只狼，崖下十多米就是羊群，无论我怎么喊叫，狼和羊就是不理我，但崖上厚厚的积雪却被狼踩塌形成了一个小雪崩，轰然而下的雪块吓得羊群急速往山下跑。我望着姗姗而去的根本不理会我的大青狼，恨得牙痒！从此以后，无论多累，我放羊一定要扛着我那只7.62步骑枪。

最危险的一次经历至今依然震动着我的心脏。由于山大坡陡，羊群不能太过分散，情急之下我爬到山顶用小石头扔向跑得最快的山羊，发觉很管用，甩石头竟然甩上了瘾，小石头碰翻了大一点儿的石头，在啪啦啪啦的响声中冒进的羊被齐刷刷地赶了回来。我坐在山崎上，随意地又甩出一块拳头大的石头，不料却像多米诺骨牌一样引起了连锁反应，只见小的石头碰中的，中的碰大的，山谷中隆隆的响声不断，羊群立刻炸了群，被飞落下的大大小小十几块石头分成了几个小群，其中百十只羊的一个小群被一块飞起来、

约十几吨重的巨石吓得挤在一堆，动也不敢动。我目瞪口呆，脑子里已经出现了血肉横飞的场景，幸好这块巨石又碰到一处更大的山崖，高高地从这些羊的头顶飞过，从我的小套布阁旁边一路下山，冲到沟底的小溪，溪水从被砸出的一个冰洞里直冲上天，这块石头又接着冲过小溪，在山谷对面的山坡上停了下来。羊群被持续回荡着的轰鸣声赶到了一起，我和羊群一样仍未从惊吓中缓过神来，只见一骑从山谷深处奔驰而来，布和朝鲁问清了源由，只说了一句话："明天我放羊!"

这一冬天我们俩收获都很大，布和朝鲁砍回来了能打4辆车的木头，每辆车都用"切勒"（做马杆稍的楠木条、蒙古莱迷）编得密密的，要不是怕有人来查他还会砍更多。似乎是为了证明他的能力，他用冻木打了一辆车，却只用了3样工具：斧子、锯和凿子。而我的收获则是开辟了知识领域的新兴趣：植物学。在布和朝鲁的指导下，我大概认遍了山谷中所有的乔木，纵然是隆冬季节，他都能从树型、树皮、木质甚至靠闻味分辨出做车辕、镐把的"得勒特"（山黄榆），做家具、锯子把的"恰尔斯"（蒙古栎、橡树、柞树），做车轴、绞棍的"哈托查干"（槭、枫），做牛靷子的"咩勒"（靠鼻子闻出来的稠李，木质软，不磨牛脖子），以及做轮毂的"当木"（蒙椴）等很多种。从此我开始了植物学的学习，夏天采药到山里认全了这些树木的花、果和叶。

当布和朝鲁显示出独立人格的时候，我感受到了他作为男人的魅力，他只是没有文化，但也不缺少刻苦、好学和幽默，每当做出我们俩都喜欢吃的焖面，而我专铲锅底的锅巴时，他就会蔫儿笑着说："吃嘎渣，烂鸡巴!"眼角眉梢中却表现出对性的渴望。

春天返回大队之后，我打听到队里没有合适的寡妇，我想探探附近一个叫莲璧

（化名）的女孩子口风。莲璧与母亲、哥哥一起生活，出身于当地显赫的黄金家族，她跟我同岁，已算是大龄，但有一个女儿由她母亲抚养。她很美丽，身材婀娜，性格开朗要强，仅是因为患有家族性的秃发症，总是包着头。

我乘着在队部开会的机会把莲璧约了出来，问她对布和朝鲁的印象。"他就是一块石头！"她直来直去的评价，一下子把我噎了回去，看到我吃瘪，她却咯咯地笑了起来。我很严肃地谈起我对布和朝鲁的直观印象，介绍他不为人知的能力，看到我一本正经的样子，她也开始正襟危坐，乘我词穷时说："我知道你的意思，只是没想到你来做媒，这不是小事，容我想想。"没过两天她就找到我，只说了一句话："我自己没有意见，跟我母亲说吧！"调转马头就离开了。我跟布和朝鲁通报她同意了，布和朝鲁黑黑的脸庞变得紫红发亮，沉默了半天才说："我要给她治好头发，我要带她去通辽，去甘齐卡，去找最好的蒙医……"。当我跟他商量，让他告诉他哥哥，上门去说亲时，他却一下子蔫了，低着头迟疑着、嗫嚅着说："得你去说，要先跟大嫂说。"顿时，我感觉到不妙。

不知怎的，我为布和朝鲁说媒的事很快就传出去了，一些知青和牧民来打听，几乎没有一个看好的。知青们帮我分析其中的难点，我说："最大的困难已经解决，莲璧本人同意，谁也干涉不了！"同学们纷纷笑话我的书生气，比我还大一岁的老朱甚至开玩笑说："同意什么呀，大概她看上你了！"我愕然失语。跟莲璧母亲的谈话极为不顺，她没有正眼看我一眼："让他家里来人说！"言外之意是：你说得着吗！到沾布拉家时大叔不在，德玛阿嘎喋喋不休地跟我说，家里如何对布和朝鲁好，而他见到了女人不会说话，说过多少家都不成功，亏了有我说媒等等车轱辘话转了好几遍。

我提醒她要上门去提亲，她支吾道："去，要去……她们家难说话……"

之后，就没之后了。半年过去，我已经成为牧民们饭后茶余的笑料。布和朝鲁更加沉默了，但是他的待遇明显有了好转，他穿上新袍子了，放羊也有人去换一换他了，甚至他那宝贝侄子也能在傍晚骑马去替他一会儿。更让我高兴的是，沾布拉带着他弟弟去兵团六师医院，动手术把畸形的手指、脚趾都切掉了。随着我对牧区了解的加深，我知道我犯了忌讳。牧区和农村一样，家族观念、贫富观念，以及部落之间、牧区和农区之间都有着难以逾越的鸿沟，我两眼一抹黑就去闯入别人的禁区，不碰钉子才怪。我知道还有一条路，可以从老家领回一个媳妇，但那是要花大钱的。

入冬又要远搬，除了我和布和朝鲁照旧搭档，沾布拉又向班子申请，分配来一个带着3个孩子的妇女姜莱（化名）跟着下夜。我知道这是沾布拉下了很大的决心，因为这将分走近一半的工分。姜莱是个能干的女人，她丈夫被错划成牧主，留在队里打零工。有了姜莱，搬家就轻松了很多，尤其是一路在深雪中铲羊盘子，多了一个整劳力，再也不用铲到深夜了。只是，布和朝鲁越来越沉闷了、整天无精打采的，我也理解了他的状态。

在离开大队200多里科右中旗哈日努尔山坡下，我们原本孤零零的小套布阁的旁边，隔着羊盘又多了一座蒙古包，虽然是灰不溜秋旧毡子，但仍充满了生气和温馨，那毕竟是一个家呀！不知道是从什么时候开始的，布和朝鲁就不在我们的小套布阁里睡了。每天早上我自己生火烧茶，该出牧了，才见到他打着饱嗝，眉开眼笑、精神抖擞地从姜莱的蒙古包里出来。作为当时"革命青年"的我理所当然地看不惯了，一天晚上看到他又要离开，我忍无可忍地吼了起来："你怎么可以……怎么可以，这成什么了！"刚刚站起来的布和朝鲁陡然摔坐在地上，低着头，半天才说出一句话："你说你给我找老婆，在哪儿呢？莲璧在哪儿呢？"把我说愣了，这是几年来我听到的唯一的抱怨。"那你也不能仗着自己是贫农，就欺负人家呀？"他的回答又出乎了我的意料："我没欺负她……是帮助她搭蒙古包时她让我过去的，她也想要……谁欺负人了！"以后想起这事也慢慢理解了，两个人都是三四十啷当岁，干柴烈火，一点就着呗。

因为我的兽医工作越来越忙，除了巡诊和给马、牛、羊的人工授精之外，还兼了队里的统计，同时带了4个班子选派给我的兽医徒弟。因此，与布和朝鲁一起放羊的时间就越来越少了。生活又变得平静，布和朝鲁更加沉默，人们只看见他一个人在放羊，人也一天一天变老，他的侄子达巴在别人的眼中长成了一个不干活的公子哥。

转眼间到了1975年冬天，我巡诊路过去看布和朝鲁，已经很晚了，兄弟俩都不在，德玛告诉我，大叔今天打猎遇到点儿事，回来了一趟又和布和朝鲁一起匆匆忙忙地套牛车走了。看着蒙古包前翘的起车辕上挂着的一张大狼皮，我不知道会出什么事，一直等到很晚，老哥俩才牵着牛车带着几条狗回来，车上拉的是他们家的大青狗布勒古特。沾布拉一边把狗抱进蒙古包放在羊皮上，一边带着哭腔叙述着经过。猎手打狼最好带上3条猎犬：2条跑得快的，1条力气大的，跑在前面的咬住狼的后腿往前冲，狼会被带一个大跟头，力气大的这时冲上来一口咬住狼的喉咙压住，别的狗再帮助压住身子和乱蹬的腿，这个精确的配合如果成功了，一会儿狼就会被咬死，同时不伤狼皮。布勒古特就是一条体格健壮的大蒙獒，今天它的两个儿子冲在了前面，布勒古特完成了最后一击。看

起来一切顺利，但狼就是不死，费了很大的工夫才使狼窒息死亡，而狗也累得趴下了。沾布拉在剥狼皮时突然发现，狼的脖子上不是4个齿洞而只有一个！他急忙掰开了仍在喘息着的狗嘴，意外地发现4个犬齿竟然掉了3个！

大叔说到这儿，布和朝鲁已经哭出了声。我知道这条大青狗已经13岁了，是大叔家里的功臣，不光打狼有名，下夜看家更是兢兢业业，从不出错。它还是一个好丈夫、好父亲，它的配偶，那条凶猛的黑色母狗尼斯格从未被别的窜秧子的公狗骚扰过，同时保证它每年下一窝黑狗崽。我初到大叔家时正好尼斯格产下了5只小黑狗，令我惊奇的是布勒古特每天清晨都会从白雪皑皑的沙窝子里叼回一只肥肥的野兔，送到正在哺乳的尼斯格嘴边，无论白毛风、下大雪它从无间断。

第二天早上，守了一夜的布和朝鲁告诉我，大青狗没能熬过去，生生累死了，听着蒙古包外几条狗的哀鸣，布和朝鲁脸上写满了悲哀。我也替布和朝鲁悲哀，他就像这条老狗一样忠于职守，也会像布勒古特一样悲壮地牺牲在岗位上，但是他却没有像它那样有过幸福美满的家庭生活。

1976年冬天，我奉命调到东乌珠穆沁旗畜牧局任职，临行前去向布和朝鲁告别，依然是他在放羊，他依然牵着膘肥体壮的老白马步行赶羊。太阳临近落山，余晖照在他的背影上使整个人镶上了一圈儿金边，我看不清他的脸，他却看得我很清楚，下马过去，先是听到了他的抽泣声，然后才是一张老脸，一张充满皱纹和泪水的老脸！我们相拥着，谁也没有说话，任凭泪水滴在大襟上，流到雪地上。直到傍黑，我才向他嘱托："这匹哈日阿勒嘎（我从小驯骑的黑花马）就归你了，不许别人骑，我已经和你大哥说好了，特别是达巴不能碰！"

布和朝鲁仍不说话，只是狠劲地点头，抖动的嘴唇暴露了无尽话语。

我走了，从此天涯各路，再也没有见面，直到回京后听到了他的死讯。我遥望北国，心里感到刺痛和无限的憋闷！从胸腔发出呐喊和询问：什么是人生？什么是人性？这块石头的人生算是人生吗？为什么不能改变！

2017 年 3 月于深圳

# 卧雪伴狼

这是一生忘不掉的记忆，因为它接近了死亡的门口。

大约是 1972 年的 1 月，兽医的工作不是很忙，我被分配到一家牧民家帮助放羊。这一天很晴朗，晚霞落日的时候我把羊群赶到老巴特尔家附近，准备喝碗茶，等羊群自己回到羊盘子里。我的这匹老马"戈壁—沙日"已经 15 岁了，但仍是膘肥体壮，它是队里有名的快马，却胆小如鼠，它曾经追上过狼，却在戈壁的套马杆子的弓弦就要套进狼脖子的刹那，惊恐地躲闪开来，成为牧民的笑料。我骑得很小心，生怕冬天掉膘，惯得它有些懒散。

我用靴子磕了一下马腹，它迎着犬吠颠向蒙古包时，却见一匹黑马向我奔驰而来。是马倌黑虎，他急匆匆地对我说："老贾，嘎海家的老花牛病了，嘎海阿嘎托找你到她家看看。"他边说边带着我打马东去，告诉我嘎海的蒙古包扎在阿日芒卡的沙窝子里，离我们出发的角塞北坡足有十五六里*地。我跟着他跑了 5 里地，在昂恩特的山梁上站住，向北指着山下连绵的沙丘说：看到没有，那沙窝子里烟筒冒着白烟的地方就是嘎海家。一缕残霞中的苍茫暮色中，黑沉沉的沙浪起伏，什么都看不清楚，而黑虎却调转马头，冲我喊了一句："天快黑了，别磨磨蹭蹭，我也要把马群圈回来……"话声未了，人马疾驰而去。黑虎是嫌我刚才不跟他快跑，羊倌不像马倌，特别是冬天，舍不得马出汗，出一次汗掉一层膘呀！

好在我熟悉阿日芒卡沙窝子的地形，不怕找不到。虽然我没有看到黑虎所说的白烟，依然故我地慢慢腾腾的向那片黑沉沉的沙窝子走去。天已经全黑了，只有厚厚的白雪映出起伏的沙丘，隐约可见雪地上牲畜的脚印和牛车的车辙。走了约四、五十分钟了，10 里的路程应该早就到了，但仍看不到蒙古包也听不到狗的叫声。这个沙窝子里没有！那一个？还是没有！转圈绕了几个沙窝子，最后看到一溜清晰的

---

* 里为非法定计量单位，1 里＝500 米。

说明：本书涉及计量单位，一是在老百姓的口语中，二是在作者过去发表的文章或报告中。为了尊重史料，原有的非法定计量单位仍沿用。

车辙和黝黑的羊卧盘，拆掉的蒙古包的痕迹上毛毡压伏的草枝还未直立起来，炉灶灰坑压上的雪堆边缘似乎还在融化，周围静悄悄的没有一丝声音，我判定：这就是嘎海家的营盘，嘎海最起码已经搬走了几个小时！哪里有什么白烟，是你黑虎胡说八道，欺负我眼瞎！我不禁骂起了坑人的黑虎。

没有办法，只好下马思索了一会儿，确定了一下方向，直奔队部而去。队部有20多里，骑马慢慢走一个小时也能到了，看能不能跟生产队大师傅讨点儿吃的，然后能好好在我的兽医室睡一觉，明天再问嘎海搬到哪儿去了。不用再死找了，我的心情放松了下来，虽然天黑得很，但这里的地形我很熟悉，思想上并无压力。但是我一整天没吃东西，想找个蒙古包喝口热茶，休息一下再走。脑子里这么想着，眼睛里好像就看到了蒙古包的羊油灯的火光，那真是忽悠着的烛光！我迫不及待地催马过去，好享受蒙古包里的温暖。但是走着走着，火光又飘忽不见了，我使劲地揉了揉眼睛，登上一个小沙丘的顶部，四面一片漆黑，再也找不到半点火光，只好大概确定一个方向，希望能够碰到一条去队部的马车或牛车轧出来的车辙路。走了十几分钟，眼前一亮，竟然又看到了那飘忽的烛光，甚至隐隐约约听到了狗的叫声！我也不管不顾什么车辙了、方向了，直向那烛光奔去，烛光却又忽然消失。我勒住马，明白了我遇到了，确实遇到了牧民常说的"给日嘣一嘎拉"，就是鬼火。

我已经让鬼火糊弄了近两个小时，彻底失去了方向感，老马对我在沙丘中没完没了地翻上翻下似乎也有了意见，不断地打着响鼻，拧着脖子边走边低头吃草，偶尔脚下惊出一只兔子它更是躲闪狂奔，使我气上加气，有气没处撒。我下马站了好一会儿，看到满天的繁星，找到了北极星，因为不能

确定自己所处的位置，只好估摸着朝西北方向跑去。不久，我就跑出了沙窝子，前面的草原是平坦的，我知道，阿日一芒卡条带沙窝子正东都是这一望无际的草原。我就在这积雪10～20厘米的草地上不管不顾地一骑向北。但是越来越没有信心了，对车辙的判断、对方向的判断都不自信了。

已经过了半夜，早就应该到了队部，但我还茫然地走在雪原上，最后，我下决心站住了，知道越走只能离队部越远。虽然连续走了半夜，因为没有怎么跑，马并未出大汗，揭开鞍子见鞍屉下只有微微的汗渍。这是匹贪吃的马，早已迫不及待地低头啃食草尖，我心痛地给它上了马绊，放它去吃草，然后把毡屉平铺在厚厚的雪地上，把马鞍斜放着当枕头，套马杆子直立在雪地上，弓弦在微风中晃动着，就当是在防狼吧！我把宽大的腰带松了一松，就这么囫囵个儿地躲在了鞍屉上。

冷啊，这时的气温大约在零下30多度，躺下半个小时后我就被冻醒了。我把脚从毡嘎哒里屯出来，缩回到皮裤腿里面，皮帽子盖住头脸，头再缩回皮得勒里，整个人缩成了一团儿。开始还能听到马儿啃草的声音，慢慢地走远，隐约听到马的响鼻声，后来，只能听到自己哆嗦、抖动的声音。我多次翻动着身体，但似乎越翻越冷，我想起一句话：只有运动才能让你不被冻死，我从早上放羊前喝茶吃了点儿炒米到现在半夜了再没有吃过东西，我不能起来跑动以抵抗严寒，我要保持最低的能量消耗。就这样，哆嗦着，颤嗦着，迷糊了过去，似睡非睡，盼望着太阳出来。

天色微亮的时刻，变得更冷了，皮帽上结的霜冰把它与我的头发、眉毛都结在了一起。我伸出僵硬的手撕开帽子，挣扎着坐了起来。周围静悄悄的，一点声音也没有，只能听见自己挣扎时身下雪块的咔

吱咔吱声音，连风的声音都没有，我就这么半躺着等待着太阳。直到天色大亮而我看不到我那匹老白马的时候，想快些起来找马才发现自己的腿失去了知觉。经过好一阵揉搓，整理好已经冻硬的包脚布，勉强穿上了毡嘎达，太阳也出来了。我首先想到的是确定自己的方位，东北是一片平原，西南是连绵起伏的沙窝子，噢，我的大方向并没有错误，但是向东偏移了大约15度。该死的鬼火！我起码斜跨了三条明显的大车路，本来不应该迷路的，都是鬼火诱惑我走向斜路。我早走过了我的目的地，队部在我的西北不到10里，骑马也就一蹦子的事儿。而我的马呢？四周望去，马的影子也没有，低头想找一找马的蹄印，立刻把我惊呆了。

离我睡觉2米的距离，是密密麻麻的一圈狼的脚印，是一只狼的脚印，转了有四五圈，离我最近的脚印也就几十厘米！我立刻感到冷汗下来了，它没有扑到我身上撕咬，为什么？我的头斜上方是竖立着的套马杆，杆下是我常年背负着的、印着红十字的药箱，而狼的脚印恰恰是远离这两件东西，连离我最近、鼻子几乎碰到我的脚趾，也是在这两个物件的对面，是的，是的，套马杆是狼最怕的，而药箱是它最不熟悉的，是它们救了我一命。

再次追踪狼的脚印，发现原来它没敢对我下嘴之后，又把目标对准了我撒开的马，在离我十几米的雪地上我看到密密麻麻的马与狼周旋的痕迹，这匹肥胖的马有个有名的踢狗的本事，每次我串包给牲畜看病时，冲过来的狗总是被它稳准狠地踢得嚎叫。这次虽然是上着马绊，但空着的那条后腿也叫狼占不了便宜。看着马多个旋转打圈的印迹和突然前冲的脚印，我知道，这匹烈马挣脱了后绊，只剩下被绊住的前两条腿跳跃着跑掉了，大概去寻找三

四天前曾自由逍遥的马群去了。

没有骑马回去的希望了！我失望之极，肚子里空荡荡的，浑身上下没有一丁点儿力气，要走回队部，那要拼点儿命了！抛下马鞍子、药箱和套马杆子，甩开了膀子直往队部的方向走去。走了不到1里路已经感到吃力了，身上八张大羊皮做的皮得勒大约40斤重，脚下毡嘎达15斤，加上一步一塌陷的厚雪，最重要的是肚子里没有一点东西，怎么走啊！我开始给自己订下指标：走100步休息一次，慢慢地变成50步、10步，最后，干脆就走不动了，满头的虚汗，却又满脸的冰霜。也就走了四分之一，我坐在雪地上喘着，呼出的气如同烟囱冒出的白烟。我没有失望，我知道这个地方不是荒无人烟，地处两个队部之间，总会有人路过的。

终于，从东北方向的地平线上出现了一个小黑点，是骑马的人，并且离我越来越近，是往我们队部走的牧民！我勉强站直了身子，挥舞着手中的皮帽，向他呼喊，引起了他的注意，向我奔驰而来。是二队的牧民，他让我坐在了他的鞍后，把我送到了队部。住在队部的牧民听说我迷路在雪地上住了一夜，都纷纷出来慰问，郭永昌母亲把我叫进了她的小土坯房，坐在炕沿上帮我脱掉了毡嘎达，惊叫了一声："脚冻坏了！"我低头看去，小腿以下，皮肤是惨白惨白的没有一丝血色，心中不禁黯然：这两条腿还保得住吗？围过来的乡亲们七嘴八舌地，有说用温水泡的，有说用冷水拔，还有说用雪搓……只听郭大娘喊了一声："你们还要不要保住小贾的脚呀！"接着就叫她的女儿，也就是任清源的老婆搬来一口装满黑糜子（带壳的穄子）瓮，让我把脚慢慢地插进糜子里，直到没过了小腿。这一瓮糜子一直是放在牧民的仓库里，也就是在队部用柳条编大半人高的一圈，盖

上依旧用柳条编的尖顶，用泥在柳条上糊好，装上门，挡风挡雨，用于游牧时放暂时不用的东西。这瓮糜子温度与露天一样，零下30多度，我却毫无知觉。郭大娘端来热茶，火炉又加了几块牛粪，不一会儿我的汗就出来了。又吃了一些东西，疲倦、困意全涌了上来，就这么弯着腿睡着了。

大约两个小时以后，有人在拔我的腿，我立刻醒来，觉得双腿奇痒。在大娘的帮助下，我把两腿从糜子里抽了出来，看到双腿和双脚变得通红，我正高兴呢却听大娘说道："这大脚趾可能……"我这才看到左大脚趾像是被用刀斜着切了一刀，界线分明：斜痕之上变得通红，之下仍是惨白，像一块冰冻的羊脂，死气沉沉的。大娘犹豫了一会儿，用了牧民的老办法，先在脚趾上涂抹上黄油，再用布条厚厚裹好，对我说："看你的运气了，看来趾甲是保不住了。"

我在兽医室养伤，很快我受伤的消息就传出去了。当天下午成崇德从他的马群里把我的老马牵到了队部，他抱怨说："昨天夜里你的马把狼带来了，整个马群惊了，跑出去二三十里地，你的马绊也跑丢了。"我问我的马受没受伤，他说："就你那脾气暴躁的马，没把狼踢伤就不错了。"成崇德又按照我说的地点，找回来我的马鞍、药箱和套马杆。

过了两天，两条腿除了大脚趾以外都恢复了知觉，我就又回去放羊了。一周以后，我小心地打开了包着的布，看到原本惨白的部分变得发黑、萎缩，趾甲变成灰白色，松松垮垮地挂在皮肤上，没有任何感觉。一个月之内，趾甲掉了，皮肤变成炭黑色，一层层地剥落，最后露出鲜嫩的新肉。又过了几个月，趾甲居然长了出来，这真叫我喜出望外。

回京探亲时我问了医生，他说我好福气，这样的冻伤居然没有看医生，还没有感染，否则脚跟很可能坏疽，那可真就是摊上大事了。

# 兽医一日

那是40年前的事了，当时我在内蒙古草原牧区做赤脚兽医。我们生产队有50户牧民、5万多头牲畜，其中有2 000匹马、5 000头牛，其余是羊，但只有我一个挣工分的兽医。

5月底的东乌珠穆沁草原绿意盎然，刚刚吃饱青草的羊群像珍珠一样撒满在草地上。乌拉盖河畔的草甸子上星星点点散布着雪白的蒙古包，几户牧民联合着用柳条笆围成一个简单的羊圈。坐在草地上的三十多岁白依拉像个老头子"哟哟——"地喊着，一边挣扎着站了起来，蹒跚地挂着套马杆子上了马。可一坐到了马上就立刻变得生龙活虎，纵马向自己的羊群跑去，不一会儿就把那群600余只带羔母羊赶进了圈里。

我在羊圈门口也坐在草地上，旁边放了一只盛满了消毒用的来苏儿的铜盆，从药箱里拿出自己心爱的阉割刀。这是一把银光闪闪的不锈钢水果刀，是我插队五年之后第一次回北京时精心挑选回来的：刀是尖的，便于挑破阴囊，两寸长的柄略呈S形弯曲，便于把握，外表装饰性壳呈荧光粉红色，看起来有些暧昧。刀刃锋利，是我自己磨出来的，每次磨好刀之后都要在自己的腮帮子上试试，一定要刮得下胡子才算满意。赶羊回来的巴依拉盘腿坐在我的对面，他两只手分别抓住小公羊羔左右两对前后腿，并分开双手，暴露出羊羔的阴囊。我用左手指横向捏扁了底部囊袋，右手持刚在来苏儿中泡过的小刀从手指之间一挑，直接割开了两个囊室，左手手指稍一松放再一捏紧，带着总鞘膜的两支花生大小的睾丸立刻突出阴囊。我把手术刀扔进了来苏儿水中，腾出的右手拇指、食指捏住一个睾丸底部最细处，左手掐住，两手用力一拉，未等羊羔挣扎就又取出了第二个睾丸。再一甩手，两支睾丸落入早已准备好的盛着牛奶的小木桶内。

在小羊羔子第一声凄惨的喊叫同时，耳边又听到喃喃的祈祷声，像少女细声的歌唱，如泣如诉，若悲若喜。白依拉老额吉（母亲）伸手从一支小木桶内抓出一把金黄色的小米轻轻地撒向蓝天，嘴里颂起流传千百年的祈祷词：抚慰受难的生灵，庆贺六畜的丰收，感谢佛祖的护佑，祝福草原的繁荣……我停顿了一下转过头向老额吉看去，老人微闭双目，满脸肃穆，念念有词，虽然她不到六十岁却已是满面皱纹，一头灰白色头发编成两根细细的发辫垂落在胸前，但我仿佛见到了背靠光环的圣母，那样庄重、尊严、神圣。这样的仪式我很熟悉，深深地感受到了牧民对大自然的敬畏和虔诚。

我的动作越来越快了，几乎10秒钟就能骟一只小羊羔，加上巴依拉抓好羊羔的

时间，一分钟能骟2～4个公羊。妇女和儿童都在圈里忙忙碌碌地抓羊羔，争先恐后地递给巴依拉，我身边的小木桶慢慢地满了起来。十点钟左右圈门打开了，首先冲出去的是那些未波及的母羊羔和它们的母亲，之后是边出圈边寻找自己的公羊羔的母羊，已经滞留在圈外的佝偻着腰身、步履蹒跚的受伤的公羔呼应着咩声不断。一早上阉割了300余只小公羔，我手指有些酸麻，刚刚站起身来想活动一下，白依拉额吉冲我喊到："贾幼——过来吃珍珠粥！"她不会说汉话，又一贯把我的名字省去一个字。

不远处早就在地上挖了一个灶，支起了一口锅，灶下牛粪火烧得正旺，煮着小米的新鲜牛奶滚开着，老额吉把那一小木桶羊羔睾丸倒进了锅中。"珍珠？"噢，蒙古族牧民把这一粒粒小蛋蛋当做刚刚采摘出来的珍珠，也把阉割日叫做"珍珠节"。牧民围坐在地灶的周围，一人一碗由羊睾丸、小米和牛奶煮成的珍珠粥当成上午茶品味着。对于这种"珍珠"牧民们有着很多溢美之词，无外乎"营养""壮阳"之类，而对一早赶路没喝早茶的我来说，填饱肚子是最重要的。两碗下肚以后精神立长，我惊讶地看到，六七百粒珍珠奶粥，须臾间竟让十来个男女老少吃光了！

过了白依拉家的"珍珠节"之后又打开了圈门，圈进了依钦家的羊，我又操起了刀，又开始了无休止的手术。然后又是吃珍珠粥，过"珍珠节"，直到太阳快落山的时候，我已经阉割了4家羊群的1000多只小公羊羔，吃了4顿珍珠粥，过了4次珍珠节。只不过从第二个羊群结束时，手指已经开始麻木无力了，用劲的部位从拇指和食指的指肚逐渐换成拇指和中指的第一关节，再到三个手指的几个关节轮换用力。直到吃最后一顿珍珠粥时，右手一

直颤抖，根本没有办法拿筷子，只好左手端碗喝粥，再直接用舌头舔食碗底的珍珠。

骑马往30里外的生产队队部跑去，我的兽医室在那里，需要去取一些消毒剂和药品，好继续我的工作。夕阳从背后照了过来，看自己的影子，仿佛连人带马都变得高大起来。我的青花马四蹄雪白，在五花草甸上驰骋，被遍布的蓬子菜花的花粉染得鲜黄，再加上吃了一肚子的新鲜玩意儿，颇有些"春风得意花千里，踏花归去马蹄香"的感觉。

晚上快9点才到队部，管理员拉斯嘎就给我带来一个口信：如果见到兽医贾，请他快点到相邻的二队葛日迪家去一趟，他家的奶牛难产，快不行了！听拉斯嘎说，他们的蒙古包扎在包日套勒盖（地名），又要20多里。唉！我倒是不怕，但马又要受罪了。春天的马可以放开了跑，不怕它累，越出汗上膘越快，但它饿了一冬天还没完全缓过劲来，腿脚软。到兽医室拿了些产科用药，给我的青花马饮完了水，紧了紧马肚带，背上药箱子，挂着套马杆子上了马，小颠着向东南而去。

上弦的月牙儿都快落到西边了，我知道已近半夜。两腿夹了一下马，沿着大车压出的土道跑起来，药箱轻轻地有节奏地敲打着我的背，连续工作了十四五个小时了，上下眼皮子开始打架，人也有些迷糊……就听马吭了一声，"马失前蹄！"觉得自己腾云驾雾般地飞了出去，重重地摔在草地上！刚刚吓醒好像又给摔晕了，迷迷糊糊只是对自己说：千万别撒手！千万别松开缰绳！这儿的马可不像小说中的马，很少有主人摔了它还守着你的，草原上的马野性十足，早就惦念着自己的马群呢！还好，青花马被扯了几下就站住脚了，毕竟它也跑了几十里，没有太大的力气了。我长出了一口气，爬在草地上找自己摔掉

的眼镜，上千度的近视，只能靠手摸了。先摸到了一个碗口大的坑，耗子洞！马蹄踩到洞里去了，没把马腿别断了就已经烧高香了。慢慢地我找到了眼镜，戴上眼镜才又借助微弱的月光依次找到帽子、套马杆子和抛出很远的断了背带的药箱，又坐在草地上愣了好半天的神儿，这才想起来我是要去哪儿，要去干什么。简单系好了药箱，没走20分钟就听到了狗叫，隐约看到了路旁的蒙古包，正是拉斯嘎描述的位置。

在焦急的葛日迪和他妻子的两个手电的照射下，我仔细察看侧躺着痛苦呻吟着的奶牛，看犄角的角轮，这头红色的母牛才3岁，葛日迪在一旁证实了它的年龄："头胎就遇到难产，半天了还下不来。"两条细细的犊牛前腿无力地暴露在产道外面，阴门水肿，起码耽搁了10个小时了。"你们自己拽了？"葛日迪不好意思地回答："费了很大的劲，怎么也弄不出来。"我没再问什么，只是用手电照了照眼结膜充血的程度，听了听心跳，然后从药箱中拿出装甲注射器，给牛肌肉注射了20毫升的樟脑。我跟女主人要了温水和肥皂，洗手后用一根结实的羊毛绳捆住了那两条前腿，缓缓地送回产道。顺着前腿腾出的空间，我的手略呈锥形探入，产道内很紧，但好歹摸着折叠成U形的脖子找到了犊牛的头。"唉！都是这哥们儿太性急乱拽成这样！"中指伸进了牛嘴，我欣然地发现它在吸吮！我的信心一下长了一半。

葛日迪夫妻默默地看着我从自己不太长的套马杆子上解下那根灰白柔软的弓弦放到消毒水里，男主人转身从别在蒙古包上的长长的套马杆上解下了簇新的两股羊肠拧成的弓弦，颤巍巍地边递给我边说："用我的，你那个不结实。"我摇了摇头，告诉他这是我特地从北京找来的尼龙丝绳，

它能固定牢，又不会伤到犊牛的皮肤。把尼龙绳子打了一个双套，套在自己右手的三个聚在一起的手指头上，再次慢慢地伸入了产道，并让葛日迪把犊牛前腿拉紧，努力使它离我近一些，从犊牛的嘴部开始把尼龙绳套进头部。这个过程是漫长的、令人心焦的，一整天的阉割手术不仅仅手指是麻木的，整条胳膊都酸痛无力，产道内压力极大，十分钟下来手就不能动了。我想起了世界著名的兽医大师匈牙利的胡提拉教授的一句话：保持你的体力是保证大动物产科手术成功的关键。这绝对是从实践中总结出来的至理名言！我与母牛呈直角侧卧在草地上，每停顿 5 分钟手指努力奋斗 1 分钟，分分钟钟都是一种煎熬。逐渐尼龙绳套进了犊牛的耳根后部，我用左手在产道外轻轻拉紧绳索，又用右手中指勾住双股套中的一股向回拉向它的嘴部。当我把这单股尼龙绳搭到了犊牛的鼻梁上的时候，长长地出了一口气，知道我成功了！我仰面倒在了草地上，大口地喘息着。休息了足有 10 分钟之后，坐起身来，把产道外的尼龙绳后端横向拴在自己马鞭的木把上，交到葛日迪手里，让他一边往外拉牛头，我一边往里推送牛腿，很快牛头正过来了。矫正好胎位之后，再把牛头、牛腿一起向外拉。这回用力的是葛日迪，他坐在草地上，双脚蹬在母牛的臀部，双手紧握住鞭子把，手脚同时发力，随着女主人的一声欢快的呼声，牛犊子落地了！

简单做了一些产后处理和消毒工作，三个人一起把母牛拽得站立起来。为了缓解它的后肢麻痹，我大声命令葛日迪："扶着它不要叫它倒了，什么时候它自己能站、能走，才能离开它！"说完我一头扎进了蒙古包，不吃、不喝、不洗、不脱蒙古袍，倒在毡子上就睡，合眼之前瞄了一眼手腕上的北京牌手表——凌晨 3 点。

这一觉睡得香啊！醒来时已日上三竿。女主人烧好了奶茶，又用勺子盛了温水浇到我的手上洗脸，见我望向她，还没说话就知道我要问什么，用手指向蒙古包外，面带笑容地说："你自己去看！"

绿色的草地上露珠晶莹，迎面照来的阳光使我眼花缭乱，雪白的羊群散布在南坡上，葛日迪已经牵回了我的青花马，正在帮我修剪要倒伏的马鬃，就像人刚刚理完发，马也显得精神焕发。在几头小牛犊旁边，一头脐带还未干枯的小红牛犊正在拱奶吃，年轻的母牛不断回过头来爱惜地舔着小牛的屁股。葛日迪过来告诉我："放心吧，我遛它慢慢走了一个多小时呢，胎衣也出来了，是完整的！"女主人把我的药箱递到我的手里，轻声地问："还行吗？"药箱断掉的背带被用一小块牛皮结实地缝在了一起，针脚密密的，像是纳了个小鞋底！我知道，他们夫妇两个人一宿也没有休息。

（原载《中国兽医师》2014 年 1 月）

# 动物的同性恋

**声明：** 此文只是有关动物行为学的随笔，有读者感觉不舒服不要看下去。——作者

当代社会对同性恋的现象已经有所宽容，但多数人仍然认为同性恋是一种道德沦丧的现代社会行为。其实不然，"断袖之癖"自古有之，就是在动物世界中也不乏其例。然而，这毕竟是动物有性繁殖方式中的异化，不可能成为主流，否则物种不能传承，人类也将灭亡，即使用现代生物技术无性克隆人类，也无法挽救人类自身。

在牧区放牧会经常看到马、牛、羊同性恋现象，却多是虚凰假凤，动真格的并不太多，像我见到的动物成规模的同性淫乱胡交，相信多数知青朋友们没有遇到过。

大约是在1973年10月底，正是羊群最肥的时候，也已接近配种季节，对于一个兽医来说，是个工作的空档。队长白乙拉找到我说："放羊爬子（种公羊）的老金看病去了，你这段时间不忙，帮他放个十来天羊，小心一点儿，这时候的羊爬子最难放。"我并未在意，放羊还不是小事一桩？到马群换了一匹春天自己训的小生个子马，背上药箱，直奔老金家的蒙古包。没有想到的是，这次放羊，叫我摔了一个邪了门的、终生难忘的大跟头！也使我见识到了什么叫动物界的疯狂的同性恋。

牧区的秋天如同农区的春天，正是播种的季节，农田播下的是已经完成受精过程的合子——种胚，而牧区配种季节播下的却是单性的配子——精子。这可不像

"润物细无声"那般安静，这是充满了角斗声和挑斗声的喧嚣季节，金色的草地上和白色的羊群中都弥漫着一种桃花瘴中的淫霏和骚动，发了情的母羊和饥渴的公羊常常是望风而动，嗅到一点异性的味道立刻就会引发混乱。这400多头公羊虽然群体不大，膻味却可以随风传到十里之外。我一点儿不敢放松，生怕公羊冲进别的羊群里，提前配种的结果将使接羔季节提前至雪未融化的严冬，会造成大量死亡，如果个别发情的母羊跑进公羊群，那就会倒了大霉，公羊也会炸了窝，争斗不会停息。垂尾累累的霍七（公绵羊）和尖尾翘翘的窝浑耐（公山羊）已经蓄积了足够的能量，正等待着发泄，它们循着母羊的味道不停地追寻，根本不好好地吃草。说实话，我不在乎公羊吃不吃草，老金走时曾向我交代：别担心羊爬子不吃草，肚子小一些配种时更带劲！太肥了配不了两个母羊就趴蛋了。我怕的是我骑了个小生个子马，恐怕无力控制这群已近疯狂的公羊。

羊群像一群无头的苍蝇一样不知疲倦地奔走，我拦一下，它们换一个方向掉头就走，多拦几次，干脆就不走了，公羊之间开始了同性的挑逗。绵羊爬子还算文明，找对象总是一对一的，低着头舔着脸，舌头打着圈嘟囔几句，歪着脖子抬起一条前腿像是抚摸似的踢一下同性，闻闻尿鉴别一下对方"发情"的程度，再把鼻子、特别是上唇撅起来"仰天长笑"……但刚要跃起爬跨却碰上了扭头过来的大犄角，也

就到此为止了，很少有群体行动。最讨厌的就是山羊爬子了。

公山羊俗称"骚胡子"，中药"淫羊藿"传说是公山羊爱吃的草，故山羊性淫，此草也就成了中医治疗阳痿的灵药。南北朝名医陶弘景曾说："服此使人好为阴阳。西川北部有淫羊，一日百遍合，盖食藿所致，故名淫羊藿。""百遍合"大约是夸张了些，"骚胡子"之骚可是名不虚传。这群公羊里的100多只公山羊的确是害群之马，它们一刻也不消停，相互追逐着，淫声浪语，此起彼伏。要命的是它们总是集体行动，几只大公羊合力围剿一只1岁公山羊，也就是说几个膀大腰圆的老骚胡子欺负一个"雏儿"、一个"小白脸"，那还有得好去？这些小山羊个个是青涩未开的"处男"，尚未经"羊事"，懵懵懂懂地就被老家伙给上了。它们也无处可藏，几只老骚胡子一围，后面的一只顺势而上，根本没有什么温柔的前戏。只听见小山羊凄惨的号叫声，根本没有反抗能力，头顶上稚嫩的小角面对老公羊嶙峋粗大的板角派不上用场，前后左右全是挤着要上的公羊，背上又是个大家伙，小山羊是恨地无门啊！只要被上了一次，精液的味道就像一剂春药，立马激动了其他公羊，它们争抢着爬跨，一刻也不停息。也就半天的时间，小山羊的尾部已经是湿漉漉的一片，精液混着鲜血滴下来，胯骨两边的毛很快就被磨秃了，它再也经受不了重负，萎蔫不起，蜷缩在地上。老公羊们毫不怜惜受伤的性伙伴，又选择一个新的雏儿群起而攻之了。

最让我生气的是这些受凌辱的、可怜巴巴的小公山羊们，不再受攻击、缓过劲来之后，慢慢腾腾地爬起来，抖掉身上的沙土，就像是抖掉了污垢和屈辱，它们看着它们前辈们的胡作非为，突然眼睛里出现异彩，抖擞精神，迈步追随在老骚胡子之后，开始追逐自己的同性。它所受到的攻击成为开启性行为的钥匙，它的第一次性交、献出它的童贞的居然是同性恋，这可能是其他哺乳动物所很少经历的。

我所犯的错误是面对这么一群难以对付的流氓却骑了一匹没调好嚼子的生个子，几天下来，嚼子没有什么进步马却瘦了一圈。绵羊爬子顶风走了，山羊爬子却稀稀拉拉地围成几个小圈子不管不顾浑天胡地。我前怕绵羊混群，后怕山羊丢失，只能驱马前拦后撵，跑了个不亦乐乎。套马杆子极为不乘手，这是我怕被生个子别坏了，特意找了根未修理好的粗柳木杆子。解开了弓弦当鞭子抽赶羊，鞭梢早就断了，套马杆子成了1丈多长两头差不多粗细的棍子。天快黑下来了，七八只山羊爬子落在沙窝子里，离大群还有一里多远，我心急火燎地高声吆喝着，从沙窝子顶向一只正在爬跨的老山羊纵马奔了过来，举着套马杆子咬牙切齿地对准那一对像老鹰翅膀似的大板角狠狠地砸了下去！之后的情景就像电影的慢镜头：套马杆子落下时公羊们作鸟兽散——套马杆子的一头直戳进了沙子里——小生个子不听嚼子低头笔直向前跑——套马杆子的另一头却杵进了自己的肚子上——自己的身体像撑竿跳一样被举上了空中，又重重地摔了下来……

其实，怎么上去、怎么掉下来是我的想象，当时脑子真是一片空白，但是背朝地摔下来后的感觉是实实在在的：七窍生烟！就觉得鼻子、眼睛、耳朵和嘴里往外冒烟，什么都看不见、听不见，胸口像要炸了一样，只剩下一个念头：不要松手！不放开马缰绳！受了惊的小生个子生拽着我退出7米多远才停住。我仰面朝天地平躺了好一阵，才觉得七窍的烟冒完了，眼睛看得见了，这才翻身趴在地上慢慢地找我的高度近视镜……

由我组建的 4 个配种站开始运行了，我总算完整地把种公羊交还给老金。想起来后怕，如果我不是拿了个破套马杆，而仍用的是我那根顺手的、尾部磨得尖尖的杆子，那我还不是来一个开肠破肚？都怨我驯马技术太差。牧民笑话我说：你创造了从马上摔下来的新花样！羊爬子被分到了全队 50 多个羊群配种和 4 个配种站试情，总算是桥归桥、路归路各行其是，再也不是阴阳错乱、颠倒黑白了，羊爬子被发了情的母羊所包围，反而失去了疯狂而变得矜持起来。45 天的配种期过后，我又去看了老金的羊群，羊爬子们个个被毛散乱、无精打采。特别是山羊爬子，被毛从泛着金黄色变得焦黄、枯黄，翘起的尾巴也耷拉下来了。公羊是牧区死亡率最高的，我知道，今冬能有 70% 活过草场返青就算不错了，明年春天骟羊羔时又要有 100 多只小绵山羊公羔子逃过我的手心，补充进老金的羊群。回想起来，我一天最多骟过 1 000 只羊羔、48 匹小公马，丹巴说过：你手这么狠要断子绝孙的！我没当回事，其实，这次栽在山羊爬子手上，只是给我的一个小小的教训。

**讨论**（对网友问题的回答）：

看到二草的文章后又促使我进一步思考同性恋的问题，感到现代社会对此看得过于复杂，包括李银河教授。其实它就是一种性取向、性爱好，现代社会张扬个性，把它搞得轰轰烈烈，也不见得就是社会进步，中国历代皇朝和上流社会从来也没有把它作为羞耻而隐匿，反而作为时尚宣扬。几种说法我是有怀疑的：

——内因说、基因遗传说，不能自圆其说。同性恋无法传代，双向恋遗传几率减少，就是有"同性恋基因"，也会是越来越少，不可能增加。

——同性恋与性压抑有关，特别是原始的性欲、动物性的性欲在得不到异性时会出现同性强暴或同性恋（依恋）。但现代社会和上流社会并非如此。中国的造字很有意思，恋爱的"恋"是用"心"，是有感情的；代表同性恋的"娈童"是用"女"，只是女人的替代。但即便是娈童也会产生感情，梁简文帝《娈童》中有"怀情非后钓，密爱似前车，定使燕姬妒，弥令郑女嗟"。

纪晓岚更云"有书生壁一娈童，相爱如夫妇。"据说连轩辕黄帝都喜好娈童，说明帝王将相们并不缺少性伙伴，只是追求性刺激、性花样，就像三妻四妾、三宫六院七十二妃还不够玩，再找新感觉，就找到男人了。

当代一夫一妻和一夫多妻制好像也不需要什么理由，种种性行为方式同样不需要理由，只要不是侵犯别人，是双方自愿的，什么极为异常的性行为、什么受虐狂、虐待狂等等好像与同性恋差不了许多，只不过是一种性行为方式罢了，也不必因其感情色彩而像《断背山》那样渲染得那么美好。其实汉哀帝"断袖"的故事也很有感情色彩。它就是私人的、隐秘的。当然，同性恋者愿意张扬也是他们的自由，但也不必强迫所有的人都认同他们。

——同性恋除了感情色彩之外，包含了完整的性行为的全过程，因此显现出动物与人的不同。二草提到的雌性动物同性恋少于雄性，正是因为雌性动物无法像人一样完成性行为。

——非洲的情况我不知道，但是牧区同性恋是存在的。当牧民和你无话不谈的时候，自然涉及隐私、隐秘。我曾听到过绘声绘色的笑谈，其过程，更像是一种娱乐……

# 草原随感

## （一）

2008 年 8 月初见到蒙古族的中国工程院旭日干院士，他说起内蒙古鄂尔多斯草原恢复得超出了他的想象。"没想到养山羊出名的鄂托克旗草长得这么好！与十年前大不一样。"但是他也有一个担心：牧区的年轻人都跑了，剩下的都是老年人在放羊，以后怎么办？我告诉他，这比东乌珠穆沁旗的年轻人强，鄂托克的年轻人是去煤矿或进城打工，不像东乌珠穆沁旗的一些孩子喝酒、闲逛，羊都是雇人来放。鄂尔多斯的牧民转产以后草场可以省下来，而锡林郭勒放牧"苏鲁克"，变相地鼓励了移民：雇工们不占有草场，但占有牲畜，加大了草原负担。

这又使我拿内蒙古和蒙古国对比：公社化时期，两地草原都是国有，牲畜为公有，遇到大灾牲畜减少，损失均摊，不会出现赤贫。改革开放以后，两地牲畜都是私有自养，内蒙古草原所有权为牧民集体所有，由牧民家庭承包经营。遇到大灾失去了牲畜，还有草场可以出租收益，维持基本生活；而蒙古国草原属于全体蒙古国牧民共有，实际上是国有。十几年来灾害频繁，失去了牲畜的牧民即失去了所有的生产资料，只能流落到乌兰巴托成为贫民。

上周我到呼伦贝尔草原的陈巴尔虎旗访问一个只有 8 户牧民的奶牛生产合作社，牧民告诉我：成立合作社以后生产要素能够得到充分的利用，草场、机械、劳动力合理调配，不再雇佣人了，收入也大幅度提高。言谈话语中我感到他们最怕的是行政干预，一再强调：不想扩大，不能再增加成员了！

科学放牧，即便是单干也能有好的收益。我们访问同苏木的一个放羊牧户，草场虽然不多，仍能计划利用：草场划成了9 片，其中 3 个小区休牧，6 个小区轮牧，每个小区放牧 7 天。去年他们还需要买一些草料接羔，今年则打了足够的草，我问：羊均有没有 200 斤？主人算了算：要超过300 斤！今年卖羊的收入可达 20 万元。

写于 2008 年 8 月 26 日

## （二）

2008 年 8 月中下旬正是草原色彩变化的季节，呼伦贝尔盟西旗的草已经全白了，陈旗的草场还泛着一些绿色——羊草的草尖也已黄了，而在鄂温克旗的南部，草原依然碧绿。因为降水时间不同，干旱草原枯黄的时间要早一些，8 月 21 日呼盟又下了一场雨，东部的绿色还能维持几天，只是因为 20 多天没下雨，羊草的草尖下 1 厘米处都有一轮明显的饥饿痕。

呼盟今年的打草场格外的好，密密的圆形草捆就像在欧美看到的一样。领导第一次到草原，问我：全国退化最厉害的草原在什么地方？这个"最"难以回答，前几年可以说是在次生荒漠，如浑善达克沙地、若尔盖黑土滩等，这几年治理得已经改变了模样。我只好答非所问："全国90％的草场全面退化，草原十年九旱，今年刚好是丰收年"。

不能不叹服大自然的自我修复能力，这又回到了朋友们的问题：草原怎么恢复的，草是怎么繁殖的？

生物亿万年的进化，优胜劣汰、物竞天择，草原逐步形成相对稳定的，以禾本科植物为主的较为简单的植被类型。影响草原植被的最大因素就是干旱和严寒，因此，草原植物的最大特点就是耐旱和耐寒，对草原植被影响最大的就是降水量。

草原植物繁殖的方式主要有两种，一是有性繁殖，包括一年生、越年生和部分多年生植物；二是无性繁殖，主要是多年生植物。两种繁殖方式都在植被恢复中发挥着重要作用。这里的有性繁殖指的是开花结子，而传播种子的方式又是千奇百态。例如，①靠风：沙拐枣、猪毛菜的种子或植株滚动（猪毛菜也叫风滚草、转蓬，入冬前牲畜不爱吃，种子得以保留），滚动中散布种子，成为沙地或裸露土地的先锋植物。②靠依附、粘连：最著名的当属针茅，其带有倒毛刺的种子可以被牲畜带走，螺旋的长芒也可以被风带走，再钻入土地。一年生的如鹤虱、苍耳、仙鹤草（多年生）都能粘在动物身上被带到各处，它们的蒙古名字像是来自汉语"粘果"（前面加上牲畜的名字，分别叫浩尼—粘果、乌呼林—粘果、亚玛—粘果），地处科尔沁沙地的辽宁彰武县有个镇叫章古台，就是有苍耳的意思。③靠次生休眠：草原植物的绝大多数种子都会依赖非常规休眠保存生命。不少种子具有"硬实"，可以休眠多年，没有适当的条件不会萌芽。民间有"千年的草籽，万年的鱼子"一说难以证实，唯一被考古证实过的一例是千年古莲子的萌发，同时也证实了植物休眠的自我保护能力。

无性繁殖对于以多年生禾本科为主的草原植物尤为重要。草原动物以禾本科牧草为主食，一年生禾草如狗尾草还未结籽就被吃掉了，无法繁衍，因此狗尾草仅是农田主要杂草，过牧草原上并不太多。这也正是今年刚下过雨看不见羊爱吃的草的原因：一年生先锋植物长得快，但羊爱吃的草很难留下种子，而等到盛夏多年生草长了起来，羊爱吃的草就多了。多年生草原植物多靠根茎、根蘖繁殖，如甘草等根蘖型植物具垂直根，在地面以下5～30厘米处生出水平根并形成新芽，羊草等根茎型禾草在地表以下5～20厘米处还有地下横走根茎，在茎节上可以长出新的植株。无论是根茎还是根蘖，都可以休眠以等待时机。

草原植物的再生能力也是很强的，很多是宿根植物（如小黄花菜等百合科植物），越冬时地表植株不存在了，但营养集中到了根部，形成纺锤形，利于再生。一些密丛型下繁草也有耐践踏、易再生的特点。

我想，以上这些草原植物的抗逆性特征，是恢复植被的主要原因，因此，减轻放牧强度以维护根部的再生和繁殖能力，改进打草方法保证一定的草籽落地，都对恢复植被有重要意义。在干旱草原非灌溉人工种草难度很大，栽培种很难成功，野生种采种困难，种子也须经处理克服休眠。但也有成功的例子。

写于 2009 年 9 月 1 日

# 春分

春分。在蒙历中叫做：哈仑色楞痕，意思是：热风。

冬天狂暴的风，刮到此时仍很强劲，仍很冷，却冷在肌肤而不再刺骨，你可以迎面朝它而不必背过脸去，还可以感到暖，只有牧人的脸才敢面对才能感知的暖。那风就像是抽鞭子，但你感到那鞭子同样是高高地举起却轻轻地落下，年轻人可以将帽扇儿从下巴上解开，像翅膀一样的上下翻飞，也可以绑在脑后，更显得威风。

牲口已经到了最弱的时节，马儿也瘦得皮包骨，摇摇晃晃，但这摇晃中透着一种抖擞，它从牧人的胯下感到了勃起，它哗地将骚热的尿液像火焰般地喷向雪地……

雪撑着壳子，但里面已经柔软，虽然离化雪的五月还早，但蹄子已经可以拨拉开里面的枯草……牲口已经到了弱的时节，养得不好的会在此时倒毙，养得好的知道已经熬到了头儿，奋力地刨着积雪吃着干草。

远走坝前或是大兴安岭的冬季牧场的浩特儿已经装车起程，沿着金界壕，正行进在返回乌珠穆沁的老营盘的回家的路上，可能还会有一场或几场暴风雪，那是说不准的事儿，但羊儿下羔是一准的，一准要在春分前到家，一准在春分时分娩，下在路上就糟了，遇到风雪就糟了，但遇到了就遇到了吧，一起来就一起来吧，春总归是春。

收到牧民的电话，告知昨日哈仑色楞痕，乌珠穆沁大雪飘飘，盖住了定居点的房子，房子多高雪多高，棚舍多高雪有多高，牧民扒开了门缝儿，奔向埋在雪里的羊舍，有的羊儿死去，有的羊儿活着，有的羊儿出生了……

哈仑色楞痕哈仑色楞痕，春分啊春分。

写于 2009 年

# 游牧到金界壕，再到科右中旗

从我们胡热图淖尔向东南，过霍林河，沿金界壕长城，要走 200 多里到"哈日淖尔"，这是我们躲避雪灾游牧的目的地，在那里渡过了多少难忘的冬天，在军马场的山沟里，又被狼咬死了多少马、多少羊！到现在我还清楚地记着，马倌跑来叫我：大花公马让狼把肚子豁了。我马上随之赶了过去，老远就看到一堆老鹰，我心想：完了！眼前的情景惨不忍睹，老公马横躺着还在喘气，但两眼都被鹰叼走了，肠子被扯得满地都是……而这匹为保护家族牺牲的老公马正是我心爱的"呼和—阿拉嘎"

的爹！

后来我知道了"哈日淖尔"是科右中旗的地方。旗所在地白音和硕离哈日淖尔还有 100 多公里，开会剩下的时间不够，只能就近看了图什业图王（靠山王）府旧址和代钦塔拉草原。

写于 2012 年

# 关于游牧文化和游牧生产方式

游牧文化属于上层建筑领域，它产生于包括游牧生产方式在内的经济基础，不应把它们等同起来。在我个人看来，文化不应该有什么先进落后之分，即便它不存在了，它也是文化遗产的一部分。换一句话来说，某一种生产方式过时了，消亡了，它所诞生的文化仍然可能是璀璨的、是流传千古的，譬如红山文化、半坡文化……即使是腐朽的文化，它仍然是历史文化的一部分，仍可以留给后人借鉴、批判和研究。

我喜欢游牧文化，现在家里还摆放着 4 个不同的马鞍：两个牧区的元宝鞍子、1 个清朝武备馆的木荐鞍子、1 个南美潘帕斯草原的牛仔鞍子。我喜欢锡林郭勒的长调、蒙古袍和宝勒嘎日古特勒（银牛皮蒙古靴），但我认为传统的游牧生产方式在内蒙古已经成为历史，不应当也不可能恢复这种落后的生产方式。

什么叫游牧？"逐水草而居"这五个字最准确无误地概括了它，这大概就是一些学者和教授（包括我最尊敬的植物分类学

启蒙老师刘书润先生）所说的"天人合一"的境界。在我看来，游牧就是靠天养畜，就是"夏饱、秋肥、冬瘦、春死亡"。我在内蒙古牧区 12 年，有近 10 年的游牧史，每年搬家近 40 次，曾有 7 个冬天分别搬到哲里木盟、昭乌达和兴安盟，我们生产队也曾接待过几千里以外游牧而来的巴彦淖尔盟的马倌。我已经受够了：1967 年冬我刚下乡就遭遇了大雪灾，我和牧民一起放的一千多只羊死了一半，用死羊垛成羊圈。每天放羊都带着木锨，看哪一个羊刨不动雪了，走不动了，就铲出一块草地来让它吃。起不来了就抱两块羊皮搭一个简单的窝，但第二天早上来看羊还是死了，当时心里真是充满了悲伤。记得 1968 年 1 月触景生情写的诗里有两句："巨鹰张翅扑冻马，瘦羊布野喂寒鸦。"荒凉凄惨，不一而语。那时立下的志向就是改变这一切！从那以后，我和其他知识青年与牧民一道，改良畜群、建设棚圈、打井、种草，甚至于和牧民展开"卖一岁羊还是卖三岁羊合

算?"的大讨论，结果当年就出栏了1万头牲畜。牧民富了，但生产条件并未能得到根本的改变，雪大了、雪小了、蚊子多了，都要搬家。三年一小灾，五年一中灾，十年一大灾，循环往复。1977年冬天我是东乌珠穆沁旗畜牧局副局长，十月中旬骑马到生产队里分出了四个乌珠穆沁肥尾羊核心群，回东乌珠穆沁旗的路上就下了大雪，这就是那场有名的铁灾。人们都听说过"人吃人"的社会，甚少知道"羊吃羊"的现象，到处都能见到死牛、死羊被羊啃过的狼藉，人骑的马尾巴和腹毛都被羊和小牛吃光了，它们在死了以后被啃开的肚子里全是毛。五个半月的大雪，吞噬的是牧民的心血。且不说牧民生活无着，靠飞机和政府的顺四轮（解放30）车队送来的粮食和燃料总算保住了命，锡林郭勒盟全盟900万头牲畜就剩下400万头，阿巴哈纳尔旗（现锡林浩特市）最惨，40多万头牲畜仅仅剩下4万头。大家想一想，当时还是公社化有难同当时代，如果放到现在，会产生多少赤贫牧户!

在草场承包经营之后的今天，牧民还有游牧的余地吗（该不该承包以后再讨论）? 近30年，省界、县界、乡界的草场纠纷层出不穷，有动枪炮的，有死人的。20世纪80年代初某省和某自治区的草场划界还气死了一个副省长。当年牧民游牧也常是你到我家门口放，我到你家门口放，顺便喝酒吃肉。今天的草原没有大锅饭了，只能计划使用草场，搞好草原建设，打草贮草，优化畜群结构。还有什么好办法吗? 当然，要减人、要减畜，这个问题以后再谈。如果真像有的专家学者说的那样: 如果定居下来，草原母亲会痛的，要让牲畜动起来，恢复游牧，那只能是你游到我家我游到你家，像滚元宵一样滚在一个筐箩里，再烂在一个锅里。

现在再回忆起来，好的季节游牧还是挺浪漫的。胡热图处于三盟（当时是三省）交界，确实有游牧条件。阿尔斯楞图队的羊是走出来的，光吃草尖、吃红花、吃草籽，不管多好的草场，别的羊群走过，我的羊连头都不低。草尖是什么，是生长点，是蛋白质，蛋白含量可以达到15%～20%。红花是什么? 是雅干其其格，是华北岩黄芪、大花棘豆、狐尾藻棘豆等豆科植物花的总称，含有维生素A、C。草籽则孕育着生命，富含脂肪、蛋白质，蒙古羊能走，光挑好的吃，单是羊尾巴就能出10千克油，跑起来能把自己打一个跟头。积累脂肪是为了过冬，到了春天不仅尾巴小了，肚子里的油没了，就连骨髓里的油都干了，白髓变成了红髓。转换0.5千克脂肪的能量能转换1千克肉，不算死亡，光越冬就浪费多少草地资源? 牧民的育种也是适应游牧的，生了双羔总要捡小的用牛粪筐扣住，活活地饿死，任凭羊羔凄惨的叫喊，牧民不为所动: 呼勒嘿，不然三个全死，现在有希望活两个。所以牧区百母超百子就是大丰收。留种全留大尾巴的，双羔绝不留种。同是蒙古羊系，小尾寒羊在农区一年可以生两胎，一胎3～4个，种羊自然选多胎基因。当然小尾寒羊的肉吃起来绝不能跟乌珠穆沁羊相比，这也是乌珠穆沁羊畅销中东地区的原因。同样，牧区牛和马的选育也是为了方便游牧，牦牛和蒙古马实际都是半野生状态的，虽然驯养了几千年，仍旧保留了明显野生种的形态。全世界人工培育的家畜家禽生产力都明显高于野生种，游牧的牲畜则差距不大，牦牛的生产性状甚至还低于野生牦牛，这都是因为生产条件决定的。

话再说回来，很多有识之士感叹: 牧区游牧文化快消失了，牧民的孩子连马都快不会骑了……文化遗产的保留要靠文化素质的逐步提高。美国和加拿大的牛仔节都非常热闹，牛仔运动也成为一种时尚;美国德克萨斯州至今保留着夸特马赶牛犊比赛。夸特马（Quarter horse）也有人直接翻译成四分之一英里马，曾创造了四分之一英里短跑世界纪录，相当于我们的竿子马，专用于赶牛。在赶牛犊比赛中，一些城市里的少男少女们骑马把一头牛犊从一群牛中赶出来，其灵活程度一点不比我们马倌差。游牧文化要靠富裕起来的牧民去传承，也要靠全社会的宣传和引导。北美牛仔文化的继承和发扬，也促进了良种马的保种和育种，不像我们国家又有人提出，要政府出钱保护蒙古马，保护马文化。我想，即使政府出了钱，保住也难。

# 丁巳年铁灾

手头有一本那·德力格日写的《丁巳年铁灾》，今天翻了翻，使我回忆起丁巳年即 1977 年的大雪灾：尸横遍野、惨不忍睹！那·德力格日是东乌珠穆沁旗原"革委会"主任，后任副旗长，这本书记录的是各级政府如何加强领导，牧民群众如何艰苦奋斗，兴安盟、哲里木盟、昭乌达盟如何支援三个公社的牧民走场，最后取得了抗灾的胜利。东乌珠穆沁旗灾前 120 万头牲畜，紧急杀了 27 万多头，存活了 66 万头，死的和杀的差不了许多。这确是胜利，锡林郭勒盟 900 多万留下 400 万，阿巴哈纳尔旗 40 万剩下 4 万。

书中记录了当时抗灾各级指挥部名单和英模，其中不少是还在牧区的知青，但因从蒙文翻译过去，名字面目全非。如旗总指挥部办公室秘书组副组长贾玉林、额仁高毕公社额仁宝力格大队副总指挥巴特尔智康（应为石康）、胡热图淖尔公社胡特勒敖包大队指挥部成员冠丰（应为管峰）、阿尔斯楞图大队指挥部委员杜天宏（杜天航）、巴音呼布公社指挥部成员傅晓东，以及抗灾劳模胡热图淖尔公社阿拉坦额莫日大队孙贵金（孙桂珍）、阿拉坦合力公社李金力等。

书中记录的一些数字也发人深省，1949 年东部联合牲畜头数为 22.9 万头，1956 年东乌珠穆沁建旗时 70.6 万头，1958 年公社化牲畜入股时 85.8 万头，1963 年 102 万头。1983 年牲畜分到户之后快速发展，1990 年 203 万头，1998 年达到 312.1 万头。50 年间，牲畜增加了十几倍！

# 喝茶
## ——怎一个"透"字了得

### 茶　诗

唐代元稹·一言至七言诗

茶。

香叶，嫩芽。

慕诗客，爱僧家。

碾雕白玉，罗织红纱。

铫煎黄蕊色，碗转曲尘花。

夜后邀陪明月，晨前独对朝霞。

洗尽古今人不倦，将知醉后岂堪夸。

喝茶的好处自不必说，副作用呢？"睡不着觉""憋不住尿"，那当落得饮茶境界之下乘。其实在牧区冬天放羊，喝不透茶才真是"睡不着觉""憋不住尿"呢！

我插包的主人叫沾布拉，老家是奈曼旗半农半牧区的，吃不得远搬游牧的辛苦，都是让他的六指（趾）兄弟布和朝鲁跟我一起出包，要搬到200里以外的山里。一冬天要搬20次家，铲20个羊盘。我和布和朝鲁每年远搬都是住"套布阁"，实际上就是一个大"哈纳"和一片大毡子搭成的小包，人在中间站起来，头露在外面，远处看，就像人穿着一身毡裙，怪怪的。住"套布阁"，冷自不必说，御寒也有两个办法配套使用：一是"捆"，睡觉前先把腰带呈"U"字形在毡子上摆好，再铺上一半皮被，裹好皮得勒，压上另一半皮被后，用身下的腰带把自己平行捆两道——像捆粽子，更像捆"木乃伊"。二是"喝"，要

把茶喝透。每天晚上我把羊群赶回羊盘，饭后都要酽酽地煮上一大锅茶，加好盐，倒进壶里，再扒出带有余火的炉灰，把茶壶放在灰上保温。布和朝鲁边喝茶边听广播边打呼噜，而我则挑亮羊油灯，边喝茶边加火边看我的书。这些想方设法收集来的书是我的宝贝，它们有大学的教科书：动物生理生化学、分子遗传学，匈牙利大医学家胡提拉的兽医学（动物内科学、外科学、产科学）。我的大学课堂不是阶梯教室，而是这小小的"套布阁"，但实验室却大了去了，是草原，是数不清的马群、羊群和牛群……

我和布和朝鲁喝得浑身出汗之后，一壶茶也差不多喝光了，撤了火，盖上顶毡，再按上述办法把自己捆好，乘着茶的热乎劲儿和那点儿盐，可以美美地睡到八点天大亮。但如果没有喝好茶，肚子里没个热水袋进了被窝，保准起夜，而且再也捆不好被窝，越冷越起，越起越冷，那这一夜就完了。当然，即便是喝好了茶，如果夜里来了狼，炸了群，那就另说了，甭想再睡了。

我在"套布阁"里过了七个冬天。

晚上喝茶的习惯一直保留了40年，现在每晚没有一杯新泡的绿茶是睡不好觉的。附带的本事是，无论是喝多酽的功夫茶或是意大利的"卡布奇诺"（咖啡），我都会倒头大睡。

# 喝汤，是蒙古族老牧民对羊的爱惜

对宰杀羊只和吃肉的说法，牧区有可能不同。东乌珠穆沁旗胡热图把吃肉说成喝汤，是有季节性和说话人资格的区别的，也说明了牧民对羊的珍爱。

一般冬季杀羊蒙古话就叫杀羊，或者说是"准备肉食"（依的布特纳），这时候你要跟老乡说喝汤，那阿嘎真给你从肉锅里盛碗汤递过来。一冬天牧民的主食是以手把肉为主，血肠肚子一起上，肉汤再下把小米煮成肉粥。到了春天肉冻不住了，骨头下水也吃得差不多了，这时要把肉切成条，晾成肉干，很长时间就是下面条、吃风干肉。春天母羊下羔，又非常瘦弱，

就是留下的几个羯子膘情也很不好，所以春天杀羊是牧民最忌讳的，谁也舍不得杀。只有上了年纪的老人受不了老是面条干肉，想吃手把肉了，就会说"想喝汤了"，那个"杀"字他吐不出口。

牧民特地留下来的"喝汤"的羊都是两岁以上的大羯羊，虽然过了一冬已经瘦了很多，但仍有可能出肉超过越冬前的母羊，肉也格外的好吃。煮手把肉的第一碗汤一定要给年纪最大的老人，牧民都说，春天的羊汤是最养人的，老人喝了以后马上来精神。当然，接下来全家大吃久违了的手把肉，无疑是最大的享受。

# 关于蝇类的分类和"瞎碰"（羊狂蝇）

有人问起羊狂蝇。回到北京，我查了昆虫纲双翅目的有关资料，又结合《兽医寄生虫学》和我在草原上学到的知识，试着给一个回答：

双翅目昆虫包括蚊、蝇、蠓、蚋、虻，世界已知有 85 000 种，中国已知 4 000 余种，而蝇类世界则有上万种。

蝇类又按食性分为吸血蝇类、不吸血蝇类和不食蝇类。

一、吸血蝇类为蛰咬动物或人的蝇类，如蝇科的蛰蝇亚科、舌蝇科等，它们又与蠓、蚋、虻（小咬、瞎虻、马蝇子等）有区别。

二、不吸血类主要是我们常见的家蝇，如：蝇科的厩腐蝇、市蝇，丽蝇科的大头金蝇（绿豆蝇子）以及麻蝇、花蝇等科。

杂食性蝇类食物主要是腐败的动植物、人和动物食物、排泄物、分泌物、脓血、

绝大多数蝇属于此类。它们是病原微生物的传播者，也是腐败物的清道夫，对环境有一定的好处。它们的口器是舐吸式，不能撕咬，蝇蛆的口器也只是刮吸式的，对血、伤口、腐肉最为感兴趣。牧民最痛恨的一件事就是草原上的艾虎（两头乌）偷袭母牛——夜间从趴着的母牛阴门咬进去，任凭牛怎么狂奔都不松口，直到一夜吃掉大半个屁股才满意而归。第二天中午，脸盆大、深可见骨的创面里全都布满了蛆。每次我处理创伤，都不是用镊子，而是用手大把大把抓蛆，一抓就是一盆。但几乎没有痊愈的，不是因骨髓炎败血死亡，就是冬季瘦弱死亡。当时恨死两头乌和苍蝇了，现在看来与生蛆关系并不太大。正像你的小狗伤口生蛆一样，蝇蛆只是清除了脓血，干净了创面，八天十天蛆要落地变蛹，自然离开了创口。当然，蛆太多了或不断下蛆又另当别论。

三、不食蝇类，就是不吃东西的一类蝇子，这是最可怕的蝇类了。主要有狂蝇科、皮蝇科、胃蝇科和肤蝇科等。人肤蝇中国没有，它的幼虫（蛆）能钻进人的皮下生存。内蒙古草原上见的最多的就是羊狂蝇、马胃蝇和牛皮蝇了。

这些蝇类一生不吃东西，一生是指其成虫，即从破蛹羽化到交配、产卵后死亡共约十天，其生命就由卵、蛆、蛹三个阶段来继承。其中，蛆在动物体内寄生10个月左右。牧区在夏初牛经常"跑蜂"正是逃避牛皮蝇产卵，其卵短期内孵化成蛆后，钻入皮下游走至背部寄生，直到第二年春天钻出牛皮。中国的皮革业有一句话：北皮不如南皮，牛皮蝇不仅让牛遭罪，其皮革的利用价值也降低了30%～50%。

马胃蝇更邪乎，其蛆钻入皮肤之后，一直游走到胃里，叮在胃壁上。马胃并不大，只能放进一个篮球，（牛第一胃里能放

一个人），但我曾在解剖一个马胃中刮下约4千克的胃蝇幼虫（蛆）。在我给马做直肠检查时，经常让蝇蛆叮到我的手臂上，我用万分之四的敌百虫水饮马半个小时之后，马群拉得满地都是蝇蛆。

最后谈谈羊狂蝇。20世纪70年代，我在东乌珠穆沁旗西部经常发现一种蝇子往人眼睛里下蛆，当地汉人叫它"瞎碰"。人们对这种像蜜蜂、又显得纤细一些的蜂子极为恐惧，我也曾多次被袭，眼前黄色的小蜂飞过，你还未能来得及眨眼，蛆就已经下到眼睛上了。我曾问过中国科学院动物所的教授，他们不知所云，直到最近我才查出，1986年以来，全国有300个被羊狂蝇伤及人眼的病例。羊狂蝇又叫羊鼻蝇，专往绵羊鼻子里下蛆（即幼虫，没有产卵的阶段），羊为防止成蝇的侵袭，常将鼻孔抵于地面或互相掩藏头部，惊恐不安。幼虫移行到鼻腔、鼻窦、额窦，甚至颅腔，造成出血和分泌大量鼻液，引起呼吸困难，或继发脑炎死亡。牧民经常在秋冬季把羊群在盐碱地上顶风驱赶，引起羊打喷嚏喷出虫子。当羊狂蝇找不到羊群时，就把人当做袭击的对象，因为它活不过10天，又不吃食，飞不太远，只好李代桃僵了。现在回忆起来，"瞎碰"袭击人的附近，都没有羊群出没。

我曾想过，人眼肯定不是这种蜂子的寄生地，否则它不能繁衍、生存。

我也在思考，随着原始游牧生产方式的结束和驱虫药物的使用，很多蝇类的演化链条被打破，物种会消失。达尔文的进化论总结为：适者生存，不适者灭亡。在这"物竞天择"过程中，人类既是运动员，又是裁判员；既是竞争对象，又扮演了上帝的角色，替天行道，这对整个大自然、对人类、对生物多样性是好事？是坏事？是耶？非耶？福兮？祸兮？

# 西海固

## ——全国扶贫开发的改革试验区

30 年前，当中央决定成立国务院"三西"地区农业建设领导小组的时候，我有幸在林乎加同志身边担任秘书工作，见证了全国首个改变了救济式扶贫，开创连片综合扶贫开发的新模式，同时也见证了老一辈革命家林乎加同志为"三西"地区的脱贫致富所付出的心血。

1983 年 1 月，我跟随林乎加、李端山等领导到三西地区。进入宁夏不久就到了"喊叫水"这令人听到名称即感到心碎的地方。在牧区基层工作了 12 年的我仍然被眼前的贫困所惊呆了：黄土高坡素面朝天，六盘山区满目疮痍，老百姓在太阳下面"猫冬"，面黄肌瘦、神情萎靡，身上穿的多数是破旧的黄色棉军装。当地的干部告诉我们，连年大旱，有些地方四年没有种上庄稼了。政府有限的财力一直在救济："吃的是救济粮，穿的是黄衣裳"，但仍是僧多粥少，只顾眼前，过了冬天军棉袄、军棉被就全卖光了。1982 年当地人均收入仅有 22 元。

《史记·汉书》中"北有戎狄之畜，畜牧为天下饶"指的就是西北的这片地方。历史上是草原牧区，生态环境很好。目前盐池、海源、固原仍被划为牧区和半牧区，但长期以来的开垦和人口增加，生态环境变得极为恶劣。1997 年联合国提出：干旱地区和半干旱地区人口密度不应超过 7～20 人/平方公里，而西海固地区 1982 年已经达到了 50 人/平方公里，乎加同志多次强调"一方水土养活不了一方人"就是当时生态环境的写照：夫妻为一筐草根是喂驴还是烧饭打架；山上的喜鹊跟着给灾民送水的拖拉机飞，跟灾民抢水，这都不是故事，而是西海固地区常见的事。

一路上我常常扪心自问：虽然自己曾在基层工作多年，但这样的地方你敢下来吗？你敢来这里当个乡长或县长，并有信心改变这里的面貌吗？

根据中央财经领导小组的指示精神，林乎加、李端山同志立即组织成立了三西地区农业建设领导小组，在深入调查研究的基础上分别在兰州和银川召开了为期 11 天的领导小组扩大会议。30 年后回过头来看，这次会议绝对称得上是中国扶贫史上划时代的一次会议，会上制定的一系列方针政策和措施规划至今还发挥着指导性作用。

## 一、扶贫解困必须与生态环境治理共举

贫困多与生态环境恶劣共存。包括西海固在内的两西地区多年来的乱垦乱控，造成生态破坏、水土流失，当地群众"越穷越挖，越挖越穷"。记得当时盐池县几乎挖尽了闻名全国的"粉甘草"，在那半荒漠地区得到一根质量好的甘草根得挖 2 米深的大坑，经常听到甘草坑窝死牛的事。林

乎加同志提出来的首要目标不是解决多少人的温饱，而是大胆地提出"三年停止破坏"！三年转瞬即过，生态破坏是否停止，植被是否有所恢复，这是一眼可以看见的，风险之大，一目了然！乎加同志多次说："这么多钱砸下去，不能连个响都没有！"此响非凡响，二西的干部群众做了多少努力，流了多少血汗：每户要达到"一个节柴灶，二口水窖，三亩旱地（三田即坝田、梯田、压沙田）"；种草种树、小流域治理；薪炭林、沼气的推广；人畜饮水工程等等，这些措施并不是什么高科技、新办法，而是乎加同志经过认真地调查研究从群众中总结出的行之有效办法，又用专项经费给予扶持。

## 二、山川共济，贫困山区与商品粮基地统筹

乎加同志在会上第一次提出：兴河西、河套之利，济定西、西海固之贫。只有战略家才能提出这样的扶贫方针政策。中央16大提出城乡统筹的战略加快了我国农村各项事业的发展，而三西地区的山川共济政策，统筹安排建设投资，解决定西、西海固的粮食调运，同时展开了由政府主导的"吊庄"移民。乎加同志总结了宁夏"拉吊庄"的经验，并且在三西地区推广。他多次说，水库移民这种行政命令式的移民遗留问题很多，是不成功的，而中外历史上的大规模移民都是"人往高处走""禾多才移"，是向富的地方、粮食多的地方移动，靠行政命令不行。1983年11月经国务院批复同意的三西地区农业建设领导小组汇报提纲中就明确提出了：决定采取"拉吊庄"的办法，兴河西、河套之利，济定西、西海固之贫，不采取行政办法移民。这种政府引导，群众自愿的移民方式是三西建设对全国扶贫工作的一项重要贡献。

## 三、水路、旱路并行，多方寻找出路

乎加同志在大小会议上反复讲：能走水路走水路，能走旱路走旱路，水旱不通另找出路，不能在一棵树吊死。三西建设实打实地按照乎加同志的这个思路，三条路都走得有声有色。

1983年3月国务院批复的领导小组的报告中预期："从长远设想，做到按农业人口一人一亩水浇地或两亩'三地'，是可能的，应作为长远规划的目标。"

水力投资占了三西专项资金的大头。1983年9月21日乎加同志在第三次会议上给大家算了一笔细账：定西、西海固山区有多少水资源，河西的三条河有多少水资源，可以浇灌多少地，养多少人；畜牧、林业用水多少，提到上下游统筹，不能像石羊河上游用水下游胡杨、沙枣枯死，第一次提出生态用水的概念，特别强调了节水灌溉，保证水源的合理分配。十年下来，景电二期、引大入秦、西海固扬水等一大批大中型水利灌溉工程，使昔日不毛之地变成绿洲，使二三百万人稳定解决了温饱。

旱作农业费力大、见效慢，不能开一个药方就能解决问题。乎加同志向当地老农请教怎么种压沙田，能不能用地膜的办法解决"累死老子，乐死儿子，苦死孙子"的恶性循环；他不厌其烦地在各种会议上详细介绍延安和西海固的沟坝地建设经验；他反复地去庄浪、静宁，鼓励当地战天斗地、愚公移山建设梯田的精神。再加上种树种草，推广草木樨、红豆草培肥地力，虽然不能旱涝保收，但也大大地提高了旱地的抗旱能力。

到1989年我调离三西处时，七年里三田面积增加了近360万亩，定西和西海固人均占有三田超过1亩，有效灌溉面积超

过了 0.5 亩，已经完成了建设初期的设想。

在"另找出路"上更是倾注了乎加同志和甘肃、宁夏扶贫工作的同志们的极大心血。除了"吊庄移民"之外，定西和西海固组织了大量的劳务输出，以工代赈。乎加同志亲自出马，联系并动员劳动力到新疆农垦建设兵团采摘棉花，并掰着手指头一笔一笔算收入账，发展乡镇企业。乎加同志形容说："现阶段应以家庭和联户企业为主，坚持个人办、联户办、村办、乡办、与外地合办，五个轮子一起转。"开展多种经营，大力发展畜牧业。由于我是搞畜牧业出身，乎加同志经常让我跟农民讲羊怎么养，病怎么防，草怎么种……

## 四、东西联合，对口扶贫，八方支援

从三西建设开始之初，领导小组就制定了"拟组织沿海多种经营经验较多、技术水平较高的地区和他们协作，实行专项训练，请进来派出去均可"的方针，乎加同志反复倡导移植沿海劳动密集型产业，建立一批骨干龙头企业。在领导小组的组织下，成立了技术咨询组，对农民进行专业技术培训，与江苏、浙江、北京等省市实行了干部互派，开创了东、西部地、市、县对口支援，帮助定西、西海固地区乡镇企业的起步和发展。

国务院投资三西地区每年 2 个亿的专项资金效果显著，这是经得住历史的考验的。建设之初确定的目标非常明确："三年停止破坏，五年解决温饱，十年、二十年改变面貌"，这头八年的效果就是交账的具体指标。到了 1984 年，定西和西海固 90％的农户用上了节煤节柴灶，多数农户保证了煤炭供应，不但基本停止了乱垦乱挖，还退耕还林还草 400 多万亩。1989 年 10 月 12 日国务委员、国务院贫困地区经济开发领导小组组长陈俊生同志这样评价三西建设的巨大成就："这个巨大成就集中表现在原来占农户总数 70％的贫困户 85％以上解决了温饱问题，这是具有深远历史意义的。"以西海固为例，1989 年与建设前的 1982 年相比，人均产粮从 185.6 斤增加到 509 斤，纯收入从 22.4 元增加到 211.5 元，粮食回销从 2.55 亿斤减少到 0.5 亿斤。

陈俊生同志更进一步总结说："三西地区建设之所以取得了今天这样的成就，最重要的一条，就是改变了传统的救济型扶贫方式。""全国贫困地区的经济开发，是从三西地区起步的。"

1986 年，中央决定成立国务院贫困地区经济开发领导小组，全国性的扶贫开发工作就此拉开帷幕。1988 年国务院决定贫困地区经济开发领导小组与三西地区农业建设领导小组合并为国务院贫困地区经济开发领导小组。

作为国务院三西地区农业建设领导小组的组长，林乎加同志没有辜负党中央、国务院的重托，对待工作兢兢业业，在他的身上体现了一位老革命家的使命感、责任心。乎加同志每次到三西地区调查研究总是一竿子插到底，深入到最基层、最贫困的地方去，看老乡的存粮、水窖，掀开老乡家的锅盖，了解他们靠什么生活，有什么出路。他也到当地最富的户，问清楚他们致富的办法，再介绍给其他地方。乎加同志作报告有个习惯，从来不照稿子念。做他的秘书有个任务，就是提供 32 开的白纸和铅笔，他也不用本子，走到哪儿都是在白纸上记一记，过后我再给他整理。开会前，他会召开不同形式的座谈会，基层干部的、专家的、下去搞调查人员的，即使是工作人员准备了讲话稿，他也只是在数据上作些记号，上台讲话时就是自己的一叠白纸。做报告时全无穿鞋戴帽、讲大道理、说客气话，也从不引经据典、旁征博引，总是直截了当、直入主题。乎加同志在报告中经常把他在调查研究中了解到的一些鲜活的例子讲解得非常详细，包括具体做法和技术数据，有些人感到讲得太细了，不像个大干部讲话，但是长期在基层工作的同志愿意听。

乎加同志工作作风实事求是，总是把困难、问题想得多一些，总是留有余地。1984 年三西地区连续两年丰收，温饱问题有所缓解，乎加同志反复告诫大家，这是"天帮忙"，不要"贪天之功"，在总结成绩时总是慎之又慎，但在分析问题时却是细而又细，要求分析出原因，找出解决问题的办法。

三十年过去了，西海固和定西地区早已大变了模样。以乎加同志为首的三西地区农业建设领导小组和宁夏、甘肃各级领导没有辜负党中央、国务院的信任和托付，不但很好地完成了任务，而且为国家全面开展扶贫开发工作创造了成功的经验。应该说，中国最早的改革开放试验东部是从对外开放开始的，西部是从扶贫开始的，而西海固、定西地区则是当之无愧的全国扶贫开发改革试验区。

# 第二部分　关于草原

# 关于草原保护的几个有争议的问题

（2010年11月7日在中国人民大学的学术报告）

我曾经在牧区深处生活了12年，我插队当兽医的地方（东乌珠穆沁旗胡热图淖尔苏木）当初是三个省（自治区）的交界，现在是四个盟市的交界，最方便游牧。在六、七十年代，我们队牧民每年大约有20次逐水草而居，冬天如果远搬还要20多次。我在的那些年有7个冬天远搬到一百公里以外的兴安盟山区躲避大雪。我们队800多平方公里内有50个牧户，我每户都住过，跟他们一起度过了10个春节，一起游牧搬家的次数大概有300多次。因此，我觉得自己是一个游牧的行家里手，有资格跟大家聊一聊牧区的事情。

内蒙古草原位于欧亚大陆草原的最东部。与世界其他草原如南美草原、北美草原、南非的热带稀树草原相比，欧亚草原是最大的。而中国的草原又是最特殊的，主要是有世界屋脊青藏高原草原，全世界没有这么高海拔的草原。从大兴安岭的东西麓起，沿着阴山山脉经过黄土高原，再沿着青藏高原向下直到云南迪庆，这条斜线就是一条农牧分界线。但实际上这条线已经不复存在了。原因是经过200多年的开垦，草原实际上已经从大兴安岭东麓退缩到西麓，从阴山的南麓退到北麓。有人计算过，草原从东向西退了100公里，从南向北退了200公里。这一带本来是水草最好的牧区，现在却成为土壤贫瘠的最差的农区。数数国家的扶贫县，从北到南多数都在这一带上，这就是大自然对我们的惩罚。

## 一、关于草原功能的争议

一些专家认为草原的潜能远远没有发挥，还有40倍的增产余地，中国将来的主要畜产品基地在草原。另有一些人认为现在草原已经退化得很严重了，要以保护生态为主，牧区的特点是人少，最简单的方法就是移民，围封转移，花钱少、见效快。

我认为草原跟其他地方不一样，与耕地和森林不同。草原上的草—畜—人有着不可分割的关系。它有很重要的生态功能，是我国最大的陆地生态屏障；同时还具备一定的经济功能，是牧民赖以生存的最基本的生产资料。不能忽视的是草原的社会功能，因为草原大多数是少数民族世世代代赖以生存的土地。如果草原的事情搞不好，就会引起一系列的生态问题、经济问题甚至是社会问题。

## 二、沙尘暴生成原因的争议

### 1. 荒漠和荒漠化的争议

有些人认为荒漠是人为造成的，如果草原荒漠化了是不可恢复的；还有人说沙尘暴也是人为造成的。这些说法多少有一些误解。

地植物学范围内的荒漠、草原、森林是地质时期自然过程形成的，是相对稳定的植被类型。地植物学对草原的定义跟农学对草原的定义是不一样的。《草原法》里的草原概念实际上是把农学里草原的概念（草地）和地植物学的草原合并起来。荒漠主要是冻原、戈壁、石漠、沙漠，我们国家的原生荒漠主要在塔克拉玛干、柴达木沙漠、腾格里沙漠、库布齐沙漠等，是长期的地质变化、气候的变化，极端的干旱造成的，它是不可以人为改变的。在上世纪50年代提出向沙漠进军改造沙漠，是违背自然规律，是不可能实现的。但是同时，沙漠也有绿洲，但绿洲的存在是有条件的，如果条件消失了，绿洲也就不复存在了，条件恢复了绿洲也就恢复了。新疆有绿洲农业，完全是靠灌溉，塔里木河如果干涸了，那里的绿洲文明也就消失了。以前的古楼兰就是因为孔雀河的干涸而消失的。我想说的是原生的荒漠不是人为造成的，但是绿洲兴衰跟人为活动密切相关。

次生荒漠有很多就是我们的草原，在内蒙古主要是毛乌素、科尔沁、浑善达克、乌珠穆沁等沙地。它们不是荒漠，这些地方的地下水丰富，降雨量也不差，只要保护好了就是具备了生物多样性最好的草场。但是如果放牧过度，践踏过度，就会沦为流动沙丘，最后变成荒漠。需要强调的是次生荒漠，哪怕就是一片黄沙，只要围封保护起来就能够恢复。我们可以看到浑善达克沙地最近几年围封后效果非常好，植被得到迅速的恢复。

### 2. 沙尘暴生成的原因

沙尘暴跟北京的空气质量直接相关。关于沙尘暴有人认为是从浑善达克沙地刮来的，也有人认为沙尘暴是人为造成的。沙尘暴不是现在才有，只是近几十年厉害了，历史上有很多记载。唐诗里面的"君不见走马川，雪海边，平沙莽莽黄入天。"是关于沙尘暴非常清晰的描绘。有研究说黄土高原是西北的几个大沙漠包括中亚干旱地区和戈壁吹来的沙尘沉积而形成的，

北边被吹成了沙漠、戈壁，但是细尘沉积在黄土高原，逐渐成为非常厚的黄土层。黄土层又随着黄河的冲刷，每年带走16亿吨，形成黄河冲积平原和黄河三角洲。也就是说沙尘暴造成了3种地质类型：原生荒漠、黄土高原、黄河冲积平原。

沙尘暴袭击北京的通道有3个：西通道主要是在河西走廊，它的来源是中亚，然后经过新疆到河西走廊；中通道是阿拉善，也是从蒙古国的戈壁草原过来的。应该说这两条沙尘暴主要是自然形成的。对北京影响最大的，人为因素最大的是东通道，沙尘源来自蒙古高原（从蒙古国到内蒙古）退化的草原以及坝上的开垦的土地。冬小麦能覆盖土地，但是坝上只能种春小麦，四、五月份土地是裸露的，这样的地表产生的沙尘会直接加重沙尘暴。

沙尘暴包括沙暴和尘暴，沙暴主要指500~1 000微米的沙粒流动和直径100~500微米的沙粒的跃移形成的流动沙丘，它能够把汽车上的漆都给吹掉。有人说浑善达克的沙子快到北京了，实际上它每年仅仅移动几米，它过不来。来的是什么？是尘暴，也就是说从0.25~16微米（平均2.2微米）的尘土悬浮在大气中形成气溶胶，一直能够飘到夏威夷。

所以说影响最大的、最可怕的是尘暴。沙尘的主要来源是荒漠化草原和裸露农田，而不是沙漠和沙地。举个例子，山洪下来的时候泥沙俱下河水是浑的，但水流再急，沙底的河流的水是清的。河北的坝上农田的土层中的直径小于50微米的尘粒占46.8%，但浑善达克沙地中间的直径小于50微米的只占3.1%，飞起来的是土、是尘而不是沙。2000年，我陪领导同志到了浑善达克沙地，当时很多人都认为，治沙、植树造林是国家的事、是政府行为，治理草原、人工种草是牧民的事，是经济行为。

实际上对北京的沙尘暴影响最大的恰恰不是浑善达克沙地，而是北方的草原。而我们的钱却只用在浑善达克沙地，虽然效果明显，但对沙尘暴作用不大。坝上的耕地本来就是草原，现在已经成为固定的耕地了，这些地方应该采取免耕法耕种，不要让浮土再起。

### 三、游牧文化是恢复草原的根本出路吗？

最近很多的媒体报刊都在呼吁拆除围栏，合并草场，恢复游牧。有些社会学学者和记者在讲游牧文化的好处，讲恢复游牧对于生态环境的重要意义。

游牧是不是恢复草原生态的根本出路，首先要对游牧本身做分析。游牧的生产方式实际上就是"逐水草而居"。中国古代的一个"移"字，妙解了移民和游牧两大社会生活方式、生产方式，禾多才有移。东汉末年蔡文姬的《胡笳十八拍》里有"原野萧条兮烽戍万里""逐有水草兮安家葺垒，牛羊满野兮聚如蜂蚁。草尽水竭兮羊马皆徙。"首先，她把游牧与战争联系在一起；第二，有水草的地方，就要搭帐篷、住下，牛羊非常拥挤，水草没了就走人，《胡笳十八拍》对游牧解说得非常写实。

大家都感兴趣的《狼图腾》解说了游牧文化的先进性，包括姜戎在内的很多人都认为，游牧文化是进步的，要有狼性，社会才能进步，有羊性社会不能发展。还有些人认为游牧文化是落后的文化，不求进取，不求积累。文化是上层建筑领域的问题。我只想从生产力和生产关系方面做一些分析。

游牧实际上就是靠天养畜的生产方式，一直重复着"夏饱、秋肥、冬瘦、春死亡"的恶性循环。草原气候恶劣，三年一小灾，五年一中灾，十年一大灾。有人说传统的游牧方式是充满生机的，能够在游动中使牧草恢复。这话有道理，但很重要的是，游牧的生产方式缺乏对自然灾害的抵抗力。长期的游牧生产方式使当地牲畜保留着原始的特性。像蒙古马、牦牛，它们都是在半野生状态下，马能够用蹄子刨出雪下的草。在干旱草原牛就很少，因为牛不能像马和羊一样刨雪，所以在草甸草原等草高的地方牛才能够适应。牧区的羊都是粗毛羊，粗毛羊为两型毛，底绒和粗毛两层具有高度的保温性，但它不能适应游牧，严酷的生态环境和生产方式不能使它们生存。最有特点的就是蒙古羊，蒙古羊的尾巴大，能够熬出5千克油，它跑起来尾巴能把自己打个跟头。由于脂肪的热量是蛋白质热量的2倍，越冬的时候先消耗脂肪，所以它的越冬耐饥饿能力很强。这都是由严酷的自然环境和生产方式决定的。

但是，草原的游牧生产方式细算起来得不偿失。游牧牲畜死亡率很高，小灾、中灾、大灾平均下来一般的都要损失15%左右。当时草原上叫吃七卖八，老百姓自食7%，卖掉8%，整个的出栏率是15%。冬天游牧的掉膘率可以达到30%～50%，1个1周岁的羊越冬不死体重也要减到原来的一半，一只手就能拎起来。加上牧民为了游牧方便，留了很多大羯羊，白吃白喝几年没有收益，牧草的实际利用率不足50%，大量的牧草被死亡牲畜及牲畜掉膘、维持生命所消耗。牧区羊的繁殖成活率不到100%，遇到灾年能有50%就不错了。而农区小尾寒羊的繁殖成活率是277%，湖羊是250%，都是一年生两胎，一胎能生2、3个。小尾寒羊和湖羊实际上就是蒙古羊的生态型，跟蒙古羊有血缘关系，逐渐适应了农区的舍饲。最好的1周岁半的蒙古公羊不会超过100千克，而1周岁的小尾寒羊或湖羊（公羊）体重可以达到

150 千克，这是因为它们是直线生长，没有掉膘的过程。但为什么在内蒙古繁殖率就低呢？是因为牧民不想让它生那么多。春天下羔的时候缺乏饲草，母羊很瘦，如果生了双羔，牧民把小一点儿的羔子往牛粪筐里一扣，天天在那儿哇哇叫，叫两天就死了。牧民让它自生自灭，他们非常清楚，要么三个全死，要么一大一小活两个。这样长期选择的结果，使双羔基因逐渐减少，现在让它生双羔也很难了。

1967 年的冬天遇到了大雪灾，我放的 1 000 多只羊死了一半。瘦弱致死的羊的骨髓都是红的，瘦羊还没死的时候，你把它杀了，肉已经变味了。那时候杀的羊叫灯笼肉，就是几根肋骨包一层像纸一样薄的肉皮，就像一个灯笼一样。我把那些死羊的尸体垒成了羊圈，惨不忍睹。特别是种公羊、种公牛对雪灾的抵抗力最差，我曾经见过 200 多只种公羊死在一个羊盘子里的惨状，圆圆的羊盘子里全是死羊的大犄角，这是一个生产队所有的种公羊！

1978 年的雪灾是 1977 年 10 月 16 号开始下雪的，越下越大，一直持续到第二年的四月。这场雪灾锡林郭勒盟的 900 多万只牲畜剩下 400 万只，阿巴哈纳尔旗（现锡林浩特市）的 40 万只牲畜只剩下 4 万只。十六世纪的英国圈地运动是羊吃人的社会，而 1978 年呈现在我们眼前的是"羊吃羊"！没有草，牧民骑的马都没有尾巴，都让羊给啃了，羊死了以后羊毛都被其他羊吃了。死羊的肚子里面全是羊毛！没有去过牧区、没有见过那个场景的人想象不出那个惨，遍地都是死羊、死牛。同时，每次雪灾都会有冻死、冻伤牧民的事故发生。

蒙古国至今仍然保存着游牧的生产方式，2002 年蒙古国有的地方牲畜死亡率达到 80%，2000—2002 年因雪灾减少了近

1 000 万头牲畜，每年的经济损失约占国内生产总值的 10%。2009 年 1～5 月蒙古国因雪灾死亡牲畜 840 万头。据媒体报道乌兰巴托的人口占全国人口近 50%，其中三分之一是受灾的牧民因失去牲畜而沦为城市贫民。

我们国家经过近 30 多年的牧区定居、打贮草等防灾建设，牲畜的死亡率大幅度下降，而繁殖成活率、出栏率大幅度提高。随着牧区牲畜的直线增加，草原压力越来越大，草原退化的程度加大。这就是我所说的，游牧能够恢复草原的原因：原始的游牧生产方式致使大量的牲畜因灾死亡，从而减轻了草原的负担，每次大灾后，布满尸骨的草原都会呈现出勃勃生机。但是，我要大声地询问主张恢复传统游牧的人们：这就是你们想要的吗？在你们陶醉于"诗一般的""天人合一的游牧文化"的同时，你们见过或了解过游牧的频繁灾难吗？你们为牧民和草原上的生灵考虑过吗？

有人对我说：草地畜牧业、放牧就是游牧，这是成本最低廉的生产方式，很多发达国家也在游牧。

实际上游牧脱胎于狩猎业。狩猎业有两个分支，一支是游牧，另一支是逐步进化的养殖业。欧美的土地很早就私有化，没有办法游牧了。就像十六世纪欧洲普遍出现的圈地运动，实际上是把原本农民租种的土地强行圈为牧场，通过围栏把草场固定起来。很多国家至今保留着定居放牧的习惯。比如说澳大利亚、新西兰和欧洲很多地方都采取了划区轮牧、贮草补饲的生产模式。而游牧是逐水草而居，要举家而动，其先决条件是：草场是共有的，我可以走，允许我走，才能游得起来。

还有人提出来，现在欧洲又开始恢复游牧了，连猪都开始放养了。实际上欧洲人是提倡动物福利，从保护动物的角度出

发的。动物福利跟游牧是毫不相干的，比如动物福利者要求要给牛置备玩具，要让牛感到愉快，让猪自由活动，不能圈起来。动物福利与游牧文化又是格格不入的，比如，我们牧区的杀牛杀羊，最讲究的就是掏心，就是在牛羊剑状软骨下面划开一个10厘米的小口子，手进去通过横膈膜插到胸腔拉断后腔主动脉。这样血全流在胸腔里，血一点都不浪费，可以灌血肠。这种方式是动物保护主义坚决反对的，各国有关动物福利的法律要求屠宰牲畜必须麻醉。游牧也保留了许多狩猎的习惯，你在欧洲戴着貂绒皮的帽子，带着狐狸皮的围脖，很可能遭到动物保护主义者的攻击。特别是你作为牲畜的主人，牲畜因饥饿致死，你将面临法律的追究，游牧文化能够做到吗？

更现实的问题是草原确权之后，草场归牧民个人承包使用，并受法律保护，没有无主的牧场让你去游牧。不少牧民赞成游牧，他们抱怨的只是自己过多的牲畜不能到别处放牧，但是没有人同意让他人的牲畜到自己的草场放牧。这种只想游出，不愿意游入的想法也可以看得出游牧的随意性，或者说侵占性。

在漫长的历史岁月里，强悍的游牧民族的生产活动总是伴随着战争，开始是部落之间的牲畜、草场的争夺，部落统一以后又向农耕地区的掠夺和抢劫，这种侵占性是跟游牧生产方式密切相关的。

游牧这种不积累、不进化、不建设的生产方式，在无法扩张和掠夺之后，衰败成为了必然，这是人类社会发展的结果，是不以人的意志为转移的。游牧民族曾经16次入主中原，其中适应和继承农耕经济的都促进了社会生产力的发展。元朝蒙古族和清朝满族统治中国的时候，给中国带来了一时的繁荣，使当时的冶金业、采矿业、纺织业、文化、艺术发展得非常快。这就是建立在中原经济长期积累的基础上所形成的。

游牧文化是属于上层建筑，文化可以作为一种遗产长久地继承、保护、学习和借鉴。比如说，美国、加拿大的牛仔节就非常吸引人，是很有朝气、很有生命力的，给人以强烈的观感刺激，看着都让人热血沸腾。在德克萨斯有一种夸特马，四分之一英里竞速保持世界纪录，就像牧民的杆子马，当地至今保留赶牛犊比赛，并发展成为有名的绕桶赛。这就是文化的继承，但那只是一种文化，不能把当时的生产方式也保留到现在。

游牧文化是更接近大自然、依赖大自然，也有很多传承下来保留至今。比之更原始、更古老的狩猎文化也还保留着。但是她们代表的生产方式已经奄奄一息了，没有生存条件了。为这种生产方式的消亡有人不习惯、不理解，甚至有人自我毁灭，然而，社会进步是无法停止的。鄂伦春族有一首很有名的歌："一呀一匹猎马一呀一杆枪，獐狍野鹿满山遍野打也打不尽"。多么豪迈，多么原生态，多么天人合一！但现在打尽了，狩猎生产方式消亡了，留下的是这首歌代表的文化。

## 四、草原面临的最主要问题

### 1. 草原严重超载过牧

当前草原面临着很多问题，其中超载过牧对草原退化影响的权重最大。目前在中国的牧区、半牧区平均超载30%以上，37亿亩草场的理论载畜量是2.8亿个羊单位，实际数量是3.8亿个羊单位。

也有一些说法，草原超载了两倍甚至更多。我觉得超载36%这个数字是可信的，因为载畜量、超载量是按全年计算的，本来平均能养一只羊的草场养1.3只，结果是全瘦，养两只羊的结果是全死，它不可能超载两倍。超载量到 36.1%，已经没有给草原一个休养生息的机会了。

草原超载过牧的原因与人口增加有关。一个是自然增加，一个是移民。20 世纪 80 年代中后期逐步实行了草场家庭承包到户，新来的移民不可能得到草场。但是 90 年代以后，牧区，特别是内蒙古东部的牧民越来越富裕，大量的雇工放牧，形成了新的苏鲁克。苏鲁克制度源自 1953 年乌兰夫在草原上三不两利政策，就是牧主和牧工两利，即雇工放羊分成。新的苏鲁克很多都是半农半牧区的蒙古族和汉族的农民。他们不占有草场，但是他们占有牲畜，而且会越滚越大。

草场超载过牧与法律的滞后有关，草原权属与牲畜的权属不同步。20 世纪 70 年代末把集体的牲畜作价归户，当时叫牲畜自有自养，但是草场在相当长的一段时间吃的是大锅饭。谁的羊数量多，谁占有的草场就大。1979 年农业上的第一个国际合作项目——联合国开发计划署（UNDP）的 79001 项目就是在内蒙古的翁牛特旗搞草场建设和牧业现代化建设，UNDP 专家说，这个项目没法搞，因为牲畜是自己的，草场是大家的，怎么建设？给谁建设？建设完后由谁来维护？在很长一个时期内牲畜高速发展，草场急剧恶化。一直到 2003 年 3 月正式实施的新《草原法》才真正明确了草场权属，而且明确地提出草原可以是集体所有。这种不配套——牲畜的私有、草场的公有是草原退化的极重要的原因。

## 2. 农耕经济对草原的蚕食和破坏

本来在阴山和大兴安岭两侧都是牧区草原，现在到了一侧。实际上从嫩江的上游——白城地区——乌兰浩特再到朝阳、阜新、赤峰，再到坝上、丰宁、围场到克什克腾、多伦、宝昌，再到山西的雁北、陕北、甘肃的平凉、庆阳……原来都是牧区，但是后来变成农区了。怎么变的？出了北京就是河北的丰宁县，该县苏武庙有一块碑。碑文是"自我大清以来，四夷拱服，山河已统，边塞人烟丛集，遂立营堡"说的就是移民建镇，开垦草原。

实际上历史上的移民并非是农民的个人行为，多是当时政权屯垦戍边的政策，靠军垦、靠官府率先推动的大量的移民。自古"四面边声连角起"，战火不断，只有军垦才能抵御游牧民族的入侵和掠夺，才能推动农耕民族对草原的蚕食。明朝明文规定了"军垦""民垦"和"商垦"。清朝时候把锡伯人从东北连带他们的家属长途跋涉派驻新疆驻军屯田，左宗棠称"湖湘子弟遍天山"。坝上商都至今还有"屯垦队镇"的地名，河北围场、丰宁大军屯垦，有很多地名像蒙古营子、新营子等军队驻地随处可见。

屯垦的起因是什么？当然与游牧民族的南袭有直接相关。开始是防御性的，"不教胡马度阴山"，筑长城以御之。到了农耕民族强大了一些或者是游牧民族混乱的时候，中原政权开始屯垦戍边，大量的军队开始垦殖，以垦保军、保边。这种屯垦戍边一直延续到 1967 年，毛主席还在号召屯垦戍边。当时内蒙古兵团一到六师一字排开，从锡林郭勒盟一直排到临河。据新疆兵团考证，西汉时候就有屯垦戍边。这种适用于战争的屯垦方式以后就逐渐地演化为移民开垦，成为草原面积缩小的一个直接原因。应该说，游牧民族的掠夺和侵犯给农耕民族带来了一时的灾难，而农耕民族的屯垦和移民给草原生态环境带来长久的破坏。

记得 60 年代开始内蒙古兵团在乌拉盖垦荒，在那么好的羊草草原上种了麦子，第一年收 50 来千克，第二年也就 10 来千克，当时种子还要 15 千克，破坏了的草原至今还未得到完全恢复。实际上屯垦也不是中国特有的，日本在侵略中国的时候就搞垦殖团；以色列在约旦河西岸搞屯垦，这都是和战争直接相关的。

### 3. 全球气候变暖

受全球气候变暖的影响，近年来降水量大幅度降低，不光是内蒙古草原退化，蒙古国草原荒漠化的面积也达到 42%。

## 五、草原保护的长效机制

我也不同意在牧区推行全舍饲。从生产本身来讲，舍饲最节省饲料，放牧最节省成本。澳大利亚、新西兰仍保留着放牧的传统，多数绵羊一辈子没吃过饲料、没进过棚圈。所有的发达国家，农业和畜牧业都有大量的补贴，唯有澳大利亚、新西兰是不补贴的，原因是放牧成本低。现在有些专家认为，牲畜不游牧就会退化，该产毛的不产毛了，该产绒的不产绒了，羊肉不好吃了，羊也长不大了。实际上这是个误解，牲畜能够逐步适应半放牧一直到舍饲，同时能够大幅度提高生产力。中国的梅花鹿几乎都在舍饲。新西兰是世界上欧洲赤鹿饲养最多的国家，都是在围栏里面放养。还有英国纯血马、日本的和牛都是舍饲，和牛的肉比欧美的牛肉贵十倍以上。所以说，不是只有游牧才能生产出高质量的畜产品。

在目前的条件下，怎样建立草原的长效保护机制？我认为只有在保护草原可持续发展的前提下，建立草原保护制度、推行草畜平衡制度、实行禁牧休牧制度，以政策扶持牧民走向现代化畜牧产业之路，主动去保护草原才是解决问题的有效途径。

### 1. 建立生态补偿机制

很多专家都提出了生态补偿这个概念，从本质上看，生态补偿机制是调整因破坏生态环境的活动而产生的环境利益和经济利益之间的分配关系。通俗的说：谁利用谁保护，谁受益谁贡献，谁破坏谁补偿。这三句话非常清楚地表达了生态补偿的本质。在草原上的矿山、油田，破坏草原了，企业要给予恢复，要补偿牧民的损失，补偿生态的损失。而实际上，造成草原全面退化最主要的原因是超载过牧。生态补偿除了不让牧民掏腰包，其他所有与草原有关的活动，如旅游开发、工矿企业、交通设施等都要严格地执行这种真正意义上的生态补偿。

现在国家实行的是花钱买生态，如正在实行的退牧还草工程。退牧还草需要禁牧、休牧，这是很难的。一些专家很早对我说，渔业都禁渔了，草原为什么不禁牧？禁渔要解决好渔民的吃饭问题，管人的一张嘴，鱼的嘴不用你去管。而牧区禁牧不但要解决牧民的生活，还得要管牲口的嘴。所以，退牧还草要比退耕还林、禁渔休渔难得多。从 2001 年到 2007 年国家在草原上的投入超过 143 亿元，多数投入到退牧还草工程和其他草原建设、牧民补偿上了。

国务院新出台牧民的补助政策：禁牧的草场每亩补助 6 元，超过了 4～5 元的目前草场租赁市场价格，增加了牧民的基本收入，也防止了草场被租赁后的过牧。我倒是希望借此能够真正实现草原的休养生息：禁牧的时候，牧民能够把牲畜都卖了，用国家的补偿搞一些别的生计，等草场恢复了再按草畜平衡的办法发展生产。但不能一刀切，不能搞强迫命令。

生态补偿政策必须跟草畜平衡政策结合起来，否则国家的补偿一停，草场还会退化。今年出台的还有草畜平衡的奖励政策，即实现草畜平衡的牧民每亩草场奖励 1.5 元。

实施这些政策的目的就是在保障牧民生活的前提下让草场休养生息，恢复生机。

同时保证草畜平衡，不再破坏草原。

### 2. 草畜平衡的理论与实践

草畜平衡是在一定区域内和时间内，通过草原和其他途径提供饲草饲料量，在保证牲畜所需的同时不破坏草原，达到一种动态的平衡。实现草畜平衡是促进草原生态系统的良性循环、实现可持续发展的基础。

草原基本上处于降雨量300毫米以下的干旱地区，超过300毫米的地方大多都开垦完了。因此，水的多少成为长草、养畜、养人的先决条件。由于降水量是人所不能控制的，所以合理载畜量，成为了维持生态和确定合理的人口密度的主要因素。

提高牧民生活和控制载畜量是一对矛盾，在什么条件下既能维持草畜平衡，又能有最高的收益？我认为要研究在三个阶段下如何实现草畜平衡。

**第一阶段，是自然生产力条件下草原放牧系统的草畜平衡。**

关键是要发挥草原的生态潜力。很多人反对围栏，围栏也不能使草增加。但是为什么欧洲、澳大利亚、新西兰等国家都采取围栏呢？实际上围栏是计划放牧的有效的生产方式。在澳大利亚要申请做一个牧民，第一个你要提出申请，围栏公司帮你拉围栏，但是超过了养畜量，马上会遭到处罚。合理的围栏不能提高牧草的产量，却能提高15%的利用率。如果不用围栏，专人看着，今天在这儿吃，明天在那儿吃，就在自己的草地上有计划地进行放牧，可以啊！只要不侵犯别人的草场，只要不嫌费事，你说这是游牧都成。像新西兰的罗母尼羊，它是不扎堆儿、不合群的，它就在小围栏里面自己吃，就是适应了这种生产方式。我说那是"人也自在，羊也自在"。

最重要的工作不是围栏，是要优化畜群的结构，要得到最大的经济效益同时不

破坏草原。包括打草、青贮和干贮等措施用来调剂丰年和歉年的动态需求。打草实际上就是用夏季多余的部分补充冬季不足，同时保留牧草最高的营养成分。但是草原上有个最大的问题，就是丰年和歉年生产力相差三到四倍甚至更大。有的时候寸草不生，今年草就长得很好。干草贮备时间短，而牧草青贮能够长时间地储存，能调剂丰年和歉年之间的余缺。

优化畜群结构是牧民最容易做到的。牧区传统的出栏率是吃七卖八15%，卖掉的只有8%。而应该卖多少呢？应该是80%。简而言之，冬天只养母羊，再留20%母羔作为后备母羊，占80%羔羊和淘汰母羊全卖，这是最经济的。当然需要少量公羊，要是人工授精根本就用不着公羊，自己吃的羊留几只。实际上出栏率可以提高到70%～80%，这样可以养最少的羊达到最大的经济效益。冬季贮草补饲加优化畜群结构，也就减少了掉膘损失，提高了草场利用率。

在这个80%的基础上我们还可以把蒙古羊只生一胎的习惯改为两胎，条件是简单的暖棚和足够的冬季补饲。如果再进一步生产流水羔子，羔羊均衡上市，那收入就更高了。春、夏两季肥羊羔能卖高出50%到100%的好价钱。

**第二个阶段，是发展人工草地前提下的草畜平衡。**

我国西部干旱地区还有一些农耕区，像甘肃河西走廊、黄河灌区，包括银川、内蒙古河套、新疆的绿洲都是灌溉农业，这些地区有水就是绿洲，无水就是荒漠。草原上的植物也都是耐旱植物，高产牧草如果没有灌溉条件是很难成活的。如果要发展人工草地，就要合理地开发地下水源。人工草场有水才能有草，"以草定畜"必须"以水定草"，我们说草畜平衡在这里变成

了水草平衡，也可以说是碳平衡，只有通过水和二氧化碳的同化作用植物才能生长。很多人不认同开发地下水，认为这样会出现地面漏斗。河北的粮食产区加上工业用水曾经形成很大的漏斗，连地面都可能下沉。但是在牧区分散打井不易形成漏斗，顶多抽不出水来。鄂尔多斯的牧民一家养三五百只绒山羊，有一口水井，种个几十亩的青贮，他们小日子能过得非常好。如果我们牧区能够尽可能开发地下水源，"种植一点，保护一大片"，是值得的，是有利于生态环境的，牧区的地下水用于牧民也是用得其所。但干旱草原最大的问题就是没有水，能找到水的地方不多，所以人工草地是比较难的。在新一轮的退牧还草工程中加上了人工种草和人工补播种草的钱，但是在没有水的情况下，如果没有选好耐旱草种，种了也是白种。目前我国的科研部门还没有研究出干旱草原人工草地建制的成果。

**第三阶段，是氮平衡阶段。**

这离我们国家还很远。在欧洲、澳大利亚和新西兰很普遍。也就是说给草场施肥，让草长得更好一些。或者补种豆科牧草，增加土地的氮含量，增加土壤的有机成分从而使草场有稳定的产草量。我非常痛恨草原上的羊草大量地出口日本，它不施肥，越割越差，实际上是在出口我们国家的生态资源。如果出口苜蓿就很划算，越种苜蓿地越肥。氮平衡阶段已经是投入和产出的比较阶段，但比值不会高，因为有水因子的制约。

草畜平衡不是一个简单的草原植被问题，实际上是人、畜、草的平衡问题。如果这三个阶段的工作都做了，草原的潜力就被你榨干挖尽了。目前牧区、半牧区肉类产量占全国产量的 7.5%，其实半农半牧区早已是徒有虚名，主要产量是猪肉，

真正草原畜牧业肉类的产量不足 4%，不可能再增加了。接下来就要做减少"载人量"的问题了，人减不下来，畜也减不下来。牧区人口的问题只能用市场经济的办法鼓励他们外出打工，减少草原的人口数量，而不能只是简单地移民。这是一个非常大的社会问题，不是今天我要讨论的，但是我要说人口过多，草原肯定没有希望。

**3. 草原保护与牧区的合作化**

我曾讲过两个苹果的故事：我 90 年代访问日本，在农协（JA）看到世界上最大的苹果，叫 Number One，都是农民交给农协，农协一个星期之内就把成交后的钱打给农户。我问一个正在洗苹果的年轻人："你为什么要交给农协呢？能不能自己拿到市场上去卖。"那个小伙子一脸惊愕，说："你怎么会问这样的问题呢！这是不可能的事。"就在那一年我在陕西白水县，看到路边一位老农在卖"秦冠"苹果。我问他："你又种又卖，累不累啊？能不能让合作社代你卖？"他冲我一瞪眼："你以为还是公社化呢？！"咱们中国的农民，谈合作色变啊！是被当时一大二公、公社化吓怕了。实际上全世界农民的合作化是个非常普遍的。欧美、澳大利亚的农民专业的合作组织在市场中的作用越来越大，合作社办的企业是不用向国家纳税的，税收都体现在农民分得最后收入的个人所得税上。

我们国家应该认真探讨这方面的出路。2006 年 11 月，我国出台了农民的专业合作社法，然而牧区的合作社相对滞后。牧民合作的目的不应该是为了简单的恢复游牧，因为本来就超载过牧了，合起来也是超载过牧。应该根据草原的特点建立草原平衡制度，合理地安排，统一地使用水源、打草场。不是要简单地拆除围栏，而是要把围栏设计得更合理，更方便划区轮牧，更好地保护和利用草场。

不排除在自愿的原则下合并草场，实行小游牧。但是因为户均的草场、牲畜头数和劳动力都不同，所以很难理出合理的利益机制。比如，我只有 200 只羊，而你有 2 000 只，如果草场简单地合并，如何保证我草场的收益？特别要注意的是不能行政干预。我曾在呼伦贝尔看到一个有 8 户牧民的奶牛合作社，奶牛本来就不是放牧的，所以很容易联合。现在他们挤奶、打草等劳动不雇人了，各户的机械得到充分利用，收入也增加了。但是他们反复地强调：就这 8 户了，别逼着我们扩大。

建立合作社一定要遵循的原则是牧民自愿。马克思曾经说：股份制是私人生产的消极的扬弃，合作制是私人生产的积极的扬弃。我认为当前的牧民合作组织一定要建立在私人占有的基础上，一定要在自愿的基础上，充分地利用各种生产要素，使资源得到合理地配置。要特别注意不能强求自己和别人奉献，而是要寻求和构建共同的利益机制。

比草场合作更为重要的是服务项目，比如打草、贮草、青贮机械的推广、维护，草种、草料的种植和加工，配种站和挤奶站的建设，羔羊和肉牛的育肥，毛绒的加工和运销等等。至于剪毛、打鬃、擀毡等活动牧民早在游牧时期就已经有合作习惯了，牧民天然的合作意识还是比较强的。

## 六、《草原法》是草原权属确定的依据

最近有一些报道，要求牧民为自己的草原领取"土地"所有权证，认为涉及牧民直接利益的草原权属应该依据《土地管理法》。实际上这是对法律的误解。《土地管理法》立法目的主要是为了合理利用土地，切实保护耕地。其主要内容也是关于耕地保护的，并非是自然资源。土地管理法第十一条规定：确认林地草原使用权或者所有权，确认水面、滩涂的养殖所有权，分别依照《森林法》《草原法》和《渔业法》有关规定办理，明确了草原权属不在《土地管理法》的调整范围内，当然也就没有对开垦、破坏草原和侵犯草原权属的行为做出处罚的规定。这部法不是针对草原而立的。

2003 年新的《草原法》严格地禁止开荒。但在 1985 年的《草原法》里有一条规定：草原禁止开荒，如果需要小规模开荒可由县级人民政府批准。新的《草原法》规定，退耕还草的，还草以后要把土地所有权证换成草原所有权证。草原集体所有权受法律保护，禁止开荒种粮食作物；而集体所有的土地，农民有自主经营耕种的权力。

新的《草原法》完全取消了"小规模开荒"的规定，明确禁止开荒，任何人不得批准，即使人工饲草饲料地也要有监督，防止草原的破坏。这条规定实行以来，草原上开荒的现象大幅度下降，它的处罚规定也是非常严格的。

《宪法》《土地管理法》与《草原法》之间对草原的表述是有所区别的。《宪法》里草原是以自然资源身份出现，规定矿藏、水流、森林、山岭、草原、滩涂、荒地等自然资源是属于国家所有，即全民所有，有法律规定集体所有的森林、草原除外。当时内蒙古实行了草原的集体所有权制，但没有法律依据，国家立法机关也不能认可，就认为草原是国家的，集体只能使用，没有所有权。我们为这件事情整整研究努力了 7 年，讲草原不单有自然资源的属性，它也有生产资料的属性，它跟牧民密切相关，没有生产资料牧民无法生存。最终 2002 年 10 月把草原的集体所有权的属性写进新的《草原法》，草原可以是国家的，

也可以是集体的，集体草原权属的权利和义务写得非常详细。使《宪法》上说的一句"由法律规定集体所有的……除外"中的"法律"落到了实处。

《草原法》明确了为了保护、建设和合理利用草原，改善生态环境，维护生物多样性，发展现代畜牧业、促进草原健康发展等，实际上是明确了草原的三大属性：自然资源属性、经济发展的属性和稳定社会的属性。另外《草原法》为草原集体所有权规定了具体的管理办法。

有人很希望恢复到草原国有，认为把草原分给牧民户承包是一种退步。由于人、草、畜之间的关系决定草原不单单是自然资源属性，而是兼有生产资料的属性，同样是生产资料的牲畜的私有私养的政策是没有人反对的，大家都赞成。如果不及时实行草原的家庭承包，会加速草原的退化，同时加速两极分化，失去牲畜的牧民就会同时失去草场，变成一无所有，就有可能流离失所，在乌兰巴托见到的大量的贫民区、蒙古包群也会在内蒙古牧区的城市再现。我们有些牧民不会经营，或者由于天灾、老弱病残，甚至懒惰，可能造成无畜

户或少畜户，但他仍可以靠打草、卖草、出租草场取得一定的收入，通过出租、转包、流转保证他们的利益。有人说，从前草原也是公有的，也有灾害，但没有人流离失所。改革开放之前草原是公有的，同时牲畜也是公有的，受灾损失平摊，丰收利益均沾，牧民富不起来也穷不到哪儿去。现在草原集体所有，分给牧民长期承包，正是为了保护牧民的利益，同时调动牧民保护自己的草场的积极性。

《草原法》对承包者合理地利用草原，对草畜平衡等做了非常明确的规定。推进草畜平衡工作是生态补偿的一个先决条件，是国家加大草原投入的一个先决条件，是保证草原保护工作正常进行的一个必需手段。当然这个工作很难，如草畜平衡标准的制定、动态的管理和处罚的力度、标准，包括牧区越来越多的人口，这都是很复杂的问题，急需认真研究和探讨。

今天给大家介绍的情况已经说得很多了，不对的地方希望大家提出批评。另外，我愿意跟大家讨论，因为这是个完全开放的平台，有不同的意见大家尽管提出来。谢谢大家！

# 在全国草地畜牧业工作会议上的总结讲话

(1995 年 8 月 25 日)

全国草地畜牧业工作会议开了 4 天。会议今天就要结束了。这次会议的确开得

很好，收获很大。通过会议期间的讨论和交流，进一步加深了对草地畜牧业的重要

性的认识，统一了思想；总结、回顾、分析了发展草地畜牧业的大好形势和广阔前景，鼓舞了干劲，增强了信心；明确和落实了草地畜牧业在实现增产1 000万吨肉类和其他畜产品中所承担的任务，提高了加速发展草地畜牧业，为国家多做贡献的积极性、责任心和使命感。会议达到了预期的目的，取得了圆满成功。

根据代表们的普遍反映和看法，我认为这次会议最主要、最根本的收获是实现了思想上、工作上的一个关键性的转变：就是从过去就草论草、就草地抓草地，转变到草畜结合，草地经营同畜禽生产经营结合，第一生产同第二生产结合的轨道上来，把草地工作同发展畜牧业，同提高经济效益、社会效益和生态效益紧密结合起来。这种转变符合草地畜牧业的现状和发展的客观要求，符合社会经济发展的客观要求，实现这种转变，可以使我们的工作领域大大拓宽，兴旺发展。

韩高举同志在会上做的报告很好。这个报告是经过司里讨论研究通过的。这个报告反映了我国草地畜牧业的实际情况，体现了草地工作向草地畜牧业转变的精神，表达了同志们的共同要求，也代表了农业部畜牧兽医司的意见，我完全赞同，望各地根据实际情况，认真贯彻实施。代表们普遍认为会议主题抓得准，指导思想明确；会议准备工作比较充分；各地的典型材料好，从各个侧面各有特点地说明了会议主题要求；代表们对会议重视，积极参与；特别是青海省和畜牧厅领导重视，组织工作和服务工作出色。

今年上半年，我国畜牧业总的形势是喜忧参半。一方面生产持续增长。市场畜产品供应充足，猪肉、禽蛋价格在去年年底达到高峰之后，今年开始出现了较大幅度的回落。牛羊肉和禽肉价格基本平稳，

客观上对全国平抑物价作出了积极贡献。但下半年畜产品价格又有所上升，对畜牧生产部门来说，我们还应积极的发展生产，稳定生产，为实现政府的宏观调控目标贡献力量。另一方面，由于养殖业效益明显下降，一部分生产者难以为继，从二季度开始，生产增长的速度出现了明显的回落，所出现的一些问题应引起高度重视。根据国家统计局统计，上半年肉类增长18％，其中猪肉增长15.3％，牛肉增长35％，禽肉增长23.5％，生猪出栏增长14.5％，能繁母猪保持稳定；草食家畜中绵山羊出栏增长20.7％，存栏增长1.5％，牛出栏增长31.9％，存栏增长10.9％；家禽出栏增长22.3％，禽蛋产量也有所增加。目前面临的问题：一是玉米价格仍居高位，上半年生猪收购价跃幅过大，持续时间过长，禽蛋也在较低的价格徘徊。二是效益下降严重，截至目前，即便是收购价格上升较快的情况下，猪、粮比价仍是在4.1：1，肉价没有超过去年同期的水平，可是饲料价却比去年高出70％，个别地方生猪的税赋过重，在去年猪肉紧张的情况下，生猪收购、销售价差不大，而今年差别很大，很多地方的屠宰税、增值税也上升了许多，个别地区上升了76.9％，这种情况，给下半年带来了很大的压力，要保证下半年两节期间不发生供应紧张，能保持农民有较高的利润并能控制物价指数过快上升，我们还需做很多工作。

下面，我就会议讨论中涉及的一些重要问题，再讲一些意见，与同志们讨论。

## 1. 关于草地畜牧业的重要性

长期以来，我们对专业工作，技术工作有所偏重，而对宏观经济重视不够。农业部党组要求我们，要把农业置于国民经济之中，置于世界经济之中，同样，我们的草地畜牧业也应置身于整个农业中，置

于整个世界经济中来看问题,只有这样,我们才能站得高一些,看得远一些。才能在整个国民经济的大环境中求得发展。

最近一年,国际上有一场大的争论。美国学者莱斯特·布朗计算,到21世纪,中国的粮食缺口大致是2亿吨,而全世界的粮食贸易量也不过2亿吨。许多政治家认为,因为全世界缺粮的是第三世界,如果中国粮食不足,就存在着与不发达国家争粮的问题,这件事情引起了中央领导同志的高度重视,认为,不把这个问题讲清楚,容易在第三世界造成一个误会。许多国家对这一问题展开了讨论,认为中国不会造成世界粮食恐慌。布朗最近来中国,我们农业司及农研中心组织了一批专家,与布朗进行了面对面的探讨,最后,布朗表示,他的一些说法是片面的、错误的。可这件事造成的影响是很大的。不管怎么说,我们的专家经过认真的讨论后也认为,中国今后的粮食问题不是口粮问题,而是饲料问题。我们司里的有关处室也进行了测算,认为中国的粮食问题不容忽视。大家不论怎么计算复种指数、开荒面积,不论如何计算减少粮食的消耗量,到2000年粮食的缺额约为10%,也就是5 000万吨。大家认为粮食缺口的主要原因是畜牧业的高速发展,是人们对畜产品的需求旺盛。

从1978年至现在的16年间,我们每年的增长速度是10.9%,这在全世界是最快的。世界的发展速度是中国带动起来的。即使这样,去年我国的肉类供应仍较紧张,而且由于畜牧业的发展使得国内的玉米价格已达到国际价格的两倍。

如何解决饲料用粮缺口问题,利用秸秆,只能解决一部分。到目前,我国猪肉仍占72%,牛羊肉等草食动物只占10.8%。因此发展草食家畜,发展节粮型畜牧业是我们迫在眉睫的重要任务。山东省1994年草地畜牧业的发展使猪肉比重降至51%,鸡肉、牛羊肉都占到全国第一位,如果全国都按山东的水平发展,使猪肉产量保持3 200万吨,占总量的50%,禽肉再按世界的平均水平约占25%的比重计算,牛羊肉的产量也应占25%,达到1 600万吨,而现在只有450万吨,任务很艰巨,需要我们草地畜牧业向这个目标冲刺,所以说,我们在这方面的潜力是很大的。现在世界肉类贸易总量约100万吨。

我们应该看到,无论是牛肉还是羊肉市场都相当广阔,而且价格相对较稳定,前景是非常好的。我们只有站得更高一些,才能更好地认识到我们草地畜牧业的重要性,才能坚定大家的信心,明确方向,才能越干越宽广。

**2. 草地畜牧业必须树立"有为才能有位"的观点**

有许多事情不是喊出来的,而是干出来的。长期以来,我们有许多同志有一种怨气,认为国家投入少,觉得国家不重视。常说的一句话,就是全国每亩草地国家投入两分钱。如果国家的投入增加一倍,达到每亩年投入4分钱,甚至增加5倍达到1角钱,仍然是微不足道的,如果我们这样看,永远看不到光明,看不到前途。反过来看一看全世界草地,包括澳大利亚、美国、新西兰,国家对草地建设投入的重点是保护,是政策,没有将国家资金投到牧场主中去的。重要的是市场经济、价值规律的要求,使得牧场主能自己投入,自己保护,使草场与自身利益紧密结合起来,积极搞好建设。

关于投入,要从两方面考虑,一是从部门来说,多方面争取资金,建设草原;另一方面我们自己要发动群众,把草地同农牧民的切身利益,同经济发展结合起来,与效益、收益结合起来,增加对草地的投入。十几年来，国家建设了 17 个现代化试点项目，大家数一数，实地看一看，哪些有推广意义，哪些现在在发挥作用。到 1989 年，我们树立了 10 个草地建设模式，截至目前推广了多少？有多少效益？真正能起到示范作用的，能够引导牧民增加投入的还有几个？我们有些搞饲料的同志，长期在喊要扩大饲料种植面积，扩大青贮氨化，嚷了多少年，可是没人去重视，没人肯投资，可我们抓了秸秆养牛、氨化秸秆与养牛密切结合起来后，效益很快提高了，也得到了中央领导同志的高度重视。牛肉产量近年来以 30% 的速度递增，这就是部党组向我们强调的"有为才能有位"。秸秆氨化没有多少投入，而秸秆的利用率已超过 20%，氨化利用率达到 6% 左右，节省了大量的粮食，这就是它所做出的成绩和它所应有的位置。我们草地畜牧业能否做得更好，我认为是能够做到的。例如：当前秸秆养牛仍用了大量的粮食，如果我们在农牧交错带多用苜蓿等优良牧草，在南方草山草坡建立规模化的像美国、加拿大、澳大利亚一样的牛、羊初级育肥场，就可以生产出低成本的牛羊肉，也可为强度育肥集中提供货源，以满足不同的需要，也可以把季节性的牛羊肉供应变成均衡供应等，总之，草地畜牧业的前景是广阔的，是可以有所作为的。

**3. 关于增产、万吨肉类和其他畜产品**

由农业部提出在本世纪内增产 1 千亿斤粮食、1 千万担棉花、1 千万吨肉类和 1 千万吨水产品并得到中央和国务院肯定的增产任务，是我国农业在本世纪内的奋斗目标，必须努力实现。增产 1 千万吨肉类，是全国畜牧业战线的奋斗目标，也是草地畜牧业责无旁贷的任务。我们已经给各省（直辖市、自治区）初步分解下，各地也应进一步分解层层落实，千方百计努力完成

和超额完成。应该说，增产 1 千万吨肉类的任务是完全有条件完成的。增产 1 千万吨肉类的任务是在预测 1995 年肉类总产达到 4 200 万吨的基础上提出来的。但到 1994 年末，肉类总产就达到了 4 499 万吨。远远超过了 1995 年应达到的增产指标。按 1994 年 4 499 万吨为基础达到 2000 年的 5 200 万吨，6 年只增长 701 万吨，增长 15.58%。平均增长率大大低于"八五"期间和前十多年的增长水平，也大大低于几个牧区省份和 266 个县的增长水平。当然，完成任务的难度也是有的，发展草地畜牧业的内部和外部制约因素仍然不少。希望各地积极工作，努力完成和超额完成任务，为国家分忧，为国家多做贡献。

我们有个考虑，今后草地畜牧业的投入，要同完成畜产品的增产任务逐步结合起来，要同生产建设的好坏结合起来，奖勤罚懒，鼓励先进。草地畜牧业的畜产品具有多样性和某些产品的不可替代性。要在完成肉类增产的同时，也要保证各类畜产品的全面发展，全面增产，全面完成任务。特别是绵羊毛、山羊绒等优势的、大宗的、对增加出口创汇和减少进口、对工业生产有重大关系的畜产品，应当有较快速度的发展。当前有些地区绵羊、绵羊毛产量和质量提高不快，有的出现滑坡的现象，必须引起足够重视，尽快扭转、解决。从 1990 至 1994 年，我国肉类增长 88%，蛋类增长 112%，而羊毛只增长 12%，与此同时，羊毛进口却增长了 50%。这说明羊毛的市场是很好的，但受到的冲击太大。

目前正面临很好的机遇，面临转折关头。一方面是澳大利亚、新西兰等国家羊毛减产、羊毛价格上涨，从 1992 年至 1994 年涨了一倍；另一方面，过去进口羊毛偷税漏税问题特别严重，现在国家加强了海关的控制，堵塞了这方面的漏洞。应

抓住这个机遇，加速发展。

### 4. 关于实施农牧结合发展战略

实施农牧结合发展战略，是适合我国农业、农村实际，全面、加快发展我国农业和农村经济的长期发展战略。从草地畜牧业的角度看，实行农牧结合战略的路子很宽，领域很广，潜力很大。其核心是在农业区实行引草入田，在牧业区实行引种入牧。"引草入田"就是通过实行粮草轮作，间混套种，种植绿肥，过腹还田，以及在棉花、水稻的冬闲田种植牧草的办法，把牧草进农田，实行"三元结构"种植，种牧草，种饲料作物，发展畜牧业，促进种植业。引草入田的潜力特别大，据有关专家测算，我国目前约有 8 千万亩棉田和 1.2 亿亩水稻田处于冬季休闲状态，如果种一季黑麦草等优良牧草，可以亩产 1 000 千克干草，饲养一个羊单位牲畜。2 亿亩就是 2 亿羊单位。四川省眉山县 1994 年种黑麦草、紫云英 3.5 万亩，用牧草育肥出栏商品猪 21 万头，以每头猪用草转化新增肉 10 千克计算，合计新增 2 100 吨猪肉，平均每亩牧草转化增产猪肉 60 千克。广东省从 1959 年至 1994 年累计种草 211.8 万亩，累计生产豆科牧草干草 115.1 万吨，其中用作饲料 89.7 万吨，以草配料养猪 1 056.9 万头，养禽（鸡、鸭、鹅）7 892.8 万只，养牛羊兔 99.3 万头（只），养鱼 29.14 万亩。南方冬闲田可以种草，也可种大麦和玉米。要大力推广青贮饲料，使二三个月的作物为全年的草食家畜利用。只有有了效益农民才会自觉开发冬季农闲田。"引种入牧"就是选择一些有种植农作物条件的地块，发展一些规模较小、比较分散的、为畜牧业服务的饲草饲料基地，种植饲草饲料、青贮饲料，促进畜牧业稳定、优质、高效发展。引种入牧，现已在牧区普遍推开，初步形成局面，取得了较

好效益，应进一步提高和推广。

农牧结合的另一个重要领域就是充分利用农区和牧区各自的优势，相互配合、协调、支持，实行优势互补。特别是在牲畜的繁殖和育肥方面实行农牧结合，牧区繁殖，农区育肥。从全国范围看，有大跨度的农牧区协作问题，从一个省、一个地区、一个县也都有农牧区协作互补问题，只要利用好，都有很大的发展前途。应该看到，这种结合实际上已经搞起来了，比如河北育肥出栏的牛中相当一部分是从内蒙古等牧区收购的，就是牧区繁、农区育。农区养牛业的发展，牧区是功不可没的。

### 5. 关于进一步落实草地承包责任制和实行草地有偿使用

草地承包责任制是农村联产承包责任制在牧区的具体体现。总的看来草地承包责任制落实得不很理想，要做的工作还很多，草地有偿使用还刚刚开始，要下大力气抓好。

一是发展不平衡，大体看来是北方较好，南方较差，牧区较好，农区较差；二是工作停停抓抓，前紧后松，有些地方开始抓得较好，也出了经验，但后来停下来了；三是本可以落实到户的没有到户，仍在吃"大锅饭"；四是定权发证、登记造册、建档立卡工作不完备，出了问题难以依法解决。有些地方责任制落实得不好，有客观原因，也有阻力，主要是触犯了部分既得利益，也有一些是社会原因的干扰。但主要的还是主观原因、工作原因。领导不重视，要我们去宣传、争取；群众不认识，需要我们去教育、发动；工作中的阻力、障碍，需要我们去排除、转化；草地界线不清，权属不明，需要我们去划清、确定；没有经验、条件不好，需要我们去摸索、积累和创造。

我们高兴地看到，在去年阿鲁科尔沁

旗会议后，四川省在落实草地责任制和实行有偿使用的工作方面，加大了力度，取得了新的进展。会议后他们及时向省里作了汇报，得到了书记、省长的重视，在两次省农村工作会议上作了部署，要求像落实农业生产责任制一样，把落实草地承包责任制和有偿使用搞好，省里正在起草、审定草原承包办法，甘孜、阿坝两州的州委和政府相继颁布了落实草地承包责任制和草地有偿使用的文件规定，两个州还在州内16个县抽调80多名干部进行试点，总结经验，争取在二三年内把草地承包责任制落实好，把草地有偿使用制度建立起来。青海省在原有基础上突出抓了建档立卡，定权发证和检查验收工作，现在各州、地正在进行检查验收，要求在今年年底前全省通过省里检查验收。

我们希望，今年和明年，各地对落实草地承包责任制的工作好好抓一下，并以省、自治区为单位进行一次认真的检查验收。畜牧兽医司要在适当时候组织力量进行检查验收。今后国家草地畜牧业资金投放，一定要同落实草地承包责任制和草地有偿使用结合起来。草地责任制落实不好，基础打不好，投资效益也难以提高。

### 6. 关于加强强化草原执法问题

现在草原执法问题比较多，其中有许多客观原因，也确实有许多困难。比如，草原法规定得比较原则，操作比较困难，新的草原法一时还修改不出来；法规配套跟不上，执法机构、执法队伍、执法手段、条件等确有许多实际问题，都需要逐步加以解决，我们上下都要努力，互相支持，争取解决得快一点、好一点。

但也必须看到，主观上、工作上的问题也还很多。有些地方工作不得力，强调客观多，主观努力少。能够解决的问题，应该做到的工作，不积极解决，等待观望，

工作基本处于停顿状态。与此同时，有许多地区在比较困难的情况下，坚持草原法制建设和草原执法。陕西省和西藏自治区去年先后制定了本省区的草原法实施细则。新疆在近几年出台了8个配套法规。吉林省畜牧部门配合省人大常委会进行了草原执法检查，检查后由人大常委会提出报告，对草原执法中的5个主要问题提出了解决办法，并正在逐步进行落实。黑龙江省绥化地区1993年对绥化市一起违法开垦草原3600多亩的案件进行了查处，查处后有些人组织10多人到草原监理部门闹事，上级领导出来说情、施压，明令要求撤销处罚，并警告说："不换思想就换人"。但地区畜牧局、草原监理部门在困难面前不让步，不退缩，坚持原则，顶住压力，终于得到法院支持，维持了原来的处理，打击了歪风邪气，维护了草原法规的尊严，使草原法规得到了很好的贯彻实施。希望各地发挥主观能动性，知难而进，把草原执法搞好，真正做到"有法必依、执法必严、违法必究"。

### 7. 关于加强建设项目管理，发挥投资效益

十多年来，先后已有一大批草地畜牧业项目进行建设，许多项目取得了很好的成绩，收到了很好的效益。但确有一些项目实施情况不令人满意，在项目的管理上也有一些问题。进行项目建设，将是今后草地畜牧业投资的主要形式，为切实把建设项目搞好，要坚持以下原则：

一是坚持效益第一、择优安排的原则，既要看新建项目的效益预测，又要看以往对旧项目的执行情况；二是坚持按项目管理办法实行规范化管理的原则，立项、申报、论证、评估、验收等全过程都要严格按管理办法的规定执行；三是坚持严格监督管理的原则，省（直辖市、自治区）主

管部门和农业部畜牧兽医司都要加强对项目执行情况的监督管理，特别是加强对建设资金的监督管理，并可以根据监督检查结果对项目和项目资金进行调整。

大家一致认为这次会议开得比较好，达到了预期目的，将对草地畜牧业的发展产生深远的影响。但开好会议，充其量只是起到了决策和部署的作用，关键在于贯彻实施。

畜牧兽医司要在近期内做好四方面的工作：一是向农业部和主管部长汇报，同时提出贯彻落实会议精神的意见；二是对会议形成的主要文件，包括规划、方案、办法等进行修改，转发各地贯彻落实；三是以会议反映的情况和研究的问题为主要内容向姜春云同志做书面报告，争取领导重视和支持；四是对各地落实会议情况及时进行了解、调研和检查指导。各地都要向当地领导及主管部门汇报提出贯彻实施意见，并对落实会议精神的工作作出具体安排。各省、直辖市、自治区都要将落实会议情况、抓好草地畜牧业的意见向农业部畜牧兽医司报告。

# 草原承包务必到位

(2001 年 9 月 23 日《中国畜牧水产报》)

草原承包是草原保护建设工作的基础。目前全国累计承包草原 31.2 亿亩，占可利用草原总面积的 68.3％，其中新疆已承包 6.8 亿亩，占可利用草原面积的 94％；内蒙古承包到户 7.9 亿亩，占可利用草原的 76.9％。草原家庭承包制是党在牧区的一项基本政策，草原承包到户后，牧民的思想观念发生了很大转变，草原权属意识和保护、建设草原的责任感明显增强，极大地调动了广大农牧民保护和建设草原的积极性。如青海省在推行草原承包。以前，牧民在草原建设方面基本没有资金投入，推行后的第二年，牧民用于草原基础设施建设的自筹资金达到 400 万元，并逐年稳步增加，90 年代后期每年已稳定在 9 000 万元左右。草原承包之后，牧民的生产、生活方式也发生了较大变革，牧民定居的步伐加快，逐水草而居的游牧方式正在逐步改变，促进了牧区社会经济的进步。完善草原家庭承包制，充分调动广大群众保护建设草原的积极性。从目前全国落实草原承包的实际情况来看，各地进展不平衡，仍有 31.7％的可利用草原没有承包，还有 65％可利用草原没有承包到户。为了进一步推动草原家庭承包工作，调动广大牧民保护、建设和合理利用草原的积极性，中央将出台一个完善牧区草原家庭承包制的指导性文件。根据中央领导同志的指示，我部配合中央财经工作领导小组办公室、中央政策研究室、国务院研究室、国务院法制办在深入调查研究的基础上，起草了《关于完善牧区草原家庭承包制的若干意见

（征求意见稿）》，即将征求各省（自治区）党委意见。请大家回去后积极准备，主动向党委汇报草原承包工作，配合做好文件修改工作。草原家庭承包要坚持草原所有制不变，明确使用权。要充分尊重牧民的意愿，做到自愿、公平、公开，不搞一刀切。要建立草原使用权的流转机制，在有条件的地方，允许牧民转让草原使用权，但必须防止强行转包，高价出租等违法行为。鼓励和支持工商企业、特别是草产品、畜产品加工企业参与草原建设，与牧户签订产销合同，实行公司带农户的产业化经营。但不提倡企业长时间、大面积租赁和直接经营草原。要坚持承包关系长期稳定，承包期限至少 30 年，实行"增人不增草原，减人不减草原"。

# 加强草畜平衡管理　实现可持续发展

（2003 年 8 月《农民日报》）

我国草原面积近 4 亿公顷，约占国土面积的 40%。草原具有多种功能和用途，在全国生态环境建设和国民经济发展中具有重要的地位和作用。有效保护和合理利用草原，对维护国家生态安全，促进民族地区经济繁荣和社会进步，缩小东西部地区差距，具有重要意义。

目前，我国 90% 的可利用天然草原不同程度地退化，而且每年还以 20 万公顷的速度增加。草原生态环境的日益恶化，不仅直接影响到牧民的生产、生活和牧区的经济发展，而且造成水土流失、江河泥沙淤积、沙尘暴迭起等严重的生态问题，直接威胁到国家的生态安全。

造成草原大面积退化的原因，除自然因素外，草原超载过牧是一个很重要的原因。新中国成立以来，我国牧区人口不断增加，北方干旱草原区人口密度达到 12 人/公里$^2$，为国际公认的干旱草原区生态容量 5 人/公里$^2$ 的 2.24 倍。人口的增长带动了牲畜头数的不断增长。据农业部遥感应用中心测算，我国北方草原平均超载 36.1%。草原严重超载过牧，使草原得不到休养生息的机会，造成草原生产力下降和草原生态环境不断恶化。同时，由于草原退化，草原承载能力进一步下降，加剧了草畜矛盾，形成一个恶性循环。

草畜平衡是指在一定区域和时间内通过草原和其他途径提供的饲草饲料量，与饲养牲畜所需的饲草饲料量达到动态平衡。实现草畜平衡是促进草原生态系统良性循环，实现草原畜牧业持续发展的基础。

新颁布的《草原法》明确规定，国家对草原实行以草定畜、草畜平衡制度。要实现草畜平衡，促进草原畜牧业健康稳定发展，当前要重点做好以下几方面的工作：

一是积极完善和落实草原家庭承包政策，对已承包到户的草原，要坚持承包关系长期稳定；对尚未承包和未承包到户的草原要尽快承包到户。通过不断完善草原家庭承包管理，进一步调动广大牧民保护和建设草原的积极性。

二是要对牧民开展草畜平衡的宣传和教育，改变牧民片面追求牲畜数量和以畜为财的观念，认识超载过牧对草原、对其自身可能产生的危害，甚至危及他们生存的后果。

三是大力推行草原禁牧、休牧和划区轮牧，实行牲畜舍饲、半舍饲圈养，积极建设人工草地和饲草饲料基地，缓解天然草原放牧压力，逐步转变完全依赖天然草原放牧的畜牧业生产方式。同时，积极开展牧民草原围栏、区划轮牧、舍饲圈养、人工草地和饲草饲料基地建设等方面的技术培训，提高牧民实行以草定畜的技术水平。

四是加强草原监理体系和队伍建设，加大草畜平衡的管理力度。一方面要积极开展草原载畜量核定和牲畜数量的清查工作，把以草定畜工作落实到每家每户；另

一方面要加大监督检查工作力度，对违反草畜平衡规定的牧户要积极劝导，对长期不执行草畜平衡规定的要依法查处。

五是加强草原建设，逐步提高草原生产力。通过开展人工草地建设、天然草原改良、飞播牧草等措施，逐步恢复草原植被，提高草原生产力和承载能力，缓解草畜矛盾。

实行草畜平衡制度，是一项复杂的、系统的工作，既不能减少牧民的牲畜饲养量，也不能任由牧民随意增加牲畜数量；既要保护草原生态环境，又要保证牧民的收入不降低。要通过转变畜牧业生产经营方式，从根本上扭转超载过牧的局面。目前，农业部正在积极制定《草畜平衡管理办法》，各地要根据当地的实际情况，尽快制定科学合理的草原载畜量标准及其他有关标准，不断推进以草定畜工作，逐步建立起草畜动态平衡的草原畜牧业良性发展系统。

# 当前草原保护与建设的任务

## ——在 2003 年全国草原工作会议上的总结讲话（摘录）

### 一、加快制定草原法配套法规

加快制定草原法配套法规，是贯彻落实草原法的重要环节。本次会议，大家对我部草拟的《基本草原保护管理办法》《草畜平衡管理办法》《禁牧和休牧管理办法》《草种管理办法》四个配套法规和规章进行了认

真的讨论，提出了很好的意见和建议。我们在进一步修改和完善后，还将发文征求各省（自治区）及有关部门意见，并开展有针对性的调研。我们还将组织制定全国草原等级评定标准和草原统计调查办法，积极配合有关部门制定草原植被恢复费征收、使用和管理办法等。这些法规、规章和标准的制定，

有大量工作要做，希望各地和有关部门积极参与、密切配合，力争早日出台。

草原法颁布后各地急需修订或制定的地方配套法规很多，任务很重。各地要高度重视这项工作，在积极修订原有草原法实施条例或细则同时，根据实际需要，制定新的规章、办法及标准，例如：草畜平衡的测算，不同类型草地的放牧利用强度等，进一步完善地方的草原法规体系，把草原法制建设不断向前推进。

按照草原法的规定，国家要建立草原生产、生态监测预警系统。各级草原行政主管部门要对当地的草原面积、等级、植被构成、生产能力、自然灾害等草原基本状况实行动态监测，及时为本级政府和全国提供动态监测和预警信息服务。这是一项极其复杂的系统工程，各地要及早动手，收集数据，尽快把这项工作开展起来。

## 二、全面推行草原家庭承包制

草原家庭承包是各项草原保护与建设工作的基础，必须反复强调，认真落实和完善。目前，牧区草原基本落实了草原承包制，今后工作的重点是进一步做好草原家庭承包制的完善工作。农区和半农半牧区草原承包进展缓慢，大部分还没有落实，要加快推进。牧区完善草原承包制的核心是落实到户，要通过围栏建设，解决四至不清、界限不明、混放混用等问题；要加强承包合同的规范化管理，明晰承包双方的权利和义务，努力实现承包到户、围栏到户、草畜平衡到户。农区和半农半牧区要尽快把草原承包到户，发放草原使用权证，防止把草山草坡当做荒地拍卖或开垦。要明晰草原权属，不能随意改变用途，防止引发林草矛盾或权属不清。要继续把落实草原承包作为生态建设项目的前提条件，未落实承包制的，今后国家不予安排草原建设项目。

## 三、加强草原执法队伍建设

齐景发副部长对草原执法队伍建设提出了明确的要求，各地要认真落实。我在这里要重点强调对执法人员的管理。草原法把对执法队伍的建设和管理在监督检查和法律责任两章中都放在了第一位，充分说明执法队伍建设和管理的重要性。当前，草原执法人员素质参差不齐，是导致执法水平不高的一个重要因素。要完善和严格执行草原执法人员的管理制度，鼓励他们加强学习，既要掌握专业知识，又要掌握法律知识，不断提高政治和业务素质。要使执法人员牢固树立公正廉洁、文明执法、规范执法的意识。对违反有关制度和规定，尤其是知法犯法的人员，要严肃处理，绝不迁就。各级政府要为草原监理机构提供必要的工作条件和生活条件，保证执法工作顺利进行。

## 四、重点研究和突破草原执法中的难点问题

在杜部长强调落实的三项制度中，建立草畜平衡制度，是草原保护与建设的一项关键措施，必须坚定不移地执行，但在执行中难度相当大，基本草原保护制度和禁牧休牧制度最终还是要回到草畜平衡制度。推行这项制度，直接涉及牧民的利益。从长远来看，有利于生产的发展和牧民生活水平的提高。近期来看，一些地方要缩减牲畜头数，影响牧民的收入，有的牧民可能一时难以接受。草原执法人员要充分认识到这项工作的艰巨性和复杂性，切实做好深入细致的群众工作。通过试点、示范和典型引路，积极稳妥地推进。

各级草原监理机构要认真做好载畜量的核定工作，加强监督指导。对超载过牧的农牧民，要耐心教育积极劝导。对不听劝导、拒不执行的，要按照各省（自治区）

制定超载过牧纠正和处罚办法，予以纠正和处罚。查处非法侵占草原的行为，触及到一些地方的利益，执法难度很大。为了追求经济利益，大量开垦草原，非法开矿，转包他用，这些行为改变了草原的用途，对环境造成了极大的破坏，是草原保护中的一个突出问题。

各级政府要正确处理好眼前利益与长远利益的关系，要从保护生态环境，实现可持续发展的长远利益出发，坚决禁止开垦草原，杜绝以任何名义擅自改变草原用途的违法行为。各级草原执法监理机构要积极争取政府和有关部门的支持，按照草原法的规定，对因开采矿藏、国家基础建设等确需征占用草原的，要严格办理审批手续，对不符合法律规定的，要坚决查处。要进一步加强对甘草、麻黄草的采集管理，继续开展联合执法检查。

# 关于草畜平衡的几个理论和实践问题

(2005 年 12 月《草地学报》)

**摘要：** 本文论述了与草原牧区草畜平衡密切相关的几个重要概念及其在实践中的应用问题，对草原"三化"的具体含义给出了概念上的区别；提出了草畜平衡的实质是人草平衡的观点；讨论了确定草原载畜量所涉及的基本概念和实践问题，特别是牧业年度和年末存栏量对载畜量确定的影响。通过对畜群结构优化、草原畜牧业发展阶段、划区轮牧和季节畜牧业等概念的讨论，进一步阐述了在草原牧区提高畜牧业经营水平和维持草畜平衡的相关理论和实践问题。

草原是牧民赖以生存的基本生产资料，也是我国少数民族的主要聚集区。草原保护与建设对于维护生态安全，促进牧区社会经济的可持续发展，提高广大牧民的生活水平，建设和谐社会，具有十分重要的意义。草畜平衡是草地畜牧业可持续发展的基础，我国学术界很早就提出了"以草定畜、草畜平衡"的概念。改革开放以后，我国逐渐实行草原承包责任制，并不断完善和深化，为进一步贯彻落实草畜平衡管理措施奠定了基础。但是，草原家庭承包经营责任制尚未对载畜量做出明确的限定，草原超载过牧的问题未能得到有效解决。直到 20 世纪 90 年代，草畜平衡才作为一项政府倡导推行的草原畜牧业管理措施，开始在内蒙古等重点牧区试行。

## 一、草原"三化"的区别

1. 草畜平衡失调、草地超载过牧的直接后果是草原的"三化"，即草原退化、沙化和盐（碱）化。关于"三化"，目前还存在一些概念上的混淆，有些人认为，沙化、盐（碱）化都属于退化，所以只需要"退化"这一个概念即可。广义地讲，退化包括沙化和碱化，而沙化和碱化则是退化的两种具体表现形式。狭义地看,草原退化是草原植被的盖度、植物种类、草层高度的明显变化,主要体现在植被的退化上。沙化和碱化主要表现在地表土壤基质发生的显著变化。一般的退化只要采取适当的措施,1~2年就有可能改变过来,使植被得到恢复,但是对于已经沙化和盐碱化的草原,恢复就比较困难,需要花费更长的时间,采取更完善、更有效的措施,才有可能恢复。

2. 对退化、沙化和碱化这三个概念异同点的正确理解,在实际工作中具有重要意义,便于针对不同情况采取不同的治理对策和措施。狭义的退化仅限于草原植被结构上的变化和生产力的下降,与荒漠化还有相当大的距离,不应该将一般的退化等同于荒漠化。概念上的混淆不清在实际工作中会造成误导,不利于采取正确的对策和措施。例如,干旱的发生会引起当年的植被稀疏和产草量下降,这是年度之间的波动,如果将干旱年的植被变化算作退化,那么统计出来的草原退化面积就很大。但是当年因干旱而引起的植被变化在翌年降水条件好的情况下是可以很快恢复的,并不等于草原的沙化和碱化,因此,“大概念”和“小概念”的退化是不同的,退化、沙化和碱化在表现形式和严重程度上有质的区别。退化是一个过程,严重退化会造成荒漠化,荒漠化在北方牧区表现为沙化和碱化,在南方(如云贵高原)草山可能造成石漠化。

## 二、草畜平衡和人草平衡

1. 草畜平衡就是在草原上保持合理的载畜量,但是,在实际工作中,草畜平衡的问题要复杂得多,其中经常遇到的一个问题是:载畜量究竟是按牧业年度计算(即6月30日的存栏量),还是按自然年度

计算(即12月31日的存栏量),各说不一。

2. 要达到草畜平衡,并不是简单地降低家畜头数或载畜量就可以了,这里牵涉到复杂的社会问题,特别是牧民的生活和增收,多年来在牧区推行草畜平衡成效不大的主要原因是牧区人口不断增长,而增加的人口要维持基本生活水平,就必然要增加牲畜的头数,因此,草畜平衡不是个简单的草原植被问题,其实质是“人—畜—草”的平衡问题,或者更确切地说是“人—草”平衡问题,大而言之,草畜平衡是一项管理工作,是畜牧业经营方式的问题,牵扯到社会发展和社会稳定。从这个意义上讲,草畜平衡是一个复杂的系统工程,需要从科学、技术、社会和经济等各个方面进行综合考虑。

## 三、草原载畜量的确定

1. 草畜平衡所涉及的一个基本的概念是家畜单位。载畜量所反映的并不是家畜本身,而是家畜可利用的牧草的量。通常国际上采用牛单位作为衡量家畜的牧草消费的统一单位。1个牛单位为1头450千克、带1个牛犊的母牛一年所需要的牧草数量。在中国,将1个牛单位转化为5个羊单位。1个羊单位大约是1只蒙古母羊带1个羊羔一年所需要的牧草量。有人计算,1个羊单位等于每天食干草2.2千克,但这样规定的羊单位并不科学,因为它没有说明这2.2千克是什么牧草,不同牧草的营养价值不同,应将牧草质量的概念加入到羊单位的计算中。尽管如此,羊单位的概念还是给出了有关草地生产力的一个量化的理论值,按照一定的系数将不同家畜头数折算成羊单位,就可计算出草场的载畜量,即单位草场面积饲养的家畜数量。载畜量还有一种算法,即每个羊单位所占

用的草场面积，它也是根据每个羊单位所需要的牧草数量来计算的。这两种方法在实际中都有应用，但对牧民来说，后一个算法比较常用。载畜量反映的是草的产量，更确切地说是可利用的牧草产量。

2. 在确定载畜量时，首先要意识到草场的载畜量不是固定的，而是动态的，而且常常变化很大。例如，内蒙古的草原产草量在歉年和丰年之间可相差2～4倍，这就给载畜量的确定带来很大困难。在实际工作中用5年的平均产草量来计算载畜量，即使用平均产草量计算，仍然不能很好地解决歉年牧草不足的问题。较为可行的办法是把丰年的剩余牧草割下来储备好，用于歉年缺草时候的补饲等。

3. 另一个重要的概念是草场利用率，就是要给草场再生的机会。为了适应牧草的再生能力，必须确定一个合理的利用率。利用率的确定与草原类型有关，比如对于一个沼泽草地，利用率定为90%也不为过，但是对于一个荒漠化草地，利用率定为50%就很高。不同类型的草场有不同的利用率，在没有确定利用率的情况下，载畜量是无法确定的。

4. 根据草场的地貌和植被类型确定合理的利用率。例如，以豆科牧草为主的草地，以禾本科草为主的草地，以上繁草为主的草地，以下繁草为主的草地，以种子繁殖为主的草地，或以根茎繁殖为主的草地，其再生能力是不一样的。所以在确定载畜量时，要考虑到不同年份、气候条件、时段、再生能力和不同地、不同植被的草地产草量及其合理的利用率，而最重要的是要将载畜量的确定落实到每个牧户。

### 四、年末存栏量和牧业年度存栏量

在畜牧业生产中，有两个概念：一个是存栏量，另一个是饲养量。在统计手册中，只有存栏量和出栏量，没有饲养量。而在牧区，经常用到牧业年度存栏数的概念。一般说的年末存栏量是指自然年度存栏量，这是一个最基本的统计量。牧业年度存栏量是指在传统饲养方式下产羔结束后（6月30日）的存栏数量。牧业年度存栏量应该是统计手册上的存栏量加出栏量，就是饲养量。在农区，山羊、绵羊生产基本上都是均衡出栏，所以它没有牧业年度问题。而只有在牧区，在恶劣的自然条件下形成了特定的配种和接羔季节，从而出现了牧业年度这个概念。随着技术的进步，如果将集中配种变成"流水羔"，把集中出栏变成均衡出栏，这是饲养方式上的一个进步。

1. 载畜量应该以年末存栏量计算，而不是以畜牧年度存栏量计算。实际上现在很多地方已经改变了饲养方式，变成了一年两次产羔，因此6月末的存栏数字就不能代表总饲养量，而只是一个阶段性的统计数。对于养鸡场，这一点最为明显，按照一个季度鸡的存栏统计，比如8月份，全国大约48亿，但到年末统一计算，饲养量是140亿。再比如猪，年末存栏量为4.6亿，若按每季度和月份统计，存栏量则为4.6或4.7亿，但要按饲养量计算则为11亿。随着管理方式的改变，牧业年度已经不能代表实际的饲养量。

2. 计算家畜存栏量和草畜平衡的时候，不能以自然头数计算，要折合成家畜单位（羊单位或牛单位），按家畜单位计算，年末的存栏量应该等于6月末的存栏量。虽然年末存栏的是母羊，而到了6月份带着羊羔，但是按照羊单位的概念，一个母羊和一个羊羔合起来成为一个羊单位，如果在6月末按照自然头数计算，就混淆了羊单位的概念。

3. 按照牧业年度计算存栏量，不能客

观地反映草场的实际载畜量。假如在6月末的自然头数为180只羊，由于秋天集中出栏时价格不好，牧民不愿意出售，他本来在年末应该养100只母羊，出栏80只羔羊，但他不出栏或者少出栏，想待明年再卖个好价钱，这样的饲养方式非常不利，很可能这个冬天要死很多羊，即使不死也会加大翌年的载畜量。所以，用牧业年度存栏计算载畜量是不合适的。

## 五、畜群结构的优化

1. 牧区牧户养羊规模一般在500～1 000只，为了便于理解，以1 000只羊的畜群规模为例，按一般出栏规律，一只母羊在7年能产5～6只羔羊，但更合理的是养5年产4胎。理想的畜群结构是100只羊中有80只母羊，20只母羔（另有少量公羊和自食羊）。到6月末，应该每只母羊都能产一只羊羔，母羊和羊羔合计为180只。到年末出栏80只羊后仍保持100只，保持最大的出栏量。所以计算载畜量时应计年末的100只，不能算180只。

2. 在牧区人们常说"百母超百子"，即100只母羊产100个羊羔。小尾寒羊一般100只母羊能产300只羊羔。小尾寒羊为蒙古羊系，但在牧区草料不够，一个蒙古母羊生两只羊羔的时候，牧民要有意地饿死一只羊羔，以便保证另一只羊羔和母羊的成活与健康。同样的蒙古羊，到了山东如能产两只羊羔的话，农民就很高兴，总是细心养护，将所产的羊羔留做种用。这样一代代传下去，通过长期的人工选择，最后变成一年两胎，一胎3～4只。但牧区在原始放牧条件下一羊多胎、多羔并不一定是好事。

3. 在牧区的经济中，强调两个极端，叫最大总增和最小纯增。所谓总增，就是牧业年度存栏量与年末存栏量之比，最大

总增说明生的多，死的少，总增量越大越好。所谓最小纯增或零纯增，就是到年末把新增的家畜全部卖了，以实现最大的经济效益。但是，如果本年度的年末存栏量少于去年的年末存栏量，就会影响再生产。如能保持一个零纯增和最大总增，就说明牧户是经营最好的。所以，总增和纯增这两个数字，能基本反映牧户的经营情况。这也说明以牧业年度数字计算载畜量是不对的，控制牧业年度数字实际上是压制了生产效率，所以应该控制的是年末存栏量。

## 六、草原畜牧业不同发展阶段的草畜平衡

草畜平衡的概念和具体内容在不同的发展阶段有所不同。

1. 在自然生产力条件下草原放牧系统的草畜平衡阶段。草畜平衡的关键是发挥天然草场的生产潜力，主要措施包括3个方面：

（1）优化畜群结构。如果畜群中羊太多，特别是超过5岁的母羊很多，或者留下的公羊、羯羊较多，就说明畜群没有调整到最佳结构。除了出售羊羔，每年还要用年轻的后备母羊来替换，淘汰20%的大母羊。只有保持最优的畜群结构，牧民才能实现单位面积草场的最大效益。

（2）要有足够的储草量，因为丰年和歉年的草地产草量相差很多，储草量大，就可以有效降低灾年的损失，对于储草的方式，应提倡多制备一些青贮草。

（3）实行围栏和划区轮牧。通过围栏控制有计划的放牧，才能充分利用天然草场的生产潜力，但围栏和划区轮牧最多只能提高30%的草场利用率。

2. 在发展人工草地前提下的草畜平衡阶段。建设人工草地的关键是水草平衡。人工种草的前提是水，没水就无法建设人

工草地。所以，水利部提出"以草定畜、以水定草"的概念。在广大牧区，地下水漏斗不容易形成，可以适当利用地下水。因此，这个阶段的关键是发挥水资源潜力。这个阶段碳平衡也很重要，因为人工草地的最大优势是提高光合作用的效率，增加碳水化合物的产生，光合作用的前提条件是太阳能和水，对牧区来说阳光充足，而水是第一位的，水是人工草地发展的首要条件。

3. 氮平衡阶段。草原的长期放牧或利用，将导致土壤氮素水平的下降。天然草场的豆科牧草很少，通过人工种草，利用豆科牧草补充氮素，是氮素平衡的一个好方法。在天然草原，土壤中大部分氮素来源于雷电转化大气中的氮，家畜粪便的再循环，以及动植物残体的分解。新西兰和澳大利亚的草地除了家畜粪便的再循环之外，还通过豆科牧草的固氮和施肥来保持氮平衡。此阶段，如果不能有效地补充氮素，草场潜力丧失，草畜平衡则无法维持。

## 七、划区轮牧和季节性畜牧业

1. 划区轮牧和季节畜牧业是提高草畜平衡管理水平的重要措施。划区轮牧在草畜平衡发展的第一个阶段（即天然草原放牧阶段）尤为重要。划区轮牧的目的是为了使草场有休养生息的机会，提高其再生能力。牧草的良好再生，依赖于牧草的"生长点"（分生组织）、储藏物质以及叶面积。因此，保护牧草的生长点，防止储藏物质的过度消耗，维持足够的叶面积指数，是保证牧草快速生长的前提条件。如果长期过度放牧，就会显著降低光合作用面积，破坏生长点或抑制新生长的形成，同时也大量消耗牧草储藏组织中的碳水化合物，降低再生能力，甚至导致牧草死亡。划区轮牧可以避免过度放牧，确保牧草再生潜力的释放。

2. 当牧区社会经济发展到一定的阶段或水平以后，特别是人口密度增加到较高水平时，草原管理的关键就不仅仅是管理载畜量的问题，而是"载人量"的问题，这需要更高水平的管理。例如，欧洲的土地（草原）实行长子继承制，通过立法手段防止草原承载过多的人，为牧民提供从事多种经营以及转产转业的政策和机会。

3. 20 世纪 80 年代，任继周先生提出了季节性畜牧业的概念。牧区的现实情况是夏秋牧草丰盛，冬春牧草缺乏。所谓季节畜牧业就是在牧草生产高峰时多养家畜，而在牧草生产低谷时出栏或异地育肥。实际上，季节畜牧业就是要限制年末的家畜存栏量，最大限度地发挥草地畜牧业的生产力和经济效益。这是在当前生产条件下最直观的草畜平衡理论，今后，在真正现代化畜牧业条件下，如何改进经营管理方式，提高草地的载畜量，保持良好的草畜平衡，还需要进一步探索。

**参考文献**

[1] 李博 . 中国北方草地退化及其防治对策 [J]. 中国农业科学：1997，30（6）：1-9.

[2] 洪绂曾，中国草业战略研究的必要性和迫切性 [J]. 草地学报：2005，13（1）：2.

[3] 任继周，侯扶江 . 草地资源管理的几项原则 [J]. 草地学报：2004，12（4）：261 - 263，272.

[4] 许鹏 . 中国草地资源经营的历史发展与当前任务 [J]. 草地学报：2005，13（增）：1 - 3，9.

[5] 任继周，王钦，胡自治，等 . 草原生产流程及季节畜牧业 [J]. 中国农业科学：1978，（2）：871.

[6] 任继周 . 于达新与季节畜牧业 [J]. 草业科学：2004，21（5）：69 - 70.

# 草原荒漠化以后的出路在何处

(2011 年 1 月网站上的讨论)

## 一、荒漠和荒漠化是有区别的

地貌和植被主要是靠多少万年以来大自然的力量形成的，"沧海桑田""三十年河东，三十年河西"等现象莫不如此。例如黄河冲积平原是由黄河带下来的黄土高原的黄土而形成的；黄土高原又是由西北几大沙漠和戈壁吹来的沙尘沉积而成。可以说大气的沙尘暴形成了黄土高原，河流的沙尘暴形成了黄河三角洲，而由于降水量分布的不同又分别形成了原生荒漠（吹走了土，留下沙子形成沙漠；留下石头形成戈壁）、西北雨养农业区和黄河冲积平原粮仓，而这三种地貌降水量分别为 50 毫米、400 毫米和 600 毫米。可以看出，同样是黄土，降水量是植被类型的决定因素，同理也是草原类型的决定因素。

原生荒漠分冻原、戈壁、石漠和沙漠，它们是不可治理，改变不了的。沙漠的戈壁里也有绿洲，但必须有河流等水源，像阿拉善绿洲和新疆的绿洲农业。如果水源消失了或被破坏了，绿洲也就没有了，依旧是荒漠。最典型的例子是黑河上游河西走廊用水过度，造成阿拉善绿洲几近消失，黑河放水后绿洲恢复。楼兰古城最兴旺的时代仅有 1.4 万人，这些人的活动不会造成荒漠（楼兰就坐落在荒漠中），是因为孔雀河古河道的干涸和罗布泊消失造成楼兰国的消亡。如果今天塔里木河干涸，南疆文明也将难以存在。

我在这里想说的是，原生荒漠不是人为造成的，沙漠中的绿洲存在是有条件的，条件消失了（有可能是人为的），绿洲则不复存在；条件恢复了，绿洲也能够恢复。

次生荒漠主要指毛乌苏、科尔沁、浑善达克、乌珠穆沁等沙地，主要以半固定沙丘为主。这些地带有较多的降水，只要保护好了，则成为固定沙丘，水草丰美；放牧过度，则成为流动沙丘，变成荒漠。即使成为荒漠，只要围封禁牧，靠天然降水，植被很快就能恢复。

不少人认为，这些年湖泊干涸了，乌拉盖河断流了，造成了草原的荒漠化。地表水的减少无疑破坏了人类的生存环境，造成了局部的生态环境恶化。但草原整体植被好坏取决于自然降水。例如著名的灰腾梁草场无地表水，由于很少放牧，反而草长得好，成为高产的打草场，只有无节制的打草和降水量减少，才能破坏它的植被。

西苏旗所在地被沙埋了后被迫搬迁，那只是小局部的长期践踏，只要停止了破坏，还是能逐步恢复。这几个沙地是干旱半干旱草原的一部分，同处一个降水带，但沙地的治理得到更多的重视，封沙禁牧也比较容易接受。传统的放牧地则难得多，原因是牧民不放牧无法生活，让牧民自觉地减少牲畜不是那么容易。目前最难解开的扣就是没有给草原休养生息的机会！

## 二、游牧是治理荒漠化的好办法吗？

"病急乱投医"，面临草原的荒漠化威胁，有人提出恢复传统的游牧方式。40年的畜牧业工作经验告诉我们：传统的游牧生产方式的确能使草原恢复生机，但它的代价是现代牧民和当地政府所不能承受的。本世纪初，蒙古国雪灾死亡1 000多万头牲畜，超过当年存栏的三分之一；1978年锡林郭勒盟大雪灾各旗死亡牲畜50%～90%不等。历史上牧区三五年一次小灾、中灾，十年左右一次大灾，不管是白灾还是黑灾，是灾就要死牲畜，光是正常年份的疫病和狼害，死亡率就达到5%～8%。牲畜大幅度减少，自然给牧草留下了生长空间，实际上是"长生天"在替我们调解草原的载畜量，平均算下来，牧民还给老天爷的比自己的收益还要多。如果蒙古国像内蒙古一样牲畜年年增长，草原还会是现在的模样吗？现在的中国牧区除了青藏高原、新疆部分地区和内蒙古极个别地区（如满都）以外，已没有游牧的余地。有的网友说得好，不论定居和游牧，牲口多了，到哪儿都一样吃不着草！

## 三、出路在什么地方？

有没有简便可行、立竿见影的办法使日渐干旱的草原迅速恢复生机？我想不出办法。我也常问自己：难道真要等牲畜死光了草原才能恢复吗？对气候变化我们无能为力，人工降水，这边多下一些，那边就少下一些，2＋2和1＋3整体结果是一样的。锡林郭勒盟荣盟长最近跟我讲，去年人工降水降到了境外，蒙古国的边境省还来信感谢。我想，光这边下雨人家会不会抗议？这个法子用多了与乌拉盖河上游建水库没什么区别。打老天的主意是指望不上的，南方的雨都下到北方，草原就不

是草原了。即使多下点雨，多长点草，牲口太多，水涨船高还是不管用。

见效快的办法没有，慢办法应该说还是有的，那就是逐步学会适应大自然的规律，调整产业结构，降低畜牧业占牧民家庭收入的比重。这需要多少时间呢？我说不好，但要有意识地主动去做，十年、二十年应该会有成效。

20世纪80年代初我去鄂尔多斯草原，看到的是满目疮痍，毛乌苏沙地已经快与库布齐沙漠相连接在一起了。当时我离开东乌珠穆沁旗不久，对比乌珠穆沁草原，真想不出当地牧民何以放牧，何以生活。20年之后我再去那里，不但是绿意盈盈，还在库布其沙漠的边缘看到野生的甘草长到1米多高，密密麻麻，生机盎然，我吃惊得简直说不出话来。2001年到2006年年底鄂尔多斯市乡村人口减少30.5万人，农牧民人均纯收入却由2 258元增加到6 500元，年均增长19.3%。

鄂尔多斯做到生态恢复、收入增加是一个漫长的过程，实施了很多综合措施，其中之一是工业高速发展，财政收入大幅增加，用于扶持牧民禁牧、休牧和建设的资金也大幅度增加。

有人提出，鄂尔多斯的经验并不适合锡林浩特。但锡林浩特如果拿不出什么好的办法，是不是可以试一下，20年前锡林郭勒盟的草场可是鄂尔多斯所不能比的。

现在怎么办？从什么开始？现在要尽一切可能改变牧民的思想观念，尽一切可能让牧民减少牲畜。有一条帖子看得我直生气：有的牧民每天买草的钱就要花一二百元！有买草的钱为什么不留下来过日子，而把牲畜卖了把钱攥在手里？干旱不是一天两天了，维持过冬、接羔很可能钱、畜两失，有了钱第二年可以再买回牲畜，卖大买小，还能把草场省下来。这点儿道理

要依靠基层干部一点一点去讲，现在政府取消了所有的农牧业税、上学免费，还有各种补贴，干群关系比以前好多了，牧区的干部帮助牧民搞好草畜平衡和经营管理应该是有基础的，但是干部本身的素质也急需提高。

我同意小阿的一些观点，如：很多事情要从牧民自身开始。同时政府要加大扶持，要认真地执行草原法，打击破坏草原的行为，草原不是没有前途的。

今年有可能还是干旱，但降水量在百年内应该是个常数，总有草原变绿的一天！

牧民维权和草原保护都要依法办事。

"曾经草原"提到的两个"大案子"及旗干部占草原问题，都要认真分析，冷静思考，既要伸张正义，又不能人云亦云，情绪化办事。因为时间的关系，我先分析一个"案子"：

新巴尔虎左旗开垦70万亩草原的时间是1991年至1998年。这期间，内蒙古自治区政府重视粮食生产，但不很注重草原保护。1990年自治区政府曾下文要求地方政府"从实际出发，有计划地开垦一部分宜农土地"。而1985年版《草原法》第十条规定，"草原使用者进行少量开垦，必须经县级以上地方人民政府批准"，给开垦草原留下了法律上的依据。正是由于这些特定的政策和历史背景，引发了自治区当时开发土地的热潮，出现了大量开垦草原的无序现象。这种现象不仅仅在新巴尔虎左旗存在，在自治区其他很多地方都存在开垦草原种植粮食的现象。1999年，自治区政府改弦更张，全面清查，滥开滥垦草原的现象有所遏制。新巴尔虎左旗也对所开垦的草原逐步实施退耕还草。

在各方面长期不懈的努力下，2002年月12月新的《草原法》明确规定了禁止开荒及处罚规定，并依法成立草原监理队伍，目前滥垦草原的行为得到了有效遏制。但执法不能追溯立法之前，特别是以前开垦的草原，很多已经领到了集体土地所有权证和土地承包证，已经变为合法占有了。

这就是为什么牧民必须按《草原法》规定确定草原权属的道理。《土地管理法》主要规范的是农用地，是严格保护耕地的一部法律，土地承包者"有权自主组织生产经营和处置产品"，无论是种草还是种粮，法律不能干预。所以土地所有权证不能在草原上乱发，否则，"曾经的草原"真的可能成为过去时，变为"现在是耕地"了。

# 自然资源保护要兼顾生产力保护

(2012年9月1日)

近年来，随着政府对草原生态环境的重视程度加大和投入的不断增加，学术界和媒体对草原问题的争论开始增加。指责最多的是"把农区分田到户的办法移植到草原"，因此对草场承包到户、定居轮牧、草场围栏以及禁牧休牧等政策提出异议。

但是至今执不同意见的人除了"恢复游牧"之外，尚未提出来其他办法，然而除非连片承包草场的牧户自愿联合开放草场，实施游牧，此动议不可能实现。

## 一、草原的双重属性

《中华人民共和国宪法》规定：矿藏、水流、森林、山岭、草原、荒地、滩涂等自然资源，都属于国家所有，即全民所有；法律另有规定，属于集体所有的森林和山岭、草原、荒地、滩涂除外；同时规定：耕地除由法律规定属于国家所有的以外，属于集体所有；而我国的草原具备自然资源和生产资料双重属性，无论是国有还是集体所有，都采取国家监理下的牧民承包经营。

如果按照一些学者恢复游牧的建议，那就必须取消牧民草原承包，可以任意放牧，作为生产资料的草原共同占有。其后果：一是载畜量无节制增加；二是无畜户大量增加，生产资料占有不公，两极分化加大。

游牧主张者要求草原公有，牧民游牧权利应写入《中华人民共和国草原法》；而非经草原集体所有者和承包者许可的游牧恰恰违反了《中华人民共和国草原法》和《中华人民共和国物权法》关于草原家庭承包者权益的规定。现行的草原法实际上已经较好地兼顾了草地自然资源保护和草原畜牧业生产力的保护。

### 草原的承载能力决定了生产方式的变革

目前草原上普遍实行的牧民定居和家庭承包实际上是无处游牧后生产资料的再分配，以限定草场实现限定载畜量。目前的草原已经容纳不了越来越多的牲畜。

以锡林郭勒盟的东乌珠穆沁旗为例：1949 年东乌珠穆沁旗（当时与西乌珠穆沁旗全称东部联合旗）牲畜头数为 22.9 万头，2003 年达到 400 万头，55 年间，牲畜增加了 17 倍！（见《丁巳年铁灾》）。锡盟草原面积为蒙古国的 1/10，牲畜头数一度与其相近，草场压力超过蒙古国的 10 倍，已无处游牧。与其对应的是十年之后，东乌珠穆沁旗牲畜下降近 40%，植被开始逐渐恢复。

### 游牧生产方式的不稳定性

据《中国灾荒史》记载：光绪二十八年（1902 年）大雪，东蒙地区平地积雪 4 尺，大量牲畜饿死；1914 年，积雪 3 尺，寸草不见，牲畜死亡二分之一以上；1940 年一场暴风雪，呼伦贝尔一夜死亡牲畜 40 万头；1943 年，呼伦贝尔盟的东西新巴虎尔旗遭受风雪之害，死亡马匹 34 620 匹、牛 61 879 头、山羊和绵羊达 451 771 头；按 1936 年的数字进行分析，损失的马占 30.7%；牛占 56.9%；羊的损失率达 45.7%。苏尼特右旗在 1935 年遭受大雪灾，冰雪覆盖草场达 5 个月之久，牲畜死亡 75%。1982 年 5 月 15 日呼盟牧业四旗的风力达到 8 级以上，蒙古包和勒勒车都被风刮走，大畜整群跑散。辉河中淹死牛马近万头，查干诺尔泡子淹死马近 2 000 匹。另外，还有 7 人因追赶迷失的牲畜而死亡。

有些学者批评：现在牧区只会抗灾，不会躲灾。这是在说游牧生产方式抵抗灾害的能力强。其实恰好相反，走场迁移同样损失巨大：伪满时期调查呼伦贝尔冬季马群连续迁移 4 天就会有 10%～20% 的死亡率。大雪天的紧急移动，死亡率更高，牛群迁移 4 天，死亡率达 10% 以上，大雪之时，紧急移动死亡会更多；羊群在冬季长距离移动 4 天后，死亡率可达 20%。1943 年东新巴尔虎旗内的半数牲畜都在大移动，其中马的死亡率在15％左右，羊的死亡率为25％～30％。60年代初乌兰察布盟上万匹马走场锡林郭勒盟，3年后只有一半回家。

1977—1978年锡林郭勒的大雪灾中，西乌珠穆沁7个公社20个队到该旗西北部松根山一带移场过冬，畜群被大雪围困，14万头牲畜仅剩1.6万头；锡盟900多万头留下400万头，阿巴哈纳尔旗40万头剩下4万头，西乌珠穆沁旗110多万头剩下16万头。

### 这样的参照系有意义吗？

很多学者把蒙古国和非洲草原因游牧得到保护作为参照系，以蒙古国为例，低载畜量是因为游牧生产方式造成的高死亡率；蒙古国2 000年以来仅两次雪灾就死亡2 000万头牲畜。2009年冬至2010年春蒙古国因雪灾在9.75万户受灾牧民中，有8 700户成为无畜户，3.3万户牲畜死亡过半。据报道，首都人口占全国人口的50％，其中1/3为受灾牧民。1989年内蒙古自治区牛羊肉产量还低于蒙古国，但到了2010年已达蒙古国牛羊肉产量的7倍。

### 草原退化不仅发生在中国

即使如蒙古国保持了传统的游牧生产方式，由于牧民游牧过度集中于水源和城市周边，依然会形成大面积草原退化。蒙古政府2010年称：近16年间土地严重退化沙化面积已增加了7倍，已占整个土地面积的72％。与1960年相比，887条河流、2 096眼泉水、1 166个湖泊干涸，40％的冰川融化。每年46.5万公顷森林因火灾和病虫害消失，而人工补植面积每年还不到1万公顷。同时，6.9万平方公里的牧草地被沙漠蚕食，75％的植物灭绝。最近10年因滥砍滥伐，江水水位降至一半。

> **小结：承载能力决定调控的方式**
>
> 1. 草原的承载能力决定草原畜牧业不是增长型经济，无论是游牧还是定居都无法改变。
>
> 2. 游牧对生态的正面效益是以牲畜大量死亡，牺牲牧民利益换来的。
>
> 3. 保护草原持续的生产能力只能围绕控制承载量，控制和转移牧区人口来得以实现。

## 二、草原碳汇经济——模糊的时髦概念

世界生态系统碳储量中森林占39％～40％，草地33％～34％，农田20％～22％，其他4％～7％。

有专家估计，我国天然草地每年的固碳量为每公顷1～2吨，年总固碳量约为6亿吨，约为全国年碳排量的1/2。草原能够提供价值每公顷7美元（人民币47.8元）的碳储存服务。

但问题是：我国草原碳汇能力真有这么大吗？我国草原有无提供碳汇交易的能力？

### 关键是：草原碳汇经济无法独立于草原畜牧业！

德国全球变化咨询委员会（WBGU）曾经估算全世界森林碳储占46％，热带、温带草原占23％；而国内方精云院士1996年估算中国的草地碳汇占16.7％（85％在高寒草甸和温带草地，主要为地下碳储）；草地年碳储仅为森林的1/10。

由于中国温带草原气候寒冷、降水量低，光合作用不足，碳汇只有其他草原的1/4～1/2，高寒草甸为95％碳储在地下，是多年积蓄。更为重要的是草原的利用方式决定了其碳汇能力，植被由于草食家畜

的啃食践踏，光合作用能力降低，碳积累被大大削减；草食家畜大量的碳排放抵消了植被的碳吸收。

FAO 2006 年表示：全世界产生的甲烷有 37% 来自反刍牲畜的消化道，甲烷造成的温室效应是二氧化碳的 23 倍，全世界产生的氨也有 64% 来自家畜，氨则是导致酸雨的重要原因之一。

因此，草地畜牧业是草原碳汇的主要消耗源。

## 三、小结

——由于受水因子的影响，森林碳汇稳定，砍伐影响碳储，对年碳汇影响不大；

——农田碳汇受耕作方法、投入品和气候变化的影响，并部分抵消（化肥、农药、能源等），但生物产量相对稳定，产量碳汇也相对稳定；

——而草原碳汇是最不稳定的，受到草食家畜碳排放抵消，超载过牧使碳汇成为负值，退化草原如果成为沙尘源，将消耗地下碳汇积累。中国草原碳汇应低于农田。

## 四、结论

1. 由于草原畜牧业不是增长型经济，在保护草原生态的同时必须把维护必要的生产能力、保障牧民生活放在重要位置。

2. 在现有的资源条件下，恢复游牧既不能保护草原，也不能保障牧民生活。

3. 减轻草原压力才有可能维持草原的低碳经济。

# 草原退化原因分析和草原保护长效机制的建立

(《中国草地学报》2011 年 3 月)

**摘要**：总结了内蒙古草原退化的三大原因，即超载过牧、农耕经济的蚕食和破坏、全球气候变暖。并从建立健全草原生态补偿机制、科学实施草畜平衡、探索和推动牧区合作化、依据《中华人民共和国草原法》加强草原确权管理等四个方面，探讨了建立草原保护长效机制的途径及依据。

**关键词**：草原退化；草原保护；长效机制

内蒙古草原位于亚欧大陆腹地，是亚欧大陆的重要组成部分，也是内蒙古的重要标志。近年来，由于各种原因，内蒙古草原的荒漠化面积逐渐加大，草原面积从 20 世纪 60 年代的 8 666.7 万公顷减少到 20 世纪 80 年代的 7 888 万公顷，短短 20 年内，减少了约 800 万公顷，而且以每年数十万公顷的速度退化。据资料显示，内蒙古目前可利用草地面积约 6 359 万公顷，其中退化草地面积达 3 867 万公顷，占可利用草地面积的 60%[1]。面对如此惊人的数据，不得不让人对草原的未来担忧。本文就草原退化的主要原因予以分析，并对如何建立草原保护长效机制进行探讨。

# 一、草原退化的主要原因

## （一）严重超载过牧

引起草原退化的因素有很多，其中超载过牧是最主要的因素之一。以内蒙古东部牧区东乌珠穆沁旗为例，1949 年牲畜头数为 22.9 万头，到 1998 年牲畜达到 312 万头。目前，中国的牧区、半牧区平均超载 30% 以上，2.5 亿公顷草场的理论载畜量是 2.8 亿个羊单位，实际是 3.8 亿个羊单位。也有人说草原超载了两倍甚至更多，我认为超载 1/3 是可信的，因为载畜量、超载量是按全年计算的，本来能养一只羊的草场如果养 1.3 只结果会是全瘦，如果养两只结果会是全死，因此不可能超载两倍。超载 1/3 已使草原丧失了休养生息的机会。

草原超载过牧的原因与人口增加有关。人口增加一是自然增加，二是移民。20 世纪 80 年代中后期，草场承包到户，新来的移民不可能分到草场。但 90 年代以后，牧区，特别是内蒙古东部的牧民越来越富裕，大量雇工放牧，形成了新的苏鲁克。苏鲁克制度源自于 1953 年乌兰夫在草原上推行的"三不两利政策"，就是牧主和牧工两利，即雇工放羊分成。新的苏鲁克多是半农半牧区的蒙古族和汉族的农民，他们不占有草场，但是他们占有挣来的牲畜，而且畜群会越滚越大。

草场超载过牧还与法律滞后有关。草原权属与牲畜的权属不同步，20 世纪 70 年代末把集体的牲畜作价归户，牲畜自有自养，但是草场在相当长的一段时间吃的

是大锅饭。谁的羊数量多，谁占有的草场就大。1979 年农业上的第一个国际合作项目——联合国开发计划署（UNDP）的 79001 项目就是在内蒙古的翁牛特旗搞草场建设和牧业现代化建设，UNDP 专家说，这个项目没法搞，因为牲畜是自己的，草场是大家的，怎么建设？给谁建设？建设完后由谁来维护？在很长一个时期内牲畜数量高速发展，草场急剧恶化。这种不配套——牲畜的私有、草场的公有是草原退化的极重要的原因。80 年代中期开始探索、90 年代逐步形成草原承包经营到户，2003 年 3 月正式实施的新《中华人民共和国草原法》（以下简称《草原法》）才真正明确了草场权属，而且明确地提出草原可以是集体所有。

## （二）农耕经济对草原的蚕食和破坏

原本在阴山和大兴安岭两侧都是牧区草原，现在到了一侧。原来从嫩江的上游—白城地区—乌兰浩特—朝阳、阜新、赤峰，再到坝上、丰宁、围场到克什克腾、多伦、宝昌，再到山西的雁北、陕北、甘肃的平凉、庆阳……都是牧区，但是后来变成了农区。怎么变的？出了北京就是河北的丰宁县，该县苏武庙有一块碑。碑文是"自我大清以来，四夷拱服，山河已统，边塞人烟丛集，遂立营堡"，说的就是移民建镇，开垦草原。

历史上的移民并非是农民的个人行为，而是当时政权屯垦戍边的政策，靠军垦、官府率先推动的大量的移民。自古"四面边声连角起"，战火不断，只有军垦才能抵御游牧民族的入侵和掠夺，才能推动农耕民族对草原的蚕食。明朝明文规定了"军垦""民垦"和"商垦"。清朝时候把锡伯人连带他们的家属从东北派驻新疆驻军屯田，左宗棠称"湖湘子弟遍天山"。坝上商

都至今还有"屯垦队镇"的地名，河北围场、丰宁大军屯垦，像蒙古营子、新营子等以军队驻地为地名的随处可见，这些都是历年屯垦的影子。

屯垦的起因与游牧民族的南袭有直接关系。起初是防御性的"不教胡马度阴山"，筑长城以御之。到了农耕民族强大或者是游牧民族混乱的时候，中原政权开始屯垦戍边，大量的军队开始垦殖，以垦保军、保边。一直延续到1966年，毛主席还号召屯垦戍边。当时内蒙古兵团一到六师一字排开，从锡林郭勒盟一直排到临河。据新疆兵团考证，西汉时候就有屯垦戍边。这种适用于战争的屯垦方式以后逐渐地演化为移民开垦，成为草原面积缩小的一个直接原因。应该说，游牧民族的掠夺和侵犯给农耕民族带来了一时的灾难，而农耕民族的屯垦和移民给草原生态环境带来了长久的破坏。

20世纪60年代开始内蒙古兵团在乌拉盖垦荒，在最好的羊草草原上种春小麦，第一年亩收50千克左右，第二年亩收也就10千克左右，而当时种子每亩还要15千克，破坏了的草原至今还未完全恢复。实际上屯垦也不是中国特有的，日本在侵略中国的时候就搞垦殖团；以色列也在约旦河西岸搞屯垦，这些都与战争直接相关。

### （三）全球气候变暖

气候变化是引起草地生态系统恶化的重要自然因素。据研究资料显示，内蒙古锡林郭勒草原地区近40年气候呈波动性的升高趋势，与20世纪70年代相比，年均温升高1.4℃，年降水量减少97.1毫米，而且，温度和降水年际间的变幅近年来明显加大[2]。气候变化在草原荒漠化成因中占到了很大的比重，仅次于超载过牧。这一点，可以从蒙古国得到佐证，资料显示，

跟内蒙古草原气候相似的蒙古草原荒漠化面积也达到42%。

### 二、建立草原保护长效机制

在目前的条件下，怎样建立草原的长效保护机制？我认为只有在保护草原可持续发展的前提下，建立草原保护制度、推行草畜平衡制度、实行禁牧休牧制度，以政策扶持牧民走向现代化畜牧产业之路，主动去保护草原才是解决问题的有效途径。

### （一）建立草原生态补偿机制

很多专家都提出了生态补偿这个概念，从本质上看，生态补偿机制是调整因破坏生态环境的活动而产生的环境利益和经济利益之间的分配关系。通俗地说：谁利用谁保护，谁受益谁贡献，谁破坏谁补偿。这三句话非常清楚地表达了生态补偿的本质。在草原上的矿山、油田破坏草原了，企业要给予恢复，要补偿牧民的损失，补偿生态的损失。生态补偿除了不让牧民掏腰包，其他所有与草原有关的活动，如旅游开发、工矿企业、交通设施等都要严格执行这种真正意义上的生态补偿。

现在国家实行的是花钱买生态，如正在实行的退牧还草工程。退牧还草需要禁牧、休牧，这是很难的。一些专家很早对我说，渔业禁渔、林业禁伐，草原为什么不禁牧？禁渔要解决好渔民的吃饭问题，管得了人的嘴，鱼的嘴不用你去管。而牧区禁牧不但要解决牧民的生活问题，还得要管牲口的嘴。所以，退牧还草要比退耕还林、禁渔休渔难得多。从2001年到2007年国家在草原上的投入超过143亿元，多数投入到退牧还草工程和其他草原建设、牧民补偿上了。

国务院新出台的牧民补助政策，禁牧的草场每公顷补助90元，超过了60～75

元的草场租赁市场价格，增加了牧民的收入，也防止了草场被租赁后的过牧。我希望借此能够真正实现草原的休养生息：禁牧的时候，牧民把牲畜都卖了，用国家的补偿搞一些别的生计，等草场恢复了再按草畜平衡的办法发展生产。生态补偿政策必须跟草畜平衡政策结合起来，否则国家的补偿一停，草场还会退化。2010年出台的还有草畜平衡奖励政策，即实现草畜平衡的牧民每公顷草场奖励22.5元。实施这些政策的目的就是在保障牧民生活的前提下让草场休养生息，恢复生机。同时保证草畜平衡，不再破坏草原。

### （二）科学实施草畜平衡

草畜平衡是在一定区域和时间内，通过草原和其他途径提供饲草饲料量，在保证牲畜所需的同时不破坏草原，达到一种动态的平衡。草畜平衡是促进草原生态系统良性循环、实现可持续发展的基础。

草原基本处于降水量300毫米以下的干旱地区，超过300毫米的地方大多都开垦完了。因此，水的多少成为长草、养畜、养人的先决条件。由于降水量是人所不能控制的，所以，载畜量成为维持生态和确定合理人口密度的主要因素。

提高牧民生活和控制载畜量是一对矛盾，在什么条件下既能维持草畜平衡，又能有最高的收益？我认为要研究在三个阶段下如何实现草畜平衡：

**第一阶段，是自然生产力条件下草原放牧系统的草畜平衡。**该阶段关键是要发挥草原的生态潜力。很多人反对围栏，围栏也不能使草增加。但为什么欧洲、澳大利亚、新西兰等国家都采取围栏呢？实际上围栏是计划放牧的有效的生产方式。在澳大利亚要申请做一个牧民，第一个你要提出申请，围栏公司帮你拉围栏，但是超

过了养畜量，马上会遭到处罚。合理的围栏不能提高牧草的产量，却能提高15％的利用率。像新西兰的罗母尼羊，它是不扎堆儿、不合群的，它就在划区的小围栏里面自己吃，就是适应了这种生产方式。我说那是"人也自在，羊也自在"。如果不用围栏，专人看着，今天在这儿吃、明天在那儿吃，就在自己的草地上有计划的放牧，也可以；只要不侵犯别人的草场，只要不嫌费事，你说这是游牧都成。

最重要的工作不是围栏，而是要优化畜群的结构，要在得到最大经济效益的同时不破坏草原。包括用打草、青贮和干贮等措施来调剂丰年和歉年的动态需求。打草实际上就是用夏季多余的部分补充冬季不足，同时保留牧草最高的营养成分。但是草原上有个最大的问题，就是丰年和歉年生产力相差三到四倍甚至更大。有的时候寸草不生，有的时候草长得很好。干草贮备时间短，青贮则能够长时间地储存，更能够调剂丰年和歉年之间的余缺。

优化畜群结构是牧民最容易做到的。牧区传统的出栏率是15％，吃七卖八，卖掉的只有8％。实际应该卖得更多。简而言之，冬天只养母羊，再留20％母羔作为后备母羊，当年羔羊和淘汰母羊入冬前全部卖掉，这是最经济的。当然需要少量公羊（或者人工授精），留下几只自食羊。实际上出栏率可以提高到70％～80％，这样可以养最少的羊而达到最大的经济效益。冬季贮草补饲加优化畜群结构，也就减少了掉膘损失，提高了草场利用率。我们还可以把蒙古羊只生一胎的习惯改为两胎，条件是简单的暖棚和足够的冬季补饲。如果再进一步生产流水羔子，羔羊均衡上市，附加值就会更高。

**第二个阶段，是发展人工草地前提下的草畜平衡。**我国西部干旱地区有一些农

耕区，像甘肃河西走廊、黄河灌区，包括银川、内蒙古河套、新疆的绿洲都是灌溉农业，这些地区有水就是绿洲，无水就是荒漠。草原上的植物也都是耐旱植物，高产牧草如果没有灌溉条件很难成活。如果要发展人工草地，就要合理地开发地下水源。人工草场有水才能有草，"以草定畜"必须"以水定草"，草畜平衡在这里变成了水草平衡，也可以说是碳平衡，只有通过水和二氧化碳的同化作用植物才能生长。很多人不认同开发地下水，认为这样会出现地面漏斗。河北的粮食产区加上工业用水曾经形成很大的漏斗，连地面都可能下沉。但是在牧区分散打井不易形成漏斗，顶多抽不出水来。鄂尔多斯的牧民一家养三五百只绒山羊，有一口水井，种个几公顷的青贮，日子能过得很好。如果我们牧区能够尽可能开发地下水源，"种植一点，保护一大片"，是值得的，是有利于生态环境的，牧区的地下水用于牧民也是用得其所，工业开发不应该与牧民争抢水源。但干旱草原最大的问题是能找到水的地方不多，所以建设人工草地比较困难。在新一轮的退牧还草工程中加上了人工种草和人工补播种草的钱，但是在没有水的情况下，如果没有选好耐旱草种，种了也是白种。目前，我国的科研部门还没有拿出干旱草原人工草地建植的研究成果。

**第三阶段，是氮平衡阶段。**这离我们国家还很远。在欧洲、澳大利亚和新西兰很普遍。氮平衡，也就是给草场施肥，让草长得更好一些，或者补种豆科牧草，增加土地的氮含量，增加土壤的有机成分，从而使草场有稳定的产草量。我非常痛恨草原上的羊草大量出口日本，它不施肥，越割越差，实际是在出口我们国家的生态资源。如果出口苜蓿就很划算，越种苜蓿地越肥。氮平衡阶段已经是投入和产出的比较阶段，但比值

不会高，因为有水因子的制约。

草畜平衡不是一个简单的草原植被问题，实际上是人、畜、草的平衡问题。如果这三个阶段的工作都做了，草原的潜力就被你榨干挖尽了。目前牧区、半牧区肉类产量占全国产量的 7.5%，其实半农半牧区早已是徒有虚名，主要产的是猪肉，真正草原畜牧业肉类的产量不足 4%，不可能再增加了。接下来就要做减少"载人量"的问题了，人减不下来，畜也减不下来。牧区人口的问题只能用市场经济的办法鼓励他们外出打工，减少草原的人口数量，而不只是简单的移民。这是一个非常大的社会问题，人口过多，草原肯定没有希望。

### （三）探索和推动牧区合作化

我曾讲过两个苹果的故事：20 世纪 90 年代，我在日本农协（JA）看到世界上最大的苹果，叫 Numberone，都是农民交给农协，农协一个星期之内就把成交后的钱打给农户。我问一个正在洗苹果的年轻人："你为什么要交给农协呢，能不能自己拿到市场上去卖？"那个小伙子一脸惊愕，说："你怎么会问这样的问题呢？这是不可能的事！"。就在那一年，我在陕西白水县，看到路边一位老农在卖"秦冠"苹果。我问他："你又种又卖，累不累啊？能不能让合作社代你卖？"他冲我一瞪眼："你以为还是公社化呢?!"咱们中国的农民，谈合作色变！是被当时一大二公、公社化吓怕了。实际上，在国外农民合作化是非常普遍的。在欧美、澳洲，农民专业的合作组织在市场中的作用越来越大，合作社办的企业是不用向国家纳税的，税收都体现在农民收入的个人所得税上。

2006 年 11 月，我国出台了农民的专业合作社法，然而牧区的合作社相对滞后。牧民合作的目的不应该是为了简单的恢复

游牧，因为本来就超载过牧了，合起来了也是超载过牧。应该根据草原的特点建立草原平衡制度，合理安排，统一使用水源、打草场。不是简单地拆除围栏，而是把围栏设计得更合理，更方便划区轮牧，更好地保护和利用草场。

不排除在自愿的原则下合并草场，实行小游牧。但是因为牧户的草场、牲畜头数和劳动力都不同，所以很难理出合理的利益机制。比如，我只有200只羊，而你有2 000只，如果草场简单地合并，如何保证我的草场的收益？特别要注意的是不能行政干预。我曾在呼伦贝尔看到一个有八户牧民的奶牛合作社，奶牛本来就不是放牧的，所以很容易联合。现在他们挤奶、打草等劳动不雇人了，各户的机械得到充分利用，收入也增加了。但是他们反复地强调：就这八户了，别逼着我们扩大。

建立合作社一定要遵循的原则是牧民自愿。马克思曾经说：股份制是私人生产的消极的扬弃，合作制是私人生产的积极的扬弃。我认为当前的牧民合作组织一定要建立在私人占有的基础上，一定要在自愿的基础上，充分地利用各种生产要素，使资源得到合理地配置。要特别注意不能强求自己和别人奉献，而是要寻求和构建共同的利益机制。

比草场合作更为重要的是服务项目，比如打草、贮草、青贮机械的推广、维护，草种、草料的种植和加工，配种站和挤奶站的建设，羔羊和肉牛的育肥，毛绒的加工和运销等等。至于剪毛、打鬃、擀毡等活动牧民早在游牧时期就已经有合作习惯了，牧民天然的合作意识还是比较强的。

## （四）依据《草原法》加强草原权属确定管理

最近有一些报道，要求牧民为自己的草原领取"土地"所有权证，认为涉及牧民直接利益的草原权属应该依据《土地管理法》。实际上这是对法律的误解。《土地管理法》立法目的主要是为了合理利用土地，切实保护耕地。《土地管理法》第十一条规定：确认林地草原使用权或者所有权，确认水面、滩涂的养殖所有权，分别依照《森林法》《草原法》和《渔业法》有关规定办理，明确了草原权属不在《土地管理法》的调整范围内，当然也就没有对开垦、破坏草原和侵犯草原权属的行为做出处罚的规定，这部法不是针对草原而立的。

2003年新的《草原法》严格禁止开荒，但在1985年的《草原法》里有一条非常不好的规定：草原禁止开荒，如果需要小规模开荒可由县级人民政府批准。这个小规模就没边儿了，呼伦贝尔东旗曾经开荒近5万公顷，"这里有200多万公顷草原，5万公顷就是小规模，是有法律依据的。"这是政府同意的，而且领了集体土地所有权证。这种破坏草原的行为正在纠正，逐步地退耕还草。新的《草原法》还规定，退耕还草的，还草以后要把土地所有权证换成草原所有权证。草原集体所有权受法律保护，禁止开荒种粮食作物；而集体所有的土地，农民有自主经营耕种的权力。

新的草原法完全取消了"小规模开荒"的规定，明确禁止开荒，任何人不得批准，即使人工饲草饲料地也要有监督，防止草原的破坏。这条规定实行以来，草原上开荒的现象大幅度下降。

《宪法》《土地管理法》与《草原法》之间对草原的表述是有所区别的。宪法里草原是以自然资源身份出现。宪法规定矿藏、水流、森林、山岭、草原、滩涂、荒地等自然资源属于国家所有，即全民所有，有法律规定集体所有的森林、草原除外。当时内蒙古实行了草原的集体所有权制，但没有法律依据，国家立法机关也不能认可，就认为草原是国家的，集体只能使用，没有所有权。我们为这件事情整整努力了7年，讲草原不单有自然资源的属性，它也有生产资料的属性，它跟牧民密切相关，没有生产资料牧民无法生存。最终，2002年10月把草原的集体所有权的属性写进了新的《草原法》，草原可以是国家的，也可以是集体的，集体草原权属的权利和义务写得非常详细。使《宪法》上说的"由法律规定集体所有的……除外"中的"法律"落到了实处。

《草原法》明确了为了保护、建设和合理利用草原，改善生态环境，维护生物多样性，发展现代畜牧业，促进草原健康发展等等，实际上是明确了草原的三大属性：自然资源属性、经济发展的属性和稳定社会的属性。另外《草原法》为草原集体所有权规定了具体的管理办法。

有人很希望恢复到草原国有，认为把草原分给牧民（户）承包是一种退步。由于人、草、畜之间的关系决定草原不单单是自然资源属性，而是兼有生产资料的属性，同样是生产资料的牲畜的私有私养的政策是没有人反对的，大家都赞成。如果不及时实行草原的家庭承包，会加速草原的退化，同时加速两极分化，失去牲畜的牧民就会同时失去草场，变成一无所有，就有可能流离失所。在乌兰巴托见到的大量的贫民区、蒙古包群也会在内蒙古牧区

的城市再现。由于不会经营，或者天灾、老弱病残，甚至懒惰，有些牧户可能变成无畜户或少畜户，但他仍可以靠打草、卖草、出租草场取得一定的收入。通过出租、转包、流转草场可以保证牧民的利益。有人说，从前草原也是公有的，也有灾害，但没有人流离失所。改革开放之前草原是公有的，同时牲畜也是公有的，受灾损失平摊，丰收利益均沾，牧民富不起来也穷不到哪儿去。现在草原集体所有，分给牧民长期承包，正是为了保护牧民的利益，同时调动牧民保护自己草场的积极性。

《草原法》对承包者合理利用草原、草畜平衡等做了非常明确的规定。推进草畜平衡工作是我们生态补偿的一个先决条件，是我们国家加大草原投入的基础，是保证我们草原保护工作正常进行的一个必需手段。当然这个工作很难，如草畜平衡标准的制定、动态的管理和处罚的力度、标准，牧区越来越多的人口等等，都是很复杂的问题，急需我们认真研究和探讨。

**参考文献：**
[1] 敖艳红，黄国安，邢旗，等.2004.内蒙古草地资源利用现状及对策[C]//刘永志.内蒙古草业研究.呼和浩特：内蒙古人民出版社.
[2] 魏利平.2009.不同因素对锡林郭勒盟草原退化影响程度研究[D].呼和浩特：内蒙古农业大学.

# 关于草原荒漠化及游牧问题的讨论

(《中国草地学报》2011年1月)

**摘要:** 近年来,草原退化及恢复办法引起大家的关注,在此就草原功能、草原荒漠化及沙尘暴的成因、游牧的局限性等予以分析,指出游牧并非恢复草原的根本出路,现代畜牧业的发展要以人为本,依靠科技,正确把握游牧文明的生态价值,搞好现代草原生态保护和建设。

**关键词:** 草原退化;沙尘暴;游牧;现代畜牧业

中国的草原是世界草原的重要组成部分。内蒙古草原位于欧亚大陆草原的最东部。与世界其他草原如南美草原、北美草原、南非的热带稀树草原相比,欧亚草原是最大的。中国的草原又是最特殊的,主要是有"世界屋脊"青藏高原草原,全世界没有这么高海拔的草原。从大兴安岭的东西麓起,沿着阴山山脉经过黄土高原,再沿着青藏高原向下直到云南迪庆,这条斜线就是一条农牧分界线。但实际上这条线已经不复存在了。原因是经过二百多年的开垦,草原实际上已经从大兴安岭东麓退缩到西麓,从阴山的南麓退到北麓。有人计算过,草原从东向西退了100千米,从南向北退了200千米。这一带本来是水草最好的牧区,现在却成为土壤贫瘠的最差的农区。数数国家的扶贫县,从北到南多数都在这一带上,这就是大自然对我们的惩罚。面对具有如此深度和广度的变迁影响,本质原因是什么,未来趋势如何,如何有效应对,不同领域的专家、学者以及管理人员,各抒己见,众说纷纭,特别是关于游牧的一些观点与实际差距甚远。

我自己曾在牧区深处生活十二年,并长期负责草原及畜牧业管理的经验,对草原荒漠化及游牧问题有切身的感受,在此谈谈牧区的一些有争议的问题。

## 一、关于草原功能的争议

一些专家认为草原的潜能远远没有发挥,还有40倍的增产余地,中国将来的主要畜产品基地就在草原;另有一些人认为现在草原已经退化得很严重了,要以保护生态为主,牧区的特点是人少,最简单的方法就是移民,围封转移,花钱少、见效快。

我认为草原跟其他地方不一样,与耕地和森林不同。草原上的草-畜-人有着不可分割的关系。它有很重要的生态功能,是我国最大的陆地生态屏障;同时还具备一定的经济功能,是我们牧民赖以生存的最基本的生产资料。不能忽视的是草原的社会功能,因为草原大多数是少数民族世世代代赖以生存的土地。如果草原的事情搞不好,就会引起一系列的生态问题、经济问题甚至是社会问题。

## 二、沙尘暴生成原因的争议

### (一)荒漠和荒漠化的争议

有些人认为荒漠是人为造成的,如果草原荒漠化了是不可恢复的;还有人说沙尘暴也是人为造成的。这些说法多少有一些误解。

地植物学范围内的荒漠、草原、森林是地质时期自然过程形成的，是相对稳定的植被类型。地植物学对草原的定义跟农学对草原的定义是不一样的。《中华人民共和国草原法》里的草原概念实际上是把农学里草原的概念（草地）和地植物学的草原合并起来。荒漠主要是冻原、戈壁、石漠、沙漠，我们国家的原生荒漠主要在塔克拉玛干、柴达木沙漠、腾格里沙漠、库布齐沙漠等，是长期的地质变化、气候变化、极端的干旱造成的，它是不可以人为改变的。在20世纪50年代提出向沙漠进军改造沙漠，是违背自然规律，不可能实现的。沙漠也有绿洲，但绿洲的存在是有条件的，如果条件消失了，绿洲也就不复存在了；条件恢复了，绿洲也就恢复了。新疆有绿洲农业，完全是靠灌溉，塔里木河如果干涸了，那里的绿洲文明也就消失了。以前的古楼兰就是因为孔雀河的干涸而消失的。我想说的是，原生的荒漠不是人为造成的，但是绿洲兴衰跟人为活动密切相关。

次生荒漠有很多就是我们的草原，在内蒙古主要是毛乌素、科尔沁、浑善达克、乌珠穆沁等沙地。它们不是荒漠，这些地方的地下水丰富，降雨量也不差，只要保护好了就是生物多样性最好的草场。但是，如果放牧过度，践踏过度，就会沦为流动沙丘，最后变成荒漠。需要强调的是次生荒漠，哪怕就是一片黄沙，只要围封保护起来就能够恢复。我们可以看到，浑善达克沙地最近几年围封后效果非常好，植被得到迅速恢复。

## （二）沙尘暴生成的原因

沙尘暴跟北京的空气质量直接相关。关于沙尘暴，有人认为是从浑善达克沙地刮来的，也有人认为沙尘暴是人为造成的。沙尘暴不是现在才有，只是近几十年厉害了，历史上有很多记载。唐诗里面的"君不见走马川行雪海边，平沙莽莽黄入天。"是关于沙尘暴非常清晰的描绘。有研究说，黄土高原是西北的几个大沙漠包括中亚干旱地区和戈壁吹来的沙尘沉积而形成的，北边被吹成了沙漠、戈壁，但是细尘沉积在黄土高原，逐渐成为非常厚的黄土层。黄土层又随着黄河的冲刷，每年带走16亿吨，形成黄河冲积平原和黄河三角洲。也就是说沙尘暴造成了三种地质类型：原生荒漠、黄土高原、黄河冲积平原。

沙尘暴袭击北京的通道有三个：西通道主要是在河西走廊，它的来源是中亚，然后经过新疆到河西走廊；中通道是阿拉善，也是从蒙古国的戈壁草原过来的。应该说这两条沙尘暴主要是自然形成的。对北京影响最大的，人为因素最大的是东通道，沙尘源来自蒙古高原（从蒙古国到内蒙古）退化的草原以及坝上的开垦的土地。冬小麦能覆盖土地，但是坝上只能种春小麦，四、五月份土地是裸露的，这样的地表产生的沙尘会直接加重沙尘暴。

沙尘暴包括沙暴和尘暴，沙暴主要指500～1 000微米的沙粒流动和直径100～500微米的沙粒的跃移形成的流动沙丘，它能够把汽车上的漆打掉。有人说浑善达克的沙子快到北京了，实际上它每年仅仅移动几米，它过不来。来的是什么？是尘暴，也就是说从0.25～16微米（平均2.2微米）的尘土悬浮在大气中形成气溶胶，一直能够飘到夏威夷。所以说影响最大的、最可怕的是尘暴。沙尘的主要来源是荒漠化草原和裸露农田，而不是沙漠和沙地。举个例子，山洪下来的时候泥沙俱下河水是浑的，但水流再急，沙底的河流的水是清的。河北坝上农田土层中的直径小于50微米的尘粒占 46.8％，但浑善达克沙地中间的直径小于 50 微米的只占 3.1％，飞起来的是土、是尘而不是沙。2000 年，我陪领导同志到了浑善达克沙地，当时很多人都认为，治沙、植树造林是国家的事，是政府行为；治理草原、人工种草是牧民的事，是经济行为。实际上对北京的沙尘暴影响最大的恰恰不是浑善达克沙地，而是北方的草原。而我们的钱却只用在浑善达克沙地，虽然效果明显，但对沙尘暴作用不大。坝上的耕地本来就是草原，现在已经成为固定的耕地了，这些地方应该采取免耕法耕种，不要让浮土再起。

## 三、游牧文化不是恢复草原的根本出路

最近很多的媒体报刊都在呼吁拆除围栏，合并草场，恢复游牧。有些社会学学者和记者在讲游牧文化的好处，讲恢复游牧对于生态环境的重要意义。

游牧是不是恢复草原生态的根本出路，首先要对游牧本身做分析。游牧的生产方式实际上就是"逐水草而居"。中国古代的一个"移"字，妙解了移民和游牧两大社会生活方式、生产方式，禾多才有移。东汉末年，蔡文姬的《胡笳十八拍》里有"原野萧条兮烽戍万里""逐有水草兮安家葺垒，牛羊满野兮聚如蜂蚁。草尽水竭兮羊马皆徙。"首先，她把游牧与战争联系在一起；第二，有水草的地方，就要搭帐篷、住下，牛羊非常拥挤，水草没了就走人，《胡笳十八拍》对游牧解说得非常写实。

大家都感兴趣的《狼图腾》解说了游牧文化的先进性，包括姜戎在内的很多人都认为，游牧文化是进步的，要有狼性，社会才能进步，有羊性社会不能发展。还有些人认为游牧文化是落后的文化，不求进取，不求积累。文化是上层建筑领域的问题。我只想从生产力和生产关系方面做一些分析。

游牧实际上就是靠天养畜的生产方式，一直重复着"夏饱、秋肥、冬瘦、春死亡"的恶性循环。草原气候恶劣，三年一小灾，五年一中灾，十年一大灾。有人说传统的游牧方式是充满生机的，能够在游动中使牧草恢复。这话有道理，但更重要的是，游牧的生产方式缺乏对自然灾害的抵抗力。长期的游牧生产方式使当地牲畜保留着原始的特性。像蒙古马、牦牛，它们都是在半野生状态下，马能够用蹄子刨出雪下的草。在干旱草原牛就很少，因为牛不能像马和羊一样刨雪，所以在草甸草原等草高的地方牛才能够适应。牧区的羊都是粗毛羊，粗毛羊为两型毛，底绒和粗毛两层具有高度的保温性。我做了十年的细毛羊的推广，但它不能适应游牧，严酷的生态环境和生产方式不能使它们生存。最有特点的就是蒙古羊，蒙古羊的尾巴大，能够熬出 5kg 油，它跑起来尾巴能把自己打个跟头。由于脂肪的能量是蛋白质的一倍，越冬的时候先消耗脂肪，所以它的越冬耐饥饿能力很强。这都是由严酷的自然环境和生产方式决定的。

但是，草原的游牧生产方式细算起来得不偿失。游牧牲畜死亡率很高，小灾、中灾、大灾平均下来一般的都要损失 15％左右。当时草原上叫吃七卖八，老百姓自食 7％，卖掉 8％，整个的出栏率是 15％。冬天游牧的掉膘率可以达到 30％～50％，一个 1 周岁的羊越冬不死，体重也要减到原来的一半，一只手就能拎起来。加上牧民为了游牧方便，留了很多大羯羊，白吃白喝几年没有收益，牧草的实际利用率不足 50％，大量的牧草被死亡牲畜、掉膘和维持生命所消耗。牧区的繁殖成活率不到

100％，遇到灾年能有 50％ 就不错了。而农区小尾寒羊是 277％，湖羊是 250％，都是一年生两胎，一胎能生二三个。小尾寒羊和湖羊实际上就是蒙古羊的生态型，跟蒙古羊有血缘关系，逐渐适应了农区的舍饲。最好的 1.5 周岁的蒙古公羊不会超过 100 千克，而 1 周岁的小尾寒羊或湖羊（公羊）体重可以达到 150 千克，这是因为它们是直线生长，没有掉膘的过程。但为什么在内蒙古繁殖率就低呢？是因为牧民不想让它生那么多。春天下羔的时候缺乏饲草，母羊很瘦，如果生了双羔，牧民把小一点儿的羔子往牛粪筐里一扣，天天在那儿哇哇叫，叫两天就死了。牧民让它自生自灭，他们非常清楚，要么三个全死，要么一大一小活两个。这样长期选择的结果，使双羔基因逐渐减少，现在让它生双羔也很难了。

1967 年的冬天遇到了大雪灾，我放的 1000 多只羊死了一半。瘦弱致死的羊的骨髓都是红的，瘦羊还没死的时候，你把它杀了，肉已经变味了。那时候杀的羊叫灯笼肉，就是几根肋骨包一层像纸一样薄的肉皮。我把那些死羊的尸体垒成了羊圈，惨不忍睹。特别是种公羊、种公牛对雪灾的抵抗力最差，我曾经见过 200 多只种公羊死在一个羊盘子里的惨状，圆圆的羊盘子里全是死羊的大犄角，这是一个生产队所有的种公羊！

1978 年的锡林郭勒盟雪灾是 1977 年 10 月 16 号开始下雪的，越下越大。断断续续一直持续到第二年的 4 月份。这场雪灾锡林郭勒盟的 900 多万牲畜剩下 400 万，阿巴哈纳尔旗（现锡林浩特市）的 40 万只牲畜只剩下 4 万。16 世纪的英国圈地运动是羊吃人的社会，而 1978 年呈现在我们眼前的是"羊吃羊"！没草，牧民骑的马都没有尾巴，都让羊给啃了，羊死了以后羊

毛都被其他羊吃了。死羊的肚子里面全是羊毛！没有去过牧区、没有见过那个场景的人想象不出那个惨，遍地都是死羊、死牛。同时，每次雪灾都会有冻死、冻伤牧民的事故发生。

蒙古国至今仍然保存着游牧的生产方式，2002 年蒙古国有的省牲畜死亡率达到 80％，2000—2002 年因雪灾减少了近 1000 万牲畜，每年的经济损失约占国内生产总值的 10％。2009 年冬到 2010 年春蒙古国因雪灾死亡牲畜 840 万头，在 9.75 万户受灾牧民中，有 8 700 户成为无畜户，3.3 万户牲畜死亡过半[1]。据媒体报道，乌兰巴托的人口占全国人口近 50％，其中 1/3 是受灾的牧民因失去牲畜而沦为城市贫民。

我们国家经过近三十年来的牧区定居、打贮草等防灾建设，牲畜的死亡率大幅度下降，而繁殖成活率、出栏率大幅度提高。随着牧区牲畜的直线增加，草原压力越来越大，草原退化的程度也远超蒙古国。这就是我所说的，游牧能够恢复草原的原因：原始的游牧生产方式致使大量的牲畜因灾死亡，从而减轻了草原的负担，每次大灾后布满尸骨的草原都会呈现出勃勃生机。但是，我要大声地询问主张恢复传统游牧的人们：这就是你们想要的吗？在你们陶醉于"诗一般的""天人合一的游牧文化"的同时，你们见过或了解过游牧的频繁灾难吗？你们为牧民和草原上的生灵考虑过吗？

有人对我说：草地畜牧业、放牧就是游牧，这是成本最低廉的生产方式，很多发达国家也在游牧。实际上游牧脱胎于狩猎业。狩猎业有两个分支，一支是游牧，另一支是逐步进化的养殖业。欧美的土地很早就私有化，没有办法游牧了。16 世纪欧洲出现的圈地运动，是把原本农民租种

的土地强行圈为牧场，通过围栏把草场固定起来。很多国家至今保留着定居放牧的习惯。澳大利亚、新西兰和欧洲很多地方都采取了划区轮牧、贮草补饲的生产模式。而游牧是逐水草而居，要举家而动，其先决条件是：草场是共有的，我可以走，允许我走，才能游得起来。

还有人提出来，现在欧洲又开始恢复游牧了，连猪都开始放养了。实际上欧洲人是提倡动物福利，从保护动物的角度出发的。动物福利跟游牧是毫不相干的，比如动物保护主义者要求要给牛置备玩具，要让牛感到愉快，让猪自由活动，不能圈起来。动物福利与游牧文化又是格格不入的，比如，我们牧区的杀牛杀羊，最讲究的就是掏心，就是在牛羊箭状软骨下面划开一个10厘米的小口子，手进去通过横膈膜插到胸腔拉断后腔主动脉。这样血全流在胸腔里，血一点都不浪费，可以灌血肠。这种方式是动物保护主义者坚决反对的，各国有关动物福利的法律要求屠宰牲畜必须麻醉；游牧也保留了许多狩猎的习惯，你在欧洲戴着貉绒皮的帽子，带着狐狸皮的围脖，很可能遭到动物保护主义者的攻击；特别是你作为牲畜的主人，牲畜因饥饿致死，你将面临法律的追究，游牧文化能够做到吗？

更现实的问题是草原确权之后，草场归牧民个人承包使用，并受法律保护，你可以租用别人的草场，但没有无主的牧场让你随便去游牧。不少牧民赞成游牧，他们抱怨的只是自己过多的牲畜不能到别处放牧，但是没有人同意让他人的牲畜到自己的草场放牧。这种只想游出，不愿意游入的想法也可以看得出游牧生产方式的随意性，或者说侵占性。

在漫长的历史岁月里，强悍的游牧民族的生产活动总是伴随着战争，开始是部落之间的牲畜、草场的争夺，部落统一以后又向农耕地区的掠夺和抢劫，这种侵占性跟游牧生产方式密切相关。

游牧这种不积累、不进化、不建设的生产方式，在无法扩张和掠夺之后，衰败成为了必然，这是人类社会发展的结果，是不以人的意志为转移的。游牧民族曾经16次入主中原，其中适应和继承农耕经济的都促进了社会生产力的发展。元朝蒙古族和清朝满族统治中国的时候，给中国带来了一时的繁荣，使当时的冶金业、采矿业、纺织业、文化、艺术发展得非常快。这就是建立在中原经济长期积累的基础上所形成的。

游牧文化是属于上层建筑，文化可以作为一种遗产长久地继承、保护、学习和借鉴。比如说，美国、加拿大的牛仔节就非常吸引人，是很有朝气、很有生命力的，给人以强烈的观感刺激，看着都让人热血沸腾。在德克萨斯有一种夸特马，四分之一英里保持世界纪录，就像牧民的杆子马，当地至今保留赶牛犊比赛，并发展成为有名的绕桶赛。这就是文化的继承，但那只是一种文化，不能把当时的生产方式也保留到现在。

游牧文化是更接近大自然、依赖大自然，也有很多传承下来保留至今。比之更原始、更古老的狩猎文化也还保留着。但是她们代表的生产方式已经奄奄一息了，没有生存条件了。为这种生产方式的消亡有人不习惯、不理解，甚至有人自我毁灭，然而，社会进步是无法停止的。鄂伦春族有一首很有名的歌："一呀一匹猎马一呀一杆枪，獐狍野鹿满山遍野打也打不尽"。多么豪迈，多么原生态，多么天人合一！但现在打尽了，狩猎生产方式消亡了，留下的是这首歌代表的文化。

## 四、草原畜牧业的现代选择

### （一）以人为本，发展现代草原畜牧业

当今社会提倡"以人为本"。作为牧区的主体，牧民们的生产、生活方式发生了翻天覆地的变化，思维方式和价值观也在发生转变。毋庸讳言，传统的游牧生产带来的收益远不及现代畜牧业带来的收益高，游牧生活也远不及定居来的舒适、方便。向往、追求富足、安逸的生活几乎是人的本能，牧区很多年轻人接受过教育之后便不愿意再回到草原，更不要提让他们去过那种"旋卷木皮斟醴酪，半笼羔帽敌风沙"的游牧生活。

### （二）依靠现代科技科学利用和管理草原

对现代畜牧业有多种解释，可以概括为三点：资源节约、高效生产、持续发展[2]。草原畜牧业的现代化必须依靠科学技术。在生产方式和草场经营方面，制定科学合理的制度，通过牧民定居，人工草地建设，天然草地划区轮牧等方式，一面提高草原的产出率，改变靠天养畜历史；另一面使天然草场得到合理恢复，实现草原的永续利用。在家畜管理方面，通过畜群生产性能、年龄结构的优化配置，饲养方式的合理搭配（季节性放牧），提高饲草的转化率和家畜的繁殖率，以提高畜产品产量和质量，提升牧民的经营收益。现代化的草原畜牧业应该做到以草定畜、草畜平衡，实现生态、经济、社会三种效益的最大值。

### （三）正确把握游牧文明的生态价值，发展现代草原文化和生产方式

文化文明不等同于生产方式，落后的生产方式要改革甚至摒弃，而文化文明却是在历史的长河中不断积累沉淀下来的，要采用扬弃的态度，继承和发扬其先进优良的部分。游牧文明中的生态价值观，注重保护天然草原生态系统的繁茂，保持生态系统的平衡，实现人、畜、草的共同发展，这些朴素的传统生态环境意识以及"天人合一"的思维方式，对于当今人类的发展具有重要的现实意义，人类要生存和发展，就必须按自然规律办事，树立科学的可持续发展观。

**参考文献：**

[1] 石永春. 蒙古国 840 万头牲畜死于去年冬季雪灾 [N/OL].

[2] 任继周. 草地畜牧业是现代畜牧业的必要组分 [J]. 中国畜牧杂志；2005，41（2）：3-5.

# 第三部分 关于畜牧业

# 一个发展十万个饲养专业户、重点户地区

(农牧渔业部赴山东调查组  李勇  贾幼陵，1982 年 5 月 1 日)

## （一）

山东省泰安地区大部为山丘地，人均 1 亩田 2 亩山。实行生产责任制后，农民的生产积极性大大提高，过去耕种 1 亩田要 100 多个工日，现在只要 30 多个就够了，一般社队剩余劳动力达 30％以上。泰安地区从实际出发，充分发挥自己的优势，提出"要想富，远抓林，近抓牧"的新口号。他们在总结 30 年来畜牧业生产的经验教训之后，提出了在不放松养猪的同时，大力发展草食牲畜，发展多种形式的社员家庭饲养业，把大部分剩余劳动力吸引到发展牧业上来。具体做法是"四户"一齐上：

**1. 一般户。** 这个地区积极鼓励和扶持社员，充分利用家庭辅助劳力和传统经验，在房前屋后发展家庭饲养业。他们认为这是目前发展畜牧业的基础，是提供畜产品的主要源泉，也是走向畜牧业现代化的起点。目前，这个地区的饲养业已成为广大社员家庭的主要副业。走进社员庭院，到处可见六畜兴旺景象。一般一个农户靠家庭饲养人均年收入可达 300～500 元。

**2. 联结户。** 是指队与户联结而言，有的叫"队户合营"，适于剩余工日较多的农户。由于他们劳动力有剩余，但一般经济

条件差些，多养有困难，在发展自己的家庭副业的同时，为集体承包少量的畜禽，有的承包一、两头牛，有的承包几头猪。莱芜一个县今年就有 11.6 万农户（占总农户半数）与生产队签订合同，为集体承包养兔、养鹅 60 多万只。城关一个公社队户联结饲养肥猪 7 000 多头。这种形式可以发挥两个积极性，充分利用社员的剩余劳动工日，发展商品生产。

**3. 重点户。** 多属兼业户，既承包土地，又承包饲养畜禽，有一个劳动力专门从事牧业生产，一般年收入可达 500 元以上。这种形式可以大量安排和充分利用农村剩余劳动力，尤其是妇女劳动力。有利于畜牧业的专业化向饲养专业户过渡。

**4. 专业户。** 这个地区的畜禽饲养专业户基本来自两方面，一是把集体牲畜承包到户，二是从社员家庭副业中分离出来，从"重点户"演变过来，靠自己积累资金，积累经验，经过集体扶持，逐步上升为专业户的。家庭的主要劳动力从事牧业生产，牧业收入达千元以上。多数户不再承包土地，有的只种口粮田和饲料地，逐步走向专业经营。

这个地区出现的联结户、重点户和专业户，一般的都是采用队提供资金（或仔畜）、饲料（或饲料地），社员交款、交肥、记工分的经营形式，坚持"四统一"（计

划、管理、安排劳力、分配）的原则，实行统一管理，分散经营、联产计酬。1981年全地区发展重点户专业 10.5 万个（专业户占 25％左右），占总农户的 8％，共承包大牲畜 21 万头，猪 37 万头，羊 26 万只，兔 102 万只，禽 120 万只，貂 2.5 万只，蜂 4 700 群。共创造纯收入 8 020 万元，户均收入 764 元。此外还有"联结户"约 5 万个。这个地区打算 1982 年再发展重点户、专业户 10 万个，联结户 15 万个，合计起来 40 万户，约占全区总农户的三分之一。莱芜县今年有 16.8 万户（占总农户 73％）与队签订合同，其中专业户 2.3 万户，重点户 3 万户，联结户 11.6 万户，共承包养兔 70 多万只，养鹅 50 多万只。这样通过经济合同，把千家万户和集体经济连成一个整体，走向共同富裕的道路。

### （二）

泰安地区正在建立的综合牧业体系，已成为发展多种形式家庭饲养户的支柱。

**1. 畜禽良种繁育体系。** 除地、县建立良种繁育场外，全区还建立了 900 个畜禽良种繁育户，340 个种畜户。118 只种用小尾寒羊承包给 35 个社员进行繁育。泰安市的风台大队 41 户社员饲养种鸡 2 700 只，一年提供种蛋 10 万个，预计今年发展到 1.5 万只种鸡，明年可提供 100 万个种蛋。对种畜户多是采用由队投资、投料，户饲养使用，收费分成的办法，效果很好。

**2. 畜禽饲养示范中心户。** 1981 年全区培养树立了 150 个各种类型的饲养畜禽示范户，牧业收入都达 3 000 元以上。他们用这种典型引路的方法，带动千家万户推动全区牧业发展。1981 年全区牧业收入达 1.6 亿多元，比 1980 年增长 34％。相当于前三年发展速度的总和。

**3. 兽医服务体系。** 农民饲养畜禽最大的忧虑是病多。为了解除这个后顾之忧，全区正在推行的防疫技术承包，受到广大群众欢迎。据莱芜县 13 个大队调查，1981年兽医部门与养鸡户签订防疫合同，承包 17 941 只鸡，规定每只收二角钱，因鸡瘟、禽霍乱死亡每只赔偿 2 元，承包后，注射鸡瘟、禽霍乱疫苗密度达到 97％以上。年末检查没有一个大队发生疫情，往年鸡瘟流行，幸存无几的马家庄大队现在也太平无事了，防疫人员也从中得到了奖金。群众要求今年还要继续承包。目前全区这种技术承包的兽医服务体系正在逐步完善，承包的面不断扩大，今年全县 100 多万只鸡、鹅全部实行技术承包。

**4. 饲料服务体系。** 全区除部分县正在筹建饲料工厂外，各个生产大队都设有饲料加工点，对社员实行来料加工，服务范围也不断扩大。泰安市的风台大队成立了饲料生产供应合作社，为 160 个饲养户添加豆饼、鱼粉、骨粉和维生素等，生产混合饲料，效果十分显著。

**5. 科学技术服务体系。** 泰安地区靠科学提高生产力的一条重要经验，就是层层举办训练班。地区常年举办师资训练班，1981 年训练 200 多人。市、县常年举办骨干训练班，莱芜县一年就训练了各级领导、骨干 1 000 多名，公社训练专业户 2 500人。还有的组织科技报告团，有的举办科技夜校，有的地方规定每 100 户配备一名专职技术辅导员。地、县还印发了大量的科技宣传手册（地区印发了 8 万册），农民中听讲课、翻书本的人越来越多了。

**6. 产销服务体系。** 生产发展起来之后，农民还有一个忧虑，就是产品的销路问题。泰安地区除完成向国家交销畜产品任务外，还开辟了多条渠道实行产销结合。1981 年全区试办了 6 个多种经营产销服务公司，今年地委正式批准的地区牧工商联合企业也开始营业。泰安市徂徕公社办的贸易货栈，去年供给上海市鹅肉 350 吨，今年又签订了 1 200 吨的合同。上海市决定今年帮助在这里建设一座冷库。这个公社仅养鹅"联结户"发展到 3 313 户，占总户数的 58%，养鹅 34 万只。这个服务体系虽然还是个雏形，可是却给当地人们带来了希望。

（三）

十一届三中全会以来，泰安地区在发展畜牧业生产中，摸索出了一条符合实际，适应生产力发展水平的路子，看到了不少好处。

**1. 为安排农村大批剩余劳动力找到了出路。**不分男女老少，凡是有劳动能力的人都能各得其所，都能创造财富。泰安市凤台大队落实生产责任制后，共剩余 16 万个劳动工日（户均 260 个），全部投放到牧业上来了。这个大队社员杨路祥的儿子是个残疾人，多年在家吃闲饭，家中姐妹都以冷眼看待，他自己也十分苦恼，曾多次想寻死。近两年办起家庭饲养业，一年收入 4 000 多元，他成为养畜的主力。莱芜县店子大队社员陈俊水老两口历年靠救济度日，去年为集体承包 52 只兔，净收入 1 000 多元。事实证明，饲养业成为安排农村大批剩余劳动力的一个广阔天地。

**2. 为农民尽快富裕起来开辟了宽广的财源。**全区出现一批经过发展畜牧业开始富裕来的农户。据不完全统计，收入超过 1 000 元的有 1.8 万户。有的超过万元。也出现一批改变穷队面貌的典型。莱芜县庙河圈大队到 1978 年共欠国家贷款 2 万元，外债 1 万元，人均负债 100 多元，每年吃国家统销粮 3 万多斤，是一个人均收入 41 元的"三靠队"。1979 年以来开始抓养兔，

到 1981 年底全大队共养长毛兔 3 100 只，户均 43 只，养兔收入达 25 万元。仅此一项，人均收入 86 元，从此摘掉了"三靠队"的穷帽子。

**3. 为开发建设山区，摸出了一条办法。**泰安市孟庄大队，是一个人均 7 分田 3 亩山的山区队。他们提出把经济建设的主攻方向放在 4 000 亩荒山上，安排三分之一的农户从事畜牧业生产。在山上建立 100 处专业户"牧场"，发展草食畜禽，同时把山林划为专业户管理，一户 30～50 亩。一支 50 人的建场专业队伍正在施工，预计今年可完成 80 户，到 1985 年全部建成。目前已在山上盖起了 5 栋楼房，8 间平房，同时建好畜禽舍，有的修好了围墙。现在已上山 12 户。全地区有三分之一的生产队地处山区，不少队提出要走孟家庄的道路。

**4. 为进一步巩固集体经济发挥了作用。**由于"四户"的发展，安排了剩余劳动力，发展了生产，增加了收入，扩大了积累。肥城县罗窑大队，除把集体牲畜承包给 18 户社员外，又发展了 300 个社员家庭饲养重点户、专业户、联结户，占总农户 70%，一年巨变。与 1980 年相比，大牲畜由 150 头发展到 481 头，羊由 37 只发展到 697 只，兔由 87 只发展到 2 800 只，鸡由 3 700 只发展到 1 万只，每户平均出栏 2 头肥猪。每亩田增加 7 立方米有机肥料。这 300 个承包户全年共向队里交款 15.6 万元，集体牧业收入达 21 万元，比上年增加 6.3 倍。全大队人均收入增加 70 元。集体积累增加 8.86 万元。

**5. 为普及科学技术创造了条件。**目前这里的农民中出现了前所未有的"科学热"，农民到处寻找良种，询问饲料配方，讨教疫病如何防治。不少农民养上良种畜禽，用上混合饲料，讲究经济效果。泰安市凤台大队社员高福生饲养的 60 只蛋鸡，

二月份的产蛋率达到 72.5％，三月份达到 76.6％，赶上了国营种鸡场的水平。实践证明，现代科学技术只有被农民所掌握，才能由潜在的生产力变成现实的生产力，只有农民有了迫切的内在的要求，用现代科学技术武装畜牧业才能变成现实。

# 以色列的畜牧业

(1993 年 5 月《世界农业》，贾幼陵　敬全林)

以色列的畜牧业在农业中占有突出的地位，尤其是禽类和奶类的生产发展很快。在人的食物构成中，70％为肉类、奶类产品。全国生产 17 万吨鸡肉，7 万吨火鸡肉，生产蛋 1.5 亿～2 亿个。人均 45 千克鸡肉，18 千克火鸡肉，360 个鸡蛋。奶类、禽类已经过剩，政府已采取了一些限制生产的措施，实行配额制度。全国有奶牛 11 万头，平均产量为 8.87 吨，人平均占有鲜奶 20 千克以上。

## 1. 养禽业

以色列养禽业很发达，全国共有 9 000 个家禽场（其中肉鸡场 4 500 个，蛋鸡场 3 500 个，火鸡场 900 个，其余为鹅、鸵鸟等家禽场），饲养高度集约化，管理自动化。商品鸡主要由肯布茨和莫萨乌鸡场饲养。饲养规模一般较大，蛋鸡每幢 8 000 只左右，一般肯布茨有 3～4 幢或更多，肉鸡每幢一次装鸡 1.6 万～1.8 万只，一般饲养总规模在 10 万～20 万只。

为了减少气候对蛋肉鸡的影响，除了品种因素外，在圈舍的建设上非常注意降温措施，一般房顶有隔热层，瓦、墙体外涂白色涂料，在墙的一边安装若干抽风机，对面墙安放 50～80 厘米厚的海藻帘，外面 5 分钟喷一次水，风机抽出舍内热气，产生的负压使冷气进入舍内。根据鸡场的主人介绍，他们测定的结果是，当室外温度在 4 ℃时，舍内温度可控制在 30 ℃，鸡场微电脑控制的自动化程度很高，从温度、湿度、增重、供给饲料、供水、拾蛋、光照等均由微机控制，当某一项出问题，警报器便发出呼叫。由于以色列的气温高，在品种培育上，特别注意抗逆性的选择。以色列所饲养的品种，一半以上均为本国育种协会培育，也引进罗斯鸡、AA 鸡等。下面介绍两家育种公司。

P. B. U. 公司是由 50 个肯布茨和莫萨乌的鸡场联合组成的协会性的育种组织。该公司培育成的商业性品种有两个肉用鸡种、两个蛋用鸡种。ANAK2000 为白羽肉用品种，ANAK40 为黄羽肉用品种。这两个肉用品种的生产性能达到国际先进水平。其白羽肉鸡的生长速度 7 周龄全群平均达 2.37 吨，肉料比为 1∶1.92。父母代产蛋期 1 年。另一个品种为金银色自别雌雄配套褐壳蛋鸡，YarkoniTn 为快、慢羽自别雌雄配套浅褐色蛋鸡。这两个品种育种和生产水平也是较高的。YarkoniTn 78 周龄产蛋 20 千克，290～305 个，蛋料比为 1∶2.3。Yaffa 品种体型小，产蛋和 YarkoniTn 一样多，但耗料每千克比 YarkoniTn 少 0.9 千克。这个公司的肉用品种和蛋用品种在英国、加拿大、荷兰、澳大利亚都有比较多的销售。

以色列的另一个私人育种公司卡氏公司（KabirChick）以保存品种资源的形式，建立了基因库，其基础群为 1.1 万只，曾祖代群裸颈鸡为一个很有特色的配套组，育成品种抗逆性很强，4 万只。可组配多种组合。比利时、法国、美国都有引进。卡氏公司在建立基因库、充分利用育种资源方面很有远见，无论是蛋鸡种还是肉鸡种都独具特色。

### 2. 奶牛业

以色列的奶牛经过长期的改良，在产奶量和公犊的育肥性能方面居世界前列。由于牛奶过剩，在育种上把提高奶的质量、耐粗饲、耐热、公犊肥育增重等作为主要目标。全国奶牛中 75 万头牛的系谱、产奶量、发情配种、奶的质量、耐热反应、卫生防疫保健等都进入电子计算机系统。育种协会和农民随时可获得任意一头牛的所有资料。这样就大大促进了选育的准确性和进展速度。经过多年的选育和配种产犊季节的调整，尽管有的地方温度高，奶牛的脉搏增加，产奶仍然很平稳，在约旦河谷地区有 5 万头奶牛平均产奶量超过 9 吨。乳脂率已不再作为选择的标准，由于乳脂和乳蛋白质遗传选择是正相关，因此乳脂率仍在 32% 左右。奶牛育种协会的种公牛站每年都从世界各国引进占本站种公牛 5% 的最好种公牛或冻精改进遗传。现在在小公牛育肥增重方面进展很快。我们在参观一个莫萨乌时看到多头小公牛 12～13 月龄体重达到 450～500 吨。以色列的牛肉 1/3 来源于小公牛。目前，以色列的种牛和冻精每年都被德国、荷兰、美国奶牛协会引进，去改进产奶量和增重效果。

以色列奶牛饲养者一般比较注重规模，近年来农场数量有所下降，但自动化程度很高，从饲养、配种、挤奶一般都由电子计算机管理。肯布茨和莫萨乌有饲料调制中心，基础料由青贮玉米、小麦、青贮麦秸等组成，另加玉米粉、麸皮、大麦碎粒、小麦碎粒、农副产品和橘子皮（生产果汁后的废物）、棉籽（不破碎）、豆饼、鸡粪等，根据电脑提供的不同牛的生产营养需要配方拌制均匀，由运输车运输到车舍饲喂走道。

各种牛全部自由采食和自由饮水，麦秸在以色列全部用于饲喂奶牛。青年牛、干奶牛和小公牛用的比例大一些，产奶牛用的比例小一点。鸡粪在肉用小公牛、青年牛饲料中加到 30%，主要用于解决蛋白质来源。根据饲料分析中心提供的数据表明，鸡粪的蛋白质含量一般在 19%～24%；从配制的营养标准看：产奶牛的基础日粮以产 30% 奶为标准，每头每天给 20% 干物质，每千克干物质中含 16% 的蛋白质，1.7 兆卡的消化能，3% 的粗纤维，另加微量元素、矿物质。根据饲养专家介绍，橘皮在奶牛饲料中（20 千克干物质），一般不超过 3.5%。牛场饲料中心把鸡粪从鸡场收集起来，把湿的橘皮拌在鸡粪里，堆集在水泥地面，用厚地膜盖好压实发酵 20～24 天，发酵温度最高 70～80 ℃，pH 5～5.5，灭菌消毒也就算完成，其余不加任何处理。

在牛舍建筑上都是采取全开放式牛棚。在高温季节用电扇降温，也有的采用喷水降温。看起来简陋，但很适用。在奶牛繁殖配种方面，广泛采用阴道分泌物电泳测情和走步测情。大多数牛场是在每个牛的前腿上捆上一个火柴盒大小的计步感应器，由电脑将每头牛昼夜行走的步数计存起来，制成曲线图。由于发情期母牛行动与正常牛行动不一样，根据曲线图就可确定是否发情并及时输精。以色列是个商品生产较为发达的国家。生产、加工、流通的专业化很强，但又有非常密切的联系。如牛场只要挤完奶，奶加工的大型槽车就将每个牛场的奶集运回厂，每个槽车有自动计量装置，在此同时采集奶样，供工厂检验并确定价格。工厂根据奶样测定出各个奶场蛋白质的含量输入计算机，各个奶场的所得款项便打印出来转存入各个奶场账号。乳品加工厂的规模很大，生产品种很多，一个日处理鲜奶150吨的中型厂，能生产4个系列几十个花色产品，如各类黄油、奶酪、酸奶及冰淇淋、奶油巧克力等。除冰淇淋工厂可直接批发外，其余全部由专门的销售组织收购，肉牛和家禽一样由工厂收购，屠宰加工后由专门的组织批发各地商店。如一个60年代建的小型肉品加工厂，全部由电脑管理，总共120人，推销人员占1/3。生产150个品种，年产3 000吨，出口美国、英国、法国、意大利等国。

在兽医保健方面，由于以色列受周围疫情的包围，重点放在免疫、检疫上。国家规定了52种疫病的防疫条例，特别重视口蹄疫的免疫。国家法律规定，成年牛、羊每年注射一次疫苗，青年牛、羊每年注射两次，出售产品和牲畜必须有检疫部门签发的卫生健康证明。一旦传染病出现，政府强行扑杀，给予补贴，即使如此，近5年内仍发生两次口蹄疫。

# 深化畜牧业经济体制改革思考

（《农业经济杂志》1994年6月）

我国畜牧业经历了14年的高速增长，1993年仍然呈现较快的增长势头。预计全国肉类总产量将达到3 620万吨，比上年增长5.5%；禽蛋1 091万吨，增长7.0%；奶类60万吨，增长6.4%。畜牧业产值在农业总产值中的比重上升到28.0%左右；肉蛋人均占有量分别由1980年的12.3千克、2.6千克增加到31.0千克、9.3千克，接近或超过世界平均水平。畜牧业发展，不仅丰富了居民的"菜篮子"，满足了人民生活和社会经济发展的需要，而且成为农村产业结构调整和农牧民致富的途径，对于巩固农业基础地位、发展农村经济起着越来越重要的作用。

畜牧业之所以能够迅速发展，主要得益于十几年来改革开放的成果：牧畜承包到户责任制的落实，明晰了产权关系，解放和发展了生产力；畜产品市场和价格先放开，市场机制进入到了畜牧业经济运行之中，推动了商品畜牧业的发展；科学技术的推广应用，增加了畜牧产业的科技含量，大大推进了畜牧业向集约化、现代化发展的进程。

随着市场经济的发展，畜牧业经济运行中的基本矛盾发生了转移，由改革初期的供求矛盾转变为小规模分散经营与社会化大市场的矛盾；畜牧业生产由单纯追求数量增长变为数量、质量和效益并重，受市场和资源的双重制约越来越明显。畜牧业面临的主要问题是宏观调控乏力,基础建设薄弱,法制不健全,服务队伍不稳定,疫病抬头。面对这样的形势,畜牧业主管部门必须及时更新观念,转变职能,发挥好应有的宏观指导作用。

当前畜牧业改革与发展的总体思路是:把畜牧业置于整个农业、农村经济和社会发展及国际经济的大环境中,按照社会主义市场经济的框架,深化改革,加快各级畜牧兽医行政部门的职能转变,健全法制和执法体系,加强畜产品和生产要素市场建设,建立新型的畜牧业经济运行机制。以提高畜牧业整体经济效益和增加农牧民收入为目的,充分依靠科技进步,按照贸工牧一体化和牧工商一条龙的经营模式,组织和引导农牧民进入市场。贯彻落实《九十年代中国食物结构改革与发展纲要》,继续实施"菜篮子工程",把畜牧业推上一个新台阶。

## 一、深化改革,转变职能,加强宏观管理

首先是健全法制,增强行业依法管理能力。市场经济的建立和完善,必须有完备的法制来规范和保障。当前,畜牧业法律工作重点是:加强立法工作,修订《家畜家禽防疫条例》和《草原法》,制订实施《兽医从业管理法规》《种畜禽管理条例》《中华人民共和国饲料管理条例》《草场有偿承包办法》和《饲料添加剂管理办法》等。同时强化执法体系建设,健全各级检疫、监督机构。要理顺执法关系,统一政令,维护法规的严肃性。

二是加快牧区畜牧业经济体制改革,进一步落实草场有偿承包责任制。草场有偿承包责任制作为牧区畜牧业生产的基本制度,对调动牧民生产的积极性,促进牧民定居,推动牧区经济发展有重要作用。

但是目前草场有偿承包责任制仅落实 25% 左右,还有 175 万牧民逐水草而居。必须采取措施,加速牧区畜牧业经济体制改革的步伐。要推广内蒙古、青海等地的成功经验,从冬春草场划分入手,逐步延伸到夏秋草场有偿承包责任制的落实。并以防灾基地建设等项目为龙头,推进草原建设,加速牧民定居和半定居,改善牧区的生产和生活条件,推动牧区经济发展。

三是深化畜牧企业的改革,进一步将企业推向市场。畜牧企业要进一步深化改革,特别是三项制度改革,努力转换经营机制,加速走向市场。要根据各级主管部门的部署,开展清产核资,明确产权关系。要加快中牧集团的运作和协调,探索以国有股为主的股份制来重构公有制的形式,使企业的管理机制发生根本性转变,使其在畜牧业贸工牧一体化经营中尽快发挥作用。

四是加强畜产品及生产要素的市场体系建设。要建立完善一批肉类、禽蛋、活畜、饲料、兽药等交易批发市场,以及配套的仓储、加工设施。在生猪集中产区,扶持地方重点建设几个仔猪批发交易市场,配合纺织部门一起搞好南京、呼和浩特市的羊毛拍卖工作。要注重培育市场主体,完善市场机制,培育市场中介,发挥市场对生产要素、畜产品价格的形成和相对稳定所起的主导作用。

五是努力探索,积极建立生猪风险基金,调控生猪生产和供应。建立生猪风险基金,对生猪生产进行有效保护,把稳定生猪生产、保障供应,同增加农民收入紧密结合起来。在基地县内采取保护种猪和稳定仔猪生产的措施,并通过市场信息、价格反馈,进行全方位、多角度的生猪生产趋势分析,及时制定合理的政策措施,增强调控能力。

六是进一步推进贸工牧一体化和牧工商一条龙的改革进程。在商品粮、棉基地县

和畜牧业商品基地县内，扶持和发展畜牧业的适度规模经营，搞好流通和产后精深加工，推广贸工一体化模式和"场站带户"、公司加农户、协会加农民等多种形式的牧工商一条龙经营。目前，猪肉在肉类总产量中占 76.8%，在肉类供应中仍将起主导作用，其价格也直接影响其他畜产品的价格。稳定生猪生产对持续发展畜牧业生产、稳定市场有重要作用。要抓好瘦肉型猪基地建设。国务院通过的《九十年代中国农业发展纲要》中，提出了新建 200 个瘦肉型猪基地县的要求，今年要着手实施，并对已有的基地县进行调整、完善，运用政策、经济、科技等综合措施，强化对基地县的管理和调控。发挥基地县在商品生产中的带头作用，稳定市场供应，提高整体效益。

## 二、要调整畜牧业生产结构

在稳定生猪生产的同时，大力发展节粮型畜禽生产。要建设一批牛、羊、禽生产基地，提高羊毛质量，增强国毛自给能力。要继续进行秸秆养畜试点工作，并不断总结经验，加速推广步伐。在粮棉大县和"二高一优"农业示范区建设中，要积极发展畜牧业生产，搞好粮食转化和秸秆转化，促进粮畜生产的有机结合。在城市郊区和奶牛集中饲养区，要稳定和发展奶牛生产，防止奶牛生产滑坡。要提高鲜奶和奶制品质量，增加花色品种，积极引导消费。为保证畜牧业稳定发展，实现"两高一优"的目标，还需要做好如下几方面的工作：

一是加强兽医工作。要以扑灭牲畜疫病战役为突破口，全面促进畜禽防疫检疫工作。1992 年以来，牲畜疫病在较大范围内呈抬头趋势，打击了生产者的积极性，影响了畜牧业生产的稳定和畜产品的出口创汇，为扭转这种局面，要迅速组织专家制定全面扑灭疫情的规划，划分疫区和非疫区。非疫区仍贯彻"早、快、严、小"，以扑杀为主的方针。将主要精力集中在疫区，以免疫为主，扑杀为辅，同时搞好产地、屠宰、运输、市场等环节的检疫工作，加强疫情监测网络建设和通报制度，控制疫情蔓延，确保 3—5 年在全国范围内控制疫情。要总结经验，研究制定对策和措施，理顺各种关系，确立分级管理，逐级负责的目标管理责任制，促进基层队伍建设，使整个兽医工作有大的进展。要认真贯彻《兽药管理条例》，继续开展"打假"活动，主要措施是，严格把好许可证关，并结合市场监督、检查、对生产厂家实行抽查的办法，切断假药渠道，提高兽药的合格率。

二是加快饲料工业发展。当前饲料工业的重点是，调整饲料产品结构，提高现有资源的利用率。一是开发利用新的饲料蛋白资源，优先发展饲料添加剂工业，解决制约饲料工业发展的"瓶颈"问题；二是进一步提高配合饲料所占比例；三是开发适合农户特点的饲料产品；四要加强对饲料产品质量的监测，完善饲料监测体系，努力提高产品质量，保护饲养者利益。

三是加速畜牧业科技进步。目前我国的生猪出栏率为 95.1%，牛的出栏率为 14.6%，比世界平均水平分别低 10 个和 4.5 个百分点。饲料利用不尽合理，科学管理跟不上。从现在起要组织有关部门对瘦肉猪新品系选育及配套技术和猪口蹄疫新型高效疫苗等课题进行攻关研究，并选择东北、西北 12 个省（自治区）组织推广塑膜暖棚饲养畜禽，牧区标准化家庭小草库轮养，南方稻谷主产区几个省份开发利用稻谷饲料应用和疫病防治等实用技术，推动畜牧业科技进步。

四是强化社会化服务体系建设。目前，按照农业部、人事部（1992）1 号文件要求，完成畜牧兽医乡镇站"三定"工作的省（自治区）不足三分之一，还有近70个县（市）下放了乡镇站，出现了队伍不稳定，服务跟不上，畜禽疫病蔓延的现象。对此，必须采取有力措施，认真加以解决。各级畜牧兽医行政部门要积极争取地方政府的支持，确保服务队伍的经费不减，人员不散，机构不撤。要加快"三定"工作步伐，在推广宁夏、天津等地"三定"经验的基础上，加强督促、指导和上下沟通协调工作，力争"三定"工作在年内有大的进展。要总结、推广乡（镇）站的典型经验。探索基层服务体系在服务生产，致富于农民的同时，求得自身发展的新路子。使基层站逐步具备产前、产中、产后的综合服务能力，建立起国家扶持与自我发展相结合的经济运行机制。

五是抓好重大基础设施和信息系统建设，增强宏观调控能力。要加快完善家禽育种中心的配套建设，尽早投入运行，发挥效益。动物保健品厂今年开工，1996年建成。口蹄疫疫苗厂要及早投入运转，以解决疫苗紧缺问题。加快种猪育种中心种猪配套系的建设和良种猪的推广速度，以此为基础，与地方合作，建设一批封闭式的出口基地，开拓日本、欧共体市场。目前，畜牧业的政策库、科技库、项目库、人才库建设已做了大量基础性工作，基本形成了框架，要完善充实起来，并选择一些对产业有重要影响的项目组织实施。要根据社会主义市场经济的要求，选择3～5项带有突破性的政策研究课题，在畜牧业经济活动的实践中进行研究，取得成果，指导畜牧业经济依照客观经济的规律运行。要在现有的工作基础上，完成信息系统纵向、横向网络化，完善信息手段，并进行信息的贮存、加工、分析。在统一规划下实现信息运转程序化、规范化，并与各大畜产品市场、粮食市场建立信息联系，重点搞好市场供求、价格反馈的分析处理和对疫情、灾情、草地、饲料资源的动态监测。

# 再接再厉促进饲料工业与养殖业的协调发展

## ——在《全国饲料工业发展纲要》颁布十周年经验交流会分组会上的讲话

(1994年12月26日)

饲料工业是我国国民经济的支柱产业之一，是养殖业不可替代的物质基础。虽然兴业迟，但是起步高、发展快、潜力大。《纲要》颁布十年来，饲料工业成就斐然，但是未来的任务也十分艰巨。昨天，几位领导全面总结了十年的成就，以及今后的发展方向、指导原则和工作思路。下面我仅就饲料工业与养殖业的协调发展问题谈几点意见：

## 一、饲料工业与养殖业同步发展，成就显著

饲料工业依附于养殖和现代工业，直接服务于养殖，推动养殖业的高速发展。1975年至1993年18年间，配合、混合饲料年均增长405％，由于饲料工业的发展、国家给予养殖业的政策和资金投入以及配套实用技术的推广、应用等因素，18年间，肉、蛋、奶、养殖水产品分别增长了349％、462％、451％、691％。尽人皆知，这样快的增长幅度，饲料工业的贡献功不可没。

70年代末80年代初，配合饲料首先应用于肉鸡和蛋鸡的生产，通过国有大型养禽企业的示范作用，多种所有制、多种经济形式的养禽企业，尤其是农民的家禽养殖发展迅速，效益显著。禽蛋的价格，十多年的时间一直保持着相对稳定的态势，京、津两市率先实现常年稳定，供应有余，并向全国逐步扩散，1993年人均禽蛋占有量已达10千克。80年代以前，人们只有在过节时才吃一只老母鸡，鸡肉被视为高消费，短短10年时间，禽肉产量已占据到肉类总产量的14.9％，耗粮较多的如猪肉的比重，则从95％下降到74％。养殖水产品约占世界的50％，位居世界第一位。饲料的推广和应用，促进了我国养殖业内部结构的调整。

改革开放以来，我国的养殖业一直贯彻"摒弃头数养牧业，注重疫病防治，提高出栏"的方针。配合饲料不仅注重了畜禽不同生长阶段的营养需要，也在法规的指导下，科学地添加了防治药物，使得畜禽死亡率下降，增重快，饲养周期缩短，明显地节约了粮食消耗。1978年至1993年，猪、牛、羊年末存养量分别增长了30.6％、59.2％、27.％，而同期的猪肉和牛羊肉的产量却增加了251.5％、743.2％，猪、牛、羊的出栏率提高了43.3、13.7、37.4个百分点。饲料的推广和应用，推动了养殖业内涵扩大再生产的进程，向着高效、节粮方向发展。

随着饲料科技的进步，通过人为地控制饲料配方，已能够逐步生产出可满足不同需要的养殖产品，诸如高碘、高硒禽蛋及控制脂肪的增长、生产瘦肉率较高的肉等。饲料的推广和应用，推动了优质养殖产品的生产。十几年来，与饲料加工业一道，饲料原料、添加剂、机械工业，以及教育、培训、科研、推广、制标和监察监测体系也得到迅速发展。饲料工业已作为一个相对独立的产业蓬勃发展。

## 二、饲料工业发展的主要经验

我国饲料工业仅用了十几年时间，即超过了西方发达国家五六十年的路程。成就显著，很多成功的经验，也是今后继续发展应该坚持的。

### 1. 饲料工业大家办，协调发展

饲料工业从发展初期即贯彻了"大家办"的方针，开创了部际间密切协作的典范。饲料工业涉及商业、化工、医药、轻工、机械、地矿、农业等多部门、多学科，各个部门紧紧围绕《纲要》所确立的发展原则和任务要求，团结协作，逐项落实，促进了饲料工业的迅速发展。

### 2. 改革、开放的经济环境，为饲料工业注入了活力

饲料工业诞生在改革开放之后的商品经济环境之中，计划经济带给饲料工业的影响较少。在经济成分上，容纳了中外合资、外方独资、国有、集体、个体等多种所有制、多种经济成分，出现了众家竞争，蓬勃发展的生动局面。企业建设、技术改

造、流动资金的注入，基本上依靠信贷资金；原料供应、产品销售、技术引入等都依靠企业自行开拓市场；价格随经济环境、供求关系、质量差异等市场经济因素而变动；多种形式的企业重组更加体现了商品经济的客观规律。因此，饲料工业在改革的大潮中涌现，在社会主义市场经济环境中得到发展，具备了较强的应变能力和发展潜力。

### 3. 科技先行，发展迅速

饲料添加剂、机械和加工工业，于 70 年代末 80 年代初陆续引入了先进国家的技术和设备，通过消化、吸收、改进、创新，以及我国科技人员的成果投入，使得饲料工业技术在相当一部分领域基本上与国外先进水平同步。农业院校、科研单位的专家深入农村、企业，指导生产实践，协助服务体系推广配套的实用技术，使得饲料工业的整体科技水平明显提高。饲料在农家的利用，为农民增收，取得农民信赖，短短几年时间，配合、混合饲料的利用程度即达 40% 以上，农村规模养殖业的比重已提高到 20%，开始步入商品生产阶段，预示着养殖业的社会化、集约化、现代化迅速发展局面即将到来。

### 4. 各级政府重视饲料工业，逐级抓落实，工作有实效

中央、国务院和有关部委，大力支持饲料工业的发展，在资金、税收等方面提供了一系列扶持、优惠政策，为饲料工业的发展创造了较好的客观经济环境。各省（自治区、直辖市）对加强饲料工业行业管理也十分重视，除西藏外，40 个省（自治区、直辖市）和计划单列市相继成立了饲料工业的行业管理机构，强化了行业政管理。目前已有 12 个省（自治区、直辖市）出台了本地区的饲料工业管理办法或规定。

各级政府认真贯彻邓小平同志关于发展饲料工业的指示，执行党中央、国务院的有关方针和政策，是饲料工业得以发展的重要保证。

### 三、1995 年饲料工业的重点工作和措施

1995 年，要坚持改革创新，实事求是，因地制宜，统筹规划，分层递进，协调发展的原则，加快饲料工业的发展进程。

### 1. 加强宏观调控，强化行业管理

饲料工业行业主管部门，要进一步更新观念，转换职能，适应社会主义市场经济的要求。全国饲料工业办公室要把更多的精力用于饲料工业发展的宏观政策和整体发展战略的研究和谋划上来。通过深入细致的调查研究，根据不同地区的饲料工业发展趋势和客观经济环境的发展变化，在饲料工业的产业结构、组织、技术和布局等方面制定适宜的产业政策。要加强饲料工业法制建设，尽快出台《饲料工业管理条例》实施细则。各地饲料工业办公室要稳定机构，充实人员，强化管理手段，充分行使好行政管理职能。

### 2. 合理调整饲料工业结构和布局

内部结构和区域布局，充分发挥饲料工业大中型企业的骨干作用，促进饲料工业各环节协调发展。全国饲料工业办公室要确定饲料工业结构变动的方向和任务，做好规划和投资计划，集中资金，重点发展基础行业和解决制约饲料工业发展的"瓶颈"项目，着重发展饲料原料、添加剂工业和饲料机械工业，调整好饲料预配料、浓缩料、配合饲料企业和生产布局及内部结构。要组织专业化协作，组织骨干企业，通过联合、兼并、改组等方式，优化组合，实现生产要素的合理流动，加速饲料工业企业集团化的进程。1995 年要搞若干个试

点，积累经验，在全行业推广。

各地饲料办公室要结合本地实际，加速企业技术改造，扭转企业总体开工不足的状况。广东、北京、天津、上海等饲料加工企业较密集的地区，要控制总量和规模的扩大，在提高产品质量、生产效益和市场占有率上下工夫。对于养殖业发达而饲料加工落后的地区，在引入新厂家的同时，要避免低水平重复建设，统筹规划布局。

**3. 加快科技成果转化，提高饲料工业的科技水平**

饲料工业科技发展滞后，与饲料工业的发展不相适应，突出表现为重大成果上，科技储备少，技术推广体系不健全。1995年我们要做好以下3方面的工作：

一是加强饲料工业基础性、前沿性和应用技术的研究，研究项目要以饲料工业急需解决的重大问题为主。全国饲料工业办公室在安排科技项目计划时，要重点扶持具有全国意义的、推广范围广的、实用性强的科研项目。各地饲料办公室则应根据地方的实际情况，优先支持那些对当地饲料工业发展有推动作用的科研项目。

二是深化科技体制改革，加强推广工作。要组织企业、科研单位和院校等形成科技网络，密切科研单位与企业的联合，开发系列产品，扩大新技术在生产领域的应用，增加产品的技术含量和附加值，推动科技成果转化。全国饲料工业办公室要

在1995年着重抓1～2个试点，探索经验。

三是加强饲料工业行业职工的人才培训和成人继续教育工作，特别是企业职工的在岗培训，提高饲料工业企业员工的整体素质。

**4. 加强饲料质量的管理，提高产品质量**

目前，配合饲料产品合格率不高，直接影响到产品的市场占有率，质量的好坏，是关系到企业生死存亡的大问题。全国饲料工业办公室今年将与国家技术监督局和国家饲料质量监测中心，共同组织进行两次全国范围的饲料产品抽检工作，并将结果向社会公布。

各地饲料办公室，要进一步组织落实饲料标签标准和已出台的行业标准的贯彻执行工作，要组织当地企业建立健全企业内部质量监控制度和手段，并对时产1吨以上的加工企业就制度的完善情况和产量质量情况进行检查。饲料工业是一个跨行业、跨部门、跨学科的综合工业门类，这就要求饲料工业行业的全体同志，要从有利于饲料工业发展的大局出发，加强团结、密切协作。要实现中央到2000年肉类总产量增产1 000万吨的要求，饲料工业起着举足轻重的作用。我们要坚决贯彻中央、国务院的方针政策，按客观经济规律办事，再接再厉，促进饲料工业和养殖业的协调发展。

# 猪不缺，蛋不少，价格为啥攀升

(1996 年 2 月)

前一段时间，市场上畜禽产品价格开始攀升，尤其是鸡蛋，攀升幅度最大。一时间，市民们议论纷纷，各种担心和传说也迅速流传。后来，这场不大不小的"风波"悄然过去。那么，该如何看待这一现象？今后畜禽产品的发展趋势又如何呢？记者就此问题走访了负责全国畜禽生产的农业部畜牧兽医司司长贾幼陵。

**记者：市场上畜禽产品价格波动，是生产供应短缺，还是居高不下的饲养成本拉动？**

贾幼陵：主要是饲养成本拉动。从1994 年底开始，饲料价格就一路上扬，至今未见下跌趋势；而畜禽产品价格运动曲线却形成了一个先高后低的抛物线，1995 年上半年跌至谷底，生产成本和收购价格严重倒挂。规模养猪场每养一头猪亏本 80～100 元，蛋鸡场每生产 1 千克鸡蛋亏损约 1 元，畜禽生产速度放慢……但是生产供应仍然充足，根据国家统计局公布统计数字，增幅虽然下降，绝对数还是增长的。

**记者：您的意思是不是说，肉禽生产供应没有问题，只是经过盘整，倒挂着的畜禽产品成本和价格重新找到了平衡点？**

贾幼陵：是的。从理论上讲，畜禽产品定价合理与否，可以用猪粮和蛋粮比价衡量，猪粮合理的比价是 1：5.5，蛋粮比价是 1：4.5。通俗地讲，生猪收购定价应

是饲料价格的 5.5 倍，鸡蛋收购价应是饲料价格的 4.5 倍。猪长 1 千克肉平均吃 4 千克料，鸡下 1 千克蛋平均吃 3 千克料，两者剩下的那 1.5 倍则是养猪和养鸡的毛利。而 1995 年上半年，猪粮比价最低跌到 1：3.88，蛋粮比价则更低。目前价格虽然回升，但猪粮和蛋粮比价分别为 1：4.52 和 1：4.43，仍低于生猪禽蛋生产的盈亏平衡点，农民养猪养鸡仅有微利。

**记者：畜禽生产开始复苏，其主要原因是什么？**

贾幼陵：1995 年上半年，党和国家领导人亲自调研生猪生产问题，国务院连续下发了两个紧急通知。近 20 年来，国务院对生猪问题共发过 8 个文件，而 1995 年上半年就发了 2 个，说明中央领导对生猪生产问题看得很重，体现了中央对保护畜牧业生产，保障畜禽产品供应，抑制通货膨胀的决心。中央还采取了许多有力的措施，在财政困难的情况下，制定生猪保护价，动用副食品风险基金，增加猪肉储备，并及时抛售了 200 万吨专储玉米，以抑制饲料上涨的势头。许多省份都召开了畜禽生产工作会议，落实中央精神，并根据自身特点，制定了稳定畜禽生产的政策。

值得一提的是，作为领导者的政府有关部门和作为生产者的农民都成熟了许多。1994 年年底猪肉价格上涨，有的部门和企业非常恐慌，不但不抛售库存猪肉，反而

带头抢购猪肉，增加库存，使市场价格居高不下。既损害了消费者的利益，也给生产者一个错误信息，加紧补栏，终于导致1995年上半年生猪生产过剩，卖猪难再现。1995年国库增储收购，是在肉价跌至最低点购进的，带动了价格回升，保护了生产，中国的储备肉制度真正起到了作用。

生产者对价格波动也作出了较为理性的反应。1995年上半年虽然是我国近几年来畜牧业生产最严峻的阶段，但还是有不少有远见的生产者趁仔猪价格下跌时增加补栏，这在以往的畜禽产品价格波动中是很难见到的。这说明广大生产者在市场经济大潮中逐步成熟起来，能够冷静对待市场波动，并对生产前景有着准确的预期。

记者：作为我国畜牧业生产最高领导部门，在这场延续近一年的价格波动中在生产方面有什么经验可谈？

贾幼陵：在价格波动中，除了众所周知的原因外，季节性波动因素也较明显，其原因就是生产周期滞后于消费习惯的变化。过去，老百姓都在春节前大量消费猪肉，生猪最大出栏也都集中在春节前后、年末岁尾。现在，老百姓的消费习惯变了，一年360天，天天吃肉。用我们的行话说，消费曲线拉平了，而生产曲线还没有拉平，生猪出栏仍然集中在年末岁尾，造成一、四季度供应过剩，二、三季度供应紧张，造成季节性供需波动和价格失衡。以后我们要加强指导，努力拉平生猪出栏曲线，使生产周期跟上消费习惯变化，进一步稳定市场供应，稳定价格。

记者：现在看来，饲料价格上涨是影响畜禽产品生产和价格的主要因素。今后一段时间饲料价格走向和畜禽生产趋势如何？市场供应有没有问题？

贾幼陵：饲料价格通常由玉米的价格决定。1994年与1984年相比，玉米增产了34%，而肉类总产量增加了166%，可见玉米增长的速度跟不上肉类产品增加的速度。但是，国家已下令停止玉米出口，并增加玉米进口，这两项相加，1995年市场上玉米总量增加了17%，应该能满足畜禽生产的需要。从生产角度讲，根据我们的调查，1995年上半年全国能繁母猪存栏头数仍然保持在7.9%（最低警戒线为7%），扩大再生产的基础条件没有受到损害。随着畜禽产品价格回升，农民饲养积极性提高，畜禽生产将会有一个小小的高潮。

除了刚才所说的生产保护外，还有一个有力的保证：这几年来不受饲料价格波动影响的我国草食家畜家禽发展速度加快，每年的平均发展速度比生猪高1倍以上，且生产增长平衡，供应稳定。

记者：有没有影响畜禽生产的不利因素？

贾幼陵：玉米供应虽然没有问题，但玉米的价格必须控制住，如果听任玉米价格上扬，再度推动饲养成本上涨，将会引起价格新的波动和混乱。其次，有些地方向我们反映，生猪税费过重，不利于生产恢复，如湖北汉川、广水、安陆3县，1994年每经营一头猪，税费为78.7元，1995年则增加到139.2元，上涨幅度为76.9%。安徽省每宰一头猪要交纳112.8元。这些增加的税费最终都会转嫁到农民和消费者头上，加重他们的负担。我们认为，当前畜牧业形势有利有弊，总的来说是利大于弊。只要我们趋利避害，扬长避短，完全有可能使畜牧业生产形势朝着有利的方向发展。

# 发展肉蛋奶生产 提高人民生活水平

## ——中国"菜篮子"工程的实践与经验

(1996 年 3 月 30 日)

为稳定和保障大中城市的主要副食品（蔬菜、畜产品、水产品）的有效供给，我国政府从 1988 年开始实施了"菜篮子"工程项目。畜产品生产是"菜篮子"工程项目的主要组成部分，畜产品是"菜篮子"的主要产品，其供给状况对于提高人民的食物质量水平，繁荣经济，稳定市场，安定社会，具有十分重要的意义。

### 一、主要成就

改革开放 17 年来，尤其是"菜篮子"工程项目实施 8 年来，畜牧业持续、稳定、快速协调发展，取得了举世瞩目的成就。1994 年全国肉类总产量达 4 499.3 万吨、禽蛋 1 479 万吨、奶类 608.9 万吨，分别比 1987 年增长 103%，151% 和 60.6%；人均肉、蛋和奶占有量达 37.5 千克、12.3 千克和 5.1 千克，分别比 1987 年增长 82.9%、125% 和 45.7%。畜产品的持续增长和人均畜产品占有量的迅速提高，使我国摆脱了肉蛋奶供给长期严重短缺的局面，主要畜产品供需平衡，与国际先进水平差距缩小，并在某些产品上成为世界生产大国。继禽蛋总产量在 1985 年跃居世界首位之后，肉类总产量在 1991 年也首次领先，中国已成为世界头号肉类生产大国，并连续保持肉、蛋生产领先地位。目前，除奶类与世界平均水平还有较大差距外，

人均占有蛋和肉均超过了世界平均水平。畜产品质量也有显著改善。总的看来，上市畜产品品种丰富、新鲜度高、产品卫生、购置方便，精瘦猪肉、中高档牛羊肉、优质鸡肉正逐步成为城市居民常规的消费食品，尤其是畜产品加工制品，由单一到多样、由粗变细、由大变小、由生变熟、由散装变为规格化包装，使整个畜产品的市场供应不断朝着丰富、营养、方便、卫生和物美方向发展。所以，"菜篮子"工程项目的实施，对于促进畜牧业生产发展，保证畜禽产品的有效供给和提高人民食物供给水平起到了积极的作用。

### 二、建设内容

"菜篮子"工程中畜禽产品生产主要抓了以下 4 方面的内容：

#### 1. 扶持以家庭饲养为主的专业户生产

随着农村经济体制改革的不断深化，价值规律在我国畜牧业商品生产中得到了比较充分的发挥，人民收入水平的提高和对畜产品需求量的增长，成为调动农牧业生产的有力杠杆。在国家的宏观调控和政策扶持下，农牧民逐步按照效益原则组织生产，以家庭饲养为主的专业户生产迅速发展，在畜产品生产和肉蛋奶的有效供给中所占份额越来越大。1994 年底，我国各类畜禽专业户已发展到 513.3 万户，其中

养猪 58.9 万户、养牛 70.3 万户、养羊 66 万户、养禽 174 万户，分别比 1985 年增加 2.8 倍、5 倍、4.3 倍、6.6 倍和 2.8 倍。专业户生产的肉、蛋和奶比重分别由 1985 年的 2.9％，8.8％和 10.1％提高到 1994 年的 14.9％，30.7％和 23.8％。

**2. 在主要畜产品产区建立畜产品商品生产基地**

国家自 1983 年便开始重视畜产品商品基地的建设，并结合地域、资源、技术、市场等特点，以增加畜产品市场有效供给为目标，重点扶持，集中建设。迄今，已筹集资金近 4 亿元，建成各类畜牧业商品基地 831 个，其中瘦肉型猪基地 445 个，商品禽基地 103 个，商品牛基地 88 个，商品羊基地 195 个，这些基地为稳定肉、蛋、奶供应等发挥了重要作用。"七五"期末，仅占全国总县数 14％的瘦肉型猪商品基地县，每年出栏猪约占全国总出栏猪的 40％。

**3. 在大中城市郊区和经济发达地区发展集约化养猪场、养鸡场和奶牛场**

现已建起了一大批规模较大、集约化程度较高的养猪场、养鸡场和奶牛场，形成了新的生产力，提高了畜牧业生产的专业化、商品化和现代化水平，有效地增加了城市肉蛋奶的供给。如北京市改革开放以前，全市靠发展分散养鸡，禽蛋产量仅 0.71 万吨，人均禽蛋仅 0.8 千克。此后，开始建设大、中型工厂化鸡场，禽蛋产量迅速大幅度增加，1993 年全市禽蛋产量达 31.31 吨，人均占有量达到 28.4 千克，远远高于同期全国人均占有 10 千克的平均水平。

**4. 完善发育畜产品市场体系**

国家自 1985 年起逐步取消了畜产品的统派购制度，建立起国家、集体、个体等多渠道经营体制，主要畜产品价格随行就市，畜产品市场建设加快。目前，畜产品集贸市场遍布全国城乡，除成都、上海、南昌等建起肉类批发市场外，河南、山东等地也出现了大型的活畜交易市场。

## 三、成功经验

围绕"菜篮子"工程项目建设，政府采取了一系列对策措施，实践证明，这些措施也是"菜篮子"工程项目畜产品生产获得成功的经验。

**1. 各级政府高度重视，大中城市的"菜篮子"由市长负责主抓**

李鹏总理要求"菜篮子"工程实行市长负责制，由市长亲自抓，各级政府都把抓好"菜篮子"作为重要任务，给予高度重视。农业部专门成立了"菜篮子"工程领导小组，负责主抓全国"菜篮子"工程。国务院、农业部多次召开全国"菜篮子"工程工作会议和座谈会，举办全国"菜篮子"工程科技交流暨成果展示交易会，及时总结"菜篮子"工程实施中取得的成果和存在的问题。农业部还建立了全国大中城市"菜篮子"产品供求价格信息网络，以帮助"菜篮子"产品生产经营者及时了解和掌握全国各地"菜篮子"产品的供求价格信息。

**2. 正确处理好三个方面的关系**

（1）农区、牧区和城郊型畜牧业之间的关系。农区为我国畜牧业生产的主体，城市肉蛋奶消费的很大一部分来自农区。牧区地域广阔，有 35 亿亩可供利用的草原，是我国利用草食牲畜将牧草资源转化为畜产品的重要基地，草原畜牧业在增加畜产品的总供给中的作用将逐步增强。"菜篮子"工程的建设，使大中城市郊区的畜牧业已由原来仅仅作为农业的附属产业，正朝着独立的现代畜牧业方向迅速发展，形成了自己的一套肉蛋奶生产供给体系，使我国畜牧业在农区、牧区、城市郊区初步形成三足鼎立的局面。"菜篮子"工程取得成功的主要原因之一，就是农区、牧区和城市郊区三者之间的关系处理得较好，使三者的优势得以互补。

（2）千家万户养畜与规模经营的关系。千家万户分散养畜一直是我国畜牧业的主体，稳定和鼓励千家万户养畜，对促进我国畜牧业总体生产水平的不断提高和保障"菜篮子"肉蛋奶的有效供给，具有极为重要的意义。但千家万户分散生产，受资金、土地、粮食、技术、劳动力转移等诸多方面因素的约束，生产规模小，参与市场和承受风险能力差，小生产与大市场的矛盾很突出。所以，规模经营伴随着畜牧业商品化、现代化生产逐步发展起来，已是大势所趋。实践已充分证明，在千家万户养畜的同时，因地制宜推进适度规模经营，既是推动我国畜牧业快速发展，保障"菜篮子"肉蛋奶有效供给的成功经验，又是今后我国畜牧业生产组织形式方面总的发展方向。

（3）发展生猪生产与发展其他畜禽之间的关系。生猪仍是我国肉类生产的大头，猪肉在"菜篮子"肉蛋奶的供给中占有首要地位。随着农民收入和消费水平的提高，农村猪肉消费量的增长速度将逐步加大，稳定生猪生产依然是我国畜牧业的首要任务。但在人口不断增长，人畜争粮矛盾日益突出的情况下，适当调整以生猪占绝对比重的畜牧业内部产业结构，是十分必要的。如近几年我国大力组织实施的利用农村秸秆氨化养牛养羊战略，使得全国农区的养牛、养羊业呈现出前所未有的大好发展势头，就是一个很好的例证。

### 3. 依靠科技进步，增强畜牧业发展后劲

改革开放以来，我国畜牧科技工作始终贯彻"科学技术是第一生产力"的思想，在畜禽良种良法的配套研究和推广上成绩

显著，为促进畜产品生产发挥了巨大作用，集中表现在提高畜产品的数量和质量、合理利用资源、提高资源利用效率和劳动生产率、减少疫病损失等方面。如商品瘦肉型猪配套饲养技术，在引进、培育良种猪的基础上，全国范围内广泛开展了生猪"双推五改"（双推即：推广经济杂交和推广仔猪补料；五改即：改自然交配为人工授精、改有啥喂啥为配合饲料、改熟食为生喂、改吊架子为直线育肥和改养肥大猪为适时出栏）等综合配套饲养技术，提高了生猪增重速度，质量也明显改进。再如寒冷地区塑膜暖棚饲养技术，针对我国北方冬季持续时间长、气温低的传统饲养方式下，畜禽长期处于一年养半年长的现状，自"七五"以来，在北方地区大面积推广了该项技术，取得了明显的效果。猪日增重、蛋鸡产蛋率、羔羊繁殖成活率、肉猪出栏率、当年育肥羊胴体重等都有明显的提高，为缓解我国北方寒冷地区畜产品供需矛盾作出了积极贡献。

### 4. 增加投入，出台一些优惠政策，扶持发展生产

国家一方面对"菜篮子"包括畜产品的生产给予一定的投入，增加建设项目，如农业综合开发，秸秆养牛，瘦肉猪基地建设，丰收计划等，引导地方加强"菜篮子"基地建设等；另一方面，政府出台一些优惠政策，在财政、信贷、物资、补贴和减免税收等方面给予扶持。如设立各种专项发展基金，为引种和进口鱼粉饲料添加剂配予外汇平价额度、实行贴息或半贴息贷款，秸秆养牛所需的尿素和塑料薄膜及饲料工业用化肥给予优先保证，国家每年拿出30亿千克"议转平"饲料粮差价款扶持畜禽生产和安排市场，对肉类生产实行政策性亏损补贴和储备制度，对新办饲料工业企业3年免征所得税和增值税、3

年期满后减半征收所得税和增值税以及资源开发免征所得税和增值税等。这些投入和优惠政策，有力地调动了广大生产者的积极性，为"菜篮子"工程畜产品项目的顺利实施奠定了坚实的基础。

总之，"菜篮子"工程畜产品生产获得的成功经验可以用三句话来概括，即一靠政策，二靠科技，三靠投入。"菜篮子"工程是一项十分复杂的系统工程，涉及农业、商业、财政、金融、交通、食品工业等各个方面。我们将充分利用已取得的经验，不断总结，继续本着"菜篮子"大家提、"菜园子"大家建的原则，动员全社会各阶层的力量，调动各方面的积极因素，把"菜篮子"中肉蛋奶的生产搞得更好，为我国人民的食物早日达到小康水平而努力。

# 鸵鸟养殖急需引导

(《光明日报》1996 年 2 月 15 日)

## 一、现状

我国鸵鸟养殖最早在东南沿海的经济发达地区兴起。由于鸵鸟产品价格昂贵，种用鸵鸟价格较高，出售鸵鸟种苗利大且能快速收回投资，鸵鸟养殖在我国短期内从南到北迅速扩展，形成鸵鸟养殖热。据统计，1994 年和 1995 年两年通过农业部审批进口的种用鸵鸟已达 7 912 只，种蛋 5 万枚，花费外汇上亿美元。目前，北京、上海、天津、广东等 18 个省地开展鸵鸟饲养。仅广东省就有 31 家规模较大的鸵鸟养殖场，饲养各个年龄层次的鸵鸟近 8 000 头。

从整体看，目前鸵鸟养殖仍处在引种扩繁阶段，而真正进入规模化商品生产阶段预计还需要 3～5 年。按一般规律，从引种扩繁到规模化商品生产需 7～10 年时间，才能形成一个较好的生产循环。

## 二、问题

实际上鸵鸟养殖还存在很多问题和不利因素。

首先，由于引进种鸟的价格较高，饲养场地占地较大，所以完成一个鸵鸟养殖项目需大量的投资。目前，从国外引进处于最佳繁殖年龄的种鸟需 2 万美元左右，而从国内引种一只 3～6 月龄的鸵鸟需 3 万～6 万元，2 岁以上的成年鸵鸟需 25 万～35 万元。饲养场地要求较大，饲养一个生产单元（1 公 2 母）需占地 1 亩。因此，需要有雄厚的经济实力和土地，才能搞鸵鸟养殖项目。其次，种用鸵鸟从出生到具有繁殖能力需 22 个月以上，公鸟则需更长时间。在这段时间里饲养者几乎得不到任何回报，资金的占有时间较长。商品用鸟也需饲养 10～12 个月才能够屠宰上市，而且饲料消耗量大，饲料转化效率不高。从已收集到的材料看，成年鸵鸟每天需要精料 1 千克左右，最高则需 2.5 千克，精料中都必须添加高比例的高质量草粉，青粗饲料供应量为精料的 5～8 倍。鸵鸟的平均精饲料转化效率仅为 5.5∶1，低于大部分畜禽。随着不断驯化和规模化饲养，精料的比例还将逐渐增加。说鸵鸟不与人争粮、争地，是节粮高效的养殖项目是片面的。再次，鸵鸟从野生到人工养殖的历史不长，有很多技术问题没有解决，其中育雏、营养和疫病是当前制约鸵鸟养殖的主要问题。

最后，"炒种热"是当前鸵鸟开发中最大的弊病。绝大多数的开发者是以高盈利为目的。以国外鸵鸟每千克40多美元的价格为根据分析鸵鸟养殖的经济效益，是脱离中国肉类消费市场现实的。本来鸵鸟开发应按市场经济规律发展，但由于片面宣传，以虚拟的产值定位，加上大量政府资金的投入和指令性的推动，国内外很多企业参与了"炒种热"，使鸵鸟种苗越炒越脱离价值本身。如同炒房地产一样，最终产品如果压在生产者手中，将会造成巨大的损失。

### 三、建议

鸵鸟养殖为我国人民增加了一个新的肉类品种，但鸵鸟养殖在中国毕竟只有短短几年的历史，还存在着上面所提到的问题和限制因素。而且，与我国的猪、家禽、牛羊的消费相比，鸵鸟肉不可能成为"主体肉类"，与兔、鹿、火鸡、美国蛙、蜗牛、海狸鼠等养殖种类相比，其营养价值和经济价值都很近似。因此，不应把鸵鸟养殖提得过高。我国鸵鸟养殖发展速度是世界上比较快的，但在产品开发方面尚有很大的差距。对于鸵鸟养殖，应由市场取向决定其发展的速度，以企业自身滚动发展为主，一般养殖户特别是贫困地区应持慎重态度，政府对此不应参与过多。行政管理部门及行业协会应加强引导，使企业注重终端产品的开发，防止"炒种"的短期行为。要让养殖者和投资者充分了解各种不利因素和风险，防止广大生产者重蹈"哈白兔""海狸鼠"等大起大落的覆辙，引导鸵鸟养殖健康发展。

# 把奶业发展放到更加重要的位置

(《猪业科学》2000年1月)

在"奶业振兴、经济增长、民族强盛"高层研讨会上，由国家食物与营养咨询委员会会同各有关协会共同组织，专门研究了中国奶业发展大计和新举措，为政府制定中国奶业发展计划提供了科学依据，并将提出具有针对性和可行性的对策建议。下面我从我国畜牧业发展的角度，谈谈为什么要及时地把奶业发展放到更加重要的位置，供大家参考。

过去的20年，伴随着农村改革前进的步伐，畜牧业结合自身特点，发挥行业优势，实现了持续迅速发展。主要畜产品产量连续20年以10%左右的递增速度增长，肉、蛋、奶产量分别增长了6.5倍、8.4倍和8.3倍。今天的畜产品市场，琳琅满目，与20年前肉、蛋、奶极度匮乏、凭票供应的情形形成鲜明的对比。不仅花色品种齐全，而且供应充足，购销两旺，彻底改变了畜产品长期短缺的局面。已初步发展成为一个相对独立的产业，基本具备保障畜产品供求总体平衡的综合生产能力。但是，随着改革的不断深化，畜牧业的发展也面临着一些突出问题。如畜产品结构不合理，质量及种类尚不适应国内外市场需求的发展；畜产品加工程度低，资源利用不充分；畜牧业的经济效益低，不适应农民增产增收的需要；地区布局不尽合理，区域优势尚未很好发挥，影响了畜牧业的整体素质和效益。

当前，我国畜牧业面临着新的机遇和挑战，而调整和优化畜牧业产业结构，是促进畜牧业发展的重要措施，其中，把奶业发展及时地放到更加重要的位置，是实现21世纪我国畜牧业进一步发展的客观要求。

**从畜牧业内部结构看，必须加快发展奶业。** 近20年奶业发展与整个畜牧业发展是不相称的。20年间，从总量上看，肉类年均增长236万吨，蛋类95万吨，奶类仅有36万吨，远远不及肉类和蛋类。从人均占有量看，同样也是短线产品，1997年肉、蛋、奶人均占有量分别为41.7千克、17.2千克、6.3千克。奶业生产的滞后，与中国畜牧业在世界畜牧业中的地位也是不相称的，我国已占世界肉类的25.5%，蛋类占到41.8%，而奶类占比不到2%。肉、蛋生产均居世界第一，肉类人均占有量超过世界平均水平，蛋类达到发达国家水平，而奶类仅为世界平均的1/16。

**从我国饲料资源看，必须加快发展奶业。** 我国可用于畜牧业的粮食有限，但青饲料多，这是一个基本国情。牛、羊均为草食动物，能利用饲料中的纤维素，还能充分利用低等植物蛋白、非蛋白氮，在很大程度上可以避免与其他牲畜争夺饲料资源。奶是饲料转化率最高的畜产品。奶牛能将饲料中能量的20%、蛋白质的23%～30%转化到奶中。用1千克饲料喂奶牛所

能获得的动物蛋白比喂猪所产出的至少高2倍。在人口增长对耕地和粮食压力日益增加的情况下，以较少的精料投入，以大量人类甚至猪、禽等单胃动物都不能直接食用的青饲料，换取更多的动物蛋白，无疑是一种最佳选择。

**从提高民族身体素质看，必须加快发展奶业。** 奶类的营养价值丰富，它能够提供人体所必需的全部氨基酸，并含有多种矿物质、微量元素及多种维生素；奶类中的钙含量高，且易吸收。增加奶类的摄入量是补充人体中动物蛋白和钙的最佳途径之一，因此，奶类被人们誉为最接近"完善的食品"。但由于我国人民对奶及奶制品的消费量低，如发达国家肉、蛋、奶的比例是0.4：0.06：1，我国的比例是6.6：2.7：1，目前，我国人均畜产品脂肪的占有量超过世界平均水平的5%，而蛋白质低于世界平均水平的20%，动物性食物的摄入营养平衡失调。据有关资料表明，全国30个省（自治区、直辖市）1985—1995年10年间，7～18岁男生超重与肥胖率从2.75%上升到8.65%，女生从3.38%上升到7.18%。1995年全国汉族学生的营养不良和低体重学生总构成比为32.6%，超重和肥胖学生占7.7%，营养正常的学生仅占59.7%。

**从振兴国家经济看，必须加快发展奶业。** 党的十五届三中全会的决定指出，要把发展畜牧业放到更加重要的位置；温家宝副总理在强调调整农业产业结构时，认为畜牧业是重中之重，提出发展畜牧业是个大问题，是一篇大文章。从畜牧业的作用和意义不难看出，加快发展畜牧业可以使粮食作物转化增值，促进种植业尤其是粮食作物和饲料作物生产的发展；加快发展畜牧业可以带动饲料、食品、皮革、牧业机械等一系列相关产业的发展，增加农

产品附加值，提高农民收入，也可以转移农村剩余劳动力。可以说，畜牧业既是支柱产业，又是承农启工的中轴产业。而在畜牧业中，奶业更有这种特殊的优势，它能为种植业提供市场，又使自身的产品进入加工环节。众所周知，法国的汽车制造业是世界有名的，但它的汽车制造业产值还没有乳品工业的产值高，乳品工业的产值占国民经济总产值的 8％，汽车制造业才占 6％。所以，应该把加快奶业发展作为振兴经济、拉动内需的一项重要措施。

奶业在我国是一个新兴的产业，除牧区少数民族有一定基础的自给性奶业外，作为商品性的奶业不过百余年的历史，因而基础薄弱、起点很低。中华人民共和国成立以前，我国的奶牛饲养及加工业非常薄弱，只是在东北滨州铁路沿线及几个大城市郊区养有少量奶牛。中华人民共和国成立后，随着生产的恢复和发展，奶牛饲养业有了新的生机，奶牛饲养量由 1949 年的 12 万头发展到 1978 年的 20 万头，年递增率为 1.8％；牛奶产量由 20 万吨增至 88.3 万吨，年递增 5.25％；乳制品产量相应由 600 吨增长到 4.5 万吨，年递增幅度达到 16.05％。与此同时，奶山羊饲养业也获得了很大发展，从 1949 年末的 17 万只发展到 1979 年的 150 万只，年递增 7.5％。十一届三中全会以后，与其他各业一样，我国奶业也迎来了快速发展时期。1979—1985 年为高峰期，期间奶牛饲养量年递增 19.6％，奶山羊年递增 7.6％，奶类总产量年递增 14.3％。到 1997 年末，全国奶牛及改良牛存栏已达到 490 万头，主要分布在黑龙江、内蒙古、新疆、河北、甘肃及北京、天津、上海等省（自治区、直辖市）和大城市郊区，1998 年奶类产量预计达到 810 万吨，乳制品产量也达到 50 多万吨。与奶牛、奶山羊饲养业发展相适应，乳品加工业也经历了由小到大、由低到高的发展历程。目前，全国已建成规模大小不等的乳品加工厂上千座，日处理鲜奶能力 2.5 万～3 万吨，其中日处理鲜奶 100 吨以上的企业约占 5％，日处理 50 吨的企业占 40％，其余日加工能力均在 20 吨以下。从企业分布上看，主要集中在乳业第一大省黑龙江省（共有企业 160 多家，日处理鲜奶能力达 5 000 吨以上），以及北京、上海、天津、武汉、西安、石家庄等大中城市。从产品结构分析，全国奶产量的一半左右用于生产巴氏消毒奶，近年又相继投产了一批酸奶、超高温灭菌奶、花色奶等生产线，但总量不够大，其余一半左右鲜奶则加工成乳制品，主导品种为奶粉，其次还有炼乳、麦乳精、奶油及干酪等。除居民直接食用消费以外，近年用于工业加工的部分正在增加。

目前，制约奶业发展的原因是多方面的，主要因素：一是奶牛品种性能不良，专用高产良种比重低，本地品种改良进展缓慢，饲养粗放，生产水平与效益低下；二是加工企业分布不尽合理，机制不活、辐射力不强，一些加工企业设备老化，新产品开发与促销能力弱，产品品种与质量不适应市场需求；三是市场潜在需求大，但有效需求增长缓慢，缺少适销的产品和促销的措施，乳品加工企业销售困难，市场开拓不力；四是农户与企业间、基地与公司间尚未完全通过利益机制衔接起来，多数还处于买卖关系阶段，农户的第一车间地位尚未完全确立，打白条，压级压价收购以及掺杂使假等问题还时有发生，产加销一体化的格局在多数地区尚未建立起来。

今后一个时期，我国奶业肯定会有一个长足的发展。

**一是市场有需求。**最近一段时期，畜产品市场是不太景气的，目前，有些地方 10 元钱可买到 1.5 千克猪肉，鸡蛋更是长时间处于低价位，10 元钱可买到 2～2.5 千克蛋。而奶产品却不一样，现在到北京的超市你会发现，几乎每个人都购买奶制品，有些产品还出现脱销。这些现象说明，中国人并不是没有消费习惯，只要你的产品对路，销售的势头就非常旺盛。我国台湾省就是很好的例子，台湾每年生产的牛奶人均占有量为 16 千克，而实际消费量达到 70 多千克。我们的生产水平和消费水平如果要达到台湾的水平，其潜力是巨大的。只要加大宣传力度，采取一些有力措施，提高人们的消费意识，并通过不断改善产品质量，提高市场竞争力，不但城市消费会有较大增长，而且更加广阔的农村市场也具有开发潜力，这是发展的最重要前提。

**二是发展有基础。** 我国近十几年通过引进和选育相结合的办法，大力改良奶牛品种，在全国许多地方建设了一批种公牛站和奶牛育种中心以及奶牛研究所，大力推广和普及了人工授精和胚胎移植技术，加快了牛群遗传育种工作的进展，已经出现了一批群体平均单产超 8 吨的奶牛场；黑龙江、内蒙古、新疆等牛奶主产区，还通过级进杂交的办法，改良本地牛使之逐步转向乳用，成效也相当显著。

**三是提高有潜力。** 我国奶牛群总体生产能力仍处于世界较低水平。发达国家奶牛的平均单产水平都在 6 000 千克以上，以色列高达 9 000 千克以上，而我国成年母牛平均产奶量为 3 225 千克，差距很大；在国内则以上海、北京郊区的奶牛单产水平为高，黑龙江省近百万头奶牛，单产也仅为 4 100 千克。所以，通过改良和大力推广规范化饲养等综合措施，提高牛群生产水平，即使在不增加牛群数量的情况下，也有可能大幅度提高鲜奶产量。此外，我国现有 700 余万只奶山羊，水牛存栏量也达到 2 223 万头，其中可繁母牛近千万头，但实际产奶量很低，在奶类生产中比重还很小，通过选育提高，增产潜力很大，开发前景十分广阔。

**四是服务功能逐步完善。** 我国已建立起了比较完善的畜牧兽医综合服务体系，生产者自己的联合体在各地迅速发展，可以为农民提供及时周到的服务，服务领域包括产前、产中、产后全过程，服务手段日趋完善，从生产到经营，从技术指导到产供加销各环节，都为奶业的进一步发展创造了较好条件。此外，相匹配的饲草饲料供应、良种繁育、疫病防治、人才培训等体系也都已初步建成。

**五是学习有典型。** 近年来各地相继涌现了一批通过发展奶业致富一方的典型，如北京三元公司、上海市牛奶公司、江西金牛集团、黑龙江完达山企业集团、内蒙古伊利集团等民族乳品企业的崛起，同样都是实施产、加、销一体化经营和名牌战略，带动一批中小型乳品企业扭亏为盈与推动一、二、三产业协调发展的，最具有说服力的典型。他们的实践为各地提供了许多可供借鉴的经验。另外，国外的经验如印度水牛奶业的发展，主要是通过推行"洪流行动"，在全国大力推广和普及"阿南德模式"，促进了印度水牛奶业的快速发展。可以学习借鉴。

世纪之交，我国奶业面临良好的发展机遇，但同时又存在许多急待解决的问题。我们必须认真总结以往的经验和教训，正确分析国内奶业发展的状况和形势，借鉴国外发展经验，以此为基础，对今后的更快发展作出准确估价、判断和定位，形成新思路和新举措。

希望大家帮助我们找准突破口，确立符合实际的发展道路，提出可供操作的政策建议。我相信，有这么多的领导、专家、企业家的支持与参与，大家共同为奶业的振兴献计献策，二十一世纪中国的奶业必将有一个新的飞跃。

# 当前畜牧业结构调整的方向

(1998 年 9 月 8 日)

改革开放以来，我国畜牧业经过连续 20 年的快速发展，主要畜产品产量持续稳定增加，彻底改变了过去畜产品供应长期短缺的局面。然而近年来畜产品需求增长趋缓，国内消费者对产品质量要求不断提高，主要畜禽产品价格一直处于较低的水平。畜产品的市场供应已经出现阶段性、区域性、结构性过剩。因此，畜牧业的发展，必须根据市场需求，充分利用各种资源，优化生产结构，提高产品质量，降低成本，提高效益。

调整优化畜牧业产业结构，是畜牧业经济发展的总体趋势和客观要求。但在不同的阶段，调整的目标、方向和重点会有所不同。过去调整是如何增加产量，以满足人们数量上的需求。当前调整则是根据城乡居民生活水平提高的需要和国内外市场需求，依靠科技进步，大力发展优质畜产品，提高畜产品的质量和档次。在畜牧业产业结构调整上，将在以下几方面开展工作。

## 一、发挥区域资源优势，优化畜牧业生产布局

在经济发达地区、大城市郊区要大力发展规模生产，推进畜牧业的产业化经营，加快实现畜牧业现代化。中西部农区和草原牧区，在发挥传统养殖优势的同时，积极采用现代科学技术，实现饲养品种和养殖方式的突破，提高生产效率和经济效益。粮食主产区，要逐步形成畜产品主产区。牧区畜牧业要注重发展毛、皮、绒、奶等优势产品生产。

生猪生产要稳定在东部，发展中西部，开发东北等玉米主产省区。集约化程度较高的肉鸡生产要逐步向发达地区粮食主产区转移，提高粮食就地转化能力。肉牛生产以中原肉牛带为中心向东北和华南地区扩展。肉羊生产要加快改良，绵、山羊并举，南方以山羊为主，北方以绵羊为主。水禽生产主要在长江流域及其以南地区发展。要稳定蛋鸡的饲养总量，在农村积极发展适度规模养殖户，减少城郊饲养量，开拓鸡蛋加工业。奶类生产要稳定在城市郊区，积极开展和推广奶牛产业化试点建设，形成"龙头企业＋基地＋农户"的乳业发展格局。

## 二、稳定发展肉类和蛋类生产，加快发展奶类和羊毛生产及畜产品深加工

肉蛋奶等大宗畜产品的生产，要改良品种，提高产量，增加良种比例，增加花色品种。要加快发展市场短缺产品和发展奶类生产，提高奶类在畜产品中的比重，优化畜产品结构。提高畜产品深加工能力，有效防止畜牧业生产的波动，增加附加值，从而提高养殖效益。

## 三、优化饲料生产结构，合理开发利用饲用资源

饲料工业的产业布局要因地制宜，发挥地区优势，沿海发达地区和饲料加工密集地区要适当控制配合饲料生产总量和规模，逐步向粮食主产区、资源丰富地区和养殖基地转移。要重点发展添加剂预混合饲料和浓缩饲料生产，大力提高饲料产品的科技含量、附加值和市场占有率，开发和生产低毒、无污染的绿色饲料和环保饲料，提高饲料产品的市场竞争力。

同时积极发展草地畜牧业，加强草地建设，全面提高草地生产力。利用秸秆养畜，发展节粮型畜牧业，增加牛羊肉产量，是优化畜牧业结构的重要途径。

## 四、在政策上支持畜牧业结构的调整

加强畜禽屠宰检疫管理工作，建立起与国际惯例接轨的防检疫制度，使我国的动物检疫工作和畜产品的动物卫生质量取信于世界，促进畜产品的国际贸易。坚持畜产品多渠道经营，放开市场，放开价格，做好产、销直接衔接。同时，结合粮食流通体制改革政策的实施，制定饲用玉米的购销政策，减少流通环节，降低饲料成本。

## 五、加大国家对畜牧业基础设施建设的投入力度，提高结构调整的科技含量

通过畜禽良种繁育体系工程建设，进一步提高良种覆盖率，增加优质畜产品产量。根据调整结构的需要，充分利用世界各地科技成果，直接引用国外的高新关键技术，加速缩小我国与发达国家畜牧业生产水平的差距，争取使科技进步在畜牧业增长中的贡献份额达到50％。

## 六、加强质量标准和市场信息体系的建设

开展动物防疫监督的规范化管理和试点工作，完善种畜禽质量和监测体系，规范种畜禽生产经营。加快畜产品市场体系的建设，为生产者进行生产经营和结构调整提供准确、实用、快捷的信息。

# 对行业交易会管理要规范

(《牧业通讯》1998 年 8 月)

日前，接到署名"爱牧"、题为"畜禽饲料行业交易会要控制"的群众来信，信中反映"近两年畜禽行业不景气，唯独交费会越来越多了，协会开、学会开、全国开、各地开"，给企业造成负担。呼吁"政府部门能不能控制一下，少开一些这种交易会、研讨会，会议收费也要合理，取之于会、用之于会"。农业部畜牧兽医局局长、全国饲料工作办公室主任贾幼陵同志阅后写了深有感触的信，原文刊登如下：

"爱牧"的建议很有道理，行业的服务组织、中介组织是应市场经济和行业发展之所需而产生的，其宗旨是为行业服务。举办行业交易会的目的是为企业提供交易的场所、交流的机会，是行业协会等组织为行业服务的一种形式，如背离了服务这个宗旨，这些组织就没有存在的必要。面对激烈的市场竞争，我们能不能多想些办法，多为农民和企业排忧解难，少做一些有损农民和企业利益的事，少一些摊派，少一些麻烦！

我们已经注意到对行业交易会的管理问题，并做出了相应的规定：从1997年开始，畜禽养殖业、饲料和兽药行业的全国性的交易会每两年开一次，由所有相关的行业协会和服务组织联合举办，除此之外，一律不得单独举办全国性的某一行业的交易会。但是，我们从媒体中看到一些地区性的交易会、研讨会还是太多了，有一些交易会、研讨会打着地区甚至全国的旗号，但身份不清，分明是草台班子，招摇撞骗，意在赚取不义之财！

希望各地畜牧、饲料行业行政主管部门认真管一管此类活动，希望所有服务组织和专业协会、学会，多想想企业的难处，多为他们办点实事；也希望企业家们能够硬气一点，联合抵制那些草台班子，挺身揭发那些不正之风，把你们不信任的协会负责人选掉。协会不能再是"官办"的了，应是政府和企业之间的桥梁，协会的改革势在必行。

# 畜牧业发展的制约因素及其宏观调控问题

(1999年1月)

畜牧业在国民经济中有着非常重要的作用。1996年，我国畜牧业产值7 000多亿元（按当年价格计算，下同）；饲料工业产值1 000亿元；兽药产值150亿元。1997年比上年增加了8％，1998年又是增长的趋势。据联合国粮农组织的统计，全世界肉类总产量的28％、蛋类产量的41％来自中国。其中，我国猪肉的份额占全世界产量的47％，但奶类产量仅占1/15。因此，从人均动物蛋白质占有量来看，我国低于世界平均水平。我国人均肉类占有量约50千克，超过世界平均水平10千克；蛋类人均占有量17千克，超过世界平均水平1倍。可是人均动物蛋白每天摄入量只有23克，世界人均为29克。而我国人均的动物脂肪占有量高于世界平均水平。

1996年，畜牧业产值占农业总产值的31.4％，超过粮食的产值（29％）。我国畜牧业发展还存在着较多问题，特别是还有较多制约因素，主要是资源、兽医卫生、信息、流通、市场等方面。

## 一、资源制约因素

过去对我国资源的评价说法很多，有些看法很不一致。第一，中国的粮食和饲料能否满足我国畜牧业发展的需要？首先是玉米产量的动荡、波动是非常大的。有一组数字：1996 年玉米产量是 1.27 亿吨，1997 年下降了 25% 左右，1998 年又上升了 20%，初步的估计是 1.24 亿吨。1995 年和 1996 年，畜产品价格急剧上升的主要原因是饲料价格上升。而玉米价格上升，还引起全世界玉米价格上升。1996 年，由于我国进口 518 万吨玉米，当年芝加哥市场玉米每吨的价格由 80 美元上升到 196 美元，最高时突破 200 美元。当时在国际上每天都公布中国买玉米的情况。1998 年，芝加哥玉米价格又有波动，原因是说中国又要进口玉米，所以，中国国内市场玉米的需求对国际市场玉米价格的波动影响很大。1996 年，我国粮食大丰收，而玉米进口一直延续到 1997 年。玉米多了之后，畜产品价格大跌。特别是蛋鸡过多，人均鸡蛋产量超过发达国家。可是由于玉米价格便宜，养蛋鸡有利可图，因此还在发展。鸡蛋价格持续了 24 个月低价。10 年前 1 千克鸡蛋价等于 1 千克肉价，1996—1997 年，1 千克猪肉价等于 2 千克鸡蛋价，最低时等于 2.5 千克鸡蛋价。如果 1 千克猪肉价等于 1.8 千克鸡蛋价，基本上是合理的。1998 年国际玉米价格跌破了 80 美元 / 吨，如加上运费，进口玉米仍比国内价格低 30% 左右。到现在为止，无论国际、国内，普遍认为从长期看中国将是玉米进口大国，且最大的受益国是美国。

其次是蛋白质饲料资源严重不足。过去，我国的大豆一直出口，产量曾达到 1 600 万吨。1996 年降为 1 300 多万吨。到 1997 年又降为 1 200 多万吨。与此同时，大豆和豆粕进口量大幅度上升。大豆除了用于榨油外，基本上用于饲料。全世界玉米产量的 80% 用于饲料，而大豆的比例还要高。1996 年，我国进口大豆 110 万吨，1997 年达到 300 万吨（海关统计为 280 万吨），豆粕的进口量，1996 年为 187 万吨，1997 年为 400 万吨（海关统计为 347 万吨）。如将豆粕折合成大豆，大约 40% 依赖进口。据德国、英国经济研究部门的预测，中国 1998 年豆粕进口量要超过 450 万吨。大豆进口直接冲击了我国的大豆生产，造成了我国大豆的积压。因为国际上大豆价格远低于国内价格，所以，有进口权的单位都进口大豆。不但从美国、巴西进口大豆，甚至从印度进口低质大豆，并造成进口违约。全国大豆进口违约达 150 万吨，违约金超过 5 000 万美元。这在国际上造成了很大的混乱和不良的影响。

对于我国畜牧业来说，大豆价格下跌对于畜牧业的发展是有好处的，可是对于整个经济秩序，特别是对于宏观调控、粮食生产结构和饲料生产有极大的影响。芝加哥市场的大豆价格变化完全受中国的需求影响。鱼粉产地主要在美洲，特别是南美。鱼粉产量大约是 600 万吨/年。国际贸易量约 400 万吨。而中国目前的鱼粉用量约 115 万吨，其中，进口为 105 万吨。1998 年，由于厄尔尼诺现象，秘鲁的鱼粉生产一个季度内下降了 75%。致使 1998 年鱼粉贸易可供应量不到 300 万吨。而我国饲料资源需求，特别是大豆和鱼粉对国际的依赖程度越来越大。再一个是工业化生产的蛋白质饲料资源，如蛋氨酸、赖氨酸。目前两者大部分依靠进口，其中，赖氨酸可以国内生产，但蛋氨酸还没有实现国内生产。国际上的许多大公司都把我国当成大的市场，千方百计制约我国氨基酸生产。饲料资源从总的来看是不足的，但是，中国粮食人均占有量不低于世界平均水平，而动物食品的占有量低于世界平均水平。从这个角度看，我国还是有潜力的。我国玉米产量1.27亿吨，饼粕约1 600万吨、糠麸约3 000万吨、糟渣约4 000万吨、薯类约4 500万吨。我国每年生产白酒800万吨，可有1 600万吨酒糟全部用于饲料，基本没有浪费。每年进口200万吨啤酒大麦，1 680万吨的啤酒，按3：1折算，也有几百万吨大麦酒糟，而酒糟蛋白含量高达25%～30%，一般能替代部分大豆。

我国草地的情况怎么样？国内报刊发表的一些文章，对国内草地都抱有很大的希望，认为我国的草地潜力很大。事实并非如此。世界上有三大草原：一个是南美洲的潘帕斯（Pampas）草原和北美洲的普列里（Prairie）草原；一个是南非的热带稀树草原（Sav anna）；一个是欧亚大陆草原（Steppe），这个草原面积最大。可是在中国对草原的破坏太大了。从本世纪初到现在不到100年的时间里，我国草原的界线往北推了200千米，往西推了100千米。这是草地生态学家的一个估计。能开垦为耕地的草原基本都开垦了，而且现在还在开垦。欧亚大陆草原的欧洲部分，草地是非常漂亮的，产量也是非常高的。而在中国的这一部分，草原被挤在两个"三"上下，一个叫"海拔3 000米以上"。如青藏高原海拔4 000～5 000米的草原还在用于放牧。往下的草原都开垦成了耕地。再一个叫"300毫米降水量以下"。300毫米降水量以下的地方根本不能种粮食。300毫米降水量以上的草原能开垦的也开垦光了。像内蒙古自治区的哲里木盟和呼伦贝尔盟西部，年降水量在200～500毫米，且各年变化大。这里轮一季就管3年。自

土地承包制推行以后，很多人想发财就往草地走。按照我国宪法，草原是国有资产。把草原承包给个人，1亩地1元，然后他转包出去，1亩地10元。当年买机械，当年开1万亩，当年就把所有的成本拿回来。第二年颗粒无收，他也赚了，他再转一块地方，草原就这样被破坏。最近通过中国科学院的卫星遥感，对内蒙古东部地区10年前后作了一个对比，发现内蒙古东五盟最近新的畜牧业发展的制约因素及其宏观调控问题是开垦耕地1 450万亩，且开垦的全是好草场。以前对开垦草原，惩治是非常严厉的，可是现在没人管。这种对草原的开垦实际上是地方政府短期行为和个人谋利行为的结合。有一组数字可以说明问题：内蒙古的人均耕地全国第一，人均产粮全国第三，人均占有的肉类全国第十七；而吉林人均产粮全国第一，人均产肉全国第二。吉林粮食和肉同步发展，而内蒙古，是一个很大的牧区，吃的却是资源饭，这实际上是在破坏草原。再如新疆，新疆的草地开发叫绿洲农业。即开垦一片地，有了水，就高产，就是绿洲。这样，国家大量投入都用到农业方面去了，牧民得不到政府调控和政府投资的利益。所以，在新疆季节性畜牧业越来越明显，草原面积越来越少。因此，新疆的牧民收入低于农民的收入。现在牧区的问题是草场没有多大产出。草原保护是一个极为重要的问题。由此得出一个结论，就是我国北方的47亿亩草原，潜力不大。丰美的草原只有6亿亩，这6亿亩草原还在被开垦。国家1997年组织了几批科学家、科学院院士到南方考察，在海拔1 500～2 500米处，有一批山区台地，植被非常好。这些地方与林业没有矛盾。过去一些林业专家认为南方的高山只能发展林业，不能发展草地。新西兰的草地占国土面积的90%，是"骑

在羊背上"的国家，而它的草地是砍树砍出来的。我国南方的草山，有9亿亩可利用面积，基本上在林带线之上，只有一部分与灌木交叉，它的气候条件、土壤条件都适合于种草养畜，可以造就几个新西兰。但是它的基础设施如交通、通信、水、电等条件较差。同时当地老百姓只会种田，不会养畜。这样，开发就比较困难。当年畜牧局李易方局长提出向南方草山要肉。由于国家的投入少，社会发展还没有到这个阶段，虽然搞了一些草地畜牧业，有的成功了，但大部分失败了。最近发展得不错，1998年增加了这方面的投入。所以，在中国按照植物学概念的草原没有多大潜力，而草地是有潜力的。这些草地主要集中在长江的中上游地区，跟我国的生态建设正好是合拍的。今后的草原生态建设，对于抑制长江、黄河的水患具有重要的现实意义。应该说，我国草地建设是有较大潜力的，也是我国发展草食畜牧业的潜力所在。

综上所述，我国的畜牧业资源是存在着危机的。因此，一方面要开发饲料资源，另一方面要保护草地资源。

## 二、疫病防治环节制约因素

疫病防治对畜牧业发展的制约作用越来越明显。原来我国的猪死亡率超过15%；鸡的死亡率超过30%。现在下降了，大概猪的死亡率是8%；鸡死亡率是18%左右，仍然比较高。虽然我国肉类占世界产量28%，但是，我国出口的数量还只占产量的2%。而我国进口的数量很大。我国每年出口肉类100万吨左右。据海关统计，每年进口鸡肉35万吨，而实际上据美国统计，光美国向我国出口的鸡肉就是75万吨。我国进口鸡肉的数量是世界第二，仅次于俄罗斯。进口的东西基本是

下水，真正的肉类很少。牛肉基本上没有进口，绝大部分进口是走私。我国的活猪、活鸡、冻肉的出口地方只有两个：一个是我国香港地区；一个是东欧。而要向欧盟及日、美等地出口却非常困难，特别是欧洲、美国。主要原因是我国的兽医卫生质量不过关，最大的问题是畜禽疫病。国外兽医的地位相当高，在中国兽医是被看不起的，整个动物疫病防治体系不健全。大家知道，疫病对社会乃至国际社会的影响非常大。1998年初，因为畜禽病毒致病，香港地区杀掉了150万只鸡。中国台湾省杀了400万头猪，其出口贸易受很大影响。

随着国际上规模化、集约化养殖的发展，出现了一些新的疫病，其实就是环境病，即由于畜牧业发展的制约因素及其宏观调控问题高度集中饲养之后，大量使用抗生素及药物，畜禽生存环境出现了大的改变，产生了新的病。如禽流感现在的变型已达126种。又如疯牛病，就是集约化养殖的结果，即在大量集中饲养以后，搞综合利用。人不吃下水，而全部将它变成饲料，再喂牛。由于牛长期吃同类器官，产生一种新的奇特的蛋白质。在中国没有这种病，是因为牛下水全部被人吃了，没有出现"牛吃牛"的现象。所以，欧洲制定了新法律，反刍动物的下水一律不许作反刍动物的饲料。但是与此同时，欧美又开始向中国大陆推销动物下水饲料，这个我国也是禁止的。因此，在我国传统的兽医工作还没做好的同时，集约化畜牧业的发展，一些新的疫病有可能会让我们防不胜防。

## 三、环境污染制约因素

我国国内不足15%的猪是集中饲养的。世界上最小的猪场、鸡场在中国，例如只有1只猪、1只鸡的家庭饲养场。可

是世界上最大的饲养场也在中国。例如，在中国有 15 万头的猪场和 100 万只蛋鸡的鸡场。这对环境造成很大的影响。目前国际上已开始对集约化养猪进行限制。中国台湾省对于环境污染、集约化养猪采取了新的税制。新加坡已不允许在当地搞养殖。香港地区也在限制。在这同时，却有的同志还以为上规模是越大越好。荷兰是个非常重视环保的国家，可是它和新加坡联合，要在崇明岛建一个 100 万头的猪场。这样长江口的水就全污染了，根本无法处理。所以现在缩小到 10 万头的规模。10 万头在国际上也是大的。一般是 1 万头的规模较合适。由于猪场除了粪便污染外，一些饲料添加剂的使用也能造成污染。如胺苯砷酸的使用，可以使猪肉的颜色变红，可是砷制剂分解不了，从粪便排出来，渗入地下，长期积蓄就变成一个很大的重金属污染源。这也是发展现代化养殖必须重视的问题。

## 四、信息制约因素

如果我国要出口 5 万吨玉米，在芝加哥市场马上就有反应，可以使美国的每蒲式耳玉米价格下降 1～2 美分。而我国的信息不灵。例如，1997 年 5～6 月，当我们发现母猪比例太高时，连续往下发信息，告示养母猪正出现过热，应引起重视，可是母猪饲养仍在发展。政府得到信息难，要使农民重视信息也难。在芝加哥市场，美国农业部一宣布玉米丰收，马上玉米价格就下降。所以，它的政府不敢轻易发布信息。中国由于市场不健全，加上千家万户分散饲养，所以很多人不知道选择生产什么，容易一哄而上。如有人说应该养小尾寒羊，就南方、北方都养。养不成，就说羊的品种是假的。另外，对信息的分析也差得很远。最近新闻联播提出要对山羊

绒进行价格保护，过去 1 千克山羊绒价格 200 元，国际市场需求非常高。当时中国的产量只有 4 000 吨。现在产量达到 11 000 吨，总量增长了，所以山羊绒价格下跌是必然的。牧民埋怨国家用保护价收购粮食，为什么不用保护价收购山羊绒呢？实际上从总量控制来说，山羊绒是太多了，应该靠"无形的手"把价格降下来。羊绒多的代价是草场载畜量大了。因为羊绒生产周期长，山羊年龄越大，产量越高，这样对草原的压力越大。所以，羊绒生产是一举数不得。应该杀的山羊就杀，山羊少了，养一只等于两只的收入。草场的压力减低了，农民的收入并未减少。

## 五、市场制约因素

我国市场没有理顺。最近提倡产业化，很多地方把畜牧业作为龙头。畜牧业产业化，也存在不少问题，如一窝蜂似地上加工项目。肉牛刚刚发展起来，山东、吉林、安徽就上一大批现代化的屠宰线。目前这些屠宰线很多都停了，有些即使运转了，也是赔钱的多，赚钱的少。由于重复建设造成过度竞争，资源浪费。在搞好产业化内部各环节的衔接、共同抵御市场风险方面也存在不少问题。在澳大利亚的乳业公司或乳品局，它的入股人必须是养牛者，养牛才能搞乳品加工。所以牛奶的市场和它的生产者是紧密相连的。市场不好，养奶牛户自动压缩奶牛数量。而我国现在无论是"公司＋农户"或其他什么产业链，生产和流通是分割的。市场好的时候，大家有利可得；市场不好时，大家互相制约，造成很大矛盾。再有就是产品结构。产品结构跟市场关系很大。我国猪肉产量占肉类总产量的 68％。原来说猪肉的比例能降到 60％，可是，实际上中国人离不开猪肉。中国台湾省到现在猪肉的比例仍是

59%。如果猪肉的比例再往下降，牛羊肉比例再往上升时，猪肉价格肯定要涨。这个过程还需要很长一段时间。再就是奶业。我国目前人均奶产量只有 6.1 千克，世界人均 84～105 千克，差距太大。这主要是市场问题。目前在黑龙江省，奶牛占全国奶牛总量的 1/4，产奶量占 1/3，可是由于本省鲜奶消费市场有限，只好大部分用来生产奶粉。而奶粉的成本高于国外进口奶粉，所以受到进口奶粉的冲击。现在全国的牛奶产量只有 700 多万吨，而白酒产量 801 万吨，啤酒 1 680 万吨。所以，牛奶的价格高低要取决于市场。在欧洲，吃奶的习惯是从农村开始，然后向城市发展。我国正好反过来，城市要先发展起来，然后逐渐向农村推进。有的同志认为我国的奶业发展不起来，是由于受到国外的冲击。我不这么看，我不主张提高进口奶粉的税率。可以保持现在的税率或稍低一点。原因是国外多种多样的奶制品打进中国市场，中国的消费者喜奶制品后，我们再赶上去。牛奶跟羊毛不一样，牛奶生产发展的制约在于消费市场。羊毛正好跟牛奶相反。牛奶是没有市场，而我国羊毛 3/4 靠进口。我国搞了几十年的改良，羊毛的质量有了相当大的改善。但是，国内养一只羊有屠宰税、特产税、牧业税，三种税加起来超过 15%；而外毛的进口税率在原来 15% 的基础上一压再压，从 15% 降到 12%、10%、6%，到 4%，现在执行的税率是 1%。这就造成了国毛和外毛不平等竞争。最终结果是国毛积压，外毛畅通无阻。进口羊毛倒一次手，赚一次钱。农业部门要求保持税率或提高税率，而外贸、纺织部门要求零关税，实际上现在 1% 的税率是象征性关税。这直接影响到养羊业的发展。

以上是对畜牧业发展制约因素的分析。下面谈谈对畜牧业进行宏观调控的问题。

第一，政府对饲料工业、畜牧业的调控手段是立法、税收、税率等及基础设施投入等方面。以往畜牧业、饲料工业在政策上得到了不少优惠。我国畜牧业为什么发展这么快，每年以 10% 的速度递增？就是因为养殖业是免税的。大的集团、一些大的养殖户，不靠国家的贷款，不靠国家的扶持，就靠自己滚动，不欠别人一分钱。他们所有的流动资金全靠自己。这是其他行业的企业没法比的。所以，这类企业翻番地发展。饲料工业发展快，一是免增值税，一是所得税减半。这都是对产业非常大的支持。在农业上只有一个农业税。而牧区的税率相对高一些。牧区一只活羊有牧业税，杀了要上屠宰税，卖毛还有一个特产税，实际上从税制来说是重复的。在农区，虽然养殖业不交税，但在屠宰环节上高税，而现在实际上转嫁到了生产环节上。如有的地方把屠宰税变成了人头税。效益最好时，各种税费加起来，低至 100 元，多至 200 元。

第二，在宏观调控中有一个重要的问题，就是基础数字。目前畜牧业统计问题，是我们面临的一个非常困惑的事。统计局已公布的统计数，我认为是比较符合实际的。与近年来经济增长速度、人民生活改善程度和营养水平，以及市场供求状况等比较都是相符的，与我们掌握的疫苗用量、母猪存栏等技术参数也是相符的。涉及畜牧业发展的制约因素及其宏观调控问题时，原统计数与统计局的另一套 700 万农户调查数据相比也是基本相符的。以猪肉为例，由定点农户推算出的农户猪肉产量占原统计数猪肉产量的 84% 左右，再加上集约化的养殖，基本上是相符的。可是这次农业普查结果与原统计数一下子差了近一半。猪的数字回到 80 年代初的水平。因为有的将牲畜作为固定资产统计了，也有不少地方只调查农民，把企业漏掉了。统计局对这个普查数也怀疑，于是用与原统计数差异较小的存栏数代替出栏数，推出了一个普查矫正数，以此代替原 1996 年统计数。1997 年数据是在此基础上乘以人为给定的 8％增幅而得出的。这个数字是脑子里拍出来的，跟我们打的疫苗数、跟实际的生产不符。要对原统计数进行矫正的主要理由之一是肉类人均消费数和人均占有产量相差一半。其实全世界都是这样。如荷兰调查了 6 000 户，人均消费数 46 千克，可是人均占有产量 100 千克（减去出口以后）。我国农业部给荷兰农业部发了函，问他们的数字为什么差距这么大？他们说，这个数字是正常的。原因是，肉的产量是按胴体计算的，去掉皮骨 12％～17％；去掉肥肉 20％；去掉吃剩下的、扔掉的、狗吃的约占 50％左右，所以，人均消费数和人均占有量是两个概念。如拿这个东西来反证就错了。卫生部门经过调查，认为中国的营养水平比世界平均水平稍高一些。可是按照原畜牧统计数，人均占有的动物蛋白低于世界平均水平。现在的统计数字是一片混乱。1997 年至今没有可用的数字，对国际上也解释不了。

第三，在宏观调控中如何防止大起大落？为了防止大起大落，在政府的宏观调控手段中有一项是储备。我参观过韩国的流通公社，它的猪肉、玉米供应主要靠进口来调剂。当国际价格低时，大量进口，在国内抛出，反之则收购。它承担了政府的调控职能。它的经营是有盈余的，政府给一笔钱就能良性循环。在我国，以猪肉调控为例，我国猪肉产量是 4 000 万吨，政府的调控储备只有 10 万吨。这 10 万吨根本起不到任何作用。除了 1 亿元的运作费，还把政府的风险基金用上了。可以说这种调控几乎起不了什么作用。还有人提出活猪储备。这纯粹为了要钱，活猪怎么能储备呢？作为政府的宏观调控，如改为贮存玉米是最好的。因为这几次波动都是由玉米引发的。10 万吨猪肉等于 10 亿元。而 50 万吨玉米的价格只有 5 亿元。而且玉米易于储备。如以玉米储备作为调控手段是可以的。应该一个事管两头，既管市场，又管生产。而我国目前的市场和流通是分割的。农业部门管生产调控，商业部门管调控市场。因此，无法协调、有效地贯彻政府意图，有时，还出现了逆向调控，政府的宏观调控手段成了一些部门赚钱的手段，根本没有达到宏观调控的作用。这是一个很大的问题。

第四，兽医执法问题。在计划经济条件下，国营的屠宰部门承担了政府行为，因为统购统销，屠宰时它自己检疫。这在计划经济条件下说得通。而现在国有的屠宰厂屠宰的肉类 1996 年时只占 7％，国有屠宰厂无论在技术上还是在经营上已没有任何的优势。一些三资企业、个体企业、乡镇企业的屠宰设备都非常好。照现在的屠宰条例，必须集中到屠宰点，定点屠宰是对的。可是定点定在谁身上？在操作过程中，很多地方只将点定在国有企业。这就非常不合理了。定在一家，由自己检疫，政府行为和企业行为合而为一。企业去向农民收检疫费，企业代行政府的职能，这是根本说不通的。

总之，畜牧业发展潜力很大，但存在的深层问题也很多。我们的目的就是要调动各方面的力量，齐心协力，推动我国畜牧业持续、稳定发展，使畜牧业在下世纪我国农业和农村经济发展中发挥更大的作用。

# 生物处理秸秆技术的推广应慎重

(《中国饲料》1999年12期)

近年来，在国务院的重视和有关部门的努力下，秸秆的综合利用工作在全国形成较大声势。在此背景下，各种微生物处理秸秆作饲料的广告、宣传日益增多。有的声称已通过国家饲料监测中心质量检测；有的声称是"联合国粮农组织推广计划"，是"国家农业综合开发优先项目"；还有的声称"已取得突破性进展，完全可以喂猪"。但经我们进行严格的试验和论证后，大多数微生物处理秸秆作饲料的技术是不成熟的，很少能在生产实践中推广应用。

秸秆主要由纤维素、半纤维素和木质素等组成。木质素与半纤维素相互交联，并将纤维素分子镶嵌于内，形成了木质素-半纤维素-纤维素复合体，微生物处理很难打开这个链，因此，微生物处理并不能提高秸秆饲料的消化率。国家曾组织联合攻关，也只取得阶段性成果，未能在生产中推广应用。据联合国粮农组织专家介绍，在世界范围内，除青贮饲料外，微生物处理技术成果也极为有限。迄今为止，无论物理处理、化学处理还是生物处理后的秸秆，都仅能用于反刍动物喂饲，单胃动物（猪、禽等）基本不能利用秸秆中的粗纤维成分。因此，对待各种生物处理秸秆技术的推广应采取慎重态度。

80年代中期，"仿生稻草"（仿瘤胃生物化学过程处理稻草）曾风行一时，声称该"发明"已获国家专利，并可代替粮食喂猪，有关部门曾两次发文推广。但经农业部组织有关科研单位进行的喂饲试验证明完全无效，已以（1990）农（牧饲）字第186号文明令各地禁止推广。

由于微生物处理秸秆技术随着菌种、处理工艺的不同，效果差异很大。国务院最近颁布的《中华人民共和国饲料和饲料添加剂管理条例》明确规定，各种新饲料、新饲料添加剂在推广应用前必须向农业部申请品种审定，经全国饲料评审委员会审评通过后，才能批准生产，否则，不得推广使用。

# 蛋鸡业已完全融入市场经济

(2000 年 10 月)

春节以后，各地鸡蛋价格急剧下降，北京、上海、河北、黑龙江等地的蛋价已降至十多年来的最低水平，每千克仅 3.78 元。就连历来处在高价区的广州、深圳，目前的蛋价也跌到每千克 4 元左右。有媒体惊呼：全国最大的鸡蛋生产地河北，蛋鸡业临近崩溃的边缘，市民也担心今后没蛋吃。4 月初，记者就此采访了农业部畜牧兽医局局长贾幼陵。

**记者：**据农业部信息中心汇总全国 23 个禽蛋批发市场的价格，1～3 月全国鸡蛋批发均价分别为 4.08 元/千克、3.72 元/千克和 3.50 元/千克，分别比去年同期下降了 27.7%、35.9% 和 30.5%，请问您对此有何评价？

**贾幼陵：**鸡蛋价格下跌的主要原因还在于市场总体供过于求。据农业部预计，去年全国禽蛋总产量达到 2 100 万吨，其中鸡蛋占 7 成以上，比上年增长 5% 左右，今年的供应仍将保持稳定增长态势。应该认识到，当前蛋鸡业生产已经完全融入市场经济，随着流通条件的改善，专业化分工日趋明显。受市场机制的调节，鸡蛋价格起落是正常的。

**记者：**如此低的价格对鸡蛋生产的影响怎么样？

**贾幼陵：**从生产和市场的信息综合分析，目前虽然蛋价低，但玉米价更低，农民养鸡效益虽然低，但尚能保本或略有盈余。

据 29 个省（自治区、直辖市）的统计资料显示，鸡蛋和玉米的比价已由 1998 年底的 1∶55 上升到了 1999 年底的 1∶6.24。

最近我到河北蛋鸡产销最集中的邯郸市和保定市作了一些调查研究。邯郸市畜牧业产值占到农业产值的 47.3%，馆陶县畜牧业产值占到 63%，仅养鸡产值 4.6 亿元，就占农业产值的 51.8%。全县产蛋 10 万吨，人均 390 千克，人均蛋鸡收入 748 元，为全国之最，小小鸡蛋撑起馆陶农业的半边天。今年春节之后，蛋价一度跌到 3.10 元/千克，但养鸡户心态平稳，不为所动。

法奇村刘丁顺养了 3 万只蛋鸡，年产值上百万元，他是靠 200 只鸡起家，通过原始积累，经 10 年滚动发展起来的。面对如此低的蛋价，刘丁顺不但不慌，反而还在扩建鸡舍，今年准备发展到 5 万只。他给我算了一笔账：按当前饲料价格，鸡蛋成本为 2.50 元/千克，卖 3.20 元/千克，一只淘汰母鸡能卖 10 元，养一只鸡能赚 20 元，"再不行也赚一只草鸡（母鸡）钱吧！看我养了 10 年鸡了，哪有光涨不落的，10 年算大账，还是赚了！"该村 75% 的农户养鸡，其中 30% 的规模超过 5 000 只。

东苏村薛保养了 2.2 万只鸡，他告诉我："老养鸡户没有什么风险，资金、技术都是自己的，我不欠别人的（贷款），别人也不欠我的（现金），现在的价格只对那些没有搞好防疫、没有技术、产蛋率低的和欠债的有风险。"薛家门上用粉笔写了 4 个大字："收购玉米"，他见我怀疑是否能收到，当即拉我走到旁边的一辆外地农用车跟前，这辆车拉着 1 吨多玉米，挨户找买主。馆陶县玉米产量约 10 万吨，但饲料用量达 60 万吨，需要调入大量玉米。这车玉米的价格为 0.68 元/千克，粒大饱满，薛保掐了一下，说："含 12 个水以上，这价我不出。"粮贩告诉我，收粮每千克只赚 2 分，再降就要赔了。薛保说："现在玉米便宜，他的鸡管理得好，产蛋率在 85%，成本降到了 2.4 元/千克，鸡粪被菜农拉走，每方 60~70 元，养鸡并不少赚。"

**记者：从您调查的情况看，生产专业化规模化很重要？**

贾幼陵：对。专业化规模化是产业化的前提，产业化才能带来效益，包括生态效益。馆陶县金凤禽蛋批发市场作为产业的龙头，促进和保护了蛋鸡业的发展。市场每天外销鸡蛋 400 吨，每年通过市场运到南方各地 15 万吨，不但销售了馆陶的鸡蛋，还吸引了山东、河南的蛋源，同时成为饲料兽药养禽设备销售的集散地。市场通过中国农业信息网每天发布市场信息，并在市场告示栏公布全国鸡蛋行情。刘丁顺告诉我，他不愁销路，一个电话，市场就派来运输车并带来蛋托包装盒，以"金凤"的商标售出。围绕着市场销售，全县建起了 8 家蛋箱厂，7 家蛋托厂。这些工厂都是利用麦秸生产包装材料，同时还利用秸秆生产真菌，一方面降低了包装材料的成本，另一方面全县基本没有了烧秸秆的现象。

**记者：您认为今后鸡蛋产销形势将会怎样演变呢？**

贾幼陵：从调查情况看，原种鸡场祖代鸡场仍被国有或股份制大公司掌握，父母代鸡场向农村大型个体企业转移，产蛋鸡越来越集中到专业户、专业村。这些专业户的饲养厂房和设施比较简单实用，固定资产占用资金很少，但非常重视良种、饲料配方和防疫的科技含量。如目前江苏、山东、河北等地一些鸡蛋重点产区，养鸡专业户大多喂养罗曼鸡和海兰鸡，经营好的每只鸡可年产蛋 13 千克，有的可达 15 千克，比前几年普遍增产 2 千克左右。由于专业户和个体企业绝大多数是原始积累，加上科学技术、管理经验的积累，其抗风险能力大大增强。因此，生产总量不会有大的起伏，但今后在降低生产成本、占领市场等方面的竞争将更趋激烈，总的趋势是有利于蛋鸡业的健康发展。

**记者：政府有关部门应该做些什么工作呢？**

贾幼陵：从全国来说，蛋鸡业生产能力已经过剩，政府主管部门要加强生产布局的引导，防止盲目投资和重复建设。工作重点应放到兽医防治体系建设、良种的培育和鉴定、饲料兽药的安全监管上来，保障农民的安全生产，避免损失。

各级地方政府一定要重视市场体系的建设，保证鸡蛋的公平交易和流通通畅，特别要加强信息体系建设，使农民按市场需求，自我调节生产。

另据记者调查，随着人们生活水平的日益提高和对绿色食品的追求，草鸡蛋（土种鸡蛋）身价大增，目前草鸡蛋和普通鸡蛋的差价已由 50% 扩大到 80%。我认为这是变化了的市场对蛋鸡饲养户发出的结构调整的信号。

# 黑龙江畜牧业产业化发展的启示

## ——哪里有龙头哪里经济就活

（《农民日报》2001年8月11日，贾幼陵 谢双红）

黑龙江省是一个畜牧业较为发达的省份，以奶牛饲养业见长，2000年全省鲜奶产量156.5万吨，占全国总产量的17%；禽蛋产量2000年为75.3万吨，总量虽不算很大，但人均蛋产量远高于全国平均水平，有大量的禽蛋外运，肉类生产基本与全国平均水平相当。最近的考察给我们总的印象是，畜牧业发展健康有序，生机勃勃，而其中畜牧业产业化几乎无处不在。在深切感受产业化对畜牧业本身发展的巨大推动作用的同时，我们还从黑龙江畜牧业产业化的发展中获得了以下新的启示：

**一、产业化是行业发展的保障，产业化龙头企业是农村经济的激活剂**

一个龙头（企业、市场）活了，不仅从事养殖的农民有了挣钱的门路，相关部门还能提供一批就业岗位，财政得以增收，相关的基础行业也能相应获得新的需求。在双城雀巢公司，我们看到了一份总数为64.5亿元的该公司2000年对当地经济所做贡献的清单，其中除了40.1亿元付给养牛户的奶资外，有2.8亿元是公司本地员工、本地收奶员及其助手的工资和收奶站的运行费，近2亿元的税金，4 400万元购买饲料粮及其他原料和包装材料的费用，近1 900万元付给当地建筑公司和有关设备公司的费用。由奶牛饲养带动饲用玉米

的种植还直接提高了土地的收益。在批发市场为龙头的例子里，我们同样看到，除了养蛋鸡户获得收益外，鸡蛋经销也吸收了大量劳动力并获得了较高的收入，由此带动的一系列相关企业也获得了可观的产值和利税，对铁路运输、餐饮住宿等基础服务业的需求也必将增加，由此对地方经济产生一系列积极的推动作用。

怎样满足农民的致富要求？除了鼓励农民进城打工、促进各种形式的农村劳动力向非农领域的转移外，把农产品生产纳入产业化体系是提高农村劳动生产率、使农民就地致富的最佳途径。产业化龙头企业在将分散的农产品生产与市场相联结、解决农产品进入市场难这一问题的同时，促进了生产规模化和专业化程度的提高，并在相关领域吸收新的就业，使农村劳动力资源得以与其他资源结合，使闲置的劳动力资源释放出巨大的能量，从而优化了农村资源配置，激活了农村经济。

反过来从行业发展的角度来讲，只要顺应产业化发展的要求，行业就不仅能得到更快的发展，还能在农村经济中占据更重要的地位。畜牧业之所以在农业经济结构战略性调整中获得了前所未有的重要地位，与畜牧业较容易以产业化形式加以发展、顺应产业化发展的要求是分不开的。

## 二、名牌企业是最佳的产业化龙头

在普遍实行产业化经营的同时，龙头中名牌企业起着十分重要的作用，这是黑龙江畜牧业产业化中的一个显著特点。正如黑龙江省畜牧局李忠奎所总结的那样："我省的奶牛饲养业尽管有一定基础，但是如果没有像雀巢、完达山、光明松鹤、龙丹等一批乳品加工龙头企业的发展壮大，就不可能达到存栏 70 多万头、年产鲜奶 160 余万吨、乳制品 16 万多吨的规模；如果没有正大集团的进入，以及像伊春友好等一批省内肉鸡加工龙头企业的牵动，我省的肉鸡饲养业就不会从小到大，达到现在年出栏近亿只的水平。在生猪生产方面，刚刚进入不久的山东金锣集团、哈慈集团也已开始对生猪饲养业发挥明显的推动作用。"

名牌龙头企业的产生和进入，是行业整体水平提高和走向成熟的表现。龙头企业处于产业竞争的最前沿，最直接地经历优胜劣汰的风雨，在不断的分化、变迁过程中引领行业发展。黑龙江乳品加工业就经历了这样的过程。由于奶业生产对加工的依赖性很强，黑龙江奶业很早就实行了产业化经营。但当时的龙头企业多为比较小的乳品加工厂，在市场供不应求的情况下这些企业尚能生存。进入 20 世纪 90 年代后，受进口奶粉的冲击，乳品市场竞争越来越激烈。到 20 世纪 90 年代中期，大量的小型奶粉厂由于产品积压、资金周转不畅而出现严重拖欠奶资问题，农民因此而纷纷放弃奶牛饲养，奶业生产受到严重影响。在强大的竞争压力下，许多小型乳品加工厂倒闭，全省乳品加工厂由 1993 年最多时的 160 多家减少至目前的 70 多家。与此同时，在竞争中站稳脚跟的企业通过调整产品结构、提高质量，扩大了市场份额，增强了经济实力。名牌企业

正是在这样的优胜劣汰后产生和进入的。随着龙头企业素质的提高，不仅拖欠奶资的现象没有了，雀巢、完达山等大型企业还都以高出市场平均水平的价格收购鲜奶，雀巢更是制定了一整套优质优价的机制保证原料奶的质量，这样，龙头企业与农户的关系紧密了，鲜奶生产稳定了，奶源质量、乳品质量和企业的效益也就都有了保证，整个奶业就步入了良性发展的轨道。

产业化龙头企业作为生产的终端和代表，直接参与市场竞争，其市场竞争力和行为方式对生产有决定性的影响，是产业化成败的关键。而名牌企业正是同行业中的佼佼者，在经济实力、市场开拓能力、企业管理的规范化以及企业发展的长远规划等方面都比一般企业要略胜一筹，对农户的带动作用强，因而与名牌企业联营或把名牌企业请进来在本地设立分公司，使之成为本地的龙头企业，无疑是一种十分聪明的做法。

## 三、只要符合市场经济规律，龙头企业和农民之间非合同的联结机制也同样十分有效

在保证农业产业化稳步发展的许多因素中，龙头企业和农户之间建立稳定的关系一直是最重要的一条。以前强调得比较多的是要建立稳定的合同关系并且经常提到要加强合同的权威性。我们在黑龙江看到的一些情况说明，没有特定的合同，只要有符合市场经济规律的联结机制，企业同样可以和农民建立稳定的合作关系，而且这种关系更灵活而有弹性。双城雀巢公司靠以下 3 个措施与养奶牛户建立起了十分融洽的关系：一是收奶价格高于市场平均价格，公司一直坚持使奶价最低档比当地市场价格高出 0.1～0.15 元/千克，因而公司收购始终具有较大的吸引力；二是及

时兑现奶资，他们将每月一次兑现改为每旬甚至当天兑现，使农民心里很踏实；三是优质优价。除了收奶前的质量检查外，公司定期对各奶户进行抽检。根据抽检结果，确定鲜奶的质量档次，按不同的档次确定各户不同的收购价。为了防止抽检中的舞弊，他们给农户编号，质检员只能看到样本上的编号，而各户的编号严格保密，只由极少数几个不参加检验的抽样员掌握，且抽检时不容许随意走动。严格的优质优价，保证了养奶牛户提高鲜奶质量的积极性。由此看来，公正、合理的价格机制，也能使龙头企业与农户之间建立稳定的联系。

### 四、在发挥龙头企业的作用方面政府大有可为

在名牌企业多的特点背后，是黑龙江各级政府和畜牧部门对名牌企业的深刻认识和大量扎实细致的服务。他们十分注意摆正政府的位置，提出"你投资，我服务；你发财，我发展；你挣钱，我收税"的观念，按照"不建企业建环境，不管企业搞服务"的思想，千方百计为企业发展创造最宽松的环境，提供最优质的服务。在具体做法上，一是积极引线搭桥，以实为本，以诚感人，千方百计促成本地企业与名牌企业的联营，或积极支持名牌企业在本地设立分公司，努力把财神引进来。二是提供各种优惠政策。财政资金重点向畜禽品种改良、疫病防治、信息化等基础建设上倾斜，为龙头企业提供良好的原料生产基地；对涉牧生产加工企业在土地占用、各种税费征收方面予以优惠。在信贷政策方面，对畜牧业龙头企业特别是新建项目和技改项目给予积极信贷支持，如双城市每年用于龙头企业建设资金占工业信贷资金的70%以上。三是提供各种服务。充分发挥政府和有关部门在宏观管理和技术支持方面的职能，为企业排忧解难。如为企业提供信息引导、技术咨询和规划指导等服务；为基地农户提供良种推广、饲养指导、疫病防治等服务，帮助龙头企业组织标准化的原料生产；为企业把好检疫关，确保企业的产品质量；有的地方政府投资修路，改善鸡蛋等易碎产品的运输条件；还有的地方政府积极开展打击偷盗毒害奶牛犯罪活动，整顿鲜奶市场购销秩序，努力创造稳定有序的企业发展环境。由此看来，只要真正把龙头企业当做地方经济发展的带动者加以保护和支持，政府是完全可以大有作为的。而对于企业来说，这种支持又是非常重要和不可或缺的。

# 加入 WTO 对中国畜禽产品市场的影响和对策

(2002 年 9 月)

入世后，我国的大宗农作物生产预期会受到冲击，而饲料成本下降、出口环境

改善和经济快速增长将给畜牧业带来有利的发展机遇。然而，目前我国的畜禽产品生产成本虽然较低，但卫生安全性达不到主要进口国要求的标准，这一因素成为我国产品进入国际市场的最大障碍。

从今后发展看，不仅进口国会继续加强进口食品的卫生安全管制，而且我国消费者也会日益重视食品质量。这意味着，在我国按承诺降低畜产品关税和取消非关税限制措施后，国外优质畜禽产品将进入我国市场，形成与我国产品的竞争。因而，我国畜牧业也将面临严峻的挑战。在这一局面下，无论是从防止短期内进口增加对国内市场造成冲击的角度看，还是从中长期抓住入世机遇扩大出口的角度看，我国都迫切需要采取有效措施来提高本国畜禽产品的竞争能力，特别是提高非价格竞争力。

## 一、我国在畜禽产品上的入世承诺及其影响

### 1. 我国的入世承诺

我国与畜产品有关的入世承诺，主要涉及削减进口关税和改进卫生检疫措施两个方面。

（1）关税减让。根据承诺，入世后我国对畜禽产品实行"单一关税"制度管理。与其他农产品相比，我国在畜禽产品上承诺的关税削减幅度较大。在畜禽产品中，牛肉、禽肉和乳制品的关税削减幅度较大，远远超过农产品平均关税削减幅度，而猪肉、羊肉和禽蛋等产品的关税削减幅度较小。

（2）取消无科学依据的检疫措施。有关动植物产品检疫问题的谈判主要集中在中美两国之间。1999年4月中美达成的《农业合作协议》中规定："中国同意接受美国农业部食品安全和检验服务机构颁发的《健康肉类和家禽出口证书》，作为美国食品安全和检验机构认证肉类符合美国检

验标准的证明，获取证书的工厂可以向中国出口肉类"；"中国有权通过对美国工厂进行抽检和在到货口岸对美国产品进行抽检，来审查美国的检验体系"。根据这些有关承诺，我国将允许在美国已经注册登记过的肉类加工厂向我国出口肉类产品。然而，由于我国的兽医体系尚未得到国外的认可，出口畜禽产品仍将面临进口方检疫措施的限制。

（3）羊毛和毛条进口实行关税配额制度管理。

（4）其他相关承诺。我国承诺，在入世后的2~4年内，将允许外国企业在我国设立向农业、林业、畜牧业、渔业提供相关服务的合营企业，同时分步骤允许国外服务提供者从事农业生产资料的批发与零售业务。对外开放与农业相关的服务业，有利于畜禽生产者获得更好的技术服务、市场营销服务、保险服务等，从而能够更好地参与国际竞争，但本国的相关企业则将面临竞争压力。

### 2. 履行入世协议可能产生的短期影响

在短期内，我国履行入世协议将从以下3个方面对畜禽产品市场产生影响：降低关税和取消非关税限制将改善国外畜禽产品进入我国市场的机会，这将使本国生产者面临巨大的竞争压力。我国与其他WTO成员之间的贸易关系受到WTO规则的规范，这有助于消除针对我国产品的歧视性贸易限制措施，改善我国畜禽产品的出口环境。入世后对我国扩大粮食和大豆的市场准入预期会导致饲料价格下降，从而降低畜禽生产成本，提高我国产品的价格竞争力。

（1）开放畜禽产品市场带来的冲击。在农产品中，畜禽产品的关税减让幅度最大。一方面，进口环节增值税也将随关税税率下调而相应降低。这一变化可能会导

致进口数量增加，特别是那些质优价高的畜禽产品。另一方面，过去几年中，我国曾经存在较大规模的畜禽产品走私进口，而降低关税有利于抑制这一问题，使畜禽产品更多的通过正规渠道进口。然而，虽然入世后国外畜禽产品进入我国市场的门槛显著降低，但我国畜禽产品市场会在多大程度上受到冲击，还要取决于本国产品的竞争力。从目前情况看，我国的主要畜禽产品在生产成本和价格上仍表现出较强的竞争力，但在产品的卫生安全标准和内在质量方面存在较多问题。

由于我国在畜禽产品上承诺实行"单一关税"制度管理，并且没有获得按照WTO特殊保障条款实施进口限制的权力，因而当面临进口数量急剧增加的情况时，只能依据WTO的"一般保障措施"来限制进口，而启动一般保障措施受到WTO规则的严格限制。虽然我国有权力对进口畜禽产品实行严格的检疫管制和技术标准要求，但在这方面，我国自身的标准不健全和实施标准的技术能力薄弱构成限制因素。可以说，我国缺乏有效手段来防范本国畜禽市场受到进口冲击。

（2）出口环境改善带来的机会。入世后，我国的对外贸易关系将受到WTO规则的规范，各成员有义务取消对我国产品的歧视性措施。然而，由于我国已经通过双边和多边贸易协议获得主要贸易伙伴给予的最惠国待遇，我国畜禽产品出口面临的关税壁垒并不会随入世而立即降低。此外，限制我国畜禽产品出口的主要障碍，也不是违规的非关税措施限制，而是卫生检疫、技术标准、反倾销、特殊保障措施等WTO规则允许的合法限制。在这方面，入世给我国提供的主要机会是可以利用WTO争端处理机制来解决进口国对我国产品设置的不合理限制，然而利用这一机制的前提条件是我国必须解决了自己的产品质量问题，有善于利用WTO规则的人才。

（3）扩大粮食市场开放对畜禽生产的间接影响。根据入世协议，我国从2002年起对玉米实行关税配额制度管理，最低市场准入量2002年为585万吨，到2004年增长到720万吨。协议要求将进口配额分配给非国有企业的比例确定为：2002年32%，2003年36%，2004年40%。在这一条件下，只要国内市场价格高于进口，使用者就会进口。近期国际市场上的玉米价格每吨在700～750元，而我国沿海主要销区的价格仍超过1 000元，因而从国际市场进口存在一定的盈利空间。在今后几年，玉米进口配额可能会得到充分使用。此外，我国承诺立即停止使用出口补贴，而在没有补贴的条件下，我国玉米很难再继续出口。根据这种情况，近期内我国的玉米贸易会由出口转变为进口，国内市场的这一急剧变化，有可能导致国内市场玉米价格进一步下跌，销区价格降低幅度预期可能在100元左右。入世后，大豆进口改为单一关税，进口税率仅3%，因而进口大豆可能变得比进口大豆油更为有利，这有利于增加豆粕供给。因此，近期内我国的饲料原料供给会得到明显改善，饲料价格下降成为有利于畜牧业发展的重要因素。

（4）对畜禽产品市场短期发展形势的判断。从短期看，国外产品进入我国市场的机会得到改善。然而，考虑到以下几方面的原因，预期国内畜禽产品市场在短期内不会由于进口扩大而受到严重冲击：

① 畜禽产品是易变质产品，远洋运输成本较高，加上关税和国内营销费用后，进口产品在价格上不会有很强的竞争力，特别是在缺乏良好营销设施和购买力低下的内地市场上。

② 我国消费者对鲜肉有较强的偏好，

而从国际市场上可以大量进口的品种通常为冷冻肉，其销路势必受到限制。

③ 我国居民消费最多的是猪肉，但国际市场肉的供给数量较小，我国扩大进口会显著拉动价格，从而引起国内供给和需求的调整。开拓牛羊肉和奶类市场需要改变我国居民的消费偏好，不是一个短期内可以实现的目标。

④ 目前，我国在多数畜禽产品上仍具有较强的价格竞争力，今后这种竞争力还会由于饲料价格下降而得到加强，从而更有能力在本国市场上抵御进口品的竞争。根据上述情况，履行入世协议不会导致畜禽产品进口数量急剧增加。预期优质畜禽产品的进口会有一定幅度的增加。虽然扩大贸易开放不会对我国畜禽市场造成直接的冲击，但畜禽产品价格会因此而受到抑制，生产者面临的竞争压力会得到强化，经营能力弱的生产者和企业势必会陷入困难局面。

## 二、我国畜禽产品国际竞争力的行业性对策

### 1. 总体策划

商品的国际竞争力的高低，是相对于目标市场需求而言的。从今后看，我国的畜禽产品主要面临以下 3 种类型的市场需求：乡村和小城镇鲜活产品市场需求；大中城市加工肉类产品需求；海外市场需求。

畜禽产品生产既可以使用劳动集约型技术，也可以使用资本集约型技术，然而不管采用何种技术体系，饲料必定是成本的最主要构成部分。从发展前景看，我国畜牧业对进口饲料的依赖程度会逐步提高。在这种情况下，即使完全取消饲料进口关税，我国畜禽生产的饲料成本也不可能降低到与美国等主要粮食出口国相同的水平。今后我国必须要加强畜牧业产品的质量标

准和生产过程的环境保护标准的研究和实施，这可能导致物质费用出现较大幅度的提高。根据生产成本数据可以做出判断，我国难以在集约化饲养的常规畜禽品种上获得国际竞争力。若企业仍侧重于出口缺乏特色的普通畜禽产品，那么可能会在国际竞争中处于不利地位。畜牧企业也可以改变竞争对策，扬长避短，注重利用我国自身的优良品种和资源条件，重点发展针对特定海外市场和消费者群体的高附加值产品，以品质优势来扩大国际市场占有率。目前各国都有一些重视产品质量的高收入消费者，愿意购买卫生健康的"有机"畜禽产品和满足特殊需要的功能性畜禽产品，例如利用天然饲料和散养方式生产的畜禽产品。这类食品的供给批量小，生产加工过程中劳动投入量大，更符合我国的资源条件。

目前，这类食品尚未形成有形市场，这在很大程度上限制了需求规模，但从长期看，需求存在巨大的增长潜力。我国企业需要高度重视这类市场，在具有条件的特定地区使用合适的品种和饲养技术，小批量地生产这类高附加值产品，通过自己的品牌和营销渠道销售到国际市场上。为此，畜禽产品生产企业需要加强市场研究，了解国内外不同市场上的消费者的特殊偏好、产品质量和技术标准等，选择适当的目标市场和产品，并建立相应的经营体系和制定有效的促销策略。这是扩大畜禽产品贸易的第一项策略。

扩大畜禽产品贸易的第二项策略是充分利用国内外市场上消费偏好的互补性。例如，我国可以扩大出口具有竞争优势的深加工肉类产品，进口加工业需要的原料性产品如羊毛、原皮等。

扩大畜禽产品贸易的第三项策略是积极在国际市场上开展本国产品的促销活动。我国有丰富的畜禽品种资源，但是尚未形

成有效的商品生产及经营体系，更未能推出为海外消费者所了解的产品。政府应该积极协助企业开发国际市场。

扩大畜禽产品贸易的第四项策略是加强与海外企业的合作。入世后，随着外贸经济形势的变化，一方面我国生产者面临的竞争压力会加剧，另一方面也向我国企业提供了与海外企业合作的更多机会，从而允许我国企业利用合作伙伴的先进技术生产优质产品，利用其营销经验和市场网络扩大出口。

扩大畜禽产品贸易的第五项策略是加强畜禽产品的加工增值。由于动物疫病问题，近期内我国无法向发达国家市场出口鲜冷猪、牛、羊肉类产品，但部分加工产品则不受检疫措施的限制，因而在近期内应注意利用这一机会。此外，加工畜禽产品一般属于高价值产品，这也是我国中长期重点发展的领域。

**2. 对策措施**

实现上述竞争策略，我国畜牧业需要采取以下对策：

（1）积极促进畜牧业结构的优化调整。优化调整产业机构，其基本前提是形成高效的畜产品市场，使生产者、加工营销者和消费者都能够根据准确的价格信息进行决策。为此，我国需要进一步完善畜产品市场体系，建立健全产品质量检验体系和相应的技术标准，建立规范的市场信息记录、分析和公布制度。此外，我国应组织力量对现有及潜在的目标市场进行深入研究，了解各国消费者的饮食偏好和生活习惯、市场组织和管理制度，通过各种渠道向经营者提供信息，开展相关培训活动，以提高其决策能力。

（2）加强畜禽良种繁育体系建设。要组织实施好"全国养殖业良种工程建设规划"，使畜禽良种繁育体系适应我国畜牧业生产的区域布局和产业结构调整的需要，建设科学的畜禽良种繁育体系（原种场 —扩繁场 —商品种畜禽场，种公牛站—配种站等）。要坚持国内培育与国外引进相结合的方针，在充分挖掘、保护和利用国内现有优良畜禽品种资源的同时，积极引进国外优良品种，提高良种生产水平。要加强对本国畜禽品种资源的保护，尽快建立起品种资源库和基因库，扭转我国畜禽品种资源数量减少的局面，为畜牧业的进一步发展提供资源储备。健全种畜禽质量监督体系，规范生产秩序。积极引导社会力量参与良种繁育体系建设，建立多种形式的种畜禽生产企业。严格执行种畜禽生产经营许可证制度，加强对种畜禽生产经营的法制管理。

（3）加大对畜牧业的支持力度。支持的重点应放在畜禽良种繁育、动物疫病防治、饲料安全、草原生态、市场信息以及科技教育体系建设等方面，这类扶持措施完全符合 WTO 规则中的"绿箱政策"。我国还需要积极推进畜牧产业化的进程，积极稳妥地发展各种形式的畜牧、饲料和畜产品加工企业集团和生产者的合作经济组织，将分散的农户组织起来，形成产品生产、加工和市场之间的有机联系。

我国畜牧业实现质的飞跃，根本出路在于加快科技进步，因而必须把科技发展摆在优先位置。要提高我国畜禽产品在国际市场上的竞争力，必须提高畜牧业的科技水平，降低饲养成本，提高畜产品品质与卫生标准。为此，我国有必要加大畜牧业的科技投入。

（4）加强卫生检疫体系建设。我国需要根据 WTO 的 SPS 协议，构筑科学合理的兽医工作管理新体系，确定科学的动物卫生保护水平。做好这一工作的重要意义在于，一是防止从国外引入动物病害，二是克服我国畜禽产品扩大出口面临的技术性贸易壁垒，三是保障我国居民的食品安全和健康。这三点应该作为我国动物卫生检疫体系建设的基本宗旨。

在强化动物卫生检疫体系建设方面，首先，需要强化兽医行政主管部门对动物卫生工作的管理和监督权，借鉴国际通行做法，调整、扩大实施动物卫生措施的范围，逐步建立国家兽医制度，实施兽医"垂直管理"，确保国家兽医对动物及其产品生产的全过程有效实施卫生监督。其次，需要修订和完善动物卫生法律法规，包括《动物检疫法》的配套法规，《兽医管理条例》和《饲料和饲料添加剂管理条例》及相关规定，如动物和动物产品中兽药和有害物质残留监控管理办法。第三，需要营建高效的动物防疫体系，包括完善的兽医诊断、动物疫病监测通报、流行病学分析和动物疫病紧急反应体系，制定疫病防治和扑灭方案。第四，应加强有害生物风险分析技术的研究，建立科学的疫病风险评估机制，这是实施动物卫生工作的前提和基础，也是防止外来疫病入侵的重要措施。

（5）建立高效安全的饲料生产体系。高效安全的饲料生产体系，是畜牧业持续稳定发展的基本保障。我国需要大力加强饲料安全监督，健全饲料管理法规，完善饲料卫生标准和检测标准，依法开展饲料质量监督检测，坚决查处在饲料产品中使用违禁药品和滥制乱用饲料添加剂的行为。也需要加快专用饲料作物、绿色饲料和环保饲料（包括各种饲料原料与产品）的研制与开发工作。通过实施饲料安全工程，提高饲料的有效供给能力，防止和减少有毒有害物质进入畜禽饲料，从抓好饲料产品质量这一源头来保障畜禽产品质量。

（6）提高生产、流通和加工环节的组织化程度。为了实现这一目标，政府应制定相应的政策，鼓励农民建立行业性合作组织，鼓励企业与农民之间形成多种形式的合作关系。与此同时，政府也需要以法律法规保障合作双方的权益，规范交易行为。

（7）大力促进现代化畜禽产品加工业和营销业的发展。要加强对集中饲养区的规划，严格执行污染物处理和排放标准，以适应国际范围对环境标准的更高要求。今后我国应对畜禽产品生产加工企业实行管理质量认证工作，只有那些有能力严格实施 HACCP 规范及 ISO 9000 标准的企业，才允许其出口产品。面向出口市场的畜牧企业应主要依靠自己的努力来建立起疫病控制体系，并积极争取得到进口国对产品质量标准的认可。企业还应了解市场变化趋势，灵活地调整产品结构和经营策略。国内畜禽产品加工企业应重视开发具有民族特色的新产品，同时在国内市场上大力开展营销活动，创造为广大中低收入阶层所认同的产品品牌，扩展和巩固这一消费群体。

（8）借鉴国外的有益经验，提高畜禽产品贸易管理能力。我国在畜禽产品贸易管理方面缺乏经验，有必要认真学习和借鉴国外的有益经验，尽快提高管理能力。这包括以下几个方面：

① 按照 WTO 协议有关要求，参照国际标准，加强进口畜禽产品的卫生检疫工作，杜绝不合格产品和未经检验的产品进入国内。

② 根据我国畜禽产品消费的特点，制定出完整配套的主、副产品卫生安全标准体系，以便依法对进口产品有效地实施卫生检疫管理。

③ 严厉打击走私行为，防止国外畜禽产品在"零关税"状态下进入国境，冲击国内市场。

④ 建立预警机制，及时识别由于国内

外市场环境变化而可能引发的进口急剧增长情况，或进口国可能针对我国产品实行贸易限制的情况，向主管部门和企业发出警报，以便及时采取应对措施。

⑤ 学会利用与 WTO 相一致的手段，如一般性保障措施、反补贴和反倾销措施等制止不正当行为，积极利用 WTO 的贸易争端解决机制处理与其他成员的贸易纠纷。

# 2002 年我国畜牧业发展思路及工作重点

(2002 年)

近年来，我国畜牧业一直保持稳定发展的态势，成为农业结构战略性调整中优先发展的产业，在促进农村经济发展和农民增收方面发挥着越来越突出的作用。最近国务院办公厅转发《农业部关于加快畜牧业发展意见的通知》，又对畜牧业发展提出了更加明确的指导思想，必将对畜牧业的加快发展产生十分重要的推动作用。

根据目前畜牧业发展形势和已有的工作基础，今年畜牧业发展的基本思路是：要紧紧围绕增加农民收入，加大畜牧业结构调整力度；加强法制建设，加强畜产品及相关生产资料的质量控制；努力提高行业整体素质和效益，加快畜牧业现代化进程，实现畜牧业可持续发展。今年的重点工作主要有：

一是继续加强动物疫病控制工作。要进一步巩固疫情控制方面已有的成果，对危害严重的畜禽疫病要有重点、有计划地进行预防和控制。要加强兽医执法队伍的建设和管理，继续加强兽医防疫体制改革问题的调研并积极进行改革探索，同时积极采取措施，稳定乡镇兽医队伍。全面提高畜禽产品的兽医卫生质量，减少疫病损失。

二是全面加强对畜牧业相关生产资料

和畜产品的质量管理，通过严格执法，开展一系列的质量检测和残留监控，严厉打击制售假冒伪劣饲料兽药、种畜禽和草种的违法行为，对在饲料和动物饮用水中添加"瘦肉精"等违禁物的违法行为进行集中重点查处，继续实施"饲料安全工程"和"兽药残留监控计划"，保证畜禽产品的质量安全。

三是通过调整结构提高畜牧业效益。继续贯彻农业部提出的《关于加快调整畜牧业生产结构的意见》，按照"稳定生猪、禽蛋生产，加快优质肉鸡和牛、羊肉生产，突出奶业和优质细毛羊生产"的原则指导结构调整，及时总结经验，引导各地适应市场需要，调整畜牧业结构。在 2001 年奶类生产迅猛增长发展势头很好的基础上，今年要继续集中力量，采取综合措施，保持奶业的持续快速发展。

四是加强草原生态建设。抓紧制订草原建设和保护规划，继续认真组织有关基本建设项目的实施；加快《草原法》修改工作，进一步完善草原的法制化管理；加强草原防灾减灾工作，最大限度地降低草原灾害。

# 畜牧业新情况　新问题　新措施

(2003 年 10 月)

改革开放以来，我国畜牧业持续稳定增长，肉、蛋产量已居世界首位，奶类生产增长迅猛，畜牧业已成为农业和农村经济发展的重要支柱，在加速粮食转化、扩大农村就业、增加农民收入、带动种植业和相关产业发展及振兴农村经济等方面，都起到了不可替代的作用。下面，我就今后的重点工作讲几点意见。

## 一、我国畜牧业发展面临的新情况和新问题

### 1. 畜牧业结构调整的任务还十分艰巨

一些地区结构调整进展不快，发展不平衡。猪肉和禽蛋比重仍然偏大，牛羊肉和牛奶比重偏小。畜产品加工业严重滞后，与发达国家存在巨大差距。发达国家畜产品加工量占畜产品生产总量的比重高达 $60\% \sim 70\%$，而我国肉类加工比重不到 $5\%$，且加工技术较落后，企业规模较小，还存在着加工深度不够、花色品种较少和优质高档品种比重偏低等问题。

### 2. 畜产品质量亟待提高

加入世界贸易组织后，我国畜牧业参与全球经济一体化进程加快。但是，我们的畜产品质量，特别是药物残留、重金属超标、生产环境污染、添加违禁药品等问题较为突出。另一方面，随着全球经济贸易自由化的发展，国际市场竞争日趋激烈，对畜产品的品质、卫生、环保、安全等技术指标要求越来越严格。据联合国一份统计资料表明，我国每年约有 74 亿美元的出口商品受到质量方面的不利影响。因此，提高畜产品质量，增强市场竞争能力，积极参与全球经济一体化进程，将是我国畜牧业面临的紧迫任务。

### 3. 草原保护与建设依然

草原是具有多种功能的自然资源，在国民经济发展和生态环境建设中具有重要的地位和作用。由于长期受人为和自然等多方面因素的影响，我国草原保护与建设面临着非常严峻的形势。主要表现在以下几方面：一是草原退化面积不断扩大。目前，90％的可利用草原不同程度地退化，每年以 200 万公顷的速度增加。草原生态"局部治理，总体恶化"的局面还没有得到有效遏制。二是草原超载过牧严重。随着牧区人口的不断增加，牲畜头数增长迅猛，草原负荷越来越重。目前，我国北方草原平均超载 36.1％。三是水土流失日益加剧。据监测调查，我国草原水土流失面积已达 1 230 万公顷。每年有成亿吨泥沙输入长江、黄河，泥沙淤积所造成的江河洪水灾害，严重威胁到人民的生命财产安全。四是沙尘危害愈演愈烈。2001 年我国大范围出现沙尘暴，刮起的沙尘量高达 1 000 万吨，受影响的面积达 190 万平方公里，近 3 000 万人受到影响。五是草原自然灾害频繁发生。近十年来，平均每年发生草原火灾数百起，其中重特大火灾 30 起左右。每年草原鼠虫害发生面积都超过 6 亿亩。加强

草原保护与建设非常紧迫，刻不容缓。

**4. 投入不足，基础设施落后**

畜牧业是农业和农村经济的支柱产业，为农民增收、农村经济发展做出了贡献。但是我国畜牧业还是一个弱质产业，要有必要的投入才能确保其可持续发展。改革开放以来，我国畜牧业投资虽有较大幅度的增加，但由于客观条件的限制，其投资总量和投资增长速度仍然不能满足畜牧业长期稳定发展的需要。加强重大疫病防治，提高畜产品兽医卫生质量加强动物疫病防治，是保障畜牧业健康发展、促进农民增收的有效措施。要抓紧落实动物疫病防治规划，严格动物疫情报告制度，建立和完善动物疫病防治、控制和扑灭机制。加强动物防疫设施建设。发挥无规定疫病示范区的带动作用，创造条件实施国际通行的非疫区认证制度。建立稳定的防疫经费投入机制，保证动物防疫的必要经费。紧紧围绕重大疫病防治这一核心工作，从加强监督工作力度和疫病防治规范化管理入手，继续督促指导各地贯彻执行免疫标识管理等各项制度，保证计划免疫工作，提高免疫密度。通过加强检疫管理及规范动物防疫证、章、标志管理，促进防疫工作的进一步落实。积极推进《动物防疫法》的修改工作，积极推进兽医管理体制改革，争取先行建立执业兽医师管理制度，争取以官方兽医制度的体制改革工作在部分省开展试点。

## 二、实施饲料和兽药全程监管，确保畜产品质量安全

一是全面整顿和规范饲料生产与市场。通过实施饲料及畜产品中"瘦肉精"等违禁药品专项整治、饲料生产和饲养过程中饲料质量全程监督抽查和饲料生产企业安全生产检查等三项行动，全面贯彻落实有关法规的各项规定。

二是推行饲料和兽药生产、经营、使用全程管理。推进安全、优质饲料和兽药的生产、经营与使用，监管关口前移，切实把好"生产源头"这一关，同时加强同有关部门的协作，打击养殖生产中使用"瘦肉精"等违禁药品的违法行为。

三是加强饲料和兽药标准体系建设。抓紧研、制定与国际接轨的质量标准。优先制定畜产品兽药残留限量、检测方法标准及违禁药品速测方法标准，着手制定转基因和动物性饲料检测方法标准，加紧修订完善饲料安全卫生强制性标准和兽药标签标准，逐步提升现有的畜牧业生产资料和产品质量标准。

四是建立畜产品标识和质量追溯制度，积极开展无公害畜产品的认证工作。产品标识和质量认证是国际惯例。要认真研究国际产品标识和认证的规则和标准，制定我国的畜产品标识、认证法规和管理制度，尽快开展标识和认证试点，要在总结试点经验基础上，加快畜产品标识和认证步伐。

五是推行饲料和兽药规范化管理。GMP 是兽药生产准入的先决条件，到 2005 年 12 月 31 日，所有兽药生产企业必须达到 GMP 标准。从 2002 年 6 月 19 日起，不再向未取得兽药 GMP 的企业核发新增和技术转让的新兽药产品批准文号。从 2004 年 1 月 1 日起，不再向未取得兽药 GMP 合格证的企业换发任何产品批准文号。积极推动饲料企业 HACCP 管理。参照 CAC 管理经验，制定饲料、兽药等畜牧业生产资料管理规范，建立畜产品安全工作程序，并在全国推行。

六是完善畜牧业生产资料监管的有关法律法规。尽快修改完善《兽药管理条例》，废除兽药分级审批制度，统一兽药审批，取消兽药地方标准；建立处方药与非处方药分类管理制度；进一步加强对兽药

使用的管理；增加行政处罚的种类，增加一些畜产品兽药残留超标行为的处罚规定，加大对违法行为的处罚力度。力争使我国畜牧业生产资料的质量进一步提高，畜产品质量安全再上新台阶。

## 三、搞好畜牧业结构调整和优势区域发展，提高畜牧业效益

继续按照农业部《关于加快畜牧业结构调整的意见》中提出的"两稳定""两加快""两突出"的发展思路，积极实施区域发展战略，面向市场，立足当地资源，狠抓产品质量，大力推进产业化经营。

一是认真组织实施《奶业优势区域发展规划》和《牛羊肉优势区域发展规划》。制定详细科学、操作性强的实施方案，并做好项目的组织、监督和管理工作。

二是继续推进良种化进程。畜禽良种工程要紧紧抓住全局性、公益性、关键性的环节，突出重点，加快建设。一要重点培育一批大型畜禽原种场，逐步形成有竞争实力的种畜禽育种公司或集团。二要加强畜禽资源场建设，完善畜禽品种资源评估、保护和开发利用。建设一批畜禽品种资源保护场、保护区和基因库。利用现有畜禽品种资源，加快畜禽良种研发和新品种培育。三要加强种畜禽测定站建设，完善种畜禽质量监测。四要加强种畜禽拍卖场建设，推动种畜禽市场流通。

三是推进畜牧业规模化、产业化发展。各地不断涌现畜牧业规模化、产业化新形式，特别是在适应形势变化中不断成熟、完善的各类畜牧业养殖小区，要推进其规模化、产业化发展。

四是积极总结推广结构调整经验。实施结构调整战略以来，各地在生产实践中探索出了很多成功的经验，有必要进行认真总结，并通过新闻媒体进行宣传。

## 四、加大草原保护与建设力度，促进草原畜牧业发展

以贯彻执行《草原法》为核心，以贯彻《国务院关于加强草原保护与建设的若干意见》为主线，以落实《全国草原生态保护建设规划》和草原建设项目为措施，以加强草原执法力度、提高管理水平、加大投入为手段，遏制草原退化趋势，逐步实现草原生态和草原畜牧业协调发展。近期要突出一个中心环节，重点推进两大还草工程，认真落实三项主要制度，切实采取四项关键措施。突出一个中心环节，就是要以贯彻落实《草原法》和《国务院关于加强草原保护与建设的若干意见》为中心环节。《草原法》是草原保护与建设的根本大法，是我们加强草原保护与建设的根本依据。各级草原行政主管部门和工作人员，要认真学习领会《草原法》的精神实质，不断提高依法保护草原、依法治理草原、依法振兴草原的能力和水平。加快制定与《草原法》相配套的法规和政策，并注意针对性和可操作性。重点推进两大还草工程，就是要推进退牧还草工程和已垦草原退耕还草工程。实施这两大工程是党中央、国务院从我国经济社会发展全局考虑作出的重大决策，是加强草原保护与建设的突破口，也是今后一个时期草原工作的重点。目前，退牧还草工程已经启动，要进一步完善有关政策措施，加大政策推进和项目带动的力度，确保退牧还草工程顺利实施、早见实效。同时抓紧制定已垦草原退耕还草工程的政策措施和实施方案，争取尽快启动。

认真落实三项主要制度，就是落实基本草原保护制度、草畜平衡制度和禁牧休牧制度。这三项制度是加强草原保护与建设的主要制度，各地务必要全面落实。落

实基本草原保护制度，要加快基本草原的划定工作，依法强化对基本草原的监督管理。实行草畜平衡制度。要加快草原载畜量和牲畜饲养量的核定工作，逐步建立和规范核查制度和责任追究制度，加强草畜平衡管理。实行禁牧休牧制度，要合理划定禁牧、休牧区，明确规定休牧期。认真落实各项补助政策。积极推行划区轮牧、舍饲圈养，帮助农牧民尽快转变畜牧业生产经营方式。切实采取4项关键措施：一要全面推行草原家庭承包制，充分调动农牧民保护与建设草原的积极性。进一步完善承包办法，加强合同管理，建立和健全

流转机制，做好配套工作，确保草原家庭承包经营制度长期稳定并不断完善。二要加强草原基础设施建设。当前要突出抓好草原围栏、牧区水利、牲畜棚圈、饲草料加工、草原防火物资储备库等基础设施建设。三要转变畜牧业生产经营方式，推进牧区经济结构调整。积极推广应用先进的适用技术，增加草原畜牧业的科技含量，提高畜牧业生产效益和竞争能力。继续推进牧区经济结构调整，统筹城乡经济和社会发展，积极发展二三产业，加快剩余劳动力转移。四要落实草原工作目标责任制，形成草原保护与建设的合力。

# 依法管理促进发展

## ——《饲料和饲料添加剂管理条例》颁行五年回顾

(2003年3月8日《人民日报》)

### 一、饲料工业行业管理的新起点

1999年5月29日国务院颁布了《饲料和饲料添加剂管理条例》（以下简称《条例》），将我国饲料工业纳入了法制管理的轨道。这是我国饲料工业发展史上的新起点和里程碑。《条例》是在我国饲料工业不断发展壮大、饲料产量已居世界第二位、产品质量不断提高、产业结构优化调整、饲料产品市场日趋活跃的背景下诞生的，是在饲料业管理者、企业和广大从业人员的共同奋斗中形成的，是在广泛借鉴饲料业发达国家的先进管理经验和国内相关行业的管理制度中不断完善的，是在我国建

立社会主义法制国家，推行依法行政的大环境中颁布施行的。

《条例》主要包括新产品审定制度、进口产品登记制度、生产许可证制度、产品批准文号制度、生产记录和留样观察制度、标签制度、监督抽查制度和禁止事项及法律责任等内容。对饲料的生产、经营和质量控制等行为做了较为详细的规范。

《条例》颁布施行后，农业部根据行业管理和行政审批的要求，颁布了《饲料添加剂和添加剂预混合饲料生产许可证管理办法》、《饲料添加剂和添加剂预混合饲料产品批准文号管理办法》、《新饲料和新饲料添加剂管理办法》、《进口饲料和饲料添

加剂管理办法》和《允许使用的饲料添加剂品种目录》，进一步完善了饲料管理的法律体系。

## 二、进一步完善《条例》，保证饲料质量安全

2001年11月29日，朱镕基总理签发国务院第327号令公布了《国务院关于修改〈饲料和饲料添加剂管理条例〉的决定》，新《条例》的修改体现了3个原则：一是与世贸组织规则和国际惯例接轨，增设了知识产权保护制度；二是以保证饲料安全为重点，实行全过程管理，增加了饲料和饲料添加剂使用管理制度和饲料添加剂安全使用规范制度；三是行政处罚和刑事处罚相衔接，进一步制定和完善了法律责任制度。

新《条例》的公布施行，不仅填补了饲料行政执法上的空白，而且把立法和执法的重点放到了饲料安全管理方面，这是一个很大的突破。既解决了当前饲料行政执法过程中存在的法律依据不足的问题，又为解决饲料行业在相当长一段时间内要

面临的饲料安全问题提供了法律依据。

## 三、推动司法解释出台，严查违禁药品

近年来，在饲料和养殖生产中滥用"瘦肉精"等违禁药品的现象相当严重，并引发多起集体中毒事件，给饲料和养殖产品安全带来巨大危害，严重影响了人民的身体健康，造成了恶劣的社会影响。针对这一情况，农业部与卫生部、国家药品监督管理局联合颁布了《禁止在饲料和动物饮用水中使用的药物品种目录》。由于生产、销售、使用"瘦肉精"违禁药品的行为已经超出了行政处罚的范围，一些行为严重触犯了刑法的有关规定，最高人民法院和最高人民检察院颁布了《关于办理非法生产、销售、使用禁止在饲料和动物饮用水中使用的药品等刑事案件具体应用法律若干问题的解释》，从生产、销售、使用"瘦肉精"及加工、销售含有"瘦肉精"的制品等不同环节作出了明确的规定，为惩治"瘦肉精"等违禁药品的生产、销售和使用提供了锐利的法律武器。

# 世界奶业稳中求快

(《农民日报》2003年10月14日)

据联合国粮农组织统计，2002年世界奶类总产量达到59 868.6万吨，其中牛奶产量50 232.5万吨，分别比1990年增长10.3%和4.8%。2002年世界人均奶类占有量为97.6千克，其中发达国家人均占有

268千克，发展中国家50.9千克。同年我国人均占有量（10.9千克）仅相当于世界人均水平的1/9，相当于发展中国家人均水平的1/5。总的来说，世界奶业形成了发达国家奶业发展日趋平稳、发

展中国家发展迅速、亚洲国家增长较快的趋势。

## 一、致力于提高奶牛单产

为提高奶牛单产水平，发达国家多以适当减少奶牛饲养量，努力提高母牛单产水平，以保持奶总产量的平稳增长。而多数发展中国家则在增加奶牛饲养量的同时，致力于提高母牛单产水平，以保证奶总产量的迅速增长。主要途径有：一是奶牛饲养品种趋同性，即饲养高产的荷斯坦奶牛的比重在不断增大。二是重视品种选育，即以人工授精为主要手段，通过品种选育，不断提高其产奶的遗传性能；三是改进奶牛的营养水平，即扩大奶牛专用饲料作物面积，提高其营养水平，充分发挥其产奶性能，如德国饲料作物种植面积一直稳定在农业用地面积的50%～70%；四是提高奶牛的饲养管理与疾病控制的能力。

## 二、奶业产业化程度很高

### 1. 乳品加工厂规模大

发达国家乳品加工企业的规模大，一般企业日处理原料奶能力超过百吨，大型企业日处理原料奶达3 000吨以上。乳品加工厂规模大，加工产品多元化，一方面保证了对原料奶的稳定需求，另一方面确保乳制品的质量与安全性。

### 2. 奶业的组织化程度高

在国外，奶业是产业化程度最高的产业，美国奶牛生产的产业化程度高达98%。一般来说，奶农都是奶牛生产者协会或奶农生产合作社的会员，协会会长必须是饲养奶牛的农户。协会对内要给奶农提供各种社会化服务，对外要代表奶农与乳品加工企业定期协调原料奶的收购计划与价格，确保奶农的经济利益。有的奶农就是加工企业的股东，企业与奶农结成利益共同体。也有的奶农生产合作社或合作联社自己办乳品加工厂，每年从乳品加工厂的利润中，将一部分用于扩大再生产，另一部分返还给生产者，作为奶农股份和交售奶量的红利以及用于各种免费的社会化服务。此外，还有些国家乳品加工企业与奶农签订的合同受到法律保护。

### 3. 有了一套完整的政策措施和管理制度

各国都对发展奶业采取了多种形式的优惠政策。这些政策包括政府无偿投资、低息或无息贷款；对奶农实行价格补贴或实行最低保护价；对奶农饲养的奶牛实行保险；国家参与市场调控，乳品过剩时，政府收购储备或提供学生奶之用，以保护奶农利益。

在市场准入方面，欧盟、加拿大等国家都实行严格的配额管理制度，奶农的生产量必须控制在配额范围内，以确保市场稳定，并确保每份配额的平均利润。对配额内生产的鲜奶、乳制品、出口制品，国家给予政策性补贴。

# 中国畜产品加工业现状

**(2004 年 2 月)**

中华人民共和国成立后，尤其是改革开放以来，伴随着人民生活水平的提高和畜牧业的飞速发展，中国的畜产品加工业发展取得了举世瞩目的成绩，庞大的畜产品初级加工和精深加工体系已初步形成。中国畜产品加工业在世界经济逐渐国际化的大环境下需要面对发达国家畜产品加工业产品的挑战，在新形势下肩负着保障与促进畜牧业持续稳定发展，满足与促进人民生活水平提高的重任。明确中国畜产品加工业现状、存在的问题，对中国畜产品加工业未来发展具有重大意义。

## 一、中国畜产品加工业现状与存在问题

畜产品加工是联系畜牧生产与人民生活需要的关键的、必不可少的中间环节，它肩负着保障与促进畜牧业发展、人民生活日常需要的双重重任，新中国成立以来党和政府对畜产品加工业发展给予了高度重视，中国畜产品加工业发展极为迅猛，现代畜产品加工业体系已初具雏形。但是由于受中国畜产品加工业发展较晚、科技水平有待提高、管理机制有待完善等因素的影响，中国畜产品加工业发展滞后，与人民生活水平提高需要不协调，与发达国家畜产品加工业仍存在较大差距。

### 1. 中国肉类加工业现状与问题

中国肉类工业包括畜禽的屠宰，肉的冷却、冷冻与冷藏，肉的分割，肉制品加工与副产品综合利用以及肉的包装、营销等。改革开放以来，随着市场经济的形成和发展，中国肉类工业得到快速增长，成为肉类生产增长最快的国家，肉类产品已达世界肉类总产量的 26.9%，从 1990 年开始，已成为世界第一产肉大国，同时，亦是世界最大的消费国家。从 1994 年开始，肉类人均占有量已超过世界人均水平，不仅满足国内的需要，而且对世界肉类工业做出了巨大的贡献。

2002 年肉类总产量达到 6 587 万吨，占世界肉类总产量的 26.9%，居世界首位；禽蛋产量达到 2 463 万吨，占世界禽蛋产量的 45.8%，居世界首位。

2002 年，中国大陆规模以上肉类食品企业 1 914 家，总计资产规模 741 亿元，销售收入 999.8 亿元，工业总产值 1 029 亿元，实现利税合计 32.8 亿元，其中利润总额 28.98 亿元。截至 2002 年，中国大陆共引进高温火腿肠生产线 700 多条，并进口了一大批低温肉制品的关键设备，加上引进消化吸收了一些国际先进技术，使中国肉类加工技术水平上了一个大台阶。

随着中国肉类生产的发展和肉类消费水平的提高，中国肉类生产、加工、贮藏、保鲜、包装、运输等方面都有了很大发展，肉类加工科技水平和质量显著提高。但中国是一个发展中国家，肉类工业也是一个发展中行业，在深加工、精加工、综合利用、产品包装、质量和技术含量等方面仍

存在一些问题，需要依靠科技进步，提高企业管理水平、产品档次和质量，加快中国肉类工业的发展。

### 2. 中国乳品加工业现状与问题

目前乳类产量已达 1 400.4 万吨，人均 10 千克，现有乳制品加工厂近千家，日加工乳制品 100 吨以上的占 3%，日加工乳 50 吨以上的占 40%。政府对乳品加工业的重视和国外先进技术设备的引进、国内乳品加工业科技成果的应用，极大地提高了乳品加工业技术水平，促进了乳品工业规模化、集团化发展。

中国人均乳量 10 千克，低于发展中国家平均 36 千克的水平，更远低于世界人均 103 千克和发达国家人均 312 千克的水平。目前中国乳制品加工转化率为 20% 左右，低于发达国家乳制品加工转化率 80% 的水平。

存在的主要问题：产品生产结构不合理。年耗巨资进口干酪、奶油、奶粉等产品，进口数额相当于中国乳制品生产总值的 10%，而国内生产奶粉大量积压，这种状况表明中国的乳制品生产结构尚不合理。虽然已有液态保鲜乳、全脂奶粉、强化奶粉等乳制品品种，但在干酪、黄油等生产供应方面尚匮乏。

中式乳制品开发有待加强。中国是乳制品生产加工历史悠久的国家，早在元朝就有利用奶酪、奶粉做军粮的记载。在漫长的历史进程中，中国已形成奶子酒、酸奶酪等加工技术，但如何使之发扬光大，步入现代化生产是有待解决的问题。

## 二、中国蛋类工业现状

自 1985 年以来，中国一直保持着世界第一产蛋大国的地位。但自 1996 年中国蛋类的人均占有量超过世界平均水平以来，蛋禽业生产效益大幅度降低。

2002 年，中国禽蛋生产产量为 2 570.4 万吨，蛋类制品主要有松花蛋、咸蛋、糟蛋等再制蛋及冰蛋黄、冰蛋白、全蛋粉、蛋白粉、蛋黄酱、蛋饮料、溶菌酶等。在制品蛋加工是中国蛋制品加工中的主导优势产品，生产量约占中国蛋类加工总量的 80% 以上。

存在的主要问题：20 世纪 80 年代以来，中国的蛋类产量以 11.3% 的速度增长，到 20 世纪 90 年代初期，人均蛋占有量已达到世界平均水平，目前已超过世界平均水平。蛋类生产的速度增长，蛋类家庭消费日趋饱和，蛋类加工程度低下已使中国蛋类生产维持在极低效益下增长。中国目前蛋的加工转化程度仅有 0.25%，低于美国、法国等发达国家 15%～20% 的水平。

蛋类加工现代化程度低下。在国外，蛋制品品种多，生产规模大。主要品种有液态蛋、冷冻蛋、浓缩蛋、分离蛋、干燥蛋等现代蛋制品，其中大多数是以半成品形式利用，其热凝固性、起泡性、乳化性用于烧烤制品、糕点、糖果、蛋黄酱和沙拉的调制、人造奶油、肉制品、水产品的生产方面，而中国主要以咸蛋、松花蛋为主，现代蛋生产量不及蛋类加工总量的 20%，现代蛋制品亟待发展。

制蛋形态、质量有待改变。松花蛋等是中国人民经过长期生产实践形成的独具特色的蛋类制品，其生产与消费均有广泛的群众基础，是中国蛋类产品中出口具有优势的产品。经过工艺创新与改造，中国松花蛋生产实现了"两无一小"（无铅、无泥、小包装），产品形态已发生了很大变化，但是以整体形态呈现在消费者面前的松花蛋，既不符合现代人对蛋白、蛋黄营养的差异需求，也不符合大多数消费者对松花蛋白、松花蛋黄食用嗜好的差异需求。这严重影响着松花蛋这一传统蛋制品生产与市场的扩大。咸蛋加工与松花蛋相同，在糕点加工与人们食用过程中也存在着单独利用蛋黄或蛋白而废弃某一部分的问题。

## 三、中国皮革工业发展现状与问题

皮革工业是轻工业的支柱产业之一，是以畜牧副产品为基础原料进行深加工的产业。该产业是指以制革业、毛皮业、制鞋业、制件业主体行业及为主体行业配套而发展起来的皮革化工业、皮革机械制造业、皮革五金业、鞋材业等。主体行业属劳动密集型行业。

中国皮革工业经过50多年的发展，已由制革、皮鞋（含旅游鞋）、皮件（含皮服）、毛皮4个主体行业和皮革化工、皮革机械、皮革五金、鞋用材料等配套行业组成了从生产、科研到人才培养的完整工业体系。

存在的主要问题：世界的皮革工业也和其他工业一样面临着共同的最大难题，即发展与生态环境平衡协调的问题，中国也不例外。除此之外，中国的皮革工业与发达国家的皮革工业相比，还存在如下问题：一是作为皮革工业基础的制革行业，尚存在原料皮质量差、数量不足等问题。二是皮革工业结构性矛盾突出，主要表现在区域结构、行业结构、企业结构、产品结构等的不合理。三是产品质量较差，品牌、名牌意识淡薄。四是国内皮革市场活跃，经销方式各种各样，仍处于无序竞争状态。五是制革环保治理费用投入大，尚缺乏技术成熟、成本低廉的污水治理工艺。此外，废弃物综合利用工艺也不成熟，制革污染的处理尚处于探索阶段。

## 四、中国畜产品加工业发展前景

20世纪90年代初以来，在中国畜牧生产迅速发展的推动下，畜产品消费已由数量需求型转向质量需求型、加工制品需求型转变，毫无疑问这一转变将随着全面建设小康社会、人民向富裕型生活迈进而加剧。这既为中国畜产品加工提供日益广阔的市场，同时也需要中国畜产品加工业解决自身存在的问题，生产朝着规范化、规模化、集团化、一体化、低耗高效环保化方向发展，形成优质化、多样化、方便化、档次化、低成本化的畜产品与制品生产及供应局面。

中国畜产品加工业将呈现规范化的生产发展局面。由于政府给予了高度重视，出台了一系列畜禽屠宰加工向规范化发展的政策，实施了定点屠宰、产品质量抽检等推进畜禽屠宰加工向规范化发展系列措施，这些政策的深入实施和不断完善将极大地促进中国畜产品加工向规范化生产方向发展。

中国畜产品加工业将步入规模化阶段。目前中国畜产加工出口创汇行业基本呈现规模化、基地化生产格局，一大批肉、乳、蛋、皮、毛、绒加工规模化生产集团，其产品质量普遍获得消费者认可。发达国家畜产品加工业发展已呈现规模化格局，如美国年屠宰5万头牛的企业数量已达到牛屠宰加工企业数量的95％。

中国畜产品加工业将呈现一体化、集团化生产发展的格局。目前，除用于出口创汇畜产品与制品呈现一体化、集团化生产格局外，在国内畜产品与制品方面也已形成一批集畜禽养殖加工为一体的实施多项产品生产加工的产业集团。中国式出口创汇产品一体化、集团化发展迅速使中国鸡肉等产品进入并占领国际市场，促进了畜禽养殖业规模化、集约化、科学化发展的实施；国内一体化、集约化畜产品加工企业产品质量优异，越来越受到消费者青睐。这些事实表明畜产品加工生产只有实现一体化、集约化发展，才能系统改进畜产品与制品质量，产出优质产品，经受住市场激烈竞争的考验，才有可能保障与促进畜牧业稳定持续发展。实现畜产品加工企业的一体化、集团化发展是中国畜产品加工业在日趋激烈市场竞争下必然选择的发展方向。

中国畜产品加工业将实现以初级加工为主向精深加工的转变。目前，中国肉、乳、蛋、皮、毛、绒精深加工转化率与人均占有量跟发达国家相比均为低下。在如此情况下，近几年中国畜牧业生产发展却呈现波动性增强，在较低畜产品占有量的条件下呈现相对供过于求的状态，这种状况表明中国的畜产品加工业发展状态已落后于人民生活需要和畜牧业生产发展。

中国畜产品加工业发展将进一步呈现国际化。中国是世界上畜产品生产品种资源丰富、畜禽饲养管理条件多样化的国家，除了现代肉鸡、兔、蚕、羊绒、羽绒、皮革在国际市场占有一定的优势外，其他如黄羽肉鸡、香猪、鹅、黄牛的肉革产品也具有发达国家现代畜种难以具备的优势。此外，中国还有长达3 000多年的畜产品加工历史，尤其是在菜肴加工，中式肉、蛋、乳产品加工方面具有得天独厚的优势。中国的肉、蛋、乳加工产品不仅深受海外华侨青睐，而且受其他一些民族人民的青睐，具有潜在的广阔市场。

中国畜产品加工业发展将呈现低耗、高效、环保化发展。自20世纪90年代初，可持续发展成为中国社会经济发展基本方针以来，中国政府已关、停、并、转了一大批环保污染严重的畜禽屠宰加工厂与皮革加工厂，严格要求运营企业对加工废弃物进行无害化、资源化处理和利用，中国畜产品加工业朝着低能耗、环保化方向发展的步伐已加大加快。

# 我国农业产业政策对羊绒产业的影响

（《中华合作时报》2008年3月11日）

## 一、我国山羊绒产业概况

绒山羊是我国的一种独特生物资源，经过长期的自然选择和人工选育，我国的绒山羊品种已成为目前世界上产绒量最高、绒纤维品质最好的优良品种。其主要产品——山羊绒，细而柔软，轻而保暖，被誉为"纤维宝石"，具有较高的经济价值，绒山羊产业成为我国畜牧业生产中重要产业之一。以山羊绒为原料的纺织加工企业，如"鄂尔多斯""鹿王""雪莲"等企业，所生产的羊绒制品已成为世界知名品牌，并成为国内畜产品出口创汇大户。绒山羊产业的发展对振兴地方经济具有重要的意义。

20世纪90年代以来，我国山羊绒产量得到迅速发展。2003年全国绒山羊存栏量达7 400万只，其中，全国12个牧区省（自治区），绒山羊存栏量达到4 800万只，山羊绒产量11 280吨，分别占全国总量的65%和83%。从每只存栏山羊的产绒量来看，2003年全国每只山羊均产绒量是183克，而

12个牧区省（自治区）的平均单产是235克，牧区省份是我国山羊绒的优势产区。

目前，世界山羊绒年产量在1.9万吨左右，亚洲是世界山羊绒的集中产地，中国产量约占世界总产量的70%，其余产自蒙古、伊朗和阿富汗等国家。我国以生产高质量的白色山羊绒著称于世，其细度（12.5～16.0微米）优良、长度适中、质地柔软、弹性与着色性能均好，可染织成各种色彩、具有悦目的光泽和手感滑腻丰厚的高精纺的羊绒制品。特别是内蒙古阿尔巴斯白绒山羊，西藏选育的藏北白绒山羊，其质量尤为上乘，而辽宁绒山羊的个体产绒量较高。与我国的山羊绒相比，蒙古国的绒纤维长度尽管较长，但细度粗一些（16.0～17.5微米）；而伊朗和阿富汗的绒纤维细度最粗（17～21微米），只能纺织粗纺的羊绒制品。

中国羊绒业经过20多年的发展，已经从世界第一羊绒资源大国发展成为世界山羊绒生产、加工、销售和消费第一大国。2003年出口已梳与未梳山羊绒4 489吨，出口金额2.46亿美元；进口为1 583吨。出口目的地主要是意大利、日本、英国、韩国及中国香港；进口主要来自蒙古、土耳其、伊朗和哈萨克斯坦。近年来，世界羊绒加工业已由国外向我国转移，中国已经发展成为世界羊绒制品加工中心。全国的羊绒加工企业已经发展到2 600多家，仅羊绒衫的年加工能力就在2 000万件以上，占世界总产量的2/3以上，出口在1 000万件左右，主要出口到日本、美国、意大利、英国、法国等40多个国家和地区。生产80～90支以上的高精纺产品及纳米技术等新技术的应用，不断提高了中国精纺羊绒衫的国际竞争力，为羊绒制品更好地进军国际市场创造了条件。

## 二、羊绒生产面临的问题

随着国家对生态环境治理工作的加强和西部大开发战略的实施，"山羊养殖，草原生态和农民增收"的关系已成为政府决策和实施可持续发展中的突出问题。

一方面，由于近年来山羊绒市场行情一直看好，刺激了绒山羊的发展，山羊数量急剧增加。2003年全国12个牧区省（自治区）山羊存栏数达到6 926.8万只。由此看来，牧区省（自治区）山羊存栏增长的速度远远大于其他家畜。另一方面，随着牧区人口的不断增加，牲畜头数增长迅猛，草原面临超载过牧的问题越来越突出，加剧了我国北方地区草地退化、沙化，使本来脆弱的生态环境进一步恶化。据估算，目前我国北方草原平均超载36.1%。严重超载过牧，使草原得不到休养生息，草原生产力不断下降。目前，北方草原平均产草量较20世纪60年代初下降了1/3～2/3。由于草原退化，草原生产能力的不断下降，又加剧了草畜矛盾，形成一个恶性循环。因此，在发展山羊和其他家畜生产的同时，既要加快草原建设，又要以草定畜，实现草畜平衡。应当看到，草地是重要的自然资源，它在保持水土、防风固沙方面起着重要作用，是重要的环保卫士。同时草地又是草地畜牧业生产的物质基础。在科学管理和合理利用下，草地植被具有保护生态和畜牧业发展的双重功能。随着人们对草原生态功能认识的不断提高，草原工作战略重点由经济目标为主，转移到生态、经济目标并重，生态优先。这个指导思想的转变，为建设我国陆地最大的绿色生态屏障，实现草原的永续利用，奠定了思想和认识基础。在生态优先的前提下，推行禁牧休牧、舍饲圈养等重大措施，找到了生态目标和经济目标的结合点。

### 三、调整农业产业政策，促进羊绒产业的可持续发展

温家宝总理最近在总结国家实施西部大开发战略五周年的会议上，提出在当前和今后一个时期，西部大开发需要着力抓好 6 项重点任务。其中，第一条就是要加大解决"三农"问题，西部大开发必须坚持以农业为基础，把解决农业、农民和农村问题放在突出位置；第二条就是认真搞好生态环境保护和建设，并强调加强生态环境保护和建设是西部大开发的重要任务。因此，草原退化要遏制，生态环境要保护，草地畜牧业要发展，牧民生活要提高。要解决这些矛盾，就必须采取积极的产业政策，促进矛盾的化解，促进羊绒产业的发展。

**1. 实施良种工程，提高绒山羊品种质量，增加产绒量**

我国的绒山羊品种是世界上最好的，对这些优良品种资源，要切实做好品种选育，提高个体平均产绒量和羊绒品质。就目前全国的绒产量而言，平均个体产绒量每提高 100 克，就可以减少饲养绒山羊 1 400 万只，减少存栏 29.2%。切实做好国内良种的普及与推广，在提高个体产绒量的同时，适当减少存栏数量，有计划地淘汰那些低产而又超载的绒山羊个体。

我国绒山羊品种，如内蒙古白绒山羊和辽宁绒山羊，是具有良好遗传性能的优秀品种，要对我国不同类型的绒山羊种群的遗传差异和特点进行深入的科学分析，组织力量对中国绒山羊种群的生产性能进行科学的遗传评估，推广那些在国际市场竞争中有竞争力的品种。

**2. 实施舍饲圈养，协调与环境的关系，实现羊绒产业的可持续发展**

前几年，羊绒加工企业的增加，刺激了农牧民饲养山羊的积极性，使山羊数量剧增。出现了山羊过量养殖，加重了草场负担，使草原环境进一步恶化。近几年的沙尘暴，使人们增强了保护草原生态环境的意识，因此，山羊进行舍饲圈养，退牧还草，是牧区保护生态环境的一项重要举措。山羊实施圈养，有利于保护生态环境，也有利于山羊的有序发展和羊绒市场的稳定。

改变游牧的饲养方式，由终年放牧向半放牧半舍饲方式转变。我国绒山羊的生产方式主要是沿袭着少投入低成本自由放牧的传统方式，在草地生物量资源丰盛期，可以适度放牧，但一定要给草地留有恢复生机的余地，在早春和晚秋应当采用补饲或舍饲方式，减少草地放牧压力，使草地易于恢复生机。应鼓励绒山羊从以放牧为主向舍饲半舍饲转变，这种饲养方式的转变是今后必须实行的方向。我们采取一切措施贮备充足的饲草和一定的补料，来积极推进山羊舍饲。

**3. 加强绒山羊品种资源保护，保持我国羊绒产业的优势**

家畜的多样性是生物多样性的重要组成部分，并在遗传多样性中具有特殊地位。许多学者都认为家畜遗传多样性的丢失比野生物种多样性的丢失对人类损害更大。家畜是人类的重要生产资料，是人类长期选择的产物。品种是家畜遗传多样性的特殊形式，对家畜来讲，品种多样性的保护更为突出，因为物种之间不能交配，基因无法交流，是独立的基因库，而同一种家畜的全部品种构成一个统一的繁殖系统，或基因系统。因此我们对山羊中某一特殊种群的保护应当采取更为独特的策略和方法。绒山羊在我国有多个种群，适应着不同的生态地区，既有适于荒漠化地区的品种，也有适于温暖海洋性气候的品种；既有适于高海拔地区的绒山羊，也有适于平原草场的绒山羊。根据《种畜禽管理条例及

其实施细则》的规定，确定了全国78个畜禽品种为国家级畜禽资源保护品种，绵羊、山羊列入保护名录的共14个，其中，内蒙古绒山羊（阿尔巴斯型、阿拉善型）、西藏山羊是重点保护品种。由此可见我国对绒山羊遗传资源保护的重视，我们不仅要保护资源，更要很好发挥其优势，利国利民。

**4. 积极推进羊绒产业化发展，增强羊绒产业发展的后劲**

近年来，我国在积极推进羊绒的产业化经营方面已经有了良好的起步。各大羊绒加工企业都在草原牧区积极兴建羊绒生产基地，开展牧工贸联合，构建企业与农牧民的利益共同体。这种新型的羊绒产业化模式以羊绒产业链为纽带，把羊绒加工企业的发展战略与千家万户农牧民的利益联系在一起。羊绒加工企业为羊绒生产基地和牧业生产投入资金，农牧民为加工企业提供优质羊绒，形成了良性循环的产业格局，从而实现了工、农（牧）业的双赢。因此，推广"公司＋基地＋牧户"的羊绒产业化模式，发挥羊绒生产基地作用，实现羊绒养殖业与加工业的协调发展，是今后羊绒产业发展的必然选择。

# 在中国奶业协会贯彻落实国办24号文件座谈会上的讲话

(2005年9月)

2005年月7日，国务院办公厅召开了各有关部委局负责人参加的关于奶业规范问题的会议，国务院两位秘书长到会传达了胡锦涛总书记和温家宝总理的重要指示。表明了党中央和国务院对奶业发展的高度重视。国务院针对我国奶业的形势和奶业发展过程中出现的问题，为维护奶农、企业、消费者三者的利益做出了新的重要决策，于2005年9月17日出台了《关于加强液态奶生产经营管理的通知》，即国办发明电［2005］24号文件。这是第一次由国务院发文提出对奶业的规范性和强制性要求，大家要深刻领会文件精神。加强对复原乳标识和监管的措施是关系到我国奶业生死存亡的一件大事。大家都知道，在国际上，奶业是最保守、保护性最强、最封闭的产业。它不是一个非常开放的产业。如澳大利亚、新西兰的奶业协会不是谁都能参加的，必须是奶牛饲养者。它的加工厂都是由会员入股的，外人是不能参加的，是不吸收社会游资的，牛奶的加工与生产是密切相关的，生产是完全为奶农服务的，完全是为了奶农的利益。在生产过剩的时候，奶农自己降低饲料标准，减少奶类产量，而且国家对奶的保护非常严密。世界奶制品的平均关税是100%左右，欧洲有些国家达到200%，加拿大为241%，巴西略低，为75%，中国在加入WTO后，鲜奶的关税被压低至 15%，奶粉为 10%。很多人准备使中国成为世界的大市场，而其他国家都把自己包得很严，防止进口奶制品对本国产品造成压力。很多国家都对奶业立法，按标准必须采用本国自产的鲜奶作为原料。所以，我们国家奶业发展先天不足，又在关税上失去了保护。怎么办？只有一条，那就是依靠技术壁垒，而我国的技术壁垒也不是我国自己发明的，完全是按照国际上的要求。中国的奶业再也不能随意发展了，在需要的时候鼓励养奶牛，奶牛价格涨得很高，在不需要的时候就用进口奶粉来顶替鲜奶，给奶农造成了很大的损失。另外也损害消费者的利益，从长远看对企业也没有好处，只有坏处。在这个背景下，国务院出台了这个文件，所以

我觉得这是关系我国民族奶业生存的一件大事，是保护奶农的一项重要措施，是保护消费者知情权的一项重要措施。

今天大家在这里讨论得非常好，回去要认真执行。国家还要出台一系列的标准，包括国家加强监管的要求、产品市场准入的要求、国家检测的要求。希望各个协会对自己的成员进行规范，让企业自觉地遵守有关国家标准，要采取自律措施，防止企业受到损失，另外也更好地为奶农和消费者服务。我和大家都是老畜牧了，干了这么多年，其中的利害关系都是非常清楚的，只有把生产者、消费者、企业三者的利益结合起来，中国的奶业才能长久，才能兴旺，才能逐步规范，才能和世界逐步接轨。

# 中国乳业发展应走合作化道路

(《中国合作时报》2008 年 3 月 11 日)

我国乳业经过 10 多年的超高速发展，现在已经进入了一个产业升级的新阶段。全国政协委员、国家首席兽医师、农业部兽医局局长贾幼陵表示，以乳业为代表的中国养殖与加工产业正在步入转型时期，从产业长远来看，中国乳业发展应该走合作化道路。

贾幼陵表示，我国乳业已经成为一个产业规模大、链条长、关联度高、涉及上百万人就业、亿万消费者的庞大系统。从目前乳业发展看，未来的市场环境和技术变迁充满了不确定性，国内外同行业竞争

更加剧烈，乳业内部也积累了诸多矛盾和问题。有些矛盾和问题已经非常突出和严重，使全国乳业发展面临的风险越来越大。如果不引起足够重视，随时可能引发产业风险。

贾幼陵指出，从生产者与关联企业的关系看，国际的基本经验是牛奶生产者拥有加工企业，或者是加工企业拥有奶牛场，其共同特点是二者之间有明确的产权联结关系，有紧密的利益关系，有成熟的利益分配制度。目前我国奶业产业化龙头企业和原料奶生产者的关系主要有"公司＋奶

户""公司＋奶站＋奶户""公司＋小区＋奶户""公司＋规模牧场"等形式，但由于分散的小规模奶户仍然是牛奶生产主体，因此在与企业的利益联结方面存在很多问题，在双方的博弈中，乳品质量和安全往往成为牺牲品，使得利益联结机制成为乳业产业化发展的最主要的障碍，成为需要创新和升级的重要问题。所以，牛奶生产者与加工企业走一条有紧密利益关系的合作化道路，将是中国乳业健康发展的必然方向。

# 中国奶业安全模式亟待建立

(2011 年 10 月 20 日)

就目前的情况来看，中国奶业的产业链条非常脆弱，国内的奶农生产方式过于分散，缺乏组织化，利益完全没有保护。

从内部保护方面，世界其他国家奶业生产链条一般都采取合作社的生产方式，只有奶农才能够入股，而且这种合作社式的企业也不用纳税，所有的利润都返回到奶农，对国家的贡献体现在奶农的个人所得税上。这样的结果是加工企业的利益和奶农的利益完全一致，如果市场好，奶农就发财，如果市场不好，奶农自觉降低饲养标准，减少牛奶产量，从产奶到加工是一个完整的链条。

而中国的情况恰恰相反，千家万户分散饲养与加工厂高速发展争抢奶源，加工者和奶农没有利益的一致性，奶少的时候就高价，多了就不收，奶农的利益没有丝毫保障。在国际上，奶农和加工厂两个利益主体基本一致，一荣俱荣，一损俱损，也能相互监督，保证质量。而国内存在奶农、收购站和加工厂三重利益主体，每一层都要挣钱，每一层都有掺杂使假的利益冲动，从而导致利益主体的多元化，造就了缺乏合作组织和缺乏利益共同机制的这样一种生产链条，问题也随之而生。

此外，中国牛奶的关税远远低于世界其他国家，在欧洲和北美洲的一些国家，奶制品关税高达 100%～200%，全世界奶制品平均关税为 100%，而中国奶制品的进口关税仅为 10%～14%，对有的国家还采取了零关税政策，我国奶农面临国外奶制品的冲击。

中国垄断性的大企业与奶农完全隔绝，利益冲突不可避免，产量减少奶价上涨。由于中国进口关税较低，企业可以大量进口奶制品对奶农形成冲击，往往通过进口来调节奶价。

酸奶、冰淇淋等目前消费量较多的奶制品都需要奶粉，这就给新西兰、澳大利亚等奶制品出口大国很大的机会。由于他们是草原放牧，成本比我们要低，所以对国内牛奶的价格一直是个很大的打压。以前很多企业就曾进口国外的奶粉加入到鲜奶中，充当鲜奶向消费者出售。我们的奶农处在最不利的地位，工厂可以欺负他们，收购站可以欺负他们，外国还可以欺负他们，他们没有一点保护。在生产中间，这种脆弱和起伏估计今后还会出现。

尽管有关部门出台了很多支持农业专业合作社的优惠措施，但是很多都是一次性的或流于形式。最终的扶持措施应该是政策上不把合作社看作一级法人单位，这样就不用征收企业所得税。如果不作为一级法人单位，合作社自身就不用留存利润，

利润全部返回给奶农，从而不会与奶农形成利益冲突，而在现行的法规条件下，企业要纳税就必然要先产生利润，和奶农的利益产生了直接冲突。在当前的环境下，最重要的是在政府的指导和扶持下，建立奶农合作组织，只有奶农组织起来了，才能在市场上处于一个相对有利的地位。

# 对欧盟与美国牛肉贸易争端有关问题的思考

(2009 年 7 月)

2009 年 5 月 6 日，欧盟委员会和美国分别发表声明，称双方就解决因激素问题引发的牛肉（以下简称"激素牛肉"）贸易争端达成临时性协议。从 1996 年美国向 WTO 提起诉讼，要求欧盟取消对其激素牛肉禁令算起，欧美双方为解决这一问题耗时 13 年，开展了多轮谈判，但始终未能就核心问题达成一致意见。全面分析研究双方在牛肉安全问题上的立场，采取相关贸易措施的背景，以及运用国际规则维护自身权益的做法和经验，对于指导我国做好兽医公共卫生及农业领域贸易谈判等工作具有借鉴意义。

## 一、有关背景

欧美激素牛肉贸易争端的起因可追溯到 20 世纪 70 年代。当时，法国在小牛肉生产中使用激素，而意大利生产的婴儿食品因使用含有激素的牛肉，导致婴儿胸部异常发育和出现明显异性特征的现象，引发消费者对激素的极度恐惧。应欧洲民众强烈要求，当时的欧共体理事会通过一项指令，要求各成员国在 1982 年 8 月 7 日以前，制订并实施法律，禁止用含有激素的添加剂饲养牲畜，禁止销售含有激素的肉制品。

通过饲喂激素加速肉牛生长是美国、加拿大养牛业的普遍做法。1986 年欧共体以激素可能导致癌症、神经系统紊乱和其他健康问题等为由，禁止进口美加激素牛肉及其制品。美加认为，其农场使用激素的方法与欧洲国家不同，不会危害消费者。欧盟采取禁令措施缺乏科学依据，是"假技术标准之名，行贸易保护主义之实"。为此，美国从 1989 年开始对来自欧盟的部分食品征收 100％的报复性惩罚关税。

1996 年欧盟公布第 22 号指令，明确禁止用雌二醇、孕酮、睾丸激素、美仑孕酮、去甲雄三烯醇酮以及蛋白同化激素等饲喂家畜，禁止贩售本国或进口的残留有相关激素的肉制品。这项指令使美加牛肉制品进入欧盟市场的难度进一步加大。

1996 年，美加针对这一问题向 WTO 贸易争端解决机构提起诉讼。

## 二、欧美激素牛肉贸易争端解决过程

### 1. 第一轮谈判主要情况

1996 年，美国和加拿大依据《实施卫生与植物卫生措施协议》（SPS 协议），将与欧盟的激素牛肉贸易争端诉诸 WTO 贸易争端解决机构。1998 年，WTO 争端解决机构裁定，欧盟采取的卫生措施高于国际标准，且未经过科学的风险评估，违反 WTO 规定，要求欧盟提供科学证据证明含有激素的牛肉对人体健康不利，并于 1999 年 5 月 13 日以前取消其有关禁令。鉴于欧盟拒绝执行这一裁决，WTO 授权美加采取贸易报复措施，美国每年对从欧盟进口的一系列产品征收 100% 惩罚性关税，总额为 1.168 亿美元，加拿大则对欧盟实施了价值为 1 130 万加元的贸易制裁。期间，欧美双方都曾提出妥协方案：欧方提出接受未使用过激素的农场牛肉；美方提出出口欧盟的牛肉可以标明产地，但双方都拒绝接受对方的建议。

### 2. 第二轮谈判主要情况

2003 年 10 月，欧盟按照 WTO 要求，对激素牛肉进口禁令进行了非实质性修改。同时，提供报告称，有科学证据表明，北美地区饲养牛时使用的雌二醇可致癌，即使少量残留在肉中也会导致恶性肿瘤，儿童最容易受到危害。因此，欧盟发布新指令，永久性禁止使用雌二醇，并根据 SPS 协议中的谨慎原则，将孕酮、睾丸激素、美仑孕酮、去甲雄三烯醇酮以及蛋白同化激素等其他 5 种激素纳入重新审查范畴。美加拒绝接受欧盟说法，维持其制裁措施。欧盟认为美加继续对其实施报复性制裁措施违反 WTO 规则，在磋商无果后，于 2004 年 11 月向 WTO 争端解决机制提出申诉。

2005 年 2 月，WTO 争端解决机构成立专家组，对美国、加拿大拒绝取消对欧盟的贸易制裁措施展开调查。2005 年 9 月，WTO 专家组听取了欧盟、美国和加拿大有关激素牛肉争端的陈述，审理过程向媒体和公众直播。2008 年 3 月，WTO 专家组公布裁决报告，认可欧盟观点，即美国和加拿大未通过 WTO，单方面认定欧盟措施不符合 WTO 规则的做法违反了 WTO 争端解决程序。但是，WTO 专家组同时指出，欧盟继续对原争议涉及的一种特定激素进行限制，并且在未给出充分说明的情况下，对含有其他 5 类激素残留的肉品采取临时性进口禁令违反 WTO 规则。

WTO 做出裁定后，欧盟、美加均表示不满，分别于 2008 年 5 月 29 日、6 月 10 日向 WTO 提出新的上诉。2008 年 10 月 16 日，WTO 上诉机构公布裁决报告，支持美国继续对欧盟实施制裁，但未要求欧盟取消其牛肉禁令。

### 3. 第三轮谈判主要情况

2008 年 12 月 12 日，欧盟再次要求在 WTO 框架下与美加进行磋商，以便审查美加制裁措施的合法性。2009 年 1 月 15 日，美国调整对欧盟的贸易报复措施，在实施惩罚性关税的产品目录中增加了猪肉、禽肉、矿泉水等多种产品，以此向欧盟施压。此后，欧美双方进行了一系列磋商和谈判。5 月 22 日，双方在日内瓦签署谅解备忘录，主要内容如下：

**第一阶段：**欧盟在 2009 年 8 月，新增 2 万吨美国牛肉进口配额，配额内关税为零。卫生要求是生产加工进口牛肉的供体牛从未使用过激素。作为交换条件，美国将调减因激素牛肉贸易争端对欧盟采取的贸易制裁产品清单。双方将在 18 个月后对前一时期执行情况进行评估，结果作为 3

年后转入第二阶段的重要基础。

**第二阶段：**欧盟将对美国零关税的牛肉进口配额增加至 4.5 万吨，美国暂停对欧盟所有产品的惩罚性关税。执行期为 1 年，转入下一阶段的具体时间由双方商定。

**第三阶段：**欧盟继续保持对美国 4.5 万吨零关税牛肉进口配额，美国将全面终止对欧盟的所有惩罚性关税。双方将就第三阶段执行时间、违反协议的惩罚措施、与 WTO 规则并行性等问题进行磋商。

## 三、几点启示

1. 早在中国加入 WTO 的谈判期间，我曾经提出以使用激素为由设置牛肉进口技术壁垒措施，但当时经贸部的有关官员和专家说：此事已经 WTO 裁决成为"铁案"，中国无权再次提出。而此次欧美激素牛肉贸易争端的初步解决，表明即便是"铁案"也可能通过多边或双边的谈判找到妥协点，实际上欧美此次谈判的结果回到了十年前欧盟妥协的原点。

2. 欧美在激素牛肉贸易问题上的分歧，充分反映了双方在食品安全、农产品贸易等方面的不同立场，双方解决争端的过程实际为利益博弈过程。纵观全程，欧盟在被裁定违反 WTO 规则，美加实施报复性制裁措施等不利条件下，始终坚持激素牛肉危害食品安全这一立场，拒绝执行 WTO 裁定，既有力地保护了欧盟国家消费者健康安全，又在很大程度上维护了欧盟养牛业的实际利益。美国虽然未能最终迫使欧盟解除对其激素牛肉禁令，但是通过向

WTO 诉讼，采取制裁措施和双边谈判等手段，为其牛肉出口欧洲创造了更好条件。

3. 准确把握有关国际规则是各成员在 WTO 争取自身利益的有效手段。在欧美牛肉贸易争端中，美国紧紧抓住欧盟违反 SPS 协议中科学风险评估规定这一关键问题，利用 WTO 争端解决机制赢得诉讼，为其合法制裁欧盟，不断迫使欧盟增加对其零关税无激素牛肉进口配额奠定了基础。

4. 遵守和执行国际规则涉及两个关键问题：一是应保证按照国际规则采取的进口卫生措施符合国家利益；二是积极加以利用，服务于我国农产品出口贸易大局。农产品国际贸易往往与食品安全、动物卫生和公共卫生等问题交织在一起。WTO 要求各成员采取的卫生或植物卫生措施必须符合国际标准，但是允许各成员基于科学证据，制定更严格的保护措施。相对欧美等发达国家而言，我国农牧业发展仍处于较低水平，保护能力明显不足，加之我国人民独特的消费习惯，卫生安全问题更加复杂，在进出口贸易中极易出现争端，我们应从保护国内产业安全、食品安全、动物卫生和公共卫生安全等实际需要出发，组织力量全面梳理农业领域进出口贸易争端风险，深入研究国际规则，开展科学的风险评估，制定适当的卫生和植物卫生保护水平，为在进出口贸易中维护我国关键利益提供支持和保障。同时，应超前谋划，针对可能引发 WTO 诉讼的问题制订应急预案，提出对策措施，避免在多边和双边交涉中处于被动局面。

# 支持乌珠穆沁羊选育　支持"马倌节"

(2011 年网站随议)

## 一、支持乌珠穆沁羊选育

乌珠穆沁羊是蒙古族培育的最成功的肉羊品种，它的多胸椎和多腰椎是有别于其他品种的最显著的遗传特征。一般绵羊具有 13 个胸椎（13 对肋骨）和 6 个腰椎，多脊椎个体极少见，其他大型绵羊也有时能见到 7 个腰椎，但 14 胸椎仅仅见于乌珠穆沁羊。20 世纪 70 年代我就注意到 14 个胸椎的乌珠穆沁羊，但到底占多大比重，不甚了解。内蒙古农业大学教授张立岭最近的研究表明：63.1％的乌珠穆沁羊多一个腰椎（13 个胸椎＋7 个腰椎）；19.7％多一个胸椎（14＋6）；只有 6.4％胸椎和腰椎都多一个（14＋7）。多脊椎乌珠穆沁羊不仅是蒙古族培育的著名的肉羊品种，而且是锡林郭勒草原和乌珠穆沁地区的优秀历史文化遗产，还是蒙古族历史文化的物质载体和历史见证！选育出脊椎 14＋7 的乌珠穆沁羊，提高产肉性能，是当代乌珠穆沁人不可推卸的责任。

张立岭教授已经找到了多胸椎的 DNA 遗传标记，由于目前实验室工作较为繁琐，加之 7 腰椎遗传标记还未最后确定，因此尚难以应用到实际选育中去。现在东、西乌珠穆沁旗牧民赛羊、选种等民间选育很热，但缺乏科学的手段。我在东乌珠穆沁旗建议：在民间选育的基础上，用 X 光机透视直接选出 14＋7 多脊椎种羊，这样能够大大地加快选育速度。

## 二、在锡林郭勒盟举办"马倌节"

我在东乌珠穆沁旗、锡林郭勒盟里和内蒙古自治区以至到中国马业协会都正式建议举办"马倌节"（蒙古话：阿多钦 乃乃勒）。

在人类文明的历史进程中，没有任何一种动物的作用超过马，特别是北方少数民族如蒙古、哈萨克等民族牧民的日常生活与马更是息息相关。驯马人和骑马人的民俗文化是游牧文明和马文化的重要组成部分，它们来源于日常生产活动，植根于牧民群众。马倌和美洲的牛仔一样都是富有传奇色彩的神圣名称，锡林郭勒盟号称"马都"，举办马倌节可以激发"马背上的民族"弘扬马文化的热情，可以使年轻的牧民减轻对汽车、摩托车的迷恋，再回到马背上去；套马（杆子马）、倒马、骑生个子、打马鬃、烙印等劳动场面惊险刺激，观赏性强，经过现代媒体的传播，能使更多的人喜爱马文化。

几个地方都接受了我的建议，现在需要的是具体组织、制定规则，也要提前告知牧民自备杆子马、套马杆子等做好准备。中国马业协会的副秘书长 10 月中上旬去锡林郭勒盟筹划。

希望知青们关心此事，如果能够举办，也希望当年的马倌一显身手。

# 第四部分　关于兽医

# 关于落实生猪屠宰管理体制问题的讲话

(1996 年 10 月)

国务院办公厅 9 月 28 日发出了国办发 (1996) 40 号《国务院办公厅关于生猪屠宰检疫管理体制有关问题的通知》（以下简称《通知》）。《通知》从加强肉类卫生管理、保证群众吃"放心肉"角度，提出了具体详尽的要求。这是一个非常重要的文件。我们今天召开这个会议的主要目的，就是学习国办 40 号文件，统一思想，共同研究贯彻文件精神的具体措施。现在，我想就贯彻国办《通知》讲几点意见。

## 一、正确估价兽医防检疫工作形势，增强做好工作的信心

兽医工作历来是农业部的重要工作之一，部党组很重视，多次要求加强这项工作，指出："畜牧业要实现两个根本转变，兽医工作必须发挥重要作用"。部里已经采取了几个大的动作，今年召开的乐山会议，提出把主要精力放在防检疫工作上，结合贯彻基层三定工作，我们以抓三定稳定队伍，以稳定队伍实现防检疫机构的稳定，以稳定防检疫机构推动防检疫工作向基层转移，一环紧扣一环，扎实稳妥地做好每一件事。目前防疫工作发展趋势很好，既做到了疫情基本稳定，也做到了检疫监督工作的稳定。这为有效贯彻国办 40 号文件精神奠定了基础。当前防检疫形势有以下几个特点：

### 1. 基层防检疫工作有新的进展

1989 年，农业部提出检疫工作要向基层转移，全面开展产地检疫，建立防检结合，以检促防，以产地、屠宰检疫为基础，流通领域监督为保障的动物防检疫工作格局，促进了基层防检疫工作全面深入的发展。各地不断探索，总结出不少好的经验，出现了许多好的典型。如黑龙江、河北、天津、南京、四川、深圳、南昌等地做了大量卓有成效的工作。尤其是四川省乐山市的基层防检疫工作进展快，质量高，创造出了一套完整的经验，具有在全国推广的价值，因此，部里组织在乐山开了现场会，全面总结推广他们的经验。

各地普遍加强了基层防检疫工作，防疫检疫重点已经逐步转向基层，使兽医防检疫工作出现了较好的形势。今年许多地方发生自然灾害后，没有出现"大灾之后必有大疫"的情况，全国疫情比较稳定。

### 2. 屠宰检疫工作秩序基本稳定

虽然不少地方遇到的矛盾和问题仍很多，但检疫秩序基本稳定，工作出现了好的局面。在近一个时期的部门矛盾协调中，各地从实际出发采取了很多有效措施，不少地方较好地解决了问题，深圳、广州、长春等地学习发达国家做法，实行屠宰经营和检疫分离的管理体制，代表了畜禽检疫工作的发展方向，并以地方立法形式固定下来；天津、河北、云南等地也基本理顺了体制。从全国情况看，尽管发展不平衡，但 70%～80% 的地区屠宰和检疫管理是规范的，定点屠宰坚持政府统一领导，

实行多渠道经营，多种经济成分并存，"一把刀"现象得到有效遏制。

**3. 法制建设进一步推进**

《家畜家禽防疫条例》发布以来，农业部和地方政府及有关部门根据《条例》制定了一系列规章、办法，国务院办公厅也发布过几个文件，推动了整个工作开展。但由于各种原因，部门间始终在一些关键性问题上不协调配合，相反扯皮越来越严重。

国办40号文件对一些重大问题进行了明确，一些争论不休的概念得到了界定，近年扯皮的关键性问题解决了。例如农业部门检疫的主体地位更加明确、动物防疫的管理手段更加有力、检疫和检验性质得到区别，尤其重要的是，虽然保留了"自检"制度，但同时也规定了不少限定条件，这些限定条件大部分是由农牧主管部门掌握。如农业部、内贸部门协商确定范围，驻厂监督，并且给予撤销不合格的屠宰厂和肉联厂"自检"的权力。

形势正在向好的方向发展，如果各级农业部门与有关部门积极配合，争取地方政府的支持，继续努力工作，完全可以营造一个以前未曾有过的新局面。

**4. 兽医工作地位不断提高**

随着改革开放的深入以及经济建设和法制建设的发展，兽医工作日益为社会各界所关注。近一年多来，党中央、国务院就进一步加强这项工作发了许多重要文件，如国办发（1995）10号、38号和（1996）40号文件。就这件事，国务院领导连续主持召开了多次会议，多位领导同志就此问题作了多次重要的指示，吃"放心肉"的问题已作为我们党和群众密切关系的重要内容纳入了中央的议事日程。

在国务院几次协调中，几位部长实事求是地提出解决问题意见，坚定地反驳有关错误观点和失实言论。部领导站在国家人民利益高度，原则问题不动摇，为解决体制问题做了大量工作，铺平了道路。尤其是各级政府为把防检疫工作落到实处，按照中央部署制定了许多行之有效的规章制度，以此推进防检疫工作。不少地方为推进全国防检疫工作探索出了一系列成功的模式和经验，如四川等地，把防检疫工作作为政府行为，福建、天津等地依法理顺了屠宰检疫体制，使我国防检疫工作逐步向前推进。在这方面国务院有关部门也为我们提供了大力支持，尤其是国务院法制局、工商局、物价局、财政部、铁道部等单位做了许多卓有成效的工作，许多新闻媒体也加强了兽医工作的宣传与报道，总之兽医工作的开展氛围与过去相比有了明显进步。

但是，我们也要清醒地看到，兽医工作面临的问题也很多。屠宰厂和肉联厂对企业实行"自检"所产生的问题长期未能解决，由于屠宰管理体制不顺，政出多门，给各地做好屠宰检疫工作，建立良好的秩序，增加了难度；基层防检疫的许多工作还没到位，尤其是产地检疫工作还没有引起一些农业部门高度重视，动物疫情要做到稳定控制还有较大差距。目前"老的疫情有所抬头，新的疫情不断发生"。对此，我们要有清醒的认识，必须共同努力，拿出切实可行的措施，尽快扭转这一被动局面。

## 二、全面准确地把握40号文件精神要点

农商部门的扯皮已经多年，去年下半年以来，争议的程度更趋激烈，为了恢复"一把刀"和争夺检疫职能，一些部门采取不恰当的做法，使国务院理顺屠宰检疫体制复杂化。对此，部领导非常重视，参照

国际上的通常做法，结合我国的具体实际，在充分调查研究的基础上，多次向国务院反映我们的要求和意见，我们也对一些不实的情况进行了澄清，经过我们的不懈努力，国办40号文件得以出台。

在40号文件出台前，国务院办公厅曾经下发过一个40号文，同志们可能已经看到了，第一个40号文与大家期望的结果比较接近，但由于种种原因又收回了。现在出台的40号文，对原来的文件进行了调整，与同志们的期望值有差距，但客观地讲，各地实际情况不同，对新的40号文件认识也不一样。深圳、广州等一些发展比较快的地区，在屠宰和检疫体制上已经理顺关系，实行屠宰和检疫管理分离，做法与国际通行惯例一致，走在了全国前面，他们担心在贯彻40号文件过程中，走回头路。从全国工作发展情况看，新的40号文与《家畜家禽防疫条例》相比，是进步了。

其要点主要有以下几方面：

**1. 鲜明地提出三个政府行为**

农牧部门的检疫是政府行为、定点是政府行为、生猪的屠宰检疫管理是政府行为。这样的提法就更加淡化了检疫的部门色彩，强化了政府色彩。

**2. 40号文明确了生猪检疫的几个重大问题**

（1）定了性质。生猪检疫是政府行为。

（2）定了体制。由农业部门主管。

（3）定了范围。生猪的屠宰检疫是生猪防疫的重要组成部分，不能将生猪屠宰检疫从生猪防疫中分离出来。

（4）定了实施主体。由农牧部门的畜禽防疫监督机构实施。

（5）定了机制。明确和加大农牧部门在屠宰检疫管理中，所依法行使的重要职能。

① 对实施自检的监督管理。第一，必须经农业部、内贸部协商确定范围内的；第二，经农业部门按动物防疫条件审查合格并发证的；第三，经市、县政府按照40号文规定的"五个条件"和农牧部门审查发证的依据进行确认的。

② 确立了动物防疫监督管理证章的法律地位。它是农牧部门按照《动物防疫合格证》《兽医资格证》，以及验讫印章进行监督管理的重要手段。

③ 依法确立了监督处罚的权力。农牧部门对实施自检的两厂进行监督检查，对不合格的，有权实施处罚，直至撤销其自检资格。

④ 农业部门有权根据不同情况作出是否派员驻厂监督的决定。

同时，40号文件既照顾到现实和历史情况，又指明了屠宰检疫管理的发展方向，就是要建立起与国际惯例接轨的、屠宰检疫分离的运行机制。企业自检是"考虑到历史和现实情况"作过渡性措施来对待。

**3. 屠宰的管理问题**

（1）明确了一个方针。40号文再次肯定了"16字方针"，这就鲜明地肯定了多种经济成分的经营格局，反对搞屠宰经营"一把刀"。

（2）规范了秩序定点的审批须经农业部门按条件进行审查和有关部门按各自的职能进行审核，报政府审批。定点不是某一个部门的，而是由多个部门参与，最后政府审批确定，不合格的也是由政府批准撤销。

（3）界定了屠宰行业管理的内涵和方式。内涵就是规划、规程和技术要求，它的管理是宏观指导性的，不是行政管理性的和法定的。

（4）划清了管理范围。县以上的屠宰行业管理由内贸部门负责，县以下的屠宰行业管理由农业部门负责。

### 4. 明确了几个有争议的问题

国办 40 号文件把近年来一些有争议的概念进行了澄清。屠宰检疫与食品卫生检验的关系，未经加工熟制的动物产品的防疫检疫是农业部门的职责，这是《家畜家禽防疫条例》所规定清楚的；屠宰检疫与肉品品质检验的管理，屠宰的行业管理等方面的内容也十分明确地作了规定。

### 三、明确职责，切实履行好 40 号文件赋予我们的职能

#### 1. 深入学习，吃透精神

（1）各级农牧部门要集中一段时间，组织防检人员逐字逐段学习，把文件精神吃透，把赋予我们的职能搞清。

（2）为了达到学习效果，各地要运用考试或考核的形式调动防检疫人员学习的热情，提高学习质量。

#### 2. 健全制度，建立秩序

按《家畜家禽防疫条例》和国办 40 号文件规定，所有屠宰厂和肉联厂都必须达到基本防疫条件，并且接受监督管理。40 号文件还规定了畜牧部门撤销不合格"自检"单位资格的权力。为具体落实这项工作，农业部相关部门起草了《屠宰厂、肉联厂动物防疫条件审查和监督管理办法》，争取早日发布实施。

40 号文件规定了几个新的动物防疫证章，这是我们强化监督的主要手段。需要明确的是，在新的管理规定发布前，农业部的《兽医卫生证、章及标志管理办法》是各种证章发放管理的基本依据。40 号文件已经明确了《动物防疫合格证》的法律地位。该证是《兽医卫生合格证》的发展和完善，但是要求更高了。现在，我们正在着手制定《动物防疫合格证发放管理办法》，将以农业部令形式发布；国办文件规定的《兽医资格证书》是对从事兽医技术工作人员技术水平认定的证书，我们也将制定相应的发证等管理规定。兽医资格审查认定既对申请"自检"的屠宰厂和肉联厂的检疫人员审查认定并发证，也要对所有兽医技术人员的资格进行认定发证。《动物防疫法》即将出台，这一系列规定、规章都将纳入法的实施细则中配套贯彻实施。

对于"自检"单位和盖防疫机构检疫验讫章问题，我们也将出台具体规定，但基本原则是，为明确责任，验讫章由屠宰厂设专人保管使用，农业部门进行监督。

需要强调的是，原来我部制定的动物检疫（消毒）证明必须保证全面应用和落实。其他任何单位和个人，不经畜牧部门授权，不能设置动物防疫证章及标志。

#### 3. 切实抓好屠宰检疫

国办 40 号文件是《家畜家禽防疫条例》和国办相关文件及我部制定的实施细则、规章的深入和发展，它们是相辅相成的，我们在领会和执行过程中，要把它们统一起来，全面地、系统地去把握去落实。各地在贯彻这些法规、规章过程中，已经探索出了适合我国国情特点的动物屠宰检疫的一些好的模式，如深圳、河北、福建、广州等地。这些地方的做法，不仅是先进生产力的代表，而且与国际惯例相一致，代表了兽医工作的发展方向，因此，它得到了社会的充分肯定和广大人民群众的热情支持。贯彻 40 号文件，首先要把这些好的东西肯定下来，稳定下去，并要不断完善和发展。今后，在屠宰检疫上，将逐步按这一模式在全国广泛推行。

按 40 号文件要求，把生猪屠宰检疫全面抓起来，要坚持做到到点检疫，切实加强宰前环节的检疫，对实施"自检"以外的所有屠宰厂、肉联厂，农牧部门要切实负起检疫责任。在屠宰厂、肉联厂自检问题上，农业部门要充分履行好自己的职责。

两厂实行自检，并不等于农业部门就没有责任。相反按照检疫是政府行为这一要求，农业部门的责任更大了。当前，一定要做好4件事：第一，农业部、内贸部要协调确定自检范围，但是，这个范围的确定，是以各地申报的两厂情况作基础的，为此，农业部专门发了个通知，要求各地最迟不晚于本月底前，把两厂的情况摸清摸透上报部里，便于我们在协商中正确把握和决策。各地应把下列情况报告清楚：一是有一定规模的国有大中型屠宰厂肉联厂数量；二是两厂自检的数量；三是改变经营性质和方向的两厂数量；四是全省定点屠宰厂（点）的数量，其中：经当地政府同意或发文明确规定，屠宰检疫由农业部门负责的数量；五是近几年有违法经营活动的屠宰厂数量。第二，在摸底的基础上，按防疫条件要求，逐个进行审查，凡不符合防疫条件要求的，一律不能作为自检范围来确定；第三，要把这些情况向当地政府进行汇报，得到各地政府的重视与支持，使他们在审查批准时，充分尊重和考虑农业部门的审核意见；第四，各地对两厂由农业部门依法实施检疫的地方，以及实行屠宰和检疫管理相分离的地方，这种情况要在当地政府的统一领导下，结合实际，保持稳定。

同时要指出的是，屠宰厂自己所有的产品即自购、自宰、自销的才存在"自检"问题，代替他人屠宰，产品为别人所有，对这部分产品的检疫已经是面向社会的执法工作，根据《中华人民共和国行政处罚法》规定，屠宰厂无权检疫、收费和处罚。

#### 4. 配合政府搞好定点屠宰

40号文件再一次重申了"十六字方针"，既肯定了多种经济成分并存的经营格局，也明确了检疫工作的管理原则，这两个问题解决不好，不利于深化生猪流通体制改革，不利于社会主义市场经济体制的建立。强化政府行为，是建立市场经济体制的重要组成部分。

在定点问题上，40号文件阐述的非常清楚，明确了政府在定点中的领导地位，又要发挥农业部门的作用，所有的屠宰厂必须经过农业部门的动物防疫审查，而且也需要多个部门参与才能定点，达到了政府决策的目的。各级农牧部门要做好四件事：

一是按国办40号文提出的定点原则，省、地、县级农牧部门要积极进行对屠宰单位和个体屠户调查摸清底数工作，结合实际提出切实可行的定点方案，提交给政府。

二是对拟纳入定点方案的屠宰单位和个体屠户的场所、环境设施、屠宰工艺及检疫条件进行动物防疫条件审查，并按程序认真核发《动物防疫合格证》，没取得该证的任何单位和个体户，不能定点，也不能从事经营性屠宰工作。

三是主动争取当地政府对定点工作的重视与支持，争取农牧部门提出的方案能够得到政府的采纳与确认。

四是对已经确定的定点屠宰厂（点），要按防疫要求进行清理整顿，帮助指导他们改进工艺，补充设备，加强防疫卫生设施建设，提高屠宰肉品的卫生质量，对经整顿仍未达到要求的，不得列入方案。

### 四、集中全力，强化措施，确保防检疫工作落实到位

针对目前兽医防疫检疫工作面临的形势，控制动物疫情，降低畜禽发病死亡率，仍然是兽医防检疫工作的重中之重，一切工作都要围绕这个目标来开展。动物疫病控制不住，既影响畜牧业生产大局，其产品也将危害社会。农业部门的责任是向人

民负责，对这一点，认识上要高度统一，不能把注意力过多地集中到某些检疫环节的扯皮上，应集中全力把基层防检疫工作和产地检疫工作落到实处。乐山经验为我们提供了有益的启示，防疫工作是政府行为，全面推行防疫目标管理责任制是工作的重点。目前，各地已进入动物秋季防疫的关键时刻，这次会后，各地农业部门要积极动员起来，把秋季防疫这一仗打好，切实提高防疫密度和质量，有效地控制疫情发生。产地检疫工作在乐山会后各地行动的比较好，但还有不少地方工作没有跟上，忽略了产地检疫在整个防检疫工作中的重要作用。因此，在产地检疫开展比较差的地方，当地农业部门要明确责任，制定目标，狠抓落实，力争用两年时间，把产地检疫面扩大到100%。通过加强这两方面工作的力度，把动物疫病控制在原发地，防止向社会扩散。与此同时，我们还将加强生物制品的生产和经营工作。加大投资，改造和新建两个生物制品厂，提高疫苗质量和生产数量，保证疫病防制效果。防检疫工作搞好了，是我们继续理顺屠宰检疫体制，与国际接轨的基础要切实抓好基层站的三定工作，建设好基层队伍。多年来的实践证明，基层队伍的状况如何与防检疫的关系极大，哪个地方队伍稳定，防检疫工作就能落到实处，反之，则防疫不能落实，疫情大流行，这方面的教训是十分深刻的。因此，抓好基层队伍建设是抓好防检疫工作的根本所在，基层队伍稳定了，防检疫工作的大局也就稳住了。但基层队伍要稳住，三定工作的落实是个关键。今年，农业部把基层站的三定工作作为部里的头等大事，放在非常重要的位置来抓。目前，基层站三定工作问题较多，其中最突出的是经费问题。因为乡镇畜牧兽医站过去是集体的，国家基本没有拨款，

而三定工作的核心是解决编制与经费，经费不落实，编制也是空的。在目前各级财政偏紧的情况下，增加了工作的难度。各地一定要抓住机遇，争取当地政府的理解和支持，下决心在这个问题上有所突破。

同时，也要理顺乡镇站管理体制，在财务、业务、人事管理上，要坚持县级主管部门管理，这一点一定要明确，否则，即使三定落实，管理体制不理顺，也很难发挥好基层站的作用。

此外，目前基层站的基础还很薄弱，无论是队伍素质，还是工作手段，都不能适应畜牧业实现增长方式转变的要求，因此，在今后一个时期要把提高队伍和手段建设作为重点，共同努力，力争在这方面有新的进展。基层兽医站、检疫站要与屠宰场、点脱钩，以便集中精力搞好检疫工作，更好地完成部分执法任务。近几年，在各级政府支持和农牧部门努力下，防检疫队伍素质提高很快，绝大部分检疫员、监督员能够按国家规定，勇于执法、严于执法，涌现出许多感人的事迹，应该说，我们的执法队伍整体素质是好的，这才有效地保证了整个防检疫和监督工作的开展。但是，我们也应看到，各地的执法工作发展不平衡。有的地方工作仍然落后，甚至经常出问题，事故频繁。究其原因，部分执法人员素质不高是其重要因素。从各地各种渠道反映的情况看，少数执法人员法制观念淡薄，业务水平低，导致工作中出现各种违章违规事件。

从现在起，我们将集中一段时间，拟定防检疫执法队伍的整顿方案，分期分步地进行清理整顿，对不适应在执法岗位上工作的检疫员和监督员，应取消他们的执法资格。同时我们将在《牧业通讯》《中国动物检疫》上开辟"执法专栏"，宣传我们行业执法先进人物和事迹，鞭挞一些违法现象和

事例，把执法工作提高到一个新水平。

各地要认真学习十四届六中全会精神，把精神文明建设作为这次整顿队伍的重要内容持久抓下去。在工作中，坚决杜绝只收费不检疫和只收费不服务的现象在我们行业出现。明年适当时候，部里要组织有关部门和新闻单位进行大检查，对防检疫工作做得好的单位和个人进行表彰，对工作差的进行批评。

最后，我要强调一下与有关部门合作问题。与有关部门合作好，共同搞好屠宰和检疫管理工作，是党中央、国务院和广大群众对我们的期望。这方面，要特别注意主动与内贸部门协商配合，争取在最大范围达成共识。我们与工商行政管理部门一直合作得很好，今后要保持这种良好的合作关系，共同打击违反国家规定开展屠宰、加工、经营畜禽及畜禽产品的单位和个人。如果各部门继续通力合作，国办发40号文件一定能贯彻落实到实处。我们的工作必将得到各级领导的更加重视和广大群众的衷心拥护。

# 关于无规定动物疫病区示范区项目建设有关问题的说明

(2001 年 11 月)

**一、建设无规定疫病区示范区，是我国加入世界贸易组织后畜牧业与国际接轨的重要一步**

我国正式加入世界贸易组织后，随着大量国外资金、技术的引进以及国际间畜产品的贸易自由化，我国畜产品贸易将融入全球化市场，给畜牧业生产创造良好的发展机遇。但与此同时，我国畜牧业生产及其相关产业也将面临前所未有的挑战。根据我国政府的承诺，加入 WTO 后要逐步减让关税和放开市场，消除畜产品输入的贸易性壁垒，国外畜产品跨入国门的门槛正在降低，国内畜产品市场竞争将日趋激烈，我国畜牧业生产可能受到较大冲击。

要解决这个问题，我们必须运用 WTO 的规则趋利避害。实施《卫生与植物卫生措施协议》（SPS 协议）是 WTO 各成员维护畜产品贸易的最为重要的准则。该协议明确规定各成员有权采取必要的动植物卫生措施，以保护人类、动物或植物的生命健康，但畜产品输入国的措施不能高于在国内所运用的标准。受我国经济发展水平、饲养方式和防疫工作基础决定，我国加入 WTO 后的第一步，必须是尽快找到完善动物防疫和食品安全的措施，使我国的畜产品跨出国门。因此，在国内建立国际认可的无规定动物疫病示范区，是我国加入世界贸易组织后畜牧业和国际接轨的第一步，是一个重要的里程碑。

## 二、无规定疫病区示范区项目的建设，需要多种外部有利条件和强有力的保障措施

首先，此次无规定疫病区示范区项目建设区域的选择经过了农业部科学、严密的论证。这些地区经济相对发达，是本省和国家的畜牧主产区，品种优良、饲养量大，畜牧业产值约占全国 10%，有猪、禽、牛、兔养殖的区域优势。这些区域也是国家重要的畜产品出口基地，很多大型畜产品生产加工企业通过了出口认证。5 个区域地理位置优越。周边有海洋、江河、山脉等天然屏障，有畜产品出多进少的特点，易于封闭管理，有利于动物疫病的预防、控制和消灭，有建设无规定疫病区示范区的良好地理条件。

其次，为促进无规定疫病区示范区项目建设顺利实施，我们制定了详细的保障措施：一是加强建章立制。要求 5 个区域所涉及的 6 个省要制定出台《无规定疫病示范区建设管理条例》等配套法规，同时要制定《项目建设总体标准》、《动物疫病监测控制标准》、《动物疫病防治预案》以及《动物免疫证标识制度》等标准、规章。二是要加强领导。要求示范区内政府成立无规定疫病区示范区建设领导小组，建立目标责任管理制度，层层签订双向责任书并加强检查督促。三是要稳定队伍，提高素质。项目示范区要加强动物防疫队伍的建设，保持基层机构相对稳定，加强队伍培训教育，提高政治素质和执法水平。四是建立强有力的技术支撑体系，成立无规定疫病区示范区技术专家顾问团，健全省级动物疫病诊断中心，健全疫情监测及相关信息网络，提高疫苗保存、免疫注射、检疫检验、消毒扑杀的技术水平。五是加强宣传。在区域边界主要交通路口处建立

明显的无规定疫病区示范区标识，使出入区域的人员了解并自觉遵守项目的规定，使区域内的领导和群众能够关心、支持、配合示范区的建设。

第三，为实现无规定疫病区示范区建设的最终目标，预防和消灭项目区内规定的动物疫病，我们在建设规划中制定了详细的疫病控制措施及疫病控制方案，并把重点放在防止外来疫病控制方面：一是制定完善的疫病监测方案和应急预案，一旦有疫情传入，立即启动预案，采取紧急免疫、强制扑杀等措施，净化疫情。二是对进入区域内的动物和动物产品进行疫病的传入风险评估，建立流行病学检测和预警系统，对所有进入无疫病区有可能带入所控制疫病的动物、动物产品及其他运输工具等，制定周密的卫生控制措施。三是根据无规定疫病区示范区畜牧业生产水平较高、畜产品基本满足自产自销要求的特点，除种用动物外，原则上不调入外地的畜禽及其产品。需要调入的，也必须经过严格的检疫和隔离观察，确认健康合格、并经严格消毒后方可进入示范区。四是大力推行免疫标识制度，严格产地检疫和屠宰检疫管理，对发病动物或疑似发病动物必须彻底扑杀，并做无害化处理。

## 三、无规定疫病区示范区项目建设完成后，最终要得到国际认可

国际无规定疫病区认可的一个重要条件是建立彼此间互相信任、互通有无的良好机制，也关系着一个国家的国际形象。因此，农业部将严格对示范区进行验收。我们已经初步制定了一套包含基础设施、体系建设和制度建设在内的完整的验收标准，特别是对重点净化的 4 种疫病，不仅要求各地要有可靠的监测方案，国家级相关实验机构还将直接对示范区内畜禽进行

定期检测和不定期检查，确保疫病的防治效果。总的来说，就是示范区不仅要有把疫病发生降到零风险的能力，还必须真正实现国际公认的疫病消灭标准。在2002年年底验收时，对没有达到标准的，农业部将不承认其无规定疫病区示范区资格。

这里要说明一点，根据国际惯例，无规定疫病区的认定，必须要经过一定的时间没有新的病例发生，通常要确认该地区在过去1~2年中没有发生过疫情。而在被确认的无规定疫病区一旦发生疫情，也要在最后一个病例发生后等待一段时间后才能重获无疫状态。因此，我部将在无规定疫病区示范区项目建成后，对项目区内的疫情，单独编制兽医公报，一旦发生疫情，及时对畜产品的输入国通报，通知其采取必要的防范措施，以树立我国畜产品对外贸易的良好形象。

# 改革核心是引入官方兽医制度
## ——访农业部畜牧兽医局局长贾幼陵

（《农民日报》2003年03月12日）

近一个时期以来，重大动物疫病防治和动物性食品安全已经成为世界性的问题。对于我们国家来讲，加入世界贸易组织已有一年多了，按照承诺我国兽医工作必须遵守《实施卫生与植物卫生措施协议》（SPS协议）、世界动物卫生组织（OIE）的《国际动物卫生法典》、联合国粮农组织/世界卫生组织（FAO/WHO）的《国际食品法典》等规定；另外，我国畜牧业有了飞速发展，且已成为农民增加收入的主要来源，兽医卫生工作的重要性日益凸显出来，在这种新的形势下，我国畜牧兽医管理体制的弊端也越来越显现。那么，我国的兽医管理体制该如何进行改革？朝着什么样的方向改革呢？带着这个问题，记者日前走访了农业部总经济师、畜牧兽医局局长贾幼陵。

贾幼陵说，兽医行业作为一个具有很强行政特点和较高技术要求的特殊行业，目前我国对动物疫病和畜产品安全监管的行政能力和执法作用亟待加强，兽医管理体制改革已是十分必要了。他认为，针对我国兽医管理体制的诸多弊端，结合我国国情，引入国际通行和公认的官方兽医制度应是兽医管理体制改革的核心和关键。

贾幼陵介绍说，国际上动物疫病防治和动物性食品安全管理有很多成功的经验，特别是美国、欧盟、澳大利亚以及亚洲的日本、韩国等，在管理上有着明显的共性。首先，他们都是依据OIE主持制定的标准、准则或建议，在本国的法律和标准体系中，突出了兽医统一的、全过程的管理，即不仅包括饲养、屠宰、加工、运输、储藏、销售、进出口的全过程，也包括相关的场所、环境、设施、工艺、操作规程和操作方法，还包括了科研、实验、检验机构以及兽医诊疗管理、动物福利各个方面。这种管理方式较好地保证了动物产品生产全过程的兽医监督，把动物疫病防治和动物性食品安全的风险降到了最低水平。其次在管理体制方面，他们基本上都采用了兽医机构"垂直"管理的制度。据OIE对143个成员的调查，65%的国家采取国家垂直管理的办法，另外还有7%是省或州内的垂直管理。这样，就打破了地区分割，防止了人才、技术、设施重复设置的资源浪费，也消除了地方保护主义的影响。

那么究竟什么是官方兽医制度呢？贾幼陵介绍说，按照OIE的定义，官方兽医制度是指由国家兽医行政管理部门授权的兽医，对涉及动物健康和人类安全的动物、动物产品、生物制品等进行兽医卫生监督管理，并承担相应责任的一种制度。官方兽医制度的主要特征是：由国家考核任命和授权的兽医官作为动物卫生监督执法主体，通过实行全国的或者省级的垂直管理，对动物疫病防治及动物产品生产实施独立、公正、科学和系统的兽医卫生监控，保证动物及动物产品符合兽医卫生要求，切实降低疫病和有害物质残留风险，确保畜牧业生产和食品安全，维护人类和动物健康。在动物卫生管理工作中，官方兽医拥有很大的权力。因为官方兽医是在国家授权之下行使职权，他不仅有权对动物及动物产品生产全过程实施动物卫生措施的情况进行独立有效的监督，而且还负责签发相关的动物卫生证书。目前，官方兽医制度已经成为评价一个国家动物卫生管理能力的主要指标，是畜产品安全监管能力国际认可度的重要标志。

贾幼陵认为，首先，在兽医体制改革中，我们可以把加强行政机构作为一个重点，逐步建立起一支高效精干、责和权统一的代表国家行使兽医管理的官方兽医队伍，主要从事动物疫病预防与控制、兽医医政、兽药药政等政策法规的制定与执行，重大项目、计划的规划和实施，以及对各有关兽医机构动物防疫、检疫、流行病学调查等工作的监督管理，从而将动物防疫和畜产品安全责任明确到人，通官方兽医的统一组织，实现既有很强行政命令特点，又有很高技术含量的兽医管理工作的协调运转，追求最高的工作效率和国际认可度。

在官方兽医制度的基础上，实行畜产品卫生质量的全程监管制度。为适应出口形势的需要，对大型饲养企业可以实行官方兽医派驻制度，对其生产条件、生产程序、饲料、兽药、疫苗的使用进行全过程监管，在规模化屠宰加工企业也派驻官方兽医，对其兽医卫生工作全程监督。

其次，实行适度垂直管理。根据动物疫病流行不同地域的特点，为实现动物防疫和畜产品安全工作地区间的协调统一，应当借鉴国际经验和总结各地县级垂直管理改革取得的成效，实行更高层级的兽医垂直管理制度，从而有效消除地方保护主义影响，为动物疫病的准确监测、诊断和快速扑灭提供组织保障。由于我国地区间差异较大，垂直的方式，可以采取国家和省分级垂直管理的方式，以减少兽医管理部门的重复设置，避免地区之间的矛盾，提高行政效能。

第三，从业兽医应与官方兽医严格分开，实行执业兽医制度。在兽医体制改革中，应当在加强管理的基础上将经营和诊疗切实推向市场，实行市场化运作。但是，这必须以开展兽医资格认证制度为保证，建立起全民防疫的机制。即除官方兽医外，对所有从业兽医进行资格认证。具有兽医资格的人员，在获得开业、处方权的同时，也必须履行疫情报告等法律规定的义务，承担主管部门赋予的公益性职责和官方兽医交付的各项防疫任务。

第四，加强基层防疫体系建设。目前，我国畜牧业分散饲养的比例还较大，在今后相当长的一段时期，县级防疫检疫机构和乡镇基层防疫机构的作用不可忽视。对于基层防疫机构，可根据工作需要，将现有乡镇畜牧兽医站从事公益性动物防疫工作的事业编制全部纳入县级，其人员由县畜牧兽医站派驻乡镇，在各乡镇站的基础上设立县畜牧兽医站防检点，防检点和县站实行垂直管理。贾幼陵说，除了这四项重点改革内容外，从今后发展的趋势来看，在我国兽医管理体制改革中，还应当逐步理顺内外检管理体制，明确部门间职能分工，实现疫病防治和畜产品安全从动物饲养——屠宰加工——市场检查和出入境检疫全面管理，形成统一、高效、科学的国家兽医管理体制。

## 附：国外三种类型的兽医体制

世界多数国家实行官方兽医制度，但具体做法不同，称呼也不完全一致。官方兽医制度大致分为3种类型：欧洲和非洲的多数国家特别是欧盟成员属于一种类型，其官方兽医制度和OIE规定的完全一致，属于典型的垂直管理的官方兽医制度；美洲国家如美国和加拿大属于第二种类型，采取的是联邦垂直管理和各州共管的兽医管理制度；澳大利亚和新西兰等澳洲国家属于第三种类型，采用的则是州垂直管理的政府兽医管理制度。

德国作为欧盟成员，实行的是典型的垂直管理的官方兽医制度，即德国最高兽医行政官员为首席兽医官，统一管理全国兽医工作，州和县（市）的兽医官都由国家首席兽医官统管，并以县（市）级兽医官为主行使职权，每个县市都设一个地方首席兽医官和另外三名兽医官，分别负责食品卫生监督、动物保护（健康）和动物流行病等三个方面的工作，兽医官只与当地发生业务联系，而不受地方当局领导，以保证其公正性。

美国动植物卫生监督局是联邦最高的兽医行政管理部门，其局长为最高兽医行政长官，由农业部副部长兼任。其总部设有若干高级兽医官和助理兽医官，分别负责全国动物卫生监督、动物及动物产品进出口监督和紧急疫病扑灭三方面的工作。此外，该局还在全国设了（东、中、西）3个区域兽医机构，分别管理分布在全国各地的4个地方兽医局。地方兽医局具体负责当地动物调运的审批、免疫接种的监督、动物登记和突发疫情的扑灭工作。地方兽医局的主管为地方兽医主管，下设3～5个助理兽医官，划片负责相关地区的兽医卫生监督工作。

# 禽流感疫情的应对和挑战

（2004 年 6 月 25 日）

## 一、禽流感发生概况

此次禽流感是亚洲国家全面暴发后波及我国的，今年 1 月 27 日至 2 月 19 日，全国 16 个省份、37 个地市（含新疆兵团），49 个县共发生 49 起疫情，共有 14.31 万只家禽发病，死亡 12.76 万只，扑杀 902 万只，免疫 1 402 万只。一季度我国家禽业损失 180 亿元，农民人均损失 20 元，到现在已经超过 100 天没有新的疫情发生。

## 二、防治工作

中国政府对此次疫情相当重视，紧急出台了一系列积极的控制措施和严厉的处罚措施，为防治工作提供了强有力的保障。早在 1994 年，我国政府就把禽流感列为一类畜禽疫病，并且对其实行定期监测，实行严格的扑杀制度和"无禽流感证书"制度，正是由于对该疫病的重视，我国家禽业取得了十分可喜的成绩，10 年来我国禽蛋产量由 1994 年的 1 079 万吨增加到 2003 年的 2 606 万吨，增长了 76%；禽肉产量由 1994 年的 755 万吨增长到 2003 年的 1 312 万吨，增长了 73.8%。

我国在防制禽流感疫情时采取了一些成功的措施，具体表现在：一是成立了全国防制高致病性禽流感指挥部；二是规定了地方以上政府防疫责任；三是实施了应急预案和有关技术规范；四是实行了高致病性禽流感疫情发布制度；五是采取免疫和扑杀相结合的防制技术路线；六是积极

开展疫苗生产、供应和储备工作；七是加强国际间的交流与合作。

正是由于采取了这些有效措施，我们的防制工作取得了阶段性成果：一是有效地将疫情控制在点上，没有造成疫情扩散；二是避免了人的感染；三是合理地保护了家禽业的发展；四是加强了家禽防疫体系的建设。

此次禽流感的暴发，亚洲地区（中国除外）扑杀的家禽总计超过 1 亿只，占家禽总量的 15%，相当于以前全世界各次扑杀量的总和，而 2003 年荷兰禽流感扑杀量约占饲养总量的 30%。我国一个季度家禽存栏总量约 50 亿只，此次扑杀量只占饲养总量的很小比例，足以说明我国对疫情的控制是十分有效的。

## 三、禽流感防治工作中存在的问题

### 1. 疫情形势依然十分严峻

我国处于周边东南亚疫情国家的半包围之中，病毒污染面广，且水域宽，水禽（我国水禽占世界 75%）长期带毒。我国东部地区处于与疫情显著相关的猛禽（如苍鹰、雀鹰等）、鸣禽（如家燕等）迁徙带，该类迁徙候鸟可成为家禽禽流感病毒的主要来源。家禽养殖点多、量大、面广，分散饲养比例高达 60%，农村畜禽混养、人禽同院较为普遍，防疫条件差。家禽及其产品的长途贩运，跨区域的大范围流动。

### 2. 疫情报告体系还不健全

疫情报告不及时，疫情信息不完整，疫

情报告不准确，疫情报告程序和制度不健全，疫情的瞒报、谎报和少报的现象普遍存在。

### 3. 兽医管理体制不顺

目前的模式是条块结合、以块为主的管理模式，形成动物防疫工作分段管理的体制，弊端是必然会导致地方保护主义，动物防控监管不统一，内外检不统一。

### 4. 基层动物防疫基础设施依然薄弱

各级动物疫病诊断实验室有效设备不足，仪器设备使用率不高，生物安全级别普遍比较低，目前约30％的县级动物防疫监督机构设施缺乏和不足。动物防疫物资储备制度还不够完善，隔离、封锁、消毒、扑杀和无害化处理的应急物资明显不足。基本冷链设施不完善，疫苗、病料样本和诊断试剂保存的冷链设施不达标。

### 5. 基层动物防疫队伍不稳定

队伍人员素质亟待提高，现有乡级动物防疫机构人员队伍中，中专以下文化程度的人员占总人员的60％。

### 6. 疫情监测的难度加大

### 7. 其他

动物疫情风险预报和应急管理机制不健全，技术标准体系不健全，动物疫病诊断技术手段落后。

## 四、对我国动物防疫工作的启示

### 1. 必须充分认识动物防疫工作的重要性

要调整防疫目标，强化政府兽医公共卫生管理职能；强化防疫责任，进一步明确政府防疫责任制和责任追究制，实现由动物疫病控制向动物卫生全方位监管；要转换防疫机制，加快立法制标工作，进一步健全动物防疫法律标准体系；要进一步整合部门职能；实行兽医卫生工作全程监管；要坚持贯彻"预防为主"的方针，既要抓好疫情处置，切实加强基层防疫队伍建设，更要落实防疫措施，打牢防疫工作基础。

### 2. 要保持动物防疫能力与畜牧业生产的协调发展

加大投入，建立健全动物防疫体系；更新检测手段，提高防治科技水平；将动物防疫能力建设作为整个畜牧业发展的基础，放在更加突出的位置。

### 3. 要建立健全动物疫情危机应对体系，建立快速反应机制，提高疫情快速处理能力

要加快突发禽流感等动物疫情危机应对的立法步伐，建立动物疫情快速预警预报系统，建立各级动物疫病预防与控制体系，负责疫情信息监测和预警预报；组建一支精干的紧急疫情控制应急队伍，建立动物防疫技术支撑体系，加大科学研究力度，建立良好的协作机制，为应急处理疫情提供技术支持；加强与卫生部门和周边区域的交流和合作；建立有效的公共沟通和公共关系策略。

### 4. 做好动物防疫工作要与改进生产方式结合起来

大力推广科学的饲养方式，引导养殖业向规模化、集约化的方向发展、促进饲养方式即生产方式的改进，养殖业也应朝规模化、集约化科学布局方向发展。

### 5. 要充分认识信息公开对动物防疫工作的积极作用

探索利用公开透明的方式推动动物防疫工作的新途径，要健全疫情信息公布制度，增强公众的信任感；加强新闻宣传的管理，以正面宣传为主，引导正确舆论；普及科学知识，加强科学防范意识；要加强对外沟通、交流与合作，提高防疫水平。

## 五、对未来禽流感防治工作的展望

### 1. 兽医管理体制将逐步理顺

国家在农业部成立兽医局，设立首席兽医官（首席兽医师）；省市县兽医行政管理机构和兽医执法监督机构与乡镇县级兽

医执法监督机构派出机构建立完善；实行官方兽医制度和执业兽医制度。

**2. 应急管理机制将逐步建立**

《全国高致病性禽流感应急预案》已颁布，《重大动物疫情应急条例》急待出台；建立完善应急反应机制要素，如疫情监测与预警预报；防疫责任制与责任追究制；并与有关国际组织进行沟通和交流。

**3. 动物防疫体系，将逐步健全**

《全国动物防疫体系建设规划》健全六大系统：监测预警、预防控制、检疫监督、兽药监察、技术支撑、物质保障系统的健全。

**4. 技术支持将逐步增强**

中国动物疫病预防和控制中心（CA - DC）；重点动物疫病国家参考实验室；区域性重点疫病专业实验室；国家兽医微生物菌/毒种保藏中心；国家流行病学研究中心。

**5. 物资保障将日趋合理**

建立国家和省级紧急防疫物资储备制度；按 GMP 标准重点扶持一部分生物制品企业的重点改造。目前通过 GMP 认证的 $H_5N_2$ 疫苗生产企业 7 家，年最大生产能力达到 56.6 亿只份。

**6. 养殖方式将逐步科学**

推进村镇建设，改善农村居住环境，引导和帮助农民逐步改变人畜共居的养殖和生活模式；探索定点和集中饲养，推行饲养场的饲养规范，推广饲养小区、规模养殖等饲养方式；提倡科学的养殖方式，防止各种染疫动物的交叉感染以及各种农兽药等有害物质的残留等；鼓励养殖户成立农民专业经济合作组织，充分发挥在动物防疫方面的组织和宣传作用。

# 在国务院新闻办新闻发布会上介绍近期中国有关禽流感的情况

(2005 年 10 月)

今秋以来，经国家禽流感参考实验室确诊，我国内蒙古自治区、安徽省、湖南省先后各发生一起 H5N1 亚型高致病性禽流感疫情。

内蒙古自治区疫情发生在呼和浩特市赛罕区巴颜镇腾家营村，共发病鸡、鸭 2 600 只，死亡 2 600 只，扑杀销毁各类家禽 91 100 只。此次疫情 10 月 19 日由国家参考实验室确诊。安徽省疫情发生在天长市便益乡梁营村，共发病鹅 550 只，死亡 550 只，扑杀销毁各类家禽 44 736 只。此次疫情 10 月 24 日由国家参考实验室确诊。湖南省疫情发生在湘潭县射埠镇湾塘村，此次疫情共发病鸡、鸭 545 只，死亡 545 只，扑杀销毁各类家禽 2 487 只。此次疫情 10 月 25 日由国家参考实验室确诊。

上述疫情发生后，农业部均迅速派出工作组，赴当地指导开展防控工作。及时和卫生部门通报有关情况，通过媒体向社会发布疫情。及时向香港、澳门有关方面，联合国粮农组织（FAO）、外国驻华使（领）馆进行了通报，以我个人名义向世界动物卫生组织（OIE）进行了通报，海峡两岸农业交流协会向中国台湾省有关民间团体进行了通报。

疫情发生地各级政府高度重视，按照《国家突发重大动物疫情应急预案》《全国高致病性禽流感应急预案》以及国家和农业部有关规定，启动应急预案，采取了一系列应急防控措施。对疫区进行封锁，严禁疫区家禽及其产品调出，严格控制人员、车辆出入。对疫点3千米范围内全部家禽进行彻底扑杀，并进行焚烧、深埋等无害化处理，同时及时向养殖户发放了补助款。对养殖场禽舍、笼具、道路环境和出入疫区的车辆、人员进行严格消毒。对受威胁区所有易感禽只实施紧急加强免疫，3省（自治区）已在受威胁区紧急免疫家禽29万只，扩大免疫696.2万只。目前，3起疫情均已扑灭，没有发现新的疫点。据卫生部通报，目前没有发现人感染高致病性禽流感的病例。

中国政府高度重视高致病性禽流感防控工作。2004年，按照"加强领导、密切配合，依靠科学、依法防治，群防群控、果断处置"的方针，成功打赢了禽流感阻击战。今年以来，针对国际禽流感疫情不断发展的形势，国家领导多次对加强禽流感防控工作做出重要指示，对防控工作都做出明确要求，国务院召开专门会议进行部署，各级政府进一步加强对防控工作的领导，层层落实责任制。

农业部全力抓好禽流感防控各项措施的落实。一是完善禽流感疫情应急机制。根据国家应急预案，制定下发了《2005年秋冬季防控高致病性禽流感应急预案》以及实施方案和应急工作程序，指导各地进一步完善高致病性禽流感应急管理机制，做好应对疫情发生和流行的各项准备工作。保证一旦发生疫情，坚决把疫情控制在疫点上。二是组织各地兽医部门开展秋冬季禽流感防控行动计划。进一步加大免疫工作力度，对所有水禽和散养禽开展集中免疫，免疫密度要求达到100%。广西、云南、新疆以及东北各省继续加大边境地区免疫力度，建立免疫隔离带。同时，开展检疫监督执法专项整治，规范禽类流通和交易秩序，避免市民和活禽接触。三是开展禽流感疫情监测。突出加强对边境地区、发生过疫情地区、养殖密集区的监测。加强对鄱阳湖、洞庭湖等大型湖泊周围，以及水库、湿地、自然保护区周围的监测。今年1～8月，全国共监测2879个规模养禽场、810个活禽交易市场以及7231个养禽农户，196个猪场和176个野鸟栖息地。共检测禽流感样品165.2万份，在安徽、湖南等地检出病原学阳性样品10份。通过监测工作的开展，为禽流感疫情的预警预报提供了科学、准确的依据。四是加强科技攻关和关键技术的储备研究。重点开展禽流感诊断试剂、新型高效疫苗的研制和推广工作，加强对禽流感流行病学规律的研究。组织开展禽流感防控新技术的普及工作，做好群众防控科普知识宣传。五是积极推进家禽饲养方式转变。专门召开全国推进畜牧业生产方式转变会议，要求各地采取有效措施，改变目前家禽饲养现状，改变落后饲养方式，提倡标准化养殖、清洁养殖、集约化养殖，改善饲养环境。六是与卫生等部门开展联防联控。特别是与卫生部建立了防控禽流感联合领导小组和工作小组，实行例会制度。进一步完善疫情通报制度，在禽流感等重大人畜共患病确诊后，24 小时之内互相通报疫情。共同开展疫情监测，相互提供所需相关样本及诊断试剂标准品。共享专家资源，加强国家禽流感参考实验室与卫生部流感实验室之间的合作研究。七是积极开展禽流感防控国际合作。会同卫生部与 FAO、WHO 建立了四方联席会议制度；及时向有关国际组织通报我国禽流感防控政策及疫情状况；积极参加有关国际和区域禽流感防控会议；对越南、泰国、朝鲜、蒙古、印度尼西亚等国家开展禽流感防控技术和物资援助。

需要指出的是，农业部依照透明的原则，一旦发生疫情，均如实进行了公布。另外，还建立了严格的疫情举报核查制度，对缓报、瞒报、阻碍他人报告疫情的，将依照《动物防疫法》予以查处。中国在高致病性禽流感的防控工作中，所实行的免疫和扑杀相结合的综合防治政策已经被相关国际组织和大多数国家认为是行之有效的。在禽流感免疫方面，我国自行研制的分别用于鸡、水禽、肉禽的 H5N2 灭活苗、H5N1 基因重组灭活苗、H5 禽流感重组禽痘病毒活载体疫苗等系列疫苗的应用，有效降低了免疫成本，保证了各种不同禽类的免疫需要；新研制的禽流感重组新城疫活载体疫苗也在进行产业化开发，这种新型疫苗价格低廉、使用方便，应用于防控工作后，将极大提高禽流感免疫效果。我部制定的 3 千米范围内的扑杀政策，在全国得到了非常好的执行，与很多国家相比更为彻底。

我国在高致病性禽流感防控工作中所采取的措施，得到了联合国和有关国际组织的好评。有关国际组织代表认为中国的有关研究成果、防控经验可以为有关国家提供很好的借鉴，中国在全球禽流感防控中发挥了重要作用。

当前，我国高致病禽流感防控也存在一些困难。一是候鸟迁徙给我国防控工作带来严重隐患。全球八条候鸟迁徙路线有三条经过我国，候鸟迁徙路经省份多，涉及范围广，迁徙途中与禽类接触频繁，可能造成家禽感染，引发疫情。二是我国家禽饲养量大。家禽饲养量 142.32 亿只，占世界总量的 20.83%。其中，水禽饲养量 37.35 亿只，占世界的 76%，发生和传播禽流感的概率较高。三是我国家禽饲养以散养为主，饲养条件差，管理粗放，防疫难度较大。

由于上述困难的存在，我国完全阻止高致病性禽流感疫情的发生是不现实的，一些省份仍有发生疫情的可能。但是，目前我国完全有能力在发生疫情后迅速控制和扑灭疫情。今年以来，加上 6～8 月发生在新疆、西藏的 3 起家禽疫情，我国共有 5 个省（自治区）的家禽发生禽流感疫情，都迅速把疫情控制在疫点之内，没有扩散蔓延。青海省发生的 1 起候鸟疫情，也没有感染到家禽。

下一步，农业部将按照国家总体部署，进一步完善应急预案，建立健全突发动物疫情应急机制；认真落实秋冬季各项防控措施，加大各项工作力度；抓住关键环节，切实加强重点地区防控；大力提高防控工作的科技水平，做好防控新技术的普及工作；积极推进家禽饲养方式转变，改善饲养环境；加快推进体制改革和机制创新，完善动物防疫体系。

# 把维护人的健康摆在动物防疫首位

(《中国兽药》2007 年 3 月)

2007 年，要坚持以人为本，把维护人的健康摆在动物防疫的首位，坚持预防为主，牢牢把握防控工作主动权。重大动物疫病防控 要进一步完善应急机制，2007年各级兽医部门要进一步完善制定应急方案，推进应急体系建设。完善应急手段，建立健全物资储备制度，加强应急预备队伍培训和演练，提高应急处置能力。完善禽流感和口蹄疫免疫方案，规范免疫程序，组织好全国免疫大检查，提高免疫密度和质量。制定养殖小区和中小规模养殖场兽医卫生管理制度和方案，提高防疫水平。切实做好调运奶牛的强化免疫和隔离检疫，有效防止调运动物发生疫情。进一步加强重大动物疫病监测，完善疫情监测方案，规范采样送样和阳性畜禽处置工作。加强疫情报告，强化风险分析和预警预报。加大狂犬病、布鲁氏菌病、血吸虫病和奶牛结核病等人畜共患病防控力度，落实强制免疫政策，实施扑杀净化措施。针对近年来猪"高热病"的暴发情况，要研究部署防控工作，尽快制定防治技术规范，及早动手、争取主动。进一步完善重大动物疫病防控定点联系制度，加强对各地防控工作的监督检查和指导。加大兽医实验室生物安全监管力度，依法查处违法从事病原微生物实验活动的行为，严防高致病性微生物扩散。动物卫生监督要推进动物标识及疫病可追溯体系建设，建立和完善动物标识及疫病可追溯体系，是今年中央 1 号文件提出的明确要求，也是 2007 年农业部确定的为农民办理的 16 件实事之一。农业部将认真贯彻落实中央 1 号文件要求，依据《畜牧法》《畜禽标识与养殖档案管理办法》及有关规定，全面推进动物标识及疫病可追溯体系建设，按照农业部部署，完善"6 个系统"（即技术支持系统、信息采集系统、监督检查系统、屠宰检疫系统、兽药标签监管系统、机构队伍支持系统），切实提高动物卫生监督执法能力和水平，有效防控重大动物疫病，保障动物产品质量安全，保护健康养殖业发展。同时，加快推进动物卫生监督体制改革，全面加强动物卫生监督体系建设。要加强对动物及动物产品生产、运输、加工、储存、销售等环节的监管，切实规范产地检疫和屠宰检疫工作，严禁病死动物和检疫不合格动物出场出户。农业部将在全国开展证章标志清理整顿工作，开展检疫证明电子出证试点，强化、规范动物防疫监督检查站和检查站协作协查工作。兽医管理体制改革 6 月前组建完成三级机构，按农业部要求，目前还没有出台兽医管理体制改革方案的省份，争取尽快出台；已出台改革方案的省份，2007 年 6 月前要组建完成省、市、县三级兽医行政管理、执法监督、技术支持机构。要始终把机构编制和经费保障问题作为改革的关键，切实解决畜牧兽医机构编制问题，完善动物防疫经费保障机制。要积极推进官方兽医制度、执业兽医制度建设。要突出抓好乡镇畜牧兽医站建设，稳定基层防疫和畜牧技术推广队伍，健全村级防疫网络。无规定动物疫病区建设要组织开展监测与评估。2007年，重点开展监测与评估工作，按照国际标准逐步推进国际认证。同时尽快建立和完善动物标识溯源系统，提升畜禽产品国际竞争力。要通过推进无规定动物疫病区建设，有效防控重大动物疫病，促进对外贸易，推进畜牧业产业升级。兽药行业监管要坚决淘汰不达标企业和产品。

当前我国畜产品安全问题日益突出，特别是兽药残留和养殖过程中使用各类违禁物等安全隐患还远未消除。因此，农业部要求严格执行兽药行业准入制度和准入条件，坚决淘汰达不到准入条件的企业和产品。加强对兽药生产企业的监督，建立兽药企业监督员和兽药企业巡查制度，建立和完善兽药生产企业产品质量责任制，逐步建立企业诚信档案和不良信用记录公开制度。农业部要求认真实施兽药经营质量规范（GSP），坚决把非法兽药产品彻底清除出兽药市场。对兽药经营环节加大监督检查力度，全面清查列入兽药地方标准废止目录产品，加大兽药使用环节监管力度。着手开展兽药使用管理、处方药和非处方药管理等试点工作，逐步建立养殖企业和农户用药记录制度，建立兽药使用档案，建立残留超标产品追溯制度。严厉查处禁用兽药和化合物。要重点抓好重大动物疫病疫苗质量监管，严格执行各项监管制度。加快制定兽药行业发展规划，完善兽药行业发展宏观政策，调整兽药产业布局，积极支持大型兽药企业发展，提高兽药行业自主创新能力。

# 高致病性猪蓝耳病活疫苗使用策略

(2007年6月)

高致病性猪蓝耳病是我国近几年新发生的严重威胁我国养猪业的头号疫病。一方面，疫苗免疫接种，特别是活疫苗免疫接种是目前有效控制疫情，降低发病率和死亡率，保障养猪业持续稳定发展的主要防控措施。另一方面，发达国家使用疫苗扑灭动物疫病的成功经验告诉我们，疫苗免疫只是消灭和净化疫病的过渡手段，最终净化和根除疫病的前提是停止使用疫苗。因此，使用高致病性猪蓝耳病活疫苗应综合考虑以下因素和使用策略。

## 一、猪蓝耳病病毒存在基因重组现象，多种活疫苗同时使用可能增加基因重组的风险

研究证实，目前流行的甲型H1N1流感病毒含有人、禽、猪3种来源的流感病毒基因，三者基因之间的重组导致新的甲型H1N1流感的暴发。猪蓝耳病病毒也存在基因重组现象。早在1998年和2001年美国明尼苏达州就曾报道猪蓝耳病病毒野毒株的基因重组现象，此后科学家的实验

室研究结果也进一步证实该现象的存在。

若多种猪蓝耳病疫苗毒株在田间同时使用，疫苗毒株间的基因重组既可能导致新的弱毒疫苗株的出现，干扰现有疫苗的使用与跟踪，也可能产生新的强毒株，造成新疫情的暴发和流行。鉴于此，美国FDA一方面只批准美洲型猪蓝耳病活疫苗在勃林格一家公司生产，另一方面该公司使用的疫苗毒株只有2个，分别针对美国流行的2种不同亚型的猪蓝耳病病毒。

## 二、所用疫苗必须具有遗传标记，便于跟踪监测和评估

Hanada等学者分析研究了过去十多年间分离鉴定的猪蓝耳病病毒的全基因序列，发现由于猪蓝耳病病毒自身缺少复制校对机制，导致其变异速度较之其他RNA病毒要快得多。因此，在高致病性猪蓝耳病活疫苗使用过程中，为了及时了解疫苗毒在临床使用过程中可能的毒力变化以及监测疫苗能否有效应对病毒变异，要求上市疫苗必须具有特征性遗传标记，且该标记遗传稳定，易于检测，以便于使用过程中的跟踪监测和评估。我国研制的高致病性猪蓝耳病活疫苗（JXA1-R株）具有此特性。

## 三、使用策略

目前，我国猪群中流行的猪蓝耳病病毒包括经典猪蓝耳病病毒和变异的高致病性猪蓝耳病病毒。农业部正式批准的预防经典猪蓝耳病病毒的活疫苗有2种，但均不能预防高致病性猪蓝耳病；批准临时生产的高致病性猪蓝耳病活疫苗（JXA1-R株）经实验证明既能预防高致病性猪蓝耳病，又能预防经典猪蓝耳病。综合考虑上述因素，建议推荐使用具有遗传标记和监测手段的高致病性猪蓝耳病活疫苗（JXA1-R株）预防高致病性猪蓝耳病和经典猪蓝耳病，严格限制在我国猪群中同时使用多种活疫苗。

# 我国动物疫病防控逐步适应公共卫生和畜牧业生产的需要

(2007年8月)

## 一、我国猪业发展概况及趋势分析

改革开放以来，我国猪业取得了长足的发展，猪肉年产量从1980年的134.1万吨增长到2006年的5 197.17吨，增加了4 063.1万吨，增长了5.38倍，占世界猪肉总产量的比重也不断增大，2006年达到50.1%。1980—2006年的20多年间，我国肉类消费结构发生了深刻变化，已从单一的猪肉消费逐步转变为多种肉类消费，猪肉占整个肉类消费比重不断下降，由1980年的88.8%降到2006年的64.5%。而禽肉及牛羊肉消费比重逐渐上升，分别由1980年的5.1%和5.6%上升到2006年

的 18.7% 和 15.5%。从未来发展态势来看，我国内地的猪肉消费比重还会进一步下降，但我国城乡居民自身的肉食消费传统、习惯及饮食、烹调方式决定了猪肉仍是广大人民消费肉食品的首选，其下降空间会越来越小。例如，我国台湾地区的畜牧业较为发达，近十年来，岛内猪肉产量占肉类总产量的比重一直维持在 59% 左右；从全世界来看，1980—2005 年猪肉的比重一直稳定在 39% 左右。预计我国大陆地区将会保持在 64% 左右，不会有大的下降，而且这个比例会保持相当长一段时间。

2007 年以来，猪肉的价格一直走高，并居高不下，引起了全社会的高度关注。造成 2007 年猪肉价格上涨的原因，我认为主要有以下几个方面：一是饲养成本增加。目前的饲料成本与 1999 年相比，玉米价格上涨了 46%，鱼粉上涨了 25%，每吨饲料整体价格上涨了 350 元。另一重要方面是劳动力成本上涨，1999 年全国农民人均纯收入为 2 210 元，到 2006 年上升 3 587 元，上涨了 62.3%。与此同时，国内规模化养殖场迅速增加，统计数据显示，1999 年生猪的规模化养殖场只占全部养殖场（户）的 20%，2006 年上涨到 43%，由此带来劳动力成本在养猪生产成本中的比重上升，上升值达到 10% 左右。同时，规模化养殖数量的增加，也使养猪业对配合饲料的依赖性大大增强，从而也带动了养殖成本的提升。二是去年猪肉价格和猪粮比持续下跌，导致养猪利润大幅下滑，严重影响了养猪户的积极性。一直以来，玉米价格在猪粮比重中（价格中）可占到 70% 左右，即使在规模化养殖日益普遍的今天，也可占到 60%。所以，从 1997—2006 年玉米的价格和猪肉的价格基本上是同步的，但在 2006 年 5～7 月之间，玉米处于高位，但猪价则达到了 1999 年以来的最低位，猪粮比降到 4.37 左右，养猪利润下滑，甚至亏本（据调查，2006 年养一头母猪平均赔本 500 元），这使老百姓养猪积极性受到了很大的打击。三是高致病性蓝耳病等猪病的发生引起了部分养猪户的恐慌，一定程度上影响了发病地区养殖户补栏的积极性。

总之，饲料价格上涨等因素导致饲养成本增加与去年猪肉价格下跌的双重因素叠加，再加上高致病性蓝耳病在一些地方造成的三重因素叠加，导致生猪产业利润下滑，甚至亏本，引起大量宰杀母猪，仔猪补栏不足，从而造成今年猪肉市场供应不足，再加上饲养成本持续增加，致使猪肉价格不断上涨。

当前的养猪业发展阶段对猪业生产而言，到底是一场灾难还是一场机遇，我认为可以用一句话来说，那就是"灾难已经过去，而机遇正在到来"。灾难是在去年的 5～6 月份。当前，猪业形势和市场价格波动已引起党中央国务院的高度重视，政府将会不断出台各项宏观调控措施。在 2006 年猪价最低时，重庆市曾出资 3000 万来扶持养猪户，特别是母猪户；四川省也拿出大量资金来保护养猪户的积极性，这两个地区也都有"猪高热病"的发生。结果这些地方母猪存栏、生猪存栏及出栏量都是增加，而其他省（直辖市、自治区）都出现下滑态势，所以政府的及时调控应该是确保养猪业平稳发展的很重要的措施之一。因此，我想应该说目前阶段是养猪业发展的一个机遇。

但同时，我也感觉到养猪业需要的不是这种大起大落，而是需要平稳的发展。我们希望过了这一价格波动期后，生猪及猪产品的价格不要降得太低，而是稳定一个相当长的时期，这样才能迎来养猪业发展的黄金时期。

## 二、重大动物疫病防控情况（摘录仅为高致病性猪蓝耳病的情况介绍）

动物疫病的发生，易造成畜产品市场波动，阻碍畜产品出口，直接影响到畜牧业的健康发展和农民增收，同时也严重影响公共卫生安全。2007年，高致病性蓝耳病在国际上造成很大的影响。当前，世界上许多国家都在询问此事，比如英国现就考虑是否禁止中国猪肉出口。同时，它对社会的影响也与日俱增，已成为媒体关注的焦点。

现在我就重点介绍一下高致病性蓝耳病的防控情况。2006年，我国内地约有19个省发生"猪高热病"疫情，但确切数字因种种原因很难统计，全国2007年补报的发病总数为99万头，但我们还觉得偏少，有漏报。即使如此，该发病数仅占目前生猪存栏量的0.2%，而猪只正常情况下的死亡率为6%～8%，因此，应该说目前的发病率及死亡率还是在正常的可控范围之内。但因在该疫情发生伊始，老百姓不知是什么病，而专家也无法给出一个确切的诊断结果，所以在社会上引起了极大的恐慌。再加上，该病的死亡率比较高，如一些养猪场存栏猪发病死亡率可高达90%以上，其中育肥猪可达50%左右，并且此次疫情多以中小规模养猪场及散养户为主，基本占到发病的80%以上，这就使恐慌程度更为加剧。同时，该病多会继发有其他疫病的感染，如猪瘟、伪狂犬病、细小病毒病及圆环病毒病等，这也使一些专家在疫情初期认为"猪高热病"不仅仅是蓝耳病，而是多种病的混合。但经过农业部组织专家联合攻关，从病毒、细菌、血液寄生虫等三个方面对"猪高热病"的病因进行调查，通过对分离到的病毒采用全基因序列分析、回归本动物感染实验等技术手段，于2006年10月初步分离到10株变异蓝耳病病毒。通过对10株病毒的全系列分析，专家们发现在Nsp2基因片段上有30个氨基酸缺失，这种缺失使病毒对猪的致病力大大增强。普通蓝耳病一般仅引起仔猪死亡和母猪流产，但是高致病性蓝耳病病毒在发生变异之后对大猪的致病力增强，致死率大大提高。专家们在实验室进行动物回归试验，结果证明其对77日龄的育肥猪致死率可高达57%。

2007年1月，农业部专家组最终确定变异猪蓝耳病病毒是"猪高热病"的主要病原，定名为"高致病性蓝耳病"。确定为高致病性蓝耳病后，农业部迅速组织专家开展疫苗研究。科研人员在对比15种疫苗后，最后证明所有现行的蓝耳病弱毒疫苗包括勃林格的弱毒疫苗，对高致病性蓝耳病均没有效果，甚至还有副作用。最后研究结果显示，科研人员将高致病性蓝耳病病毒灭活以后制成疫苗，其免疫效果很好。后经连续多次的比较试验证明，在实验室条件下进行高致病性蓝耳病灭活疫苗攻毒保护实验，免疫保护率达80%以上。4月29日，经农业部兽药审评中心组织专家委员会评审，认为该疫苗安全、有效、质量可控，可以安排紧急生产。5月10日，农业部正式批准新疫苗投入生产，高致病性蓝耳病病毒快速检测方法目前也已通过专家委员会评审。

当前，最主要问题是要尽快把疫苗打下去，这个疫苗仅仅是一个快速审批紧急防疫的疫苗，我们能够保证的：一是它的安全性；二是它的有效性。安全性是经过不同场的反复实验，证明仔猪基本没有反应，或看不到副反应；对于母猪进行加倍剂量副反应实验，即注射8毫升，大母猪有厌食甚至绝食反应，但两天以后恢复正常，注4毫升基本无反应。对于下一步的工作，就是要在生产和实用中进一步完善疫苗研究和生产检验规程，比如说疫苗的有效期多长、疫苗保护期多长、疫苗对仔猪后期需不需要加强保护及仔猪的母源抗体的维持时间等。因此，农业部希望现已投入生产的12家疫苗企业要与科研单位结合起来把后续工作完成。但需要强调的是，该高致病性蓝耳病灭活疫苗应用于紧急防疫肯定是没问题的。

在现行情况下，由于先期生产的疫苗不够用，主要采取以下防控措施。首先，要先行对配种前的母猪进行免疫。免疫后，所产仔猪在哺乳期间即可得到母源抗体，从而能维持一段时间。口蹄疫的母源抗体一般能维持1个半月至2个月，如高致病性蓝耳病的母源抗体按可维持1个月来计算的话，则仔猪可在断奶后再进行免疫，这样疫苗就能逐渐供应上。其次，在防疫上重点抓好长江流域疫区的免疫工作，加强疫情监测、报告。兽医局已把每个星期发生疫情县的名称直接通报给各省（自治区、直辖市），以便各地加强这方面的防

范。第三，要求各地搞好综合防疫工作。特别要加强流通渠道的控制和检疫，防止病死猪流出疫区。在农业部开始发的《高致病性猪蓝耳病防治技术规范》中有一句话"需要时可以进行扑杀"。但实际上，这是个二类病，是接触性传染病，不像禽流感、口蹄疫那样传播速度快，因此，一般情况下不需扑杀。在疫情流行之初，当时没有疫苗没有办法，有些省实施了扑杀。但是，在《农民日报》最新公布的《高致病性猪蓝耳病防治技术规范》中，已删除了"需要时可以进行扑杀"的内容。至于是否需要扑杀，由各省自己定。另外，农业部还要求在本次疫情防控中对病死猪要严格做到"四不一处理"，即"不准宰杀、不准食用、不准出售、不准转运，对病死猪必须进行无害化处理"。最后，要加强科普知识宣传，要让老百姓知道高致病性猪蓝耳病一是不感染人，二是可防可控，没有必要存在恐慌心理。

# 在全国兽药行业监管工作会议上的讲话

（《中国兽药》2007年1月）

兽药行业监督管理工作十分重要。中央领导同志多次就加强重大动物疫病疫苗监管工作作出重要批示。今年的中央1号文件对加强兽药行业管理有关工作提出明确要求。近期，农业部要求，要进一步完善兽药行政审批，严格企业监管，开展兽药市场整治，健全长效监管机制，同时，要制定兽药行业发展规划，深化兽药行业改革，整顿企

业布局和结构。这次会议的主要任务是：总结2006年兽药行业监督管理工作，分析当前面临的形势和任务，研究进一步加强工作的政策措施，部署2007年兽药行业监管工作。

**一、认清形势，进一步提高加强兽药行业监督管理工作重要性的认识**

近年来，兽药行业监督管理机制不断

完善，特别是新的兽药管理条例颁布以来，兽药监管工作提高到一个新的水平，行业监管工作明显加强。各级兽医行政主管部门和兽药监察机构，以兽药行政审批为先导，以兽药科研标准体系为依托，以兽药生产、经营、使用监管为重点，以提高兽药质量和动物性产品残留监控水平为目标，不断完善法律法规体系，推进行政审批改革和政务公开，规范兽药生产行为，加强兽药市场整治，各项工作取得显著成效。

在兽药市场准入方面，我部和各地都把兽药行政审批作为行政审批综合办公的重要内容，加强对兽药行政审批工作的管理，进一步明确兽药行政审批岗位责任，严肃行政审批纪律，提高行政审批效率和信息发布的公开性、及时性。一年来，各地严格遵守兽药行政审批规章制度和行政审批纪律，维护了兽药行政审批工作公开、公正、透明的良好形象。在近年来实施兽药GMP的基础上，各地按照我部统一部署，精心组织开展"零点行动计划"，行动中共吊销兽药生产许可证1 224个，注销兽药产品批准文号13 630个，并对相关企业严格组织查封。各地还定期对吊销生产许可证的企业进行回访检查，及时了解企业停产运转情况，防止非法生产。截至目前，全国共有1 328家兽药生产企业通过GMP验收，有1 757个兽药地方标准升为国家标准，兽药行业素质明显提升。

在兽药市场整治方面，各地按照农业部《2006年兽药市场专项整治方案》和《关于开展兽药市场集中整治活动的通知》精神，大力整顿和规范兽药生产和经营秩序。一是加强组织领导，成立兽药市场整治工作领导小组，安排兽药执法专项经费，加强部门间协调配合，为兽药行业的监管提供组织保证。二是因地制宜，结合本辖区兽药管理工作实际，制定针对性强、可操作性强的兽药市场集中整治方案，并狠抓落实。三是明确岗位责任制，完善工作制度，建立健全案件查办督办机制，狠抓大案要案查处，提高兽药行业执法效能。四是精心组织，认真落实农业部兽药质量抽查、GMP飞行检查以及重点案件督办各项工作要求，督促企业整改，加大违规企业查处力度，打击制售假劣兽药窝点。五是突出重点，配合农业部加强重大动物疫病疫苗质量监管，对辖区内科研、教学以及生产、经营、使用兽用生物制品单位进行摸底排查，严厉打击非法制售兽用生物制品行为。目前，生物制品生产得到规范，正规厂家获得发展空间，对于生物制品生产、生物安全、防止强毒散毒等各个方面都取得来之不易的成绩。六是集中清缴非法兽药产品，对非GMP企业产品、抗病毒药物、违禁药物、非法地标产品以及其他假劣兽药产品，进行集中清缴，集中销毁。七是加强宣传。利用各种新闻媒介，广泛普及兽药法律法规知识，全年共印发各种宣传材料430多万份。据统计，2006年，全国各地共出动执法人员20多万人次，检查兽药生产经营使用单位近15万个，查获假劣兽药粉散剂233.4吨，溶液剂43.3万瓶，针剂168.1万支，片剂116.1万片，假劣兽药货值2 212万元，其中抗病毒药物达到43.5吨。执法检查中捣毁制假窝点116个，吊销经营许可证1 264个。全年立案查处假劣兽药案件7 954个，结案7 111个，罚没款共计2 130万元。全年对山东齐鲁、四川精华、内蒙古金宇、河北飞龙、四川华强、武汉科洋等兽药企业违法违规生产行为进行了严厉查处，对80家兽药生产企业实施飞行检查，对23家兽药生产企业进行重点监控，有多家企业违法违规行为受到法律的制裁。

虽然近年来兽药行业监督管理工作不

断取得进展，但从 2006 年全国兽药执法检查情况看，兽药质量监管和兽药残留监控工作形势仍不容乐观。全国兽药产品质量抽检合格率仍然偏低，生产、经营和使用环节总合格率仅为 75％左右。一些兽药生产企业质量意识淡薄，管理制度不健全，监管人员水平低，执行 GMP 标准不规范，兽药产品质量难以保证。有些企业虽经过 GMP 验收，但是生产仍然在原非 GMP 车间里进行。一些地区地下窝点制假售假依然猖獗，非法兽用生物制品、抗病毒药品和禁用药品在市场上仍有流通，特别是一些废止标准的复方制剂还有很大的市场空间。一些兽药经营企业和养殖企业的购销记录和用药记录不完整，出现假劣兽药时难以追根溯源，兽药经营人员素质普遍较低，对基本的法律法规和用药知识都没有掌握。一些兽药品种标签和商品名不规范，擅自改变标签、说明书内容、夸大疗效、增加适应证的问题还很突出。畜禽养殖企业和农户盲目用药的现象还比较严重，个别地方兽药残留超标有加重的趋势，动物性产品安全状况堪忧。同时，饲料生产企业擅自添加兽药的问题，以及宠物诊疗机构滥用药品的问题也都十分严重。这有我们监管的问题，也有法律法规滞后问题，比如《兽药管理条例》规定的处方药和非处方药，因为我们执业兽医没有法律规范，现在没有办法得到贯彻，即使执业兽医得到规范了，但是执业兽医认证过程比较长，要管理好处方药也将有一个过程。

这些问题的存在，充分说明全国兽药行业监督管理工作所面临的严峻形势，也暴露出各地工作的薄弱环节。主要表现在：第一，各地对兽药行业监管工作的重要性认识不够。一些地方在企业监管和市场整治方面缺乏主动性；一些地方对违法案件查处和兽药市场整治有畏难情绪；一些地方存在地方保护现象，加大了兽药市场整治的难度。第二，地方兽药管理机构和队伍不健全。据统计，全国省、市、县三级负责兽药行政、执法和检验各类机构总人数只有 2.3 万人，相对于所承担的工作任务，监管力量较为薄弱。目前各省均未设置兽药管理专门处室，兽药专职管理人员很少。第三，一些地方兽药管理机制不完善。个别地方对兽药管理工作认识不统一，农业系统内部不同单位之间兽药管理职能存在着交叉。第四，兽药企业低水平重复建设十分严重。虽经 GMP 改造，我国兽药企业整体规模依然偏小，自主创新能力弱，兽药企业产品同质化严重，导致企业间低价恶性竞争，企业生产利润很低，行业发展缺乏后劲。2005 年全国生物制品生产销售 700 亿羽（头）份，2002 年是 400 亿羽（头）份，应该说发展很快。但是，目前我国生物制品企业是 61 家，产能超过 2 500 亿羽（头）份，仅南京一个市，生物制品产量差不多达到 350 亿～400 亿之间。目前各地仍然大量在上生物制品厂，都是现代化的，投资也很大，这样可能是脱离了低水平重复，但是管理水平仍然偏低，竞争非常激烈，很多企业在市场上是缺乏竞争力的。第五，我国兽药行业在国际竞争中处于劣势。目前国外一些大型兽药企业集团依靠品牌、质量或者产品垄断，占据了很大一部分种畜禽和宠物市场。辉瑞、英特威、礼来、富道等多家跨国大型兽药企业集团提出"本土化"发展思路，有些已着手收购国内企业。如果应对不当，国内兽药行业可能受到进一步冲击。总之，进一步规范兽药生产经营秩序，治理和净化兽药市场，全面提高兽药行业素质的任务还是相当艰巨的。

兽药行业监管工作是重大动物疫病防控工作的重要组成部分，是加强国家公共卫生安全的重要内容，是建设现代农业、推进社会主义新农村建设的一项基础性工作。兽药行业监管工作，涉及政府经济调节、市场监管、公共管理和社会服务各项管理职能，加强兽药行业监督管理工作，是各级兽医行政管理部门和兽药监察机构必须依法履行的重要职责。兽药作为一种特殊管理的商品，行政审批事项多，技术要求高，监管责任重大。同时，兽药行业行政审批和执法工作，都与兽药企业的重大利益密切相关，处理不好，既容易出现腐败问题，也容易出现政府失职渎职问题。在这一点上，"齐二药"事件、国家食品药品监督局的腐败案件都对我们有很强的警示作用。在当前全社会大力推进政务公开，集中打击商业贿赂行为的大背景下，我们一定要对当前兽药行业管理工作面临的形势有准确的判断，对失职渎职造成危害的严重性有足够的估计，对进一步加强兽药行业监督管理工作的重要性和紧迫性有充分的认识。

总之，做好兽药行业监管工作，是防控重大动物疫病的迫切需要，是促进畜牧业健康发展和农民增收的迫切需要，是维护兽药企业职工和农牧民切身利益的迫切需要，是保护人民群众身体健康的迫切需要，也是有效履行政府社会管理职能的迫切需要。各地一定要站在政治和全局的高度，坚持以人为本，坚持以科学发展观统领兽药行业管理工作，切实加强兽药行业监管工作，推进兽药行业持续健康发展。

## 二、理清思路，扎实做好 2007 年兽药行业监督管理工作

经过近年来的努力，2007 年所有非 GMP 兽药产品和大部分地方标准产品将退出兽药市场，这是全面加强兽药行业监督管理工作，加大兽药市场整治力度的重要契机。今后一个时期，各地要按照"统一规划、严格准入，加强监管、净化市场，

创新制度、完善机制"的总体要求，继续推动我国兽药行业向规范化、制度化、标准化发展轨道迈进。进一步严格兽药行业准入，避免低水平重复建设和产品同质化恶性竞争，提高企业守法意识、诚信意识和品牌意识，提升全行业素质。

"加强监管、净化市场"就是要坚持行政审批、后续监管和市场整治同步推进。要在规范行政审批，坚决把不符合要求的企业和产品淘汰出市场的同时，对通过审批企业加强后续动态监管，提高兽药生产环节质量控制，保证企业合法生产行为，提高兽药产品质量。要抓紧制定并实施《兽药 GSP 规范》，进一步加大兽药市场整治力度，严厉打击制售假劣兽药行为。

要在抓好各项业务工作的同时，探索兽药行业监督管理工作的长效机制。要进一步加强兽药法制建设，完善兽药管理法规标准体系。进一步明确中央和地方兽药管理分工，通过委托执法等办法，强化省、市、县三级执法职能。积极争取各级政府出台兽药行业发展方面的指导性意见，为兽药行业加快发展争取政策支持。

2007 年，各地要进一步统一思想，提高认识，抓住机遇，扎实工作，切实抓好以下几项工作。

### 1. 严格执行兽药行政审批规范

这是严格兽药准入，实现优胜劣汰，提高兽药行业整体素质的基本前提。要继续建立健全规章制度，严格执行行政审批程序，严格行政审批岗位责任制，严肃行政审批纪律，切实加强兽药生产企业 GMP 检查验收以及兽药生产许可证、兽药经营许可证和兽药产品批准文号审批等行政许可管理。要坚持原则、坚持标准、坚持以科学的数据资料作为审批依据，坚决淘汰达不到标准、不符合要求的企业和产品。要加强审评队伍建设和管理，提高审评人员政治思想和业务

素质，加强内部制度建设，严格执行兽药行政审批规章制度和程序，做到审评过程公开、公正、透明，自觉接受社会监督、企业监督和群众监督，坚决杜绝腐败案件发生。在这里我要强调一下兽药审评的理念问题。我国目前在兽药审评理念上有些误区，与国际通行的兽药审评理念存在一些差距。一是化学药品和生物制品应采取不同的审批管理制度，生物制品是为重大动物疫病防控服务的，而化学药品与人的健康密切相关，与食品安全密切相关，管理层次是不一样的。而我们在管理上把其归纳为一种方法，一种理念，这是一个缺陷。二是食用动物和非食用动物所用药物管理应采取不同审批管理制度。对非食用动物药品管理要求应明显的偏低，因为非食用动物药物管理的目标是为了动物健康，与人的健康无关。而对于食用动物用药的审批就要从审批理念上一定要有全方位考虑，如果只为兽药生产者赚钱，只为农民养猪赚钱，不考虑其他后果，那样的理念就会出现重大偏差。三是对抗病毒药物的使用要慎重。比如去年我们及时制止了金刚烷胺的使用，较好地控制了使用范围，还没有造成变异，也没有造成灾难后果。所以说对抗病毒药物的使用，既要看抗病毒药物对病毒本身的作用，更要看病毒药物会不会造成人类防疫上的灾难。四是对生物制品的审批，除了在紧急防疫时开通绿色通道外，一定要加强生物制品风险评估，包括环境安全、实验室安全、使用安全等。五是对行政审批工作，既要依法，也要依据技术规程，不能随意审批。在行政审批上要严格程序，每一个程序要有科学依据，审评程序上要有科学的理念和严格的标准。

**2. 加强兽药生产过程的监督管理**

这是保证 GMP 生产企业规范生产行为，加强兽药产品质量控制的关键环节。

按照《兽药管理条例》，目前兽药行政审批权限基本上已经上收到中央一级。但按照现行法规规定，兽药行业监督管理工作属地管理的关系没有改变，法律赋予各级兽医行政主管部门在企业监管上的权力和责任没有改变。各地一定要妥善处理好行政审批与属地管理的关系，中央一级主要负责行政审批和大案要案的督办查办，省级要重点负责生产企业的动态监管，市、县级则重点负责市场环节和使用环节的监管。各省级兽药行政管理和监察机构，要针对当前企业在生产中存在的问题，建立和完善生产企业产品质量责任制，确保生产规范得到认真执行。要加强企业生产环境控制、原材料采购、生产工艺流程等各环节的监督，要求企业完善各类制度和生产记录。要加强生产企业质量管理机构建设和人员培训工作，监督企业严格按照质量管理文件进行质量控制，建立质量档案，严把产品质量关。要逐步建立企业诚信档案和不良信用记录公开制度，不断强化企业守法经营意识。对兽药产品质量不合格的企业，要依法监督企业进行整改，对质量问题严重和恶意造假的企业，要坚决打击，依法吊销兽药生产品批准文号和生产许可证。这里我要特别强调一下，目前虽然大量兽药行政审批权限上收到中央一级，但这不是药政管理的全部，大量的工作在省、市、县三级。首先，GMP 标准由国家认可，但是国家认可只是他的硬件，软件监管要靠省级行政部门和兽药监察所，对 GMP 生产车间、生产厂进行动态管理，随时进行检查，发现不符合 GMP 规定的，要认真检查，这是保证质量的一个关键措施。GMP 软件监管是一项长期的任务，光靠飞行检查是不行的，要靠日常监管。各省千万不要觉得没事可干，要认识到自身所负有的权力和任务。其次在经营、使用管理方面，也要靠行政机关委托动物卫生监督机构，加大市场抽查力度，对假劣兽药严厉进行查处，这是当前我们管理工作最大的薄弱环节。三是使用环节管理。使用环节是欧洲和先进发达国家最为重视的，要求处方药制度、要求有停药期，这两条把握不好，食品安全是得不到保证的。国外饲养厂大，数量少，人员素质高，管理起来相对集中，也相对容易。而我们是千家万户饲养，随意添加药物的现象较为普遍，更为严重的是添加假兽药和违禁药物的现象也有发生。加强使用环节管理我们责无旁贷的责任，也应该委托给我们基层执法队伍，建立强大的监督和举报信息网络。总之，希望大家共同努力，把兽药审批、企业监管、市场和使用环节都能抓好。

### 3. 规范和整顿兽药市场秩序

农业部已将《兽药经营质量规范（GSP）》列入2007年立法计划，有望在今年上半年出台，从而把兽药经营行为纳入规范化管理轨道。各地要抓住这一有利时机，借鉴江苏等地GSP试点的宝贵经验，加快研究制定检查验收管理办法，组织对GSP检查员的培训，为兽药GSP全面推行打下较好的基础。要建立健全规章制度，深入研究分析抗病毒药物、违禁药物以及其他假劣兽药生产、销售的不同特点，抓住重点地区和关键环节，探索兽药打假新机制，不断加大对兽药经营环节的监督力度。要加大法律知识的普及宣传力度，提高兽药经营和使用人员知法、懂法、守法的自觉意识。充分利用各种新闻媒体，加强正面引导，加大非法兽药企业和产品的曝光力度，营造兽药市场整治良好的舆论氛围，提高兽药打假群防群治能力。对质量抽查和市场检查中发现的假劣兽药产品，要按照"五不放过"原则，始终保持高压

态势。要建立健全案件举报制度、案件督办通报制度，狠抓大案要案的查处工作，进一步提高案件结案率。今年下半年，农业部将继续组织兽药市场集中整治行动，年底前再进行一次全国执法大检查。各地要精心组织，认真实施，力争通过集中整治行动，使兽药市场环境得到进一步净化。

### 4. 加大兽药使用环节监管力度

对规模化养殖企业和散养农户，要分别对待，分步实施。有条件的地区，要着手研究制定《兽药使用管理办法》《处方药和非处方药管理办法》等兽药使用环节规章制度，开展兽药规范使用试点工作，逐步建立养殖企业和农户用药记录制度，建立兽药使用档案。要先从规模化养殖企业开始，建立用药档案，逐渐向专业户扩散。要指导企业和农户合法用药、合理用药。要继续扩大兽药残留抽检范围和批次，监督养殖单位和个人严格执行休药期规定，建立对超标产品追溯制度，定期发布兽药残留状况报告。要加强对兽用精神药品的监督管理，严禁原料和成药流入非法渠道。

### 5. 加强对兽药行业发展的政策引导

随着经济全球化进程的加快，我国兽药行业面临着巨大挑战。要缩短与发达国家的差距，政府部门应当进一步加强对行业发展的政策引导。要加强兽药行业法制建设，依法行政，为兽药行业发展创造良好环境。要着手制定兽药行业发展规划，完善兽药行业发展宏观政策，积极支持大型兽药企业发展。要积极争取国家加大兽药科技攻关投入，鼓励有关兽药企业和科研单位进行联合，利用资金和技术资源互补，提高兽药企业自主创新开发能力。要扩大兽药行业国际交流与合作，密切跟踪国际兽药行业发展动态，保护国内企业优先发展的政策措施。在兽药科技攻关中科研单位和企业的联合，这件事情说起来容

易，做起来非常难。目前，社会上普遍缺乏对知识产权的认识，缺乏对知识产权的尊重。拿东西就不给钱，科技进步就没法发展。行政部门在兽药方面要支持有偿转让，加大科技含量。

这里，我特别强调一下重大动物疫病疫苗监督管理工作。重大动物疫病疫苗属国家严格质量控制的特殊商品，事关禽流感等重大动物疫病免疫的成败。中央和地方两级兽医行政主管部门都要进一步加大监管力度。要进一步严格疫苗生产企业条件，完善飞行检查制度，加大飞行检查力度。继续实行驻厂监督制度，严格执行批签发管理和防伪标签制度。要严肃纪律，对不符合生产条件和恶意造假的疫苗定点企业坚决取消定点资格，对非法自制重大动物疫病疫苗等制假售假行为，要严肃查处。各地要加大《兽用生物制品经营管理办法》的贯彻实施力度，按照有关规定，进一步规范兽用生物制品经营行为，完善兽用生物制品购销制度，加强兽药生物制品经营管理。

### 三、加强领导，切实提高兽药行业监督管理工作整体水平

兽药行业监督管理涉及宏观政策、法制建设、行政许可、市场监管、规范标准、技术支持等方方面面，工作头绪多，管理难度大，监管责任重。各级兽医行政主管部门要不断加强自身建设，努力提高兽药行业监督管理水平。

第一，切实加强对兽药行业监督管理工作的领导。在兽药行业监督管理工作中，一定要树立大局意识，强化全局观念。把兽药行业监督管理作为农业和农村工作的一项重要工作内容，列入各级兽药行政主管部门的议事日程。要加强督促检查，保证兽药行业监督管理工作的各项措施逐级落实到基层。加强对兽药企业集中地区和兽药集散地的监管，及时查找薄弱环节，堵塞监管漏洞。要积极向地方政府汇报工作，努力争取有关部门的支持和配合，在机构、队伍、经费等方面寻求政策支持，为监管工作营造良好的外部条件。

第二，落实兽药行业监督管理工作责任。按照《兽药管理条例》规定，加强兽药行业监督管理工作，各级兽医行政主管部门责无旁贷。各地在兽药行业监督管理工作中，要按照"守土必有责，履职必尽责，失职必究责"的要求，认真执行《兽药管理条例》，逐步建立兽药监管责任制和责任追究制，切实维护兽药行业政策的统一性，维护兽药管理工作的政令畅通。要借鉴一些地方好的经验和做法，将兽药行业监督管理工作纳入畜牧兽医考核目标，做到监督管理工作"不越位、不错位、不缺位"，保证各项政策措施的落实。

第三，加强兽药行业监督管理机构和队伍建设。当前，各级兽药行业监督管理力量薄弱的问题，是制约各项工作有序有效开展的一个根本问题。各地要积极主动，力争在推进兽医管理体制改革的进程中，加强省、市、县三级兽药行政管理机构建设，加强管理力量。要深入开展调查研究，探索加强执法队伍建设的政策措施。近日，农业部正在研究省、市、县三级兽药委托执法问题，各地要结合本地区工作实际，在充分论证的基础上，提出有利于加强兽药执法的措施和办法，力争在现有执法机构的基础上，形成完整统一、运行高效的兽药执法队伍。要不断加强兽药行业基础设施建设，积极利用兽药监察体系建设和农产品质量安全体系建设资金，提高行政审批、执法监督、质量监察和残留监控技术支撑能力。加快兽药行业标准化建设，加大制标经费和质量抽检、残留监控经费

投入。要加强内部制度建设和队伍管理，提高依法行政意识，防止执法过程中的地方保护以及乱罚款、乱收费等行为的发生。

第四，大力推进兽药行业信息化进程。按照"公开是原则、不公开是特例"的原则，继续大力推进政务公开，加强兽药信息平台建设，增加信息维护经费，保证及时准确、公开无偿向全社会发布兽药政策法规、许可审批以及兽药质量抽检和残留监控抽检等重要信息。各地也要建立专门的信息管理制度，保证各种兽药信息及时、完整、准确地上传下达，提高兽药执法人员和使用单位辨别真假兽药的能力，维护广大群众的知情权和监督权。

希望大家在今后的工作中，以对事业高度负责的精神，以对广大兽药企业、广大农民和广大消费者高度负责的态度，扎扎实实地做好兽药行业监督管理工作。

# 贾幼陵：药品审批须区别对待

(2007 年 10 月　记者颉锡良)

2007 年 10 月 14～15 日，由中国动物保健品协会主办的"2007 中国动物保健品暨兽医技术展览会"在美丽的西部蓉城——四川成都召开。为了使参展、参会代表能够及时掌握国家的行业政策、畜禽疫病流行新特点、国内外兽药研发动态，学习优秀企业的科学管理理念，展望我国动物保健品行业未来的发展方向，中国动保协会组委会邀请行业主管领导、国内外专家、业内部分优秀企业家代表等于这次展览会召开的前一天，即 10 月 13 日举办了"中国动物保健品暨兽医技术展览会高峰论坛"。国家首席兽医师、农业部兽医局局长贾幼陵到会并作了《我国兽药管理的原则及存在的问题》的专题报告。

贾局长在报告中向参会代表们详细介绍了我国兽药管理的原则、兽药行政审批的科学理念等。他指出，在药品审批过程中，要根据药品特点不同，加以区别对待。

对于兽用生物制品的审批，要特别注意安全性的评价，包括环境安全、实验室安全和使用安全等等。如对于禽流感疫苗，要特别强调实验室安全性，不容许使用强毒疫苗。而对于口蹄疫疫苗，须强调区域安全性，避免出现英国皮尔布赖特实验室在制苗时，因种毒跑毒导致口蹄疫疫情的发生。

对于兽用化学药品的审批，贾幼陵局长也作了介绍。他说，化学药品是外源物质，或作用于动物本身，或作用于致病微生物，在动物体内都有一个消长过程，易导致耐药性，与人类食品安全息息相关。北美允许使用一些促生长类的产品，但是我国城乡居民存在吃内脏的习惯，我们的饲料生产并非都是规模化生产，如果养殖场使用此类药品，饲料搅拌不匀，就会造成动物个体残留的差异，引发人的中毒。我国养殖业仍处于千家万户阶段，难以有效执行停药期规定，用药监管有盲区，存在残留超标的潜在风险，再加上我国消费者在心理上对激素类药品和促生长类 药品很难承受，因此，考虑到残留和对人的危害性问题，我国对有些促生长类的产品审批更加严格，例如盐酸克伦特罗。

对于兽用疫苗，在动物体内应用时，导致动物感染的可能性最大，因此，审批要注意有效性和安全性。而对于非食用动物使用的化学药品管理，目标是为了动物健康，注重的是动物福利，与人的健康无关，因此，欧美在宠物药品审批上都适当放宽了药残的要求。

贾幼陵介绍说，在紧急防疫需要的情况下，针对生物制品的应急特征，需要开辟绿色通道，在满足有效性、安全性的基础上，可尽快投入使用，这也是国际上的一贯做法，例如，高致病性猪蓝耳病疫苗，虽然其不是一个非常成熟的产品，还 有许多数据需补充，但其实验室研究阶段免疫有效性达到了 80％，把安全放在了第一位，把有效性放在第二位。从这几个月的使用情况看，在防控工作中取得了很好的效果。现在疫苗不紧张了，也开始恢复效检（须达到 80％以上）了，而同期，农业部对一些公司审批的猪蓝耳病疫苗进行了退批。贾幼陵指出，对于兽用生物 制品的研制，我们应提倡和鼓励加强对基因工程疫苗及联苗的研究，例如，新城疫-禽流感二联活疫苗和马的疱疹- H3N8 - H7N7 二联双价疫苗，不提倡简单混合多价疫苗。

对于一些养殖企业擅自生产自家苗的做法，贾幼陵予以否定。他说，一些科研院所和教学单位的工作人员在为养殖场作技术顾问时，一旦养殖场出现疫病，采取病料后，不做任何的病原分析，就直接制成疫苗用于免疫，虽有一定的防疫效果，但对确诊病因，有效防控动物疫病十分不利。

在这次高峰论坛会上，中国兽医药品监察所于康震所长、农业部兽医局药政药械处秦德超处长以及中国工程院院士、华中农业大学陈焕春教授等分别就动物产品的安全工作形势、我国动物保健品行业中长期发展规划等作了专题讲座。

# 当前我国兽医工作进展情况及今后工作设想

(2008 年 7 月)

## 一、当前兽医工作进展情况

### 1. 兽医管理体制改革深入推进

（1）中央级兽医机构改革完成。2004年 7 月 14 日，农业部成立兽医局，并设立国家首席兽医师（官），组建了中国动物疫病预防控制中心、中国动物卫生与流行病学中心，以及北京、上海、兰州、哈尔滨四个分中心，在中国兽医药品监察所设立农业部兽药评审中心。

（2）地方机构改革部分完成。目前全国已经有 31 个省（直辖市、自治区）、333 个地（市）完成了兽医体制改革，县级以下兽医体制改革部分完成。目前全国共有 2 862 个县，据对 2 524 个县进行调查，1 731 个县已经出台改革方案，占统计县的 68%，其中有 1 247 个县已完成县级兽医工作机构改革，占统计县的 50%，有 5 个省份已经全面完成改革，4 个省份完成 90% 以上。全国 3.6 万个乡镇畜牧兽医站已有 18 902 个改革为县级兽医主管部门派出机构，640 139 个行政村已设村级动物疫情报告观察员 48 万人。

**2. 国家投入不断加大**

（1）动物防疫体系建设逐步完善。截至今年 8 月，4 年多时间国家共安排资金 69.69 亿元，其中中央投入资金 47.32 亿元，地方配套 22.37 亿元，用于中央、省、县、乡四级动物防疫体系建设，初步形成了覆盖全国的中央、省、县、乡四级防疫网络，建立健全了动物疫病监测预警、预防控制、检疫监督、兽药监察、防疫技术支撑和物质保障等系统，形成了上下贯通、横向协调、有效运转、保障有力的动物防疫体系。

（2）动物防疫经费投入不断扩大。目前，强制免疫和扑杀补贴的病种范围由禽流感、口蹄疫两个病种增加到禽流感、口蹄疫、高致病性猪蓝耳病、猪瘟、小反刍兽疫等 5 个病种。疫苗补助、扑杀补贴、疫情监测等动物防疫经费逐年增加，为重大动物疫病防控提供了有力保障。

（3）兽医科研经费投入力度加大。禽流感应急防控期间，国家投入科研经费 1 亿元。"十一五"科技支撑计划，"863 计划""973 计划""948 计划"、行业科技、跨越计划等科技项目都加大了对兽医科研工作的投入力度。

**3. 兽医法律法规体系不断完善**

（1）法律法规。目前已制订的法律法规有《动物防疫法》《兽药管理条例》《重大动物疫情应急条例》《病原微生物实验室生物安全管理条例》等。

（2）配套规章。已出台《动物防疫条件审核管理办法》《动物检疫管理办法》《动物疫情报告管理办法》《高致病性动物病原微生物实验室生物安全审批办法》《国家兽医参考实验室管理办法》《兽用生物制品经营管理办法》等配套规章。

（3）规范性文件。具体包括国家突发重大动物疫情应急预案、国家动物疫情测报体系管理规范（试行）、高致病性禽流感等重大动物疫病防控应急预案、高致病性禽流感疫情处置技术规范等。

**4. 兽医科技力量得到加强**

（1）兽医科技支撑体系逐步加强，中央级科技支撑体系组建完成：中国动物疫病预防控制中心、中国兽医药品监察所（农业部兽药评审中心）、中国动物卫生与流行病学中心、国家兽医参考实验室。省级以下科技支撑体系逐步完善：省、市（地）县三级动物疫病预防控制中心、省级及部分地（市）兽药监察所。兽医实验室网络体系初步形成：国家参考实验室、兽医诊断实验室、兽药残留基准实验室以及其他大专院校、科研机构兽医实验室等。

（2）兽医科研取得丰硕成果。禽流感、口蹄疫、猪链球菌、小反刍兽疫、高致病性猪蓝耳病疫苗等重大动物疫病疫苗相继研制成功，其中禽流感疫苗研制达到国际领先水平，为我国重大动物疫病防控提供了有力保障。

**5. 重大动物疫病防控成效显著**

（1）重大动物疫情得到有效控制。禽流感疫情继续保持下降态势，口蹄疫发病概率明显减少，高致病性猪蓝耳病疫情得到有效遏制，小反刍兽疫疫情被有效控制在西藏境内，猪链球菌 2 型歼灭战取得胜利。

（2）重大动物疫病防控能力显著提高。动物疫病监测预警水平不断提高：启动村级疫情报告观察员制度，初步构建了较为健全的疫情监测和报告体系；动物疫情应急处置能力不断加强：完善应急预案、储备应急物质、成立应急预备队；建立重大动物疫病防控定点联系制度；动物标识及疫病可追溯体系建设进展顺利；成功恢复我国在世界动物卫生组织（OIE）的合法地位，进一步拓宽了我国参与国际合作与交流的空间；积极与联合国粮农组织（FAO）、世界卫生组织（WHO）、世界动物卫生组织（OIE）等国际组织开展交流与合作，使我国动物疫病防控能力与成效逐步得到国际社会普遍认可；进一步加强双边交流与合作，增进了其他国家对我国兽医工作的了解和认识，提高了我国在全球动物疫病防控领域的话语权，避免了在国际动物产品贸易争端中的被动。

## 二、我国兽医工作面临的挑战

### 1. 我国畜牧业仍以"分散饲养"为主

近年来，我国畜牧业一直保持快速发展势头，规模化比重不断提高，但畜禽养殖仍以分散饲养为主，千家万户的畜禽养殖习惯依然存在。

### 2. 喜食活畜禽的生活习惯

我国消费者喜食新鲜畜禽产品，活畜禽长途运输频繁，疫病发生与传播的风险大；活畜禽交易频繁，人畜接触感染几率大。2007 年全国禽流感监测病原学阳性 50 例，其中有 31 例监测样品来自活禽市场；2008 年上半年禽流感监测病原学阳性 46 例，其中有 20 例监测样品来自活禽市场。

### 3. 外来动物疫病防堵压力大

我国边境线长达 22 000 多公里，15 个毗邻国家中 13 个为发展中国家，多数疫情状况复杂，加之我国边境地区互市贸易、过牧频繁，防止外来重大动物疫病传入难度很大，例如我国西藏地区去年发生的小反刍兽疫。目前，疯牛病、非洲猪瘟、蓝舌病等外来动物疫病已呈"兵临城下"之势，频频叩击国门，极有可能侵入。

### 4. 动物疫病防控长期依靠免疫

2007 年全国共批签发兽用疫苗 12 365 批，疫苗总量 1 202 亿羽（头）份。疫苗生产、保存、运输以及使用要求很高，常常因为某个环节出现问题而导致免疫失败，影响动物疫病防控效果，长期使用疫苗免疫可导致免疫压增高，可能会造成动物免疫压迫。部分弱毒疫苗在使用过程中可能存在毒力返强现象，导致动物接种后持续感染。

### 5. 兽药行业发展仍不规范

未建立行之有效的退出机制，不利于行业规范化发展。兽药和生物制品企业自律性差，厂家生产兽药的实际成分经常与标注成分不一致，并存在添加违禁药品等问题，不但影响行业发展，而且可能导致病原体变异，耐药性增强，给重大动物疫病防控带来很大隐患。

## 三、我国兽医工作未来设想

### 1. 建立动物疫病净化机制

（1）条件建设。改变分散饲养的生产习惯，发展规模化养殖，提高养殖场生物安全水平。规范活畜禽运输，建立活禽市场不过夜制度，培育消费冷鲜肉的生活习惯，降低流通环节传染动物疫病的风险。加强免疫前动物疫病监测，掌握动物疫病流行规律和感染情况，淘汰感染动物群，提高健康动物群免疫效果。完善风险评估制度，严格限制高风险地区动物及动物产品流通，缩小疫病影响地域范围。

（2）种畜禽的 SPF 化。畜禽原种是整个繁育体系的龙头和基础，通过对畜禽原种实施 SPF 化，使畜禽原种养殖场逐步达到非免疫无疫状态，为商品化畜禽养殖场疫病净化打好基础。由原种净化逐步向祖代、父母代、商品代净化过渡。加快无疫区建设，在无疫区首先开始动物疫病净化，从局部地区净化向全国范围内净化过渡。科学制定免疫退出计划，由免疫无疫逐步向非免疫无疫过渡。

**2. 加快推进兽医科技进步**

（1）加强兽医科技体系建设。整合兽医科技资源，建立起以政府投入为主导、社会投入为补充的多元化投入体系，强化基础兽医、预防兽医和临床兽医领域科学技术研究。按照统筹规划、合理布局的原则，充分利用现有高等院校、科研院所等技术资源，通过充实力量、资格认可、安全监管等手段，切实加强重点动物疫病国家参考实验室、区域诊断实验室建设。

（2）加快兽医科技推广和人才培养。加大兽医科技推广力度，做好基层动物卫生工作者培训工作，并以此为载体，引导科研人员深入基层了解需求、发现问题，使科学研究更加符合动物防疫工作实际需要。科学发展离不开人才，目前我国兽医领域院士仅有 4 人，远远少于其他农业领域的院士人数，与当前兽医工作任务相比极不相称，急需培养兽医科技领域的领军人物，引导科研人员致力于基础兽医科学和应用兽医科学领域的核心技术研究，推动兽医科技不断向前发展。

（3）加强兽医科学研究。加强对国际兽医管理规范和兽医技术标准的研究，积极参与国际规则制定工作；加强对变异病毒的监测和研究，及时掌握疫病动态；加强疫病诊断技术研究，增强疫病诊断能力；加强跨学科的研究，例如：制定科学的动物疫病防控政策需要开展经济学甚至社会学评估，蓝舌病等虫媒病的防治技术研究需要昆虫学家的积极参与。

**3. 加强动物源性食品安全监管**

把好动物及动物产品检疫关，防止人畜共患病向人传播；做好兽药管理工作，解决微生物耐药性问题；做好动物标识和可追溯管理工作，保证及时追踪和快速处置风险因子；做好动物养殖环节管理，推广良好饲养操作规范，保障动物个体和群体健康。

**4. 逐步健全兽医管理体制**

研究建立与国家质检总局的协调合作机制，妥善处理进出境动物及动物产品的检疫问题，在此基础上继续推动相关工作，待时机成熟时借鉴发达国家通行做法，构建一个符合国际惯例的新型、统一的动物检疫体系。进一步推进正在进行的兽医管理体制改革，重点健全基层兽医行政管理、执法监督、技术支持三类机构。推行执业兽医建设，加强执业兽医监管，使之成为动物疫病防控主体，同时推行官方兽医建设，重点从事监督执法。

# 加强兽医协会建设　推动兽医事业发展

## ——贾幼陵在中国兽医协会成立大会上的讲话

（2009 年 10 月 15 日）

### 一、成立中国兽医协会对于促进我国兽医事业发展具有重要意义

多年来，我国兽医工作者一直期盼有一个自己的协会组织，期待着通过这个平台，进一步发展自我、服务行业，推动我国兽医事业健康发展。在我国经济社会发展水平不断提高、全球经济一体化不断加快的大背景下，兽医工作的内涵不断丰富，外延也不断扩大，逐步成为一项关系农业经济发展、关系社会繁荣稳定、关系公共卫生安全的重要事业。参照国际通行做法建立兽医协会，成为动员各领域兽医工作者参与、促进兽医事业发展的重要推动力。

#### 1. 成立中国兽医协会是深化兽医管理体制改革的重要举措

2004 年，为了提高我国重大动物疫病控制能力，提高动物产品的质量安全水平和国际竞争力，促进农业和农村经济发展，国务院印发《关于推进兽医管理体制改革的若干意见》（国发〔2005〕15 号），正式启动了兽医管理体制改革。要求建立健全兽医工作体系，建立完善兽医工作的公共财政保障机制、完善兽医管理工作的法律体系，加强兽医队伍和工作能力建设。为了贯彻落实国务院兽医管理体制改革有关精神，农业部先后设立国家首席兽医官、成立兽医局，推动出台新的《中华人民共和国动物防疫法》，逐步推行执业兽医考试试点。

按照"政府全面履行经济调节、市场监管、社会管理、工作服务职能"的有关要求，着手研究推行官方兽医制度和执业兽医制度等，筹划成立中国兽医协会，目的是促进我国从业兽医队伍的壮大和发展，为兽医事业的总体进步提供坚强的队伍保障。

#### 2. 中国兽医协会将成为推动我国兽医事业发展的重要力量

目前，我国兽医，特别是现代执业兽医行业，正处于起步阶段，正在经历一个从无到有的过程。中国兽医协会的成立正是伴随着我国执业兽医制度的建立、发展，伴随着我国兽医队伍的成长、壮大而同步进行的。协会的成立，将极大地促进各地兽医协会或类似民间组织的发展，促进我国兽医体系的完善。从该机构性质和国际兽医行业发展规律看，中国兽医协会承载促进兽医行业发展的重要历史使命。协会成立以后，将为政府与企业、政府与兽医从业者、企业与兽医工作者搭建一架交流合作的桥梁，为规范执业兽医从业行为、营建自由竞争环境、强化兽医执业素质、促进兽医教育发展、服务政府保障畜牧业生产和兽医公共卫生等搭建重要的技术支撑平台。

#### 3. 中国兽医协会将成为促进我国兽医工作与国际接轨的重要力量

在党中央、国务院的正确领导下，在各级兽医行政主管部门、技术支持机构、动物卫生监督机构和全体兽医工作者的共

同努力下，近年来，我国重大动物疫病防控工作取得了显著成效，得到了国际社会的广泛认可。形成了相对完善的兽医法律体系、机构体系、工作机制，确定了"预防为主"重大动物疫病防控指导方针。同时，按照世界动物卫生组织（OIE）指导原则和国际通行做法，制定了风险评估、区域化管理以及追溯管理等多项制度，基本建立了符合中国国情的动物疫病防控管理体制。相对而言，我国执业兽医的发展还很落后，无论是兽医教育水平，还是从业兽医的整体技术能力，与国际水平相比较都存在很大差距。今后，中国兽医协会一方面将协助国内有关政府部门推动、引导兽医从业人员的规范化管理，为各领域兽医之间的沟通互动搭建桥梁。另一方面，将开展与国际性兽医协会组织、有关国家和地区的兽医协会的交流合作，成为引进、推广先进经验，加快我国兽医教育、执业兽医认可制度与国际接轨的重要推动力。

## 二、立足服务，为加快我国兽医事业发展贡献力量

### 1. 充分发挥桥梁作用，为我国兽医事业发展搭建新的平台

中国兽医协会是我国全体兽医工作者为促进兽医事业发展组成的非政府组织，是我国市场经济深入发展的必然产物。从促进我国兽医事业良性发展的实际需要考量，协会首先应发挥好桥梁作用：一是要成为兽医从业人员与政府兽医行政管理部门、技术支持机构、执法监督机构之间的连接纽带。积极宣传国家兽医管理政策，促进国家法律、法规、政策措施的贯彻落实。同时，要积极调查、了解兽医行业发展中存在的问题，向国家兽医管理部门反映各级、各类兽医工作者的利益需求，提出好的政策建议。二是要积极承担政府主

管部门委托的有关工作，协助政府加强和改善兽医行业管理。三是要调动兽医从业人员的积极性，营造全民参与国家动物疫病防控工作的良好氛围，促进各方面积极力量参与动物源性食品安全管理、兽医行业标准制修订等工作。四是积极研究兽医从业人员职业分类、诊疗机构建设、兽医用品用具行业发展中存在的重大问题，为政府决策提供技术支持。五是要积极参与国际兽医事务，配合政府协调解决好国际贸易中出现的问题，为维护市场公平、保障养殖业安全做出贡献。

### 2. 充分发挥自身优势，为促进养殖业健康发展、保障公共卫生安全提供技术支持

中国兽医协会的会员既包括兽医相关行业的事业、科研、教学、生产、经营单位，又包括兽医从业人员和动物防疫，兽药管理及生产，动物诊疗，兽医教学及科研等事业企业单位具有高级技术职称的兽医工作者，都具有丰富的管理经验和良好的专业技术背景。今后，协会应积极组织协调、动员力量促进动物疫病防控等工作的深入开展。一是要发挥"探测器"的作用。利用大部分会员战斗在生产、科研、管理一线，掌握第一手情况的优势，及时发现、报告兽医行业发展中存在的主要问题，为政府有关部门解决问题提供支持服务。二是要发挥好"减震器"作用。利用单位会员、个人会员的技术优势，协助政府有关部门及时发现、解决动物疫病防控、动物源性食品安全监管等工作中存在的风险。研究国际动物福利发展态势，积极承担有关工作任务，从民间和技术层面推动我国动物福利工作的开展，减轻政府压力，降低因有关敏感问题对行业发展造成的负面影响。三是要发挥"融合器"的作用。利用协会这个平台，汇集各方面对兽医有关问题的观点、意见，

及时向有关政府部门提出政策建议。

### 3. 充分发挥引导作用，促进兽医队伍素质的不断提高

随着我国市场经济体制的发展和完善，兽医队伍的组织形式和从业特点也发生了重大变化，暴露出了从业兽医素质不高，行业发展不规范等多种弊端。加强行业自律、规范行业管理，采取有力措施促进兽医素质不断提高已经成为我们必须解决的一个课题。下一步，协会要从促进兽医事业发展的实际需要出发，重点抓好以下几方面工作：一是研究制定兽医从业人员行为规范，促进行业自律。二是建立和完善对会员、行业的服务机制，维护兽医从业人员的合法权益。三是推动建立有利于兽医学历教育和继续教育的机制和措施，促进兽医从业人员素质的不断提高。四是要配合兽医行政主管部门加大执业兽医考试的研究力度，推动建立符合我国国情的执业兽医认证、认可制度。

## 三、加强内部管理，保证协会的顺利运行

### 1. 建立规章制度，保证协会的规范化运行

协会刚刚创立，为保障各项工作的顺利开展，建立规章制度、完善工作程序是首要任务。下一步，要加快内部制度建设，明确各部门职责任务、工作流程，建立有效的信息沟通机制，制定合理的协调管理办法，保证协会在开始阶段即步入正轨，保证各项工作有章可循、有据可依，为协会的发展壮大奠定制度基础。

### 2. 明确发展方向，合理确定业务重点

中国兽医协会的主要任务是促进我国兽医事业的健康发展。今后的一段时期，协会应重点开展以下工作：一是围绕动物疫病预防、检疫，动物卫生监督管理，开展技能培训和学术交流。二是围绕伴侣动物疾病诊断、治疗、预防，加强学术交流和技术培训，推进诊疗机构资格认证，促进动物诊疗市场的规范发展。三是深入研究实验动物、驯养动物行业发展现状，理清动物疫病防控、动物福利等方面的实际需求及存在的问题，推动相关标准、规范的制定和实施。四是以动物保险、兽医用品用具、动物标识与追溯等为重点，大力开展技术研究、信息交流、业务培训，促进相关动物卫生服务行业发展。五是积极开展中兽医发展情况调研，深入了解有关教学、科研、诊疗和生产活动现状，推动中兽医发展规划的制定，加快人才培养，促进中兽医的发扬光大。

### 3. 加强常设机构建设，为协会工作开展创造条件

中国兽医协会秘书处是协会内部协调沟通、管理监督的中枢，为保证协会业务工作健康有序开展，应加快人员到岗，尽快建立完善的工作机制，大力协调外部资源，为协会运行创造良好环境。下一步，应切实做好协会各项日常工作，落实好协会全国会员代表大会、理事会、常务理事会的决议和各项决定。同时，要协助相关业务部门推进会员管理、信息宣传、联络交流、职业道德建设、会员维权、专家咨询等方面的工作。创造条件，切实保障专业委员会在会员技能培训与服务等方面发挥应有的作用。

同志们，中国兽医协会的成立，为我们共同努力推进兽医事业发展搭建了新的平台。我们应该清醒地认识到所承担的历史责任，积极促进各领域兽医之间的交流合作，坚定不移地推动协会的发展和创新，用实际行动感谢国务院及有关部门对协会成立和发展的关心与支持，用实际行动为我国兽医事业发展做出应有的贡献。

# 陈凌风老师二三事

(《中国兽医师》2010 年)

我第一次见到陈凌风老师是在 1978 年 3 月初，正值全国五届人大第一次会议开会期间。当时我是内蒙古东乌珠穆沁旗的畜牧局副局长，被内蒙古人大选为全国人大代表进京开会。我的母亲是五届政协委员，同在人民大会堂开会，她找到我说："晚上带你去见一位老同志，是你的长辈，也是你的同行，你应该拜他为师。"她所指的正是陈凌风老师。

当晚同去的还有甘露阿姨，她曾是著名作家肖三的夫人。在北京站附近的一所四合院内，我见到了陈凌风老师和他的老伴朱明凯阿姨。这是我第一次见到国家级的大科学家，特别是在牧区草原基层从事兽医工作 11 年的我就像去晋见本行业的祖师爷，急于想问一些什么，急于想排疑解难。母亲在去的路上告诉我，陈凌风夫妇都是 1938 年到延安的，都在陕甘宁边区的光华农场工作。陈凌风创建了边区政府唯一一家奶牛场，边区幼儿园所需牛奶全部依赖这个场子，可以说当时幼儿园内所有

革命后代都是这些奶牛喂大的。我是在西柏坡出生的，没有享受到这个待遇，是用小米糊喂养大的，但是我对陈老无比崇敬。陈老问起我在草原上从事兽医工作的经历，对在羊油灯下自学兽医大学教材非常肯定，鼓励我说：你不缺少实践经验，缺的是基础理论，一定要下工夫。这一席话，几乎影响到我的大半生。

1978 年 10 月底，我离开工作生活了 12 年的草原到农业部畜牧总局报到。虽然陈老是 1985 年离休的，但是由于不分管我，接触并不是很多。只是有一次我问起了延安的奶牛，他笑呵呵地告诉我："叫我养奶牛，我到哪里去找啊？正好当时阎锡山跟八路军关系不错，知道边区困难主动送了一批奶牛，我当时真是当宝贝养啊！可惜的是 1945 年胡宗南攻打延安，中央主动撤出，那些奶牛全丢了，叫人心痛呐！"我知道，之后陈老被中央派往东北，创建了哈尔滨兽医研究所，并由此开创了新中国的兽医事业。

# 关于建立"选派优秀学生赴美留学DVM 项目"的申请

(2011 年 12 月)

国家留学基金管理委员会：

在现代社会，兽医在保障动物源性食品供应及安全、预防人畜共患传染病、开展生物医学和比较医学研究及保护国家农业和生物安全方面肩负着重要责任。我国现代兽医教育起源于二十世纪早期，当时政府选拔一批优秀学子公派赴欧美留学DVM（Doctor of Veterinary Medicine, DVM），回国后，在全国各地开设西兽医学课程，成立兽医学校，为我国的现代兽医教育与学科发展奠定了基础。而近几十年，因为种种原因，我国没有学生赴欧美攻读DVM，这对我国兽医学科的发展和兽医教育的国际化十分不利。因此，中国兽医协会、中国农业大学动物医学院、美—中动物卫生中心拟联合美国 6 所知名兽医学院，共同发起"选派优秀学生赴美留学 DVM 项目"，现报国家留学基金委审批，并希望得到贵处的支持。

## 一、选派优秀学生赴美攻读DVM 项目的重要性

二十世纪上半叶，几批在美国或欧洲学习兽医的中国留学生回国后创办了多所兽医学校，成为中国西兽医学即现代兽医学的奠基人。他们绝大多数都是由当时政府选派并资助出国学习的，自费和自选专业留学学习西兽医的甚少。这段历史对我国兽医学发展产生了深远的影响，在中国兽医教育各农业大学的校史中可得到求证。《中国科学技术专家传略》中亦有记载（见附件：《早期兽医专业留学人员名录》）。这批早年的开拓者主要是在美国和欧洲的兽医学院留学深造，如中国农业大学兽医学院的创始人熊大仕先生早年是在美国爱荷华州立大学（现叫"艾奥瓦州立大学"）留学，取得了 DVM、MS 和 PhD 学位，该大学的图书馆至今还保留着他当年研究牛瘤胃中纤毛虫分类的图谱资料。

1949 年以后至今 60 余年，中国大陆几乎没有学生进入美国大学兽医学院学习，没有人在美获得 DVM 学位，也没有人亲身经历 DVM 教育和培训过程。尽管我国自 1978 年改革开放后，公费或自费赴美留学人数不断增加，获 PhD 学位者和学成回国者甚多，但据统计，却无人在美获得 DVM 学位，也就是没有人在北美国家的兽医学院接受过完整的兽医 4 年培训。尽管中国兽医学院的毕业生到美国留学的人也不在少数，但全部都是从事 PhD 研究。中国农业大学兽医学院目前有 6～8 名毕业生在美国获准开业，也有毕业生在美国的兽医学院当教授，但前者要在美国兽医学院实习并补修临床兽医学课程，后者主要从事兽医科学方面的研究。

美国的兽医教育拥有举世公认的全球

最先进的教育体系和严格的准入和认证体系，是训练最严格、最规范、水平最高的兽医教育体系，引领兽医教育全球化的未来。DVM 是职业教育的标志，只有获得 DVM 才能在美国参加全美兽医资格考试，从而进一步申请兽医执照，获得执业资格。只有通过美国兽医协会（AVMA）教育委员会认证的兽医学院，其毕业生才能参加相同难度的兽医资格考试，否则列入更严格的另类考试。美国现有 28 所兽医学院通过 AVMA 认证，加拿大有 5 所通过认证。美国还有兽医专科的认证体系，以保障对兽医高级专业人才的质量要求。

中国兽医教育的改革与发展相对迟缓。自 2004 年启动兽医体制改革后，我国于 2004 年 7 月成立农业部兽医局，2006 年 3 月成立中国动物疫病预防控制中心，2007 年 5 月中国在第 75 届 OIE 国际委员会大会上恢复了 OIE 的合法地位，2009 年 10 月成立了中国兽医协会（CVMA）。兽医教育水平直接影响到兽医执业水平，进而影响到全球的生物安全和生态安全，影响到国际动物及动物产品的贸易往来，影响到全球人畜共患病的预防与控制。在我国，兽医在保障畜牧业的可持续发展、保障动物源性食品安全、保护动物健康和福利、防治人畜共患病、改善公共卫生状况、开展生物医学和比较医学研究等方面发挥着不可替代的作用。2009 年世界动物卫生组织召开了"第一届世界兽医教育大会"，提出制定全球兽医教育的统一标准，以保障人类能够应对未来的挑战，并提出"一个世界，一个医学""动物＋人类＝健康"的理念。因此，有必要选派优秀学生去美国兽医学院留学，这对加快我国兽医教育发展、加快国家兽医体制改革、加快兽医教育国际化、培育兽医人才有重要意义，并将产生深远的影响。

## 二、中国学生自费申请赴美攻读 DVM 困难重重

首先，美国大学兽医学院主要面向美国公民，许多学校不招收国际学生，即使招收国际学生，数量也极其有限，每年最多招收 1～2 名，即便美国学生录取率也只有 8％～10％，竞争十分激烈。

其次，学制和教育层次不同。美国 DVM 教育，要求先上至少 3 年的兽医预科，再考入兽医学院接受 4 年的兽医教育与培训。我国兽医本科教育为 4 年或 5 年，教育与培训的水平远低于美国的教育与培训水平。我国兽医专业本科毕业生赴美留学的也大有人在，如中国农业大学动物医学院每年约有 10％的毕业生赴欧美留学，但大多数都是去攻读 PhD，无人去兽医学院深造。即便中国农业大学有 2＋2 的中美联合培养项目，兽医专业大二的学生去美国合作大学只能改上动物科学和动物营养等专业，进不了兽医学院。

再次，美国兽医学院的学费昂贵，每年的学费 4 万～6 万美元，中国的普通家庭难以承受这样高昂的学费，而富家子弟不愿选这样的专业。

因此，设立中国学生赴美国兽医学院攻读 DVM 的国家奖学金不仅是十分必要的，而且具有明显的针对性，可填补国家留学基金委资助学科种类和学位类别的空白。兽医学科与 DVM 不同于其他自然科学门类与学术学位，它与人类医学（MD）一样，具有明显的职业特色。高水平的职业教育对于培养国家需要的应用型、专业化人才是十分重要的。我们建议，在国家公派留学生的资助范围内，适当考虑资助一些职业性强的小学科，以满足国家对这类人才的需求。

## 三、选派优秀学生赴美攻读DVM项目的可行性

美-中动物卫生中心（U.S.-China Center for Animal Health，USCCAH）是一个为改善中国动物卫生教育、科研、政府管理及产业而建立于堪萨斯州立大学的兽医教育服务中心。美-中动物卫生中心愿与中国国家留学基金管理委员会和中国农业大学合作，改善中国兽医学博士教育体系。

在美-中动物卫生中心的运作下，堪萨斯州立大学兽医学院等6所优秀的美国大学兽医学院将每年共接收10～15名中国兽医学博士学生。这些学生将在中国农业大学等6所大学兽医学院进行2～3年的预科学习，然后在美-中动物卫生中心的资助下，集中在堪萨斯州立大学兽医学院进行1年的预科学习，再选派到美国的6个兽医学院完成4年的DVM教育与培训。

希望国家留学基金管理委员会每年向每位被选派的学生提供4万美元的学费资助，美-中动物卫生中心负责1年的预科学习的全部费用，国内大学兽医学院派送单位负责1年1万美元奖学金的筹措，学成之后回国，或最多可在美国兽医学院继续研修2年回国，在国内兽医学院任教，充实国内兽医学院的教师队伍。

## 四、本项目的发起单位及联系人

贾幼陵，中国兽医协会会长，原农业部兽医局局长、国家首席兽医官

汪明，博士，中国农业大学兽医学院院长；Ming Wang，PhD，Dean，College of Veterinary Medicine，China Agricultural University

Jishu Shi（史记署），博士，Director，U.S.—China Center for Animal Health（USCCAH），College of Veterinary Medicine，Kansas State University；美-中动物卫生中心主任，堪萨斯州立大学兽医学院

Ralph Richardson，DVM，Dean，College of Veterinary Medicine，Kansas State University；Chairman，Board of Directors，USCCAH；美-中动物卫生中心董事会主席；堪萨斯州立大学兽医学院院长

Michael Lairmore，DVM，PhD，Dean，College of Veterinary Medicine University of California Davis；加州大学戴维斯分校兽医学院院长

Trevor Ames，DVM，PhD，Dean，College of Veterinary Medicine，University of Minnesota；明尼苏达大学兽医学院院长

Lisa K. Nolan，DVM，PhD，Dean，College of Veterinary Medicine，Iowa State University；爱荷华州立大学兽医学院院长

Jean Sander，DVM，MAM，Dean，College of Veterinary Medicine，Oklahoma State University；俄克拉荷马州立大学兽医学院院长

Neil Olson，DVM，PhD，Dean，College of Veterinary Medicine，University of Missouri；密苏里大学兽医学院院长

本项目建议于2012年起开始实施。恳请批准为盼！

申请单位：中国兽医协会 会长 贾幼陵

中国农业大学动物医学院 院长 汪明

堪萨斯州立大学美-中动物卫生中心主任 Jishu Shi

申请时间：2011年12月

**附：我国早期兽医专业留学人员名录**

| 姓名 | 生（卒）年 | 留学时间 | 留学国家 | 深造学校 | 所获学位 | 归国后成就 |
|---|---|---|---|---|---|---|
| 陈之长 | 1898—1987 | 1922—1926 | 美国 | 依阿华州立农工学院 | DVM | 兽医学家，农业教育家。我国现代畜牧兽医教育事业的奠基人之一。先后主持中央大学、四川大学和四川农学院畜牧兽医系工作近50年之久 |
| 蔡无忌 | 1898—1980 | 1.1914—1919 2.1920（?）—1924 | 法国 | 1.法国翁特农业学校、法国国立格里农学院 2.法国阿尔福兽医学校 | 1.农业工程师 2.DVM | 兽医学家，我国现代畜牧兽医事业的先驱和商品检验特别是畜产品检验事业的奠基人之一。他创办上海兽医专科学校，发起成立中国畜牧兽医学会，筹建中央畜牧实验所，为我国消灭牛瘟作过贡献。他领导过中国第一个商品检验机构，起草了中华人民共和国第一个商品检验条例，并对提高我国出口蛋、肉制品质量做出了一定贡献 |
| 罗清生 | 1898—1974 | 1919—1923 | 美国 | 美国堪萨斯州立大学 | DVM | 兽医学家，农业教育家，我国现代兽医教育和家畜传染病学奠基人之一。1964年在我国首先用电子显微镜发现了鸭瘟病毒和培育出鸭瘟弱毒苗，并在猪气喘病等疫病的研究中取得较大进展 |
| 熊大仕 | 1900—1987 | 1.1923—1927 2.1927—1928 3.1928—1930 | 美国 | 1.艾奥瓦州立大学兽医学院 2.艾奥瓦州立大学理学院 3.艾奥瓦州立大学动物学系 | 1.DVM 2.科学硕士 3.哲学博士 | 兽医寄生虫学家，兽医教育家。对马结肠纤毛虫的研究成就卓著，修编论述了25个属，51个种，其中建立3个新属，发现了16个新种；对牛羊瘤胃纤毛虫、猪肾虫和鸡球虫的研究也有重要成果。为我国培养畜牧兽医人才做出了重要贡献 |
| 程绍迥 | 1901—1993 | 1.1921—1926 2.1927—1930 | 美国 | 1.依阿华州立农工学院 2.约翰·霍普金斯大学 | 1.畜牧学学士和DVM 2.免疫学科学博士 | 我国兽医生物药品制造创始人之一。他主持建立了我国自行设计的上海商品检验局血清制造所。在我国创制了油剂灭能苗和牛瘟脏器苗、牛瘟弱毒冻干苗、兔化牛瘟弱毒苗等，并提出了培育弱毒苗的要求和标准，为我国消灭牛瘟和防治兽疫做出了重要贡献 |
| 许振英 | 1907—1993 | 1.1927—1929 2.1930—1931 | 美国 | 1.康奈尔大学农学院 2.威斯康星大学研究生院 | 1.农学学士 2.科学硕士 | 设计并主持育成了我国第一个瘦肉型新猪种——三江白猪；主持完成了中国猪种种质特性的调查研究，为开发利用我国地方猪种资源做出了贡献；主持制定了我国不同类型猪的营养需要和饲养标准，推动了我国动物营养学科的发展 |

（续）

| 姓名 | 生（卒）年 | 留学时间 | 留学国家 | 深造学校 | 所获学位 | 归国后成就 |
|------|------|------|------|------|------|------|
| 马闻天 | 1911— | 1.1935—1939 | 法国 | 1.里昂国立兽医学校 2.巴黎阿尔夫尔兽医学校 | DVM | 我国兽医生物制品奠基人之一。他发现了我国鸡的新城疫病，并在鸡新城疫、猪丹毒、鸡痘和多联苗，以及血清学研究等方面取得卓著成就。在建立我国兽医生物制品的监察制度和培训人才等方面做出了重要贡献 |
| 盛彤笙 | 1911—1987 | 1.1934—1936 2.1936—1938 | 德国 | 1.柏林大学 2.柏林大学和汉诺威兽医学院 | 1.MD 2.DVM | 我国第一所兽医学院（西北兽医学院）和中国科学院西北分院的创始人之一。他首先证实四川成都的水牛"四脚寒"为脑脊髓炎，并发现脑脊髓炎系由病毒所致；在对马鼻疽病的研究中，首先提出一定浓度的磺胺嘧啶（SD）对鼻疽杆菌具有杀灭作用。他为我国畜牧兽医事业的发展做出了重要贡献 |
| 胡祥璧 | 1913— | 1937—1941 | 英国 | 爱丁堡皇家兽医学院 | 英国皇家兽医学院成员称号 | 首次在我国发现马媾疫锥虫，研制出猪瘟结晶紫疫苗，协作研制出马立克氏病毒冻干苗；主译《禽病学》等专著，并为促进兽医学术国际交流做出了贡献 |
| 蒋次升 | 1914— | 1945—1948 | 美国 | 依阿华州大学兽医学院 | DVM | 提出了驴怀骡妊娠毒血症的中西兽医结合治疗方法；在奶牛乳房炎方面研制成功 HMT 试剂，并提出了中西兽医结合的综合防治措施；在我国首次确诊奶牛棒曲霉菌病是麦芽根中毒。在总结中兽医经验基础上，主持编著了一套完整的中兽医专著 |
| 王洪章 | 1915—2002 | 1945—1949 | 美国 | 康奈尔大学 | DVM | 家畜内科学的奠基人之一。为我国动物医学发展做出了显著贡献，并为国家培养出了大批优秀兽医人才 |

# 防范外来的食品安全隐患

(贾幼陵  杜雅楠，2011 年)

**摘要：** 动物源性食品安全问题是一个全球性的问题。欧美国家使用"垃圾饲料"引发的动物源性食品安全事件，我国应引以为鉴。生长激素和某些 $\beta$-兴奋剂类药物在美国等一些国家允许应用，我国进口这些国家的动物源性食品时，应充分运用 SPS 协议的风险评估原则和科学依据原则，合理设置比国际标准更严格的技术壁垒和保护措施，有效保护我国动物及动物产品国际贸易利益和食品安全，切实维护我国消费者的健康利益。

**关键词：** 进口；食品；安全；防范措施

## 一、前言

动物源性食品安全问题是一个全球性的问题。在发达国家，动物源性食品的安全隐患主要存在于规模化养殖的饲料生产和药物使用环节；而在我国，问题出现在食品生产的全过程，特别是生产加工环节故意违法添加有毒有害物质的问题还很严重。

欧洲国家一些饲养业专家曾经认为：现代社会无垃圾可言，因为所有人类产生的垃圾都可以得到重复利用，特别是现代养殖业如鸡、猪等人工饲养的动物，是垃圾最好的重复利用场所。这种理念导致了二噁英、疯牛病等恶性食品安全灾难的发生。北美国家批准在养殖业中使用激素、促生长剂等药物，造成了国家之间的贸易争端，在向发展中国家输出畜产品时，也给发展中国家带来了食品安全隐患。我们要充分认识欧美国家发生的动物源性食品安全事件的严重性，通过自主的风险评估和合理的技术壁垒，来防范外来的食品安全隐患。

## 二、"垃圾饲料"引发的动物源性食品安全事件

### 1. 德国

2010 年 12 月底，德国北威州养鸡场首先发现饲料被二噁英污染，随后又有几个州相继发现受污染饲料，导致德国"二噁英毒饲料"事件逐步升级，2011 年初又关闭 8 个州 4 709 家农场。据德国警方调查，石勒苏益格-荷尔施泰因州的一家饲料原料提供企业，将受到工业原料污染的脂肪酸生产了大约 3 000 吨饲料脂肪，供应给大约 25 家饲料生产商，受二噁英污染的饲料可能达到 15 万吨，该公司生产的部分脂肪酸中二噁英的含量超过法定含量的 77 倍，是工业化使用"地沟油"产生的恶果。

### 2. 欧盟国家

20 世纪 90 年代后期，比利时、荷兰、法国和德国等欧盟国家曾发生过严重的动物饲料被二噁英污染，并导致畜禽类产品及乳制品中含有高浓度二噁英的中毒事件，直接经济损失高达数十亿欧元。当时在欧洲乃至全球引起了极大恐慌，甚至引发了比利时政局的动荡。

### 3. 北美国家"红油"向中国推销

美国等北美国家的一些饲料原料公司，收集餐饮行业等的废弃物，生产饲料用油脂，为了防止被用于食用，向其中加入染色剂，俗称"红油"，这些"红油"作为饲料原料输入到中国，存在很大的安全隐患。因为这些"红油"很可能二噁英超标。

## 三、疯牛病争端

1986 年疯牛病在英国首次被发现，1990 年疯牛病传入欧洲大陆，1996 年首次证实人变异克雅氏症与疯牛病有关。疯牛病潜伏期可长达 8 年，在出现临床症状前 6 个月才能检出病原。处于潜伏期的牛被屠宰，其牛肉中病原难以被检出，导致食用病牛肉的感染途径无法被阻断，从而对人类健康产生威胁，而且该病可在人间通过血液和牙科器具等途径传染。

由于疯牛病潜伏期长，病原难以被有效消灭，病原一旦进入牛食物链循环，就很难被控制和根除，目前没有一个发生疯牛病国家宣布消灭该病。美国未发生疯牛病以前，对发生疯牛病的欧洲国家采取非常强硬的贸易保护措施，严令禁止欧洲地区的牛肉及其制品进入美国境内，全力防范疯牛病。但是，从 2003 年美国本土发现第一例疯牛病病例后，为了促进本国牛肉出口，美国又千方百计地通过修改国际动物卫生标准，以及利用政治手段向别国施压等手段来推销自己的牛肉。其加强向世界动物卫生组织（OIE）等国际组织施加影响，促使 OIE 不断修订疯牛病标准，使之有利于美国牛肉等产品恢复出口。例如，将 30 月龄以下剔骨牛肉作为不受疯牛病发生状况影响的产品。美国还加紧与日本、韩国以及中国等国家进行交涉，从行业协会、专家到农业部部长、议员甚至总统等多方面施加压力，要求这些国家恢复对美

国的牛肉进口。韩国李明博政府和我国台湾地区迫于美国压力，同意进口美国牛肉，导致了严重的政治危机。

## 四、激素牛肉争端

20 世纪 70 年代，意大利发现在婴儿食品中使用含有激素的牛肉，导致婴儿出现胸部异常发育或明显异性特征的现象，引发消费者对动物源性食品中激素残留的恐惧。2003 年，欧盟向 WTO 提供报告称，有科学证据表明，北美饲养牛时使用的雌二醇可致癌，即使少量残留在肉类也会导致恶性肿瘤，儿童是最容易受到危害的群体；1982 年，欧共体颁布法律，禁止使用含有激素的添加剂饲养牲畜，禁止销售含有激素的肉制品；1996 年欧盟发布指令，明确禁止使用雌二醇孕酮、睾丸激素、美仑孕酮、去甲醇三烯孕酮以及蛋白同化激素等饲喂家畜，禁止贩售本国或进口的残留有相关激素的肉品；2003 年欧盟又颁布新指令，永久性禁止使用雌二醇，并根据《实施卫生与植物卫生措施协议》（SPS 协议）中的谨慎原则，将孕酮、睾丸激素、美仑孕酮、去甲醇三烯孕酮以及蛋白同化激素等其他 5 种激素也纳入重新审查范围。

通过饲喂激素加速肉牛生长是美国、加拿大养牛业的普遍做法。美加认为，其农场使用激素的方法与欧洲国家不同，不会危害消费者。欧盟以激素可能导致癌症、神经系统紊乱和其他健康问题等为由，禁止进口美加激素牛肉及其制品的做法缺乏科学依据，是"借技术标准之名，行贸易保护主义之实"。为此，美国从 1989 年开始对欧盟部分食品征收 100% 的报复性惩罚关税。1996 年美加依据 SPS 协议，将与欧盟的激素牛肉贸易争端诉诸 WTO 贸易争端解决机制。1998 年，WTO 以欧盟未经过科学的风险评估证明含有激素牛肉对人

体健康不利为理由，裁定欧盟败诉，欧盟坚决拒绝执行裁决，导致每年遭受美国 1.168 亿美元惩罚性关税和加拿大 1 130 加元贸易制裁。2004 年，欧盟向 WTO 提出申诉。2008 年，WTO 裁定美加未经过 WTO 单方面认定欧盟措施不符合 WTO 规则违反了争端解决程序，但同时也指出，欧盟在未给出充分说明的情况下，采取临时性进口禁令违反 WTO 规则。2009 年 5 月，欧盟与美国就激素牛肉贸易争端达成临时性协议，欧盟 4 年内不断增加无激素牛肉进口配额，美国则逐步取消所有惩罚性关税。

## 五、我国食品安全面临的国际威胁

### 1. 生长激素和兴奋剂类药物的冲击

BST、PST 是牛和猪脑下垂体前叶分泌的蛋白质激素，在饲养条件不良的情况下有滥用的危险。在 $\beta$-兴奋剂类药物中，盐酸克伦特罗在美国虽然不许添加，但容许检出达 50ppb。2011 年 2 月 9 日，我国台湾地区有关部门检出进自美国的牛肉有 $\beta$-兴奋剂残留，这批重达 23 吨牛肉被申请退运，此事招致美国议员向台湾地区领导人马英九施压。

### 2. 莱克多巴胺问题对我国食品安全的威胁

莱克多巴胺（RCT）为 $\beta$-兴奋剂的一种，是一种强效人用强心剂，被美国 FDA 批准应用于动物饲料添加剂，以提高胴体瘦肉率和饲料报酬。在实际应用中，为追求饲养效益，众多养殖场不断提高动物日粮中 RCT 的添加量，其滥用造成动物性食品残留超标，严重危害消费者的健康和生命安全。

我国存在喜食内脏的消费习惯，而内脏里兴奋剂类药物残留最高，超过肉品残留十几到几十倍，再加上我国饲养模式相对落后，饲养者素质普遍较低，导致停药期规定难以执行，添加量和日摄入量难以

控制；另外，历史上一些曾被普遍认定是安全的药物，如盐酸克伦特罗等，引起了很多重大食品安全事件，造成了不可挽回的损失。因此，我国对莱克多巴胺等 $\beta$-兴奋剂采取禁用政策，同时按照 WTO 国民待遇原则，对进口肉类产品实行莱克多巴胺零容忍检验制度。

为了促进动物产品出口，美国等国家加强对国际食品法典委员会（CAC）的工作，将莱克多巴胺残留限量的步骤提到第 8 步。一旦通过，将使我国实行莱克多巴胺禁用政策和肉类产品进口零容忍检验制度面临很大困难。美国一些跨国公司一直在做美国政府的工作，希望通过美国政府对中国进行施压，以便能够在中国进行注册和销售。类似的 $\beta$-兴奋剂还有沙丁胺醇、特布他林等。美国政府为保护本国养牛业的利益，一直把中国作为其牛肉出口的突破口，对我国政府施加了很大的政治压力，要求中国放宽牛肉进口限制。但是，从我国基本国情来看，城乡居民存在"敲骨吸髓"和喜食内脏的消费方式；从疯牛病研究成果看，不仅牛脑、脊髓内存在高风险因子，而且在舌下神经、内脏神经和坐骨神经等部位也发现了高风险因子。因此，一旦放宽美国牛肉进口，导致疯牛病因子传入中国，将很难从我国彻底根除，进而将长期影响我国肉类产品的安全和出口。

## 六、防范措施

1. 借鉴美国在欧美激素牛肉争端中紧紧抓住欧盟违反 SPS 协议中科学风险评估规定这一关键问题，在 WTO 争端机制中赢得诉讼的成功经验，切实加强对国外风险物质的科学研究和风险评估工作，充分运用 SPS 协议的风险评估原则和科学依据原则，合理设置比国际标准更严格的技术壁垒和保护措施，有效保护我国动物及动

物产品国际贸易利益和食品安全。

2. 欧盟在与美加激素牛肉争端中，宁愿接受贸易制裁，也不以牺牲消费者健康利益为代价，反观韩国和我国台湾地区，在与美国疯牛病争端中，迫于压力，牺牲消费者利益，放宽牛肉进口限制，导致政治危机。鉴于此，我国今后在处理动物及动物源性产品国际贸易争端过程中，一定要以保护消费者利益为根本原则，坚决顶住各种压力。只有这样，才能在动物及动物产品国际贸易争端中切实防范国外食品安全问题对我国的威胁。

3. 加强国内监管。对于违禁药物的走私、代理和销售行为加大打击力度。

**参考文献**

高芳英 . 从美欧贸易之争看 WTO 的争端解决机制 [J]. 世界经济与政治论坛：2001，（5）：22 - 25.

吴绵 . 进口牛肉引发的危机 [N]. 中国质量报：2008 年 6 月 18 日 .

李凯年 . 透视美国应对养牛业遭遇疯牛病风浪冲击的做法及启示 [J]. 畜牧兽医科技信息：2006，（8）.

二噁英事件震惊欧洲的饲料产业 [J]. 中国乳业：2011，109：61.

曹信孚 . 美国养牛用的促进生长激素中发现致癌物质 [J]. 上海环境科学：1999，18 (12)：536.

德国二噁英毒饲料事件升级 首现猪肉被污染 . 中国畜牧兽医信息网：2011 年 1 月 13 日 .

德国 "二噁英" 蛋进入英国 英当局调查流向 . 新华网：2011 年 1 月 8 日 .

美国 23 吨出口台湾牛肉被验出含瘦肉精 . 中国台湾网：2011 年 2 月 24 日 .

迈克尔·泰森克 . 牛海绵状脑病风险管理：肉类和牛奶安全 .

欧盟对 "激素牛肉" 亮红灯 [J]. 中国动物保健：1999，3：15.

周中举，胡波 . 试论 SPS 协定在 WTO 争端解决程序中的适用—以 "欧盟和美国牛肉案" 为例 [J]. 重庆邮电学院学报（社会科学版）：2004，16 (6).

王蓓雪，田志宏 . 新一轮美欧牛肉争端案例分析 [J]. 世界农业：2006，321 (1)：17 - 19.

# 完善我国动物疫病净化措施的新思路

(2012 年 3 月刘芳、贾幼陵、杜雅楠)

**中文摘要**：本文旨在探讨完善我国动物疫病净化措施的创新点，首先拟从阐述动物疫病净化概念的角度，明确动物疫病净化的实质，然后通过学习国外净化动物疫病的成功经验，分析和讨论我国动物疫病净化措施的完善要点，从而总结得出垂直和水平净化措施的抽象思路。

**关键词**：动物疫病；净化

随着经济全球化的扩大和地球资源的过度利用，我们的生存环境不但遭到恶化，还面临着许多公共卫生安全方面的问题。其中，动物疫病的广泛传播严重威胁着我们人类的健康。为了更有效地防控动物疫情，世界各国都在积极地探索适合本国国情的动物疫病防控措施，并且有些国家已获得了一些防控动物疫病的成功经验。而我国也通过近些年大量扎实有效、艰苦细致的工作，在一些重大动物疫病防控战役中获得显著成效，没有造成重大动物疫病的暴发流行，有效地保障了动物产品质量安全。但是，在有效防控重大动物疫病的暴发流行之后，如何更有效地逐渐净化动物疫病，现在成为我国兽医界的专家和学者们共同关注的问题。

## 一、动物疫病净化的概念

"净化"一词可谓是 21 世纪的流行词，它不仅存在于我们的日常生活中，也常见于一些科学实验。例如，我们利用净化技术生产各种净化设备，实现了对空气和水源的净化，这种"净化"的英文释为"Purify"；我们利用某些营养素的功效实现了对胃肠道菌群和毒素的净化，提高了胃肠道的转运功能，这种"净化"的英文释为"Purge"；我们通过道德修养和自我约束实现了对思想和心灵的净化，这种"净化"的英文释为"Sanctify"；此外，我们还通过各种措施净化养殖动物生存环境中的各种病原微生物，实现对动物疫病的净化，这种"净化"的英文则释为"Cleanup"。因此，我们对"净化"一词并不陌生，反而觉得亲切且成为目标而不断地追求，其中包括兽医们对完善净化动物疫病措施的追求。

具体来讲，动物疫病净化（Cleanup）是指在某一限定地区或养殖场内，根据特定疫病的流行病学调查结果和疫病监测结果，及时发现并淘汰各种形式的感染动物，使限定动物群中某种疫病逐渐被清除的疫病控制方法[1]。因此，疫病净化作为控制手段之一，可以实现疫病控制的 4 个水平，分别是控制（Control）、扑灭（Stamp out）、消除（Elimination）和消灭（Eradication）[2]。

其中，消除指采取有效预防策略和措施使一定区域内某种疫病不再出现新发病例，但仍有病原存在；消灭也称根除，指在限定地区内根除一种或几种病原微生物而采取多种措施的统称[2]。因此，净化有助于根除某种疫病，而根除的目的是没有病原存在，但该区域根除的病原微生物仍有可能再次从外界环境入侵，除非世界范围内都没有该病原微生物存在。目前，全球人类已达到消灭要求的有天花和牛瘟，脊髓灰质炎也基本被消灭。

## 二、完善动物疫病净化措施的要点

目前，国外的动物疫病净化措施融入了先进的防疫理念，如世界动物卫生组织（OIE）推荐的动物疫病区域化管理理念，以及更科学的技术手段，如种畜禽无特定病原体（SPF）管理技术，并成功获得净化鸡白痢、鸡白血病、慢性呼吸道病、结核病、副结核病、猪瘟、布鲁氏菌病、牛白血病、马鼻疽、马传染性贫血、猪伪狂犬病等经验，实现了部分国家对这些动物疫病的净化和消灭。我国也凭借如监测、隔离检疫、消毒、扑杀或淘汰等动物疫病净化措施[1]，实现了个别动物疫病的净化。例如 2009 年，OIE 认可我国属于全国无牛瘟国家；同年 10 月我国向 OIE 递交了无牛肺疫国家的申请；2010 年我国又向 OIE 申请疯牛病的可忽略风险国家。但是，我国的动物疫病净化措施和国外的净化措施相比，还存在如下差异：

（1）我国虽重视净化动物疫病，但目前的净化手段单一，就是监测检疫和淘汰扑杀，没有形成一个像国外净化动物疫病成功国家所采取的有计划、长远的净化方案。

例如，美国猪伪狂犬病根除方案（Pseudorabies eradication program）是由联邦政府、州政府、企业三方合作和投资的一项长期计划（1989—2001 年），主要监测猪伪狂犬病病毒（PRV）流行率、对猪群进行全群检测、注射 PRV 疫苗、消除隐性感染源和建立阴性猪群[3]。而净化方案则包含于根除方案中，具体净化方案为：①检测和清群（Test and removal）方案，通过检测所有公、母猪以查出阳性猪，并运往屠宰场进行屠宰，30 日后再次检测所有剩余猪群。其中，繁殖猪群要每隔 30 日重复检测一次，直到连续 2 次检测阳性率都为 0 为止。该方法在繁殖猪群血清流行病学阳性率为 20％～25％时或更低时非常有效，并能有效阻止猪群内感染猪向易感猪的传播和防止繁殖猪暴露于感染仔猪。如果猪群总是不稳定地释放病原，那么放弃该方案而采取方案 2 或 3。此外，PRV 疫苗也可帮助减少病毒的扩散，缩短排毒期。因此，疫苗免疫可替代检测和清群法。繁殖母猪在注射疫苗后仍可检出阳性猪并在哺乳期后扑杀，以帮助畜主维持猪群流动以便有计划地替换为阴性繁殖母猪。②后代隔离（Offspring segregation）方案也是清除繁殖猪群 PRV 阳性猪的办法。首先对感染繁殖猪群进行疫苗免疫，在仔猪断奶后进行单独护理和隔离饲喂，然后替换所有繁殖猪群为阴性已免疫繁殖母猪以维持猪群流动。该计划也有助于维持遗传特性，对高密度猪养殖区和高水平 PRV 流行猪群具有很好的成本效益。③销毁/重建方案（Depopulation/repopulation）专为猪群中阳性率超过 75％以上的情况设计，比较适合商品猪群和种猪群以快速消除猪群的 PRV，也可解决其他生产难题如多病发生的情况和其他净化措施失效的情况，但该方案要求每个猪场进行 100％的猪只清除，然后对猪场内所有设备、围栏和粪便处理系统进行清洁和消毒以消除病毒，在此之后的至少 30 天才能重建猪群，因此该方案

花费较高，但与上述方法相比较易成功。

从这个例子看出，动物疫病净化需要有计划、有步骤地开展，且需针对不同的疫病阳性率和净化对象分别设计净化措施。因此，完善我国的动物疫病净化措施需要分阶段、分情况地提出，使得净化工作具体化、清晰化。

（2）"净化"一词在我国动物疫病防疫相关的法律法规和技术规范中出现的次数太少。只有我国《动物防疫法》中的第三十四条明确指出对 3 类动物疫病的净化需要，以及《猪瘟防治技术规范》中对种猪提出净化需求。而这些相关法律法规中只是重点强调了如何应对突发的重大动物疫情及其保障措施，忽略了净化工作其实贯穿于所有疫病的整个防治过程，不单单停留在日常畜禽饲养管理层面，而是从疫情暴发前的畜禽标识管理开始，涉及移动控制和不断地监测和淘汰阳性病例建立阴性群等技术手段，直到疫情暴发后的应急措施、风险分析和无疫认证为止。

西方发达国家对疫病净化的认识要比我们国家全面，例如，德国凭借其完善的动物疫病防控组织保障体系、法规标准体系和先进的技术手段，在国家统一指挥、多方协作的基础上开展动物疫病的监控和净化，成功消灭了 OIE A 类和 B 类动物疫病中的 50 多种[4]。

因此，完善动物疫病净化措施，应从全国整体净化环境的建设出发，不光是净化每种疫病的具体方案，还要完善参与净化的各种技术手段，如动物标识与可追溯管理措施、哨兵动物放置与重新饲养措施、生物安全管理措施、动物移动控制措施、动物疫病监测措施、动物疫病应急处理措施、种畜禽管理措施、野生动物控制措施和公众防疫意识培养措施，以及保障净化成功的各种保障措施的完善，如兽医法律

法规体系和组织体系、财政保障机制和补偿处罚措施等。只有为净化疫病提供一个有利环境，才能使得各种动物疫病的具体净化方案发挥实效，否则净化方案有如"孤军奋战"而较难成功。

（3）国外净化动物疫病从引种开始，甚至采用种畜禽的 SPF 管理技术，开展从"核心群→繁殖群→生产群"的金字塔形净化疫病策略，将净化疫病与育种工作紧密结合，既建立了良种繁育体系，又有效地切断了疫病的垂直传播途径，实现了对一些动物疫病的净化，而生产出健康的放心肉。例如，丹麦自从 1971 年开始实施种猪的 SPF 管理技术以来，现有 SPF 核心群及种猪群 275 个，占全部种猪场（547 个）的 50.3%，存栏 SPF 种猪已占全国种猪的 80%。已基本消灭了各种危害生猪健康的传染性疾病，如口蹄疫、典型非洲猪瘟、猪水泡病、伪狂犬病、喘气病、病毒性脑炎、脊髓灰质炎、结核病和旋毛虫病等，保证了猪群健康。同时，极大地助推了生猪产业的规模化、专业化、标准化水平、良种繁育体系高效运行、环境保护和食品安全体系建设等[5]。

我国作为发展中国家，通过对外开放的方式一直虚心地向发达国家学习各种防疫方式和手段，而该技术也于 20 世纪 80 年代引入我国。目前，我国关于种畜禽管理和遗传改良的相关政策文件中，对于"种畜禽场疫病净化工作"的要求是制定监测计划，加强对猪瘟、禽白血病等主要动物疫病的监测及提出疫病净化方案，但并没有对种畜禽的主要疫病净化技术和方案做出明确要求。

因此，完善我国动物疫病净化措施，还需要结合我国养殖产业的实际情况，以建立 SPF 级核心种源（原种场和保种场）为切入点，明确净化技术和净化方案，逐

步开展曾祖代、祖代、商品代畜禽群的次级疫病净化，从而促进我国良种繁育体系的发展和生产优质安全的放心肉。

### 三、完善动物疫病净化措施的新思路

从上述国内外动物疫病净化措施的差异看出，完善我国动物疫病净化措施的新思路可有 2 条抽象的线路。

一是采用种畜禽的 SPF 管理技术，从引种开始建立核心群，并逐级应用于曾祖代场、祖代场、父母代场和商品代场，开展垂直的动物疫病净化工作，即垂直净化线。将垂直净化措施结合良种繁育的理由是：①良种繁育体系是以"核心群→繁殖群→生产群"逐级引种扩繁的金字塔形饲养体系，其逐级的引种来源可抽象地描绘出一条垂直线，而每级生产 SPF 动物所需的各种技术手段如生物安全措施、移动控制措施、监测措施、动物标识与可追溯管理措施等，同样也是净化措施所需的技术手段。因此，净化工作可以首先从建立核心群开始，然后沿着垂直的引种路线逐级开展，最后停止于上餐桌的商品代。②SPF引种管理的最显著优势就是可以切断一些动物疫病的垂直传播途径，如引进动物需进行严格的实验室检验以切断病原微生物通过胎盘、精液垂直传播给胎儿；通过剖宫产获得的幼崽直接人工喂养，避免了病原微生物通过乳汁的垂直传播；在逐级引种中，上级为下级提供的健康无疫的种畜禽也可切断疫病在垂直引种路线的传播。因此，SPF 引种管理所需的疫病净化措施可以理解为垂直净化措施，并作为一个新思路提出。

二是采用区域化管理理念，结合我国无疫区建设，开展水平的动物疫病净化工作，即水平净化线。将净化措施结合区域

化管理的理由是：① 区域化管理是涉及风险分析、监测、诊断、预防、检疫、隔离、可追溯管理、应急防控等措施以及兽医科研、能力建设和管理体制的系统工程[6]。而在完善净化措施的要点中所提到的净化环境建设，正与区域化管理措施相同。因此，净化措施应结合我国区域化管理应用现状进行完善，并将区域化管理作为疫病净化的先行步骤，首先在我国的无疫区内开展净化工作。② 区域化管理的实质就是通过设立屏障划定范围，通过不断地净化疫病而生产无疫动物。随着净化措施的不断完善，这个区域化管理范围可以逐渐扩大，甚至毗连成片成为更大的区域或全国。而这个净化范围逐渐扩大的过程可以抽象地描述为水平面的扩大。因此，区域化管理所需的疫病净化措施可以理解为水平净化措施，并作为另一个新思路提出。

## 四、总结

垂直净化和水平净化思路的提出，不仅

是对国外净化措施的总结，也是完善我国动物疫病净化措施的创新点和着手点，使得动物疫病净化工作立体化、系统化、具体化。

### 参考文献

吴清民．2002．兽医传染病学［M］．北京：中国农业大学出版社．

陈继明．2008．重大动物疫病监测指南［M］．北京：中国农业科学技术出版社．

李树清，陈志飞．简介美国根除猪伪狂犬病项目及实施进展［J］．上海畜牧兽医通讯：2002，1：26．

王俊平．德国兽医管理体系考察报告［J］．中国牧业通讯：2002，3：8－15．

李明，王朝军，李纪平．推进 SPF 猪产业化走健康发展之路［EB/OL］．http：//www.caaa.cn/show/newsarticle.php？ID＝89230，2006－11－22/2011－05－15．

全国动物卫生风险评估专家委员会办公室．加拿大动物疫病区域化管理考察报告［N］．全国动物卫生风险评估工作简报：2008－06－05（4）．

# 对"活熊取胆"几个争议问题的看法

(2012 年 3 月)

"活熊取胆"目前存在很多争议，大众也有很多疑虑。我从一个兽医的角度谈谈我的看法。

### 关于动物福利的法律问题

"活熊取胆"不是某一个企业的行为，它涉及社会公共理念和社会道德。但由于

目前法律的缺失，很难禁止。但也有一些法律法规条文指出了相关动物保护和动物福利的努力方向，比如《中华人民共和国野生动物保护法》附则第四十条"中华人民共和国缔结或者参加的与保护野生动物有关的国际条约与本法有不同规定的，适用国际条约的规定，但中华人民共和国声

明保留的条款除外。"中国是世界动物卫生组织（OIE）的成员，《OIE 陆生动物卫生法典》明确规定，不得伤害、不得虐待动物，要保证其一定的生存空间。

另外，也有一些地方法规做了明确规定，比如，《上海市实施〈中华人民共和国野生动物保护法〉办法》第十六条中规定"不允许任何单位和个人伤害和虐待驯养的野生动物"。

虽然说目前的法律上没有明文禁止，但已指出了动物福利的方向，这是一种进步。

### "活熊取胆"对熊有没有伤害

从法律层面上讲，黑熊是否受到伤害，不能由主人说了算，而应该由有资质的兽医，通过化验、诊断后做出判断。

从科学角度讲，作为一个兽医，可以肯定地讲，无论采取什么方式，取胆对活熊都会造成很大的伤害。

第一，取胆要人工造瘘。瘘就是深层组织发生病变而向体外溃破所形成的病理性管道，瘘的本身就是病。人工造瘘，本身是一种治疗手段，比如肛瘘、膀胱瘘，是因为疾病不能排出排泄物，而只能人工造一个通道。给熊造瘘，不是治病，是人工制造了一个病。造瘘时，要把胆囊与腹膜进行人工缝合并开口形成通道。这实际上就造成了脏器的粘连。后果是，熊运动时，就会"牵肠挂肚"，同时腹膜容易感染腹膜炎，又会引起其他脏器的粘连。

第二，胆囊是一个脏器，在腹腔里是封闭的，无菌的。造瘘后，胆囊直接暴露于空气中，百分百地会受到有害病菌等病原微生物感染，这是避免不了的。感染引起胆囊炎，不管是急性的还是慢性的，都会造成黑熊疼痛。患过胆囊炎的病人，会有此感受。解决办法只有 2 个，一是给黑熊穿铁马甲，以防止黑熊受不了痛苦而自残，二是用大量抗生素或镇静剂。不论哪种方式，都比较残酷。胆囊感染即使杀菌也会有大量毒素，大量抗生素和镇静剂使用后生产出来的产品，也是不安全的。

第三，反复取胆，造成胆道直接的物理刺激，导致胆囊息肉（肿瘤），很容易癌变。

第四，更重要的是，一个动物或人可以没有胆囊，但不能没有胆汁。胆汁是重要的脂肪消化液，也是体内不可缺少的脂溶性维生素的溶剂。人因为疾病不得已取掉了胆，但可以通过肝脏的胆总管直接排到肠道内，还可以基本保持健康。而黑熊取胆汁一天两次，正是在黑熊进食的时候，也正是胆囊向十二指肠排送胆汁的时候，长期下去，必造成黑熊营养不良。有人说，取走胆汁，会增加肝脏对胆汁的分泌，但是 80% 以上的胆盐和胆汁酸再循环到肝脏作再生胆汁的原料。取走胆汁时，也直接取走了制造胆汁的原料，而且肝脏大量非正常地制造胆汁，给肝细胞也造成了极大的负担。还有，胆汁排放到小肠中，可以中和小肠中的酸性物质，没有胆汁后，很容易患十二指肠溃疡。

所以说，长期用于取胆汁的黑熊，没有健康的。这是一个非常残忍的行为。

### 关于执业兽医的职责

全世界对执业兽医的职业道德都有规范。《国际动物卫生法典》对兽医在动物福利方面的职责，也有严格的规定。中国兽医协会对我国的执业兽医发出了道德规范的要求：执业兽医应该为患病动物提供医疗服务，解除患病动物的病痛，尽可能少地减少动物的痛苦和恐惧；应该劝阻虐待动物的行为，宣传动物保健和动物福利的知识。

"活熊取胆"的手术是兽医做的，目前在法律层面上禁止这个行为还比较困难。但作为执业兽医的行为，有法律的规范，无照不能行医。行医不得伤害动物，这也是兽医起码的职业道德。因此，兽医应该抵制这种手术。

### 关于动物福利和人类利益

我想说，人和熊一样，都是杂食性动物，吃肉是人的天性，强迫人吃素也是不人道的。但是善待动物同样是人的天性，动物福利不是要求给予动物特殊的待遇，而只是要求：人类如果饲养动物，作为主宰者，你有义务给予动物必要的生活空间，不能虐待、伤害动物，这只是举手之劳，否则，你没有资格饲养动物。即使要屠宰动物，也必须减少它的痛苦，这已经是全世界接受了的原则，包括中国在内所有大型屠宰场都已经实现了电击或二氧化碳麻醉。

对于黑熊取胆，一方面考虑到对黑熊的伤害，另一方面又要考虑对人类的药用价值。我想，可以按国际实验动物福利的三原则来做，即"减少、改进方法和替代"。特别是替代的原则，无论人工熊胆还是西药，只要是能够达到熊胆的疗效，就不应该再用熊胆，以避免对黑熊的伤害。

最后我想说的是，从法理上讲，以伤害动物得到的产品，应该抵制它的销售。我也向企业呼吁，要看清我国动物保护的大方向，虐待动物终究会被千夫所指。

# 谈谈公众关心的动物福利与人类福祉问题

(2013 年 01 月)

随着人类社会文明的进步，人与动物以及与自然和环境之间的关系备受关注，"动物福利"一词也由此而生。世界动物卫生组织（OIE）作为政府间的国际性组织，其对于动物福利的定义被广泛采纳。OIE指出，动物福利就是要让动物生活健康、舒适、安全，得到良好饲喂，能表达天生的行为，并免受痛苦和恐惧，这些要求涵盖科学管理、预防疾病、兽医治疗、人文关怀、人道屠宰等方面。其核心理念就是要满足动物的基本需求，"人道"合理地饲养动物和利用动物，保障动物的健康，减少动物的痛苦，使动物和人类和谐共处。然而，在中国目前的社会环境、经济环境和文化背景下，动物福利作为一种新事物在中国也存在着多种声音。

## 一、动物福利在中国发展的阻力和问题

### 1. 对"动物福利"的概念理解不同

由于动物福利进入中国不久，因此大部分人对"动物福利"这个概念很陌生，"动物福利法"更是闻所未闻。国人对"福利"一词的传统释义有两个层面的意思，一是在国家层面。福利即为国家对国民的基本社会保障；二是在企业层面，员工福利在企业内为员工的间接收入。保障社会福利是要花纳税人的钱。公众一般容易把"社会福利"与"动物福利"的概念混淆，从而产生抵制心理，认为人的福利还不能

完全保障，怎么能够花费纳税人的钱开展动物福利，因此动物福利不被理解。此外，一些热爱动物保护事业的人，所做的超出现有法律框架的行为，也造成了不同层次人群的异议。如近两年，频繁出现的高速路拦车救狗事件，在社会上引起了强烈的反响。

国际上，动物福利最被广泛认可的就是"5F"原则和"3R"原则。1997年，OIE接受了1967年英国Brambell教授的概念，于当年的法典上首次发布国际兽医的动物福利要求，即为使动物免受饥饿、营养不良的自由；免于因环境而承受痛苦的自由；免受痛苦及伤病的自由；表达天性的自由；免受恐惧和压力的自由。该法典中的五大自由（5F）应该是动物福利的基本要求，但思维方式的不同使这一概念仍存在理解差异。"自由"是动物自主的行为，而动物福利需要人的关注和给予；而其中"表达天性的自由"为更多人所不理解；且有不少人把动物福利与人的心理安慰和"虚伪"联系在一起。"3R"原则就是Reduction（减少）、Replacement（替代）、Refinement（优化）的简称，主要针对实验动物而言。近些年，国际权威学术刊物也要求科学实验研究需要建立在以"3R"为原则的动物福利基础之上，没有经过实验动物福利审查委员会通过的实验和论文不能够被接受和发表。

### 2. 短期经济利益的驱使

我国目前生产力水平仍然较低，一些商家为节约成本，在短期经济利益的驱使下，生产方式完全漠视动物福利。例如一些集约化养殖场对畜禽极度限制，畜禽没有活动空间，而且缺乏无害化处理设施，畜禽排出的大量粪、尿、气体使畜禽舍的环境质量不断恶化；还有一些不法商贩为了节省成本，不将畜禽送到国家定点屠宰厂而自行宰杀，私屠滥宰使得动物在待宰时饱受恐惧和疼痛的折磨；对动物的长途运输条件简陋，拥挤不堪，且没有足够的休息和饮食等，对动物来说就是一场灾难。

### 3. 与动物福利相关的宣传教育和法律、制度缺失

我国对动物福利关注不足的另一个重要原因是教育和科研体制中缺乏"动物福利"教育，不能培养对动物的关爱意识，民众普遍漠视动物感受，觉得在人的福利没有很好的解决之前，考虑动物福利是一种奢望，且这种观念难以在短时间内扭转。目前，中国的普通百姓对动物福利的理念还比较陌生，关爱动物还没有真正成为一种社会风尚，推行动物福利还有很大阻力。还有很多人认为动物福利"不值得用法律来保护"，多数人没有"动物应享有福利"的观念。我国现存明确保护动物的法律法规只涉及濒危野生动物、稀有的海洋鱼贝类的猎杀和交易，没有一部法律涉及大量的与人类生活紧密相关的动物福利问题。

2005年12月29日，十届全国人大常委会第十九次会议表决通过了《中华人民共和国畜牧法》。其第八条是："国务院畜牧兽医行政主管部门应当指导畜牧业生产经营者改善畜禽繁育、饲养、运输的条件和环境。"此前的草案则表述为："国家提倡动物福利；畜牧兽医行政主管部门应当指导畜牧业生产经营者按照动物福利要求从事畜禽繁育、饲养、经营、运输等活动"。在这里，"动物福利"一词被删除了。这反映了一个事实，在很多公众以致在立法者眼中，动物福利还不能成为法律所调整的范畴。

### 4. 国民对动物福利认知度低

动物福利的好坏取决于生产者、畜牧兽医工作者、普通民众和舆论对动物福利的关注度，而兽医作为动物福利的主要研究者和宣传者有责任增强动物生产者的福利意识，实施福利化的养殖、运输和屠宰

措施，帮助普通民众走出误区，使他们认识到改善动物福利水平是为人类提供优质的动物产品和适宜的生活环境。

动物福利在我国还是新鲜事物，有必要加强动物福利宣传力度，尤其是科研院所的教师学生和企事业单位工作人员。2011 年民政部批准成立中国兽医协会动物卫生服务与福利分会，标志我国在动物福利行业组织领域迈出重要一步。

### 5. 动物福利科研滞后

严格来说，动物福利科学并不是一门科学，而是由多个独立的学科相互重叠、交叉而成。动物福利科学中的新趋势和新方法集中反映了这些学科的前沿研究，如兽医病理学、生理学、解剖学、行为学、临床诊断学，也涉及哲学领域，如伦理学。建议各学科统一协调，形成较为一致的研究方法和评价方法，动物福利科学才能迅速发展，并早日应用于实践。

客观地讲，我国动物福利保护现状令人忧心。不论是实验动物、农场动物，还是伴侣动物、用于体育、娱乐和展览的动物，甚至是被早已列为保护对象的野生动物，其福利都存在着或多或少的问题。因为动物福利而引发的经济问题、公共卫生、食品安全、环境和健康等问题越来越多，并影响到我国的国际形象。所以，我们应该给动物以适当的福利，因为关注动物福利是为了保障人类福祉。

## 二、动物福利与人类福祉

### 1. 动物福利关系到公众的利益

谈及动物福利，实际就是人对待动物的态度。人与动物之间的行为，其中人占主导作用，人是主体。没有人意识的提高、观念的转变，动物福利就无从谈起。动物福利问题说到底是人的责任意识和文明素质的提高。那些遗弃、虐待动物和漠视动

物健康，不按规范实施免疫等不负责任的行为，直接造成人畜共患病的发生和流行，威胁到公共卫生安全，如狂犬病。另外，近几年来频频发生的食品安全问题，危害严重，影响广泛，特别是动物源性食品安全问题尤为突出，对人体健康造成了极大的威胁。而其中部分是由于动物福利问题影响到动物源性食品安全，如养殖环节畜禽饮用水不清洁，饲养环境差，非人道运输、屠宰畜禽，都会造成肉品质量下降；滥用抗生素等兽药、使用瘦肉精等激素类药品的不法行为，均会严重影响动物的健康，同时产生食品安全问题。此外，如果畜禽的生存状况恶劣，拥挤、肮脏，导致畜禽本身及其产品质量下降，还会因为携带病原微生物而危及公共卫生，也必然会伤害到人。因此，只有实施"无营养不良"的动物福利原则，按照其自身营养需要投喂饲料，避免各种有害物质在畜禽体内的残留，为畜禽提供适宜的饲养环境，才能既保证畜禽的健康，获得良好的经济效益，也从源头上解决畜禽疫病频发的诱因，实现畜产品安全生产，保障人类自身健康。

在这里我不得不提一下，一些发达国家在谴责中国动物福利状况的同时，自己做得并不是尽善尽美，例如欧美、日本引发重大公共卫生事件的疯牛病，就是因为生产企业为了追求利润用牛的下水做成肉骨粉再饲喂给牛，这是违反牛素食天性的，更是违背动物福利宗旨的，由此引发的不少人因克-雅二氏症死亡事件至今未能平息。从美国传入中国的瘦肉精不仅干扰了牲畜的正常生长，引起代谢紊乱，同时造成大量食用者中毒。

### 2. 实施动物福利有利于人类生态环境保护

人类和自然界的动植物以及其他各种资源构成了我们生活的环境。动物，是地

球环境的有机组成部分，也是人类生存发展不可或缺的重要资源。实施动物福利重要的原则就是要给动物建立一个安全的生活环境，这无疑对人类生态环境的保护也起到重要作用。

### 3. 动物福利是人类社会文明程度的体现

一个国家的国民对待动物态度如何，在某种程度上是衡量一个社会文明程度的重要标志。在当今社会，伦理已不仅仅存在于人类之间，与动物也有关系。只有重视人与所有生命的关系，人类社会才会变得文明起来。正如印度思想家圣雄甘地所说："从一个国家对待动物的态度，可以判断这个国家及其道德是否伟大与崇高"。尊重、善待动物的努力终将惠及到人类自身，

人与动物之间应和谐地共生在一个星球上。从这个意义上来说，提倡动物福利是社会进步和经济发展到了一定阶段的必然产物，体现了一个国家社会文明的进步程度。

### 4. 动物福利影响对外贸易

动物福利同时也关系到经济问题，潜在的贸易壁垒已经影响了我国的国际贸易。欧盟及美国、加拿大、澳大利亚等国都有动物福利方面的法律，世界贸易组织的规则中也有明确的动物福利条款，我国向西方发达国家出口的畜禽产品也被质问是否符合动物福利的要求。我国动物产品在国际贸易中屡遭排斥，很大程度上都与我国落后的养殖方式和不能满足动物福利的要求有关。因此，动物福利已经成为我国面临的又一个国际贸易壁垒。

# 给中央领导同志的一封信

(2013 年 5 月)

最近 H7N9 禽流感疫情在各级政府的高度重视和努力下已经有所缓和，取得了很大成绩。但同时，我国的家禽养殖业也遭受到空前未有的打击，农民损失惨重。

按照国家卫生和计划生育委员会、世界卫生组织的调查结论，此次 H7N9 禽流感感染到人，活禽市场是主要传染途径，因此各级政府果断地关闭了活禽市场，切断了传染途径，取得了很好的效果。尚未有疫情的绝大多数省区也都照此办理，防患于未然。但在切断传染途径的同时，也切断了关系 4 400 万家禽养殖户的生计，这无疑又是一场

灾难。我国家禽饲养量为世界第一，每年出栏家禽超过 160 亿只，每天上市的家禽约 4 500 万只，除了大型肉鸡、肉鸭企业经工厂化屠宰上市之外，约有一半经活禽市场批发、零售。专业养殖户一般都投资或贷款进雏、购买饲料，一年出栏 3～5 次，养大了如果不能上市就会破产。政府对扑杀的禽类给予部分补偿，对广大受损失养殖户的救助有限，时间长了势必会影响社会稳定。

防疫和农民的生计都是天大的事情，对活禽市场不能一关了之，特别是在疫情相对缓解的情况下，应该在保证防疫安全

的前提下，合理安排和恢复一批条件好的市场，改革并严格市场管理规范，尚有可能缓解家禽养殖业的压力。具体建议：

第一，市场必须规定活禽不得过夜，不得逆向回流养殖场，卖不完的活禽必须当天在当地屠宰。之后连夜清理粪便，严格消毒环境。

第二，市场必须规定严格的休市制度，一周休市一天，进行彻底消毒和检测。

第三，市场内不同种类的家禽不得混合，要有一定的隔离设施，特别注意水禽的隔离。

第四，动物防疫部门定期对养殖场和市场进行检测，发现 H7N9 核酸阳性立即停市整顿。

第五，安排家禽屠宰企业在市场旁边建立屠宰车间，以低于市场价格收购当天未能卖出的活禽，屠宰后用于深加工。在市场内推行代屠宰制度，争取顾客不带活禽回家。

第六，合理安排市场布局，在人口密集的大城市着力推广冰鲜、冷冻禽肉上市。

现有活禽市场绝大多数管理混乱，市场环境极易造成病源微生物的污染、流行和重组，而且改革管理的难度也很大。而现在强行改革活禽市场管理，来自社会的阻力要小得多，但各级政府相关部门需要密切配合，切实负起责任来。如果新的活禽市场管理制度建立起来，不仅能够有效地遏制 H7N9 禽流感感染到人，缓解家禽产业危机，稳定养殖农民，而且对长远的公共卫生安全产生正面影响。

中国兽医协会 会长
2013 年 5 月 1 日

# 《动物福利概论》序

(2014 年)

世界动物卫生组织（OIE）将动物福利标准纳入《OIE 陆生动物卫生法典》，强调保障动物福利是兽医的基本职责和任务，要求各成员执行法典的动物福利标准。良好的动物福利对促进我国畜牧生产的可持续发展，提高畜牧业整体的生产水平，有效控制预防动物疫病，保障动物产品质量安全具有重要意义。

我国在动物福利领域相对于欧美发达国家还存在许多不足，主要反映在动物福利法律和动物福利评价标准缺失、动物福利科学研究滞后等方面，特别是当前广大民众对动物福利认知度还很低，这些都是在我国推进动物福利工作的极大障碍。为此，我们组织编写了《动物福利概论》一书，旨在较全面地介绍动物福利概念、动物福利评价标准和评价体系、动物福利立法、动物福利与公共安全，以及猪、牛、羊、禽、水产动物、实验动物、工作动物、马、犬猫和圈养野生动物福利，希望为我国兽医专业学生提供最新的研究成果，为我国开展动物福利相关科学研究提供参考和思路。《动物福利概论》一书的出版，不仅为兽医专业的学生提供一部教材，而且对促进我国动物福利科学发展、普及以及相关科学研究具有重要的理论和现实意义。

《动物福利概论》一书的编者查阅和引用了大量的国内外参考资料，内容较为丰富，不仅阐述了最基本的动物福利相关的畜牧兽医理论知识，同时提供了大量的研究成果和案例分析，以及各类动物福利的特点和改进其福利状况的具体措施。该书适用于从事畜牧兽医管理部门的政府官员、从事畜牧兽医科学研究教学的教师和学生、从事畜牧业生产的企业家及技术人员、从事动物疫病诊疗的执业兽医，以及关心动物福利的其他行业学者和广大消费者阅读。

该书的编者都是较为年轻的中青年科研工作者，他们凭借专业的学识和对动物福利事业的热爱，克服了诸多困难，完成了本书的编写，值得我们尊敬。但由于我国动物科学研究的相对滞后，书中错误在所难免，希望社会和业界同行给予支持和帮助，使之在推动我国动物福利科学发展方面发挥一定作用。

# 论动物福利科学

(《动物医学进展》2014 年 12 月　孙忠超　贾幼陵　杜雅楠)

**摘要：** 动物福利是一门新兴的多学科相互交叉的科学体系，各分支学科的前沿理论研究反映了动物福利发展的新趋势和新方法。集约化饲养条件下的畜禽福利水平低，已成为影响人类健康、制约畜牧业可持续发展的关键因素之一。论文初步构建了动物福利科学体系的框架，综述了动物福利评价体系的主要内容，并在此基础上提出关于动物福利的一些观点。

**关键词：** 动物福利；科学体系；评价体系；观点

动物福利关乎人类健康和现代化畜牧业的可持续发展。国内有关动物福利的研究较晚，尚未形成完整的理论体系[1]，集约化养殖系统下的畜禽福利差，福利问题突出。因此，构建动物福利科学体系框架，加强动物福利科学的基础理论研究，有助于提高人们对动物福利问题及其科学原理的认识，同时为我国今后的畜牧业发展提供重要的理论依据。

## 一、动物福利概念

20 世纪 60 年代以来，国内外的许多学者和国际动物保护组织从不同角度阐述了对动物福利的理解。动物福利是动物个体试图适应环境时的一种身体和精神状态[2-3]。动物福利不仅意味着减少动物的疼痛，还要满足动物天性的需要[4]。动物福利是对动物在整个生命过程中实施保护的具体体现，与动物保护不同[5]。英国农场动物福利委员会提出动物福利 5 项指导原则，分别为免受饥渴，免受不适，免受疼痛、伤害和疾病，免受恐惧和痛苦，表达正常行为[6]。世界动物卫生组织（OIE）

将动物福利定义为动物的一种生存状态，良好的动物福利状态包括健康、舒适、安全的生存环境，充足的营养，免受疼痛、恐惧和压力，表达动物的天性，良好兽医诊治和疾病预防，合理人道的屠宰方法[7]。联合国粮农组织通过改善动物福利，最终消除饥饿和贫困[8]。动物实验替代方法"3R"原则为科研中动物使用提供有用的指导，分别是减少实验动物数、改进动物实验方法、替代实验动物[9]。迄今为止各国的学者或组织并没有形成统一的概念，但有一点是相同的，就是保障动物健康、反对虐待动物，人与动物和谐相处。

## 二、动物福利科学

严格地说，动物福利科学并不是一门学科，而是由多个独立的学科相互重叠、交叉而成，动物福利科学中的新趋势、新方法突出的反映这些学科的前沿研究。这些学科涉及农业科学及理学领域，如兽医学、畜牧学、生物学，也涉及哲学领域，如伦理学，见图1。动物福利复杂的学科

特点决定了其适合跨学科界限进行综合研究。以下着重介绍动物行为学、动物生理学和动物伦理学的学科内容及最新研究进展，并提出有关我国动物福利科学研究的建议和观点。

## （一）动物行为学

动物行为学是研究动物行为规律，揭示动物行为产生、发展及进化的学科，起源于自然环境下动物行为表现的研究。利用传统行为学方法解释畜禽在实际生产中的异常行为表现，有利于及早发现问题，改善动物福利。集约化养殖系统因远离自然环境，可能引起动物自然行为的变化，产生刻板行为、恶癖，造成福利状况低下，影响动物健康[10]。近年来，动物行为学与遗传学、神经生物学交互渗透在一起，形成了许多新的领域，从微观角度完整、系统地阐述了低动物福利下行为的发生原因和机制，探索动物行为潜在的控制机制有助于理解和实现动物福利[11]。我国在动物行为方面的研究起步较晚，研究的内容通常偏重于对

图1 动物福利的科学体系

Fig. 1 Scientific system of animal welfare

动物行为的描述，尤其在畜禽行为的基础理论研究方面与国外存在较大的差距。

### （二）动物生理学

动物生理学是研究动物机能和生命活动规律的一门学科，是生物学的核心。其与动物福利科学的交叉领域中，最重要的是应激的研究。动物的应激过程可以分为3个阶段，即应激、适应和疲劳。目前，研究主要集中在下丘脑-垂体-肾上腺皮质轴（HPA）激活后皮质醇浓度的定量问题[12—13]，该方法有两个局限性：①应激反应是非特异性的，实验人员采集血液样本的过程也是一种应激，易造成结果不准确；②应激过程不痛苦，最大的痛苦来源于应激过后的适应性反应，即亚病理状态。因此，动物应激研究需考虑应激反应的持续时间和不同物种面对环境变化时的反应程度。

### （三）动物伦理学

动物伦理学是关于人与动物关系的伦理信念、道德和行为规范的理论体系，是哲学的一个分支学科[14]。20世纪70年代动物权利运动的兴起奠定了动物伦理学的社会基础。近年来，相关学者围绕动物权利、动物福利、动物价值、动物的道德地位展开激烈讨论，目前尚无结果。值得注意的是，一些动物权利支持者将动物提高到与人对等的地位，搞极端示威活动，甚至影响正常实验类动物的研究，给动物福利的改善带来了负面影响。

## 三、动物福利评价体系

畜禽福利的好坏直接关系到消费者的健康，畜产品能否获得消费者的青睐。因此有必要对畜禽的饲养、运输、屠宰环节的福利、健康和管理水平进行客观的评价。评价指标的选择要有科学依据，并可用于实践。每个指标的选择都是人为根据评价目标而设定，因此，在动物福利的评价体系中，主观评价和客观评价共存，只能通过不断完善，尽量做到客观评价。动物福利评价指标的确定是该领域一直存在的难点问题，近年来，已经开发出多种科学方法来评估动物福利，主要应用行为和生理指标评价畜禽适应饲养环境的能力。

### （一）评价标准

评价动物福利的高低需要相应的标准来衡量。世界动物卫生组织强调动物福利应该以科学为基础，提出动物福利的8个标准，分别为动物海运、动物陆运、动物空运、动物屠宰、基于疫病控制的扑杀动物、流浪狗数量控制、科研和教育目的动物使用、肉牛生产系统和动物福利。目前，动物福利领域存在多种标准共存的局面，有企业标准、行业组织标准、政府标准、国际组织标准等，不同学科建立的标准也是不一样的。建议在《OIE陆生动物卫生法典》的基础上，制定出科学的、可操作的、符合我国国情的动物福利标准。

### （二）评价方法

科学评估动物福利要考虑多种因素，没有一种方法是完全可行的，需采用不同方法综合评价动物福利。以下分别介绍以生理行为、疾病、生产和消费者为基础的评价方法。

**1. 以生理和行为为基础的评价方法** 在畜禽饲养过程中，"应激原"可能会引起疾病、伤痛和死亡[15]。生理和行为指标可以用来评价福利水平的高低，如心率、温度和呼吸频率变化[16]，皮质醇浓度变化[17]、畜禽死亡[18—19]、疾病行为[20]、疼痛行为[21]等。然而在设计试验时需要考虑应激的类型和持续时间，畜禽的种类、年龄和状态，才能得到各种生产系统下的不同品种的有效评价结果。

**2. 以疾病和生产为基础的评价方法**
畜禽生理机能受到疾病和过度生产的影响会导致行为和生理发生变化，这些改变产生消极感受（疼痛、不适）和消极情绪（恐惧、沮丧），从而降低福利水平，甚至导致动物死亡。疾病意味着福利低下，良好的福利防止动物个体患病，使动物对病原体的抵抗力更强。当生产需求过度，如拥挤的圈舍、快速生产、产奶量高等，疾病的出现会降低畜禽的生产，提高发病率[22]。高产奶牛的代谢消耗问题、跛足问题严重影响奶牛福利水平[23-24]，蛋鸡的骨骼问题同样导致福利低下[25]。

**3. 以消费者为基础的评价方法** 畜产品是提供给广大消费者的，对其福利外在的价值进行评估，有助于优化动物生产和消费者对畜产品的需求。贴有动物福利标签的禽蛋和肉类是否能够得到消费者的认可，需要采用调查问卷的方式，询问消费者后即可以得出评价结果和建议，然后将数据反馈给生产者，以此改善畜禽动物福利。由于调查问卷主观意愿强，所以评价结果的准确性有待提高。

### （三）评价体系

2004年欧盟最大的动物福利研究"福利质量"项目开始实施，目的是要研发出能够评估动物福利的科学性工具，将获得的数据反馈给农场管理者和消费者，帮助他们了解动物的福利状况，同时提出改进方法用以改善饲养和屠宰环节的动物福利。"福利质量"首先确定4个主要的福利原则，再划分出12个独立的福利标准，挑选出了评估这些福利标准的30个左右的测量方法，具体方法如图2所示[26]。该项目采用以生理和行为为基础的测量方法，通过农场和屠宰场的实地观察并采集数据，将

数据统一录入计算机模型中，计算各标准得分，最后划分动物所处的福利等级，分为极好（福利状况达到很高水平）、好（福利状况是好的）、一般（福利状况达到了最低要求）、差（福利状况低）。该研究项目旨在开发欧洲的畜禽动物福利标准，用以保障食品质量与安全。目前，国内科研工作者已经着手翻译和研究该项目内容。值得注意的是，欧洲的动物福利标准能否适用于养殖规模大、集约化饲养和散养并存的发展中国家，有待探讨。从根本上加强动物福利分支学科的理论研究，才能有效地收集评价数据，开发适用于本国畜牧业发展的畜禽福利评价体系。

图2　动物福利评价体系流程
Fig. 2　Animal welfare assessment system process

## 四、关于动物福利的观点

### （一）"精神福利"的争议

动物福利是一个含义宽泛的术语，任何对动物福利的定义都必须考虑与其相关的可用科学证据，只有这样才能在科学应用、法律文件中精确的使用这个概念。动物福利5项指导原则中的免受恐惧可将其简单地归纳为精神福利，解释为情感表达，但精神状态是主观和感性的，如疼痛、挫败、恐惧、焦虑等，无法直接进行科学研究，只能对其进行间接研究。目前越来越多的研究表明动物是可以感受到生理疼痛的[27]，包括所有脊椎动物和部分无脊椎动物[28]。动物在精神上是否具有"情感"存在争议[29]，有学者认为只有人类才有"情感"，有学者认为哺乳动物也是有"情感"的，因为哺乳动物具有超过250种细胞类

型及非常复杂的中枢神经系统[30]。动物能否体验"快乐"有待于动物行为学和神经生物学进一步研究。因此，在集约化养殖普遍存在和国人对动物福利普遍不了解的情况下，引入"精神福利"是不现实的。

### （二）"福利"翻译问题

目前，国际学者或组织对动物福利定义中涉及一些国人不容易理解的词语，如"感知力""心灵状态""情感""动物伦理"等，还包括一些容易产生歧义或反感的词语，如"快乐""舒适""自由"等，这种拟人化的翻译模糊了国人对动物福利的理解，认为动物福利高不可攀，难以接受，中国人所理解的动物福利从本质上远高于西方国家解释的动物福利，而这种认识上的差异加大了动物福利在我国立法的难度。在不影响原意的情况下，可将"快乐"译为"感觉良好"，"情感"译为"知觉"，"舒适"译为"良好"，"自由"译为"需求"。回避引起争议的词语，有利于初期动物福利在我国的发展。

### （三）学科背景对于动物福利定义的差异

动物福利是涉及农业、经济、文化、法律等诸多方面的复杂问题，不同学科背景对动物福利的理解是存在差异的，兽医考虑动物的健康问题，行为学家研究福利与行为的对应关系，生理学家研究应激带来的影响，畜牧业关注畜禽的生产性能。在诸多标准共存的情况下，对动物福利的定义必然不相同。

### （四）动物福利区别于动物权利和动物解放

动物福利并不是反对利用动物，而是反对残忍、非人道地虐待动物。动物福利和人的福利是不同的，动物并不是要求额外好处，而是最基本的生存需求。动物福利的目的就是要人类合理利用动物的同时兼顾他们最基本的福利，而非"禁食肉""禁穿皮毛制品""禁养动物"等激进思想。因此，本文提出以下两项基本原则：①在伦理道德上，人类有权利饲养动物用以生产食物；②科学研究证明，人类饲养的大多数动物都可以感受到疼痛，减少动物的疼痛是人类应尽的义务。

### （五）动物福利和人类健康

对于动物本身，福利被定义为生理、行为得到满足，没有虐待，对于人类则意味着安全、健康的畜产品。畜牧业的快速发展满足了人们日益增长的动物源食品需求，也带来了大量的动物源食品安全问题。低福利畜舍饲养密度大，环境差，有利于致病菌的传播，进而兽药使用量增加，肉类残留抗生素等药物。研究显示，通过改善动物福利，可以有效地提高畜产品品质，获得更高的产品价格，提高农场主的总体利润[31]。由此可见，动物福利既可以减少动物的痛苦，也可以改善人类的生活质量和水平。

### （六）动物福利需符合国情

就我国而言，动物福利应与人自身情况和社会发展程度息息相关，尤其是集约化饲养与散养并存的畜牧业现状，因此满足动物的基本需求应是提高动物福利的首要原则。笔者认为动物福利是动物的一种良好生存状态，包括充足的食物饮水、良好的饲养环境、疫病的及时预防和治疗、适当的行为表达。

### 五、总结

动物福利就是满足动物最基本的需求，

减少动物的痛苦，反对虐待和非必要的伤害。兽医科研人员作为动物福利的主要研究者和宣传者有责任增强动物生产者的福利意识，实施福利化的养殖、运输和屠宰措施，帮助民众走出误区，使他们认识到改善动物福利是为人类提供优质的动物产品和适宜的生活环境。

我国动物福利科学研究起步晚，还未形成完整的科学理论体系，畜牧学、兽医学、行为学、生理学和伦理学的跨学科研究还非常薄弱。建议动物福利的各分支学科研究团队统一协调，形成可靠的研究方法和评价标准，加快开展动物福利基础研究的合作项目，动物福利科学才能迅速发展，并早日应用于生产实践。

## 参考文献

［1］顾招兵，杨飞云，林保忠，等．农场动物福利现状及对策［J］．中国农学通报，2011，27（3）：251－256.

［2］Fraser D，MacRae A M. Four types of activities that affect animals：implications for animal welfare science and animal ethics philosophy［J］. Animal Welfare，2011，20：581－590.

［3］Broom D M. Fraser A F. Domestic animal behaviour and welfare［M］.4th Edition Wallingford：CABI. 2007.

［4］Widowski T. Why are behavioural needs important? Improving animal welfare. A practical approach［M］.Wallingford：CABI，2010：290－307.

［5］贺争鸣．我国动物实验替代方法研究的思路、模式和优先支持研究领域［D］. 北京中国农业大学，2004：6－12.

［6］Farm Animal Welfare Council. Farm animal welfare in Great Britain：Past，present and future［M］. London：FAWC，2009.

［7］Office International des Epizooties（OIE）. Terrestrial Animal Health Code Article7. 1. 2，http：//www. oie. int/index. php? id＝

169&L＝0&htmfile＝chapitre－1.7.1. htm. 2013－5－26.

［8］Food and Agriculture Organization of the United Nations Gateway to Farm Animal Welfare www. fao. org/ag/againfo/themes/animal－welfare. 2013－6－02.

［9］Fenwick N，Griffin G，Gauthier C. The welfare of animals used in science：How the' Three Rs'ethic guides improvements［J］. Can Vet J，2009，50：523－530.

［10］Mason G J，Burn C C. Behavioural restriction of animal welfare［M］.2nd ed，Wallingford CABI，2011：98－119.

［11］Nicol C. Behaviour as an indicator of animal welfare［M］.5th ed. Chichester：Wiley－Blackwell. 2011：31－67.

［12］Ziemssen T，Kern S. Psychoneuroimmunology－cross－talk between the immune and nervous systems［J］.J Neurol，2007，254（S2）：8－11.

［13］Mormede P，Andanson S，Auperin B，et al. Exploration of the hypothalamic－pituitary－adrenal function as a tool to evaluate animal welfare［J］. Physiol Behav，2007，92：317－339.

［14］王延伟．动物伦理学研究［J］.中国环境管理干部学院学报，2006，16（2）：27－29.

［15］Broom D M，Johnson K G. Stress and animal welfare［M］.Dordrecht：Kluwer，2000：211.

［16］Arzamendia Y，Bonacic C，Bibiana V Behavioural and physiological consequences of capture for shearing of vicunas in Argentina［J］. Appl Anim Behav Sci，2010，125：163－170.

［17］Hiby E F，Rooney N J，Bradshaw J W S. Behavioural and physiological responses of dogs entering re－homing kennels［J］. Physiol Behav，2006，89：385－391.

［18］Hay M，Vulin A，Genin S，et al. Assessment of pain induced by castration in piglets：Behavioral and physiological responses over the subsequent 6 days［J］. Appl Anim Behav

Sci，2003，82：201－218.

[19] Stafford K J，Mellor D J，Todd S E，et al. Effects of local anaesthesia or local anaesthesia plus a non－steroidal anti－inflammatory drug on the acute cortisol response of calves to five different methods of castration [J]. Res Vet Sci，2002，73：61－70.

[20] Millman S T. Sickness behaviour and its relevance to animal welfare assessment at the group level［J］. Animal Welfare，2007，16：123－125.

[21] Dobromylski P. Pain assessment［M］. Saunders，London：2000：52－77.

[22] Burn C C，Dennison T L，Whay H R. Environmental and demographic risk factors for poor welfare in working horses，donkeys and mules in developing countries [J]. Vet J，2010，186：385－392.

[23] Oltenacu P A，Algers B. Selection for increased production and the welfare of dairy cows：Are new breeding goals needed [J]. Ambio，2005，34：311－315.

[24] Whay H R，Main D C，Green L E，et al. Assessment of the welfare of dairy cattle using animal－based measurements：Direct observations and investigation of farm，records [J]. Vet Rec，2003，153：197－202.

[25] Hocking P M D，Eath R B，Kjaer J B. Genetic selection of animal welfare［M］. 2nd ed. Wallingford：CABI. 2011：263－278.

[26] European Commission. The EU's welfare quality？project－livestock welfare［EB/OL］. www. livestockwelfare. com/insights/07insights/euwqp. pdf. 2006－6－28.

[27] Danbury T C，Weeks C A，Chambers J P，et al. Self－selection of the analgesic drug carprofen by lame broiler chickens [J]. Vet Rec，2000，146（11）：307－311.

[28] Mellor D J，Patterson－Kane E，Stafford K J. The sciences of animal welfare［M］. Chichester：Wiley Blackwell，2009：34－52.

[29] Mendl M，Paul E S. Consciousness，emotion and animal welfare Insights from cognitive science [J]. Animal Welfare，2004，13：17－25.

[30] Kirkwood J K. Animals，ethics and trade：the challenge of animal sentience［M］. London：Earthscan，2006：12－26.

[31] Veissier I，Butterworth A，Bock B，et al. European approaches to ensure good animal welfare [J]. Appl Anim Behav Sci，2008，113：279－297.

# 脚踏实地之上，身置福祉之中

## ——缅怀我国兽医事业先驱尹德华先生

(2015 年)

尹德华先生是我国兽医界的老前辈，亦是我最尊敬的师长。

1972 年冬，在内蒙古牧区插队整整五年后，我第一次回京探亲。由于牧区条件有限，在内蒙古我只能自学兽医知识，一到北京我就迫不及待地开始求师拜庙。每日早晨顶风骑车一个多小时到德胜门外的北京市兽医院门诊跟班实习，并四处打听口蹄疫专家尹德华的住址。记得是在中国兽医药品监察所实验室第一次见的面，尹老正忙着，但知道我是从牧区生产队来的赤脚兽医，很高兴地接受了我这个"忘年之交"。我毫无顾忌地，向他讲述了我在口蹄疫免疫工作中的困惑。

在牧区每年入冬都要给牛羊打口蹄疫甲、乙（A 型和 O 型）两种弱毒疫苗，每次打苗牲畜的反应都很大，牧民抵触情绪强烈，认为副反应不亚于发生口蹄疫疫情，牲畜掉膘严重，且增加了过冬死亡率。为了防止不规范注射，我每年都是手执两把装甲注射器，亲自动手打 10 000 多只羊，有时手都磨烂了。当看到亲手免疫过的羊群副反应超过 80%，整体跛行有如波涛起伏，我彻底无语了……

在我向尹德华请教时，发觉尹老对牧区非常熟悉。他耐心地听我反映情况，并认真思考着，分析着，告诉我这是疫苗质量问题，尚无解决办法，但免疫效果是确实的，让我坚定信心打下去。他告诉我，20 世纪 50 年代牛瘟免疫比现在困难多了，但凭的就是一份坚持。在不断坚持中，当年肆虐全国的牛瘟不就是这样被消灭了吗？尹老的话鼓励了我，无论多么困难，我都认真组织免疫工作。在像我一样的基层兽医的共同努力下，即便是在"文革"时代的混乱情况下，牧区仍然避免了口蹄疫的肆意虐行。

1979 年底，我离开牧区到农业部工作，经常能够见到尹老，但直到 1989 年，我任全国畜牧兽医总站副站长以后才得以与尹老有较密切联系。20 世纪 80 年代以后，随着家畜流通量增加，口蹄疫重新暴发流行，国务院成立了以李瑞山为首的口

蹄疫防治指挥部，尹老是首席专家。李瑞山同志对尹老非常尊重，经常向他请教问题。尹老建议应该借鉴 20 世纪 60 年代的成功经验，在疫区恢复免疫工作。然而，由于经费迟迟落实不下来，强制免疫措施难以推行。1993 年，我主持畜牧兽医系统工作以后，曾多次与尹老交流，向他请教。虽然他已经离休，但仍然密切关注着兽医工作和口蹄疫的防治。

2014 年 12 月 19 日 7 时 28 分，尹德华先生因病在北京逝世，享年 93 岁。我们怀着沉痛的心情缅怀他，并感恩尹德华先生穷尽一生为我们国家做出的杰出贡献。近些年来不少动物疫病在我国流行，虽然现在国家在动物防疫方面投资力度大，科研力量强，动物疫苗生产能力也与当年不可同日而语，但缺少的恰恰是当年老科学家那种精神，那种毅力，那种锲而不舍、一往无前、大无畏的人格力量！尹德华老先生以及他代表的过去一代的老科学家们，是中国兽医事业的脊梁！

### 青春热血灭牛瘟

1921 年 6 月，尹德华出生于辽宁省桓仁县。1941 年 12 月，尹德华毕业于奉天（现沈阳）农业大学兽医系，同年通过考试获得兽医师证。刚出校门工作，尹德华就遇上牛瘟流行，被派到内蒙古科尔沁右翼前旗防疫。

据史料记载，牛瘟在我国流行已有几千年的历史。牛瘟的传染性很强，流行很快，死亡率很高。牧区往往是"三五年一小瘟，七八年一大瘟"。仅 1938—1953 年间，四川甘孜藏族自治州牛瘟就出现四次大流行，死牛达百万头以上。正如藏族谚语"三年不易致富，三日即可致贫"。牛瘟不只在牧区内传播，还向广大农业地区侵犯。仅 1937—1939 年间，四川、贵州、湖

南、湖北、安徽等省因牛瘟而死掉的牛就将近10万头。当时老的防疫办法是靠"牛瘟血清"和灭活疫苗紧急注射，为病牛群打血清和注射灭活疫苗。然而牧民多不相信，偷偷在夜间把牛群转移到远处逃瘟。疫区更是封锁不住，防疫工作不了了之。

1949年初，哈尔滨兽医研究所陈凌风所长指出，要在全国消灭牛瘟，大规模开展千百万头牛的注射必须依靠"兔化弱毒"，特别是"牛体反应毒"疫苗；只有就地制苗防疫，才能满足需要。彼时，尹德华被派往东北兽医研究所参加陈凌风所长主持的"牛瘟兔化毒的快速传代致弱毒力试验"及其"牛羊反应毒"的试验研究，他是主要参加者。对东北黄牛注射安全和免疫效力，结果令人满意。

1949年7月，尹德华到内蒙古主持完成就地制苗注射的区域试验。还是在内蒙古科尔沁右翼前旗，尹德华借用牧民牛只制出疫苗，注射万头牛以上，旗县与兽研所内试验结果一致，证明成功可用。随后，尹德华向内蒙古农牧部部长高布泽博建议推广此法防疫，帮助培训蒙古族防疫学员40余人组建防疫队，并请示东北农业部畜牧处派10名兽医干部支援。尹德华随队深入呼伦贝尔盟各旗，逐旗集中制苗，分点注射，克服严冬冰雪天气和交通困难，3个月内免疫注射牛20余万头，并推动兴安、哲里木、昭乌达3个盟免疫注射牛30多万头，使东部地区形成免疫带，消灭了牛瘟。

1950年初，尹德华受内蒙古农牧部之邀，去内蒙古西部地区培训技术人员，指导防疫。至当年6月初结束防疫，免疫注射50万头，使西部地区与东部地区连接成一条宽大的免疫带，为内蒙古消灭牛瘟打下坚实基础起到了决定性作用，也为全国消灭牛瘟起到了带头示范作用。在牧区防疫，就地取材制苗，注射百万头牛建成免疫带，在国内外都是首创。

1950年7月，尹德华被辽宁省邀请举办牛瘟防疫训练班，培训农专学生和兽医干部50人。然后按内蒙古经验就地制造牛体反应血毒疫苗（简称牛血反应苗）注射，消灭了辽宁全省的牛瘟。

1950年10月，受吉林省邀请，尹德华到延边地区解决朝鲜牛注射兔化毒出现严重反应死亡问题，尹德华等人到延吉、汪清县进行调查和试验，采用兔化毒与羊体反应毒制疫苗，注射朝鲜牛，减轻了症状反应。

1952年12月，尹德华奉派到兰州参加中央农业部召开的全国防治牛瘟座谈会议。他在会上全面介绍了东北及内蒙古消灭牛瘟的经验，建议采用牛瘟兔化毒及其牛体反应血毒疫苗，普遍开展防疫注射，尤其在牛瘟常发地区青藏高原、康藏高原、甘肃、四川藏族聚居地区全面注射兔化弱毒牛体反应疫苗，全面建立牛瘟免疫带，净化了疫源地，有效杜绝了牛瘟向内地农区传染蔓延。会议期间，他协助程绍迥拟定了全国5年消灭牛瘟规划，与东北兽研所袁庆志一起建议试用该所培育的牛瘟兔绵羊化毒，解决牦牛注射兔化毒及山羊化毒发生严重反应死亡问题。他的这一建议，被中央农业部正确采纳。

1953年1月至1955年1月，尹德华被中央农业部调进北京，派往川康协助扑灭口蹄疫后开始防治牛瘟。1953年7月，进入西康开展牛瘟防疫，解决牦牛注射兔化毒发生神经症状反应和注射山羊化毒发生高烧及血痢反应死亡问题。在康定经过3个月的准备，1953年10月由康定步行到乾宁县半山区实验点，制苗买牛试验，奋战3个月，终于获得满意结果。试用兔化绵羊化毒及其牦牛继代反应毒注射牦牛，无神经症状反应，有30%左右的高烧反应，但无血痢症状和死亡，藏族牧民称它像白酒一样，比青稞酒有劲，注射牦牛100％免疫，比藏族牧民惯用的"灌花"效果又好又安全。称之为"北京孕宝"（藏族牧民历史上将牛口腔、鼻孔用刀划破，灌野外山羊毒的牛血反应毒，出现高烧后，静脉放血，再灌其他牛，称之为"孕宝灌花"。孕宝灌花令多数牛免疫，少数出现死亡反应，但有传染性，会散毒传染。且仅限于牛瘟复发后使用）。"北京孕宝"经尹德华试验，得出满意结论后，报请中央农业部同意推广注射。后又留住西康一年。

1954 年 5 月，尹德华首先培训西南民族学院毕业的藏族青年和地方干部 50 余人组建防疫队，中央农业部再从华东、中南、华北借调干部 10 名，西南农林部从四川农林厅借调干部数人，西康农林厅派出干部数人，康定藏族自治区防疫站及各县抽调干部 10 人，组成防疫大军。在康定集中学习，分成 4 个队进入半农半牧区，以及牧区乾宁、道孚、炉霍、甘孜、德格、邓柯、石渠等县。到该年年底，40 多万头牛获得免疫，并同康定自治区农牧处副处长巴登一起到青海玉树自治州协商联防，互报疫情，对边界地区过往放牧牛只，由所在地区防疫队注射，减少漏注。

1955 年以后，再无牛瘟流行，此举使康藏地区牛瘟疫源地得到净化，也使全国"1953—1957 五年消灭牛瘟规划"提前两年完成。1956 年，我国政府宣布全国消灭了牛瘟。

自 1949 年春到 1955 年牛瘟被消灭，尹德华连续六年出差防疫，4 个春节没有回家过年，留在东北的家属 4 次搬迁都不在家。2009 年联合国粮农组织发表声明：将在 18 个月内宣布全世界消灭牛瘟。这是人类继消灭"天花"之后，第二个消灭的动物烈性传染病。尹德华和他的老战友们欣喜若狂，奔走相告，这是世界人民的福音。而早在 50 多年前中国人民就已经生生接住了尹德华和他的战友们共同缔造的这一福祉。2003 年尹德华主编的《中国消灭牛瘟的经历和成就》一书得以出版，回首往事耄耋之年的尹老豪情赋诗云：

### 青春热血灭牛瘟

荒原大漠野狼嚎，战胜牛瘟斗志高，
夜宿山坡喝雪水，晨骑战马踏山坳。
哭别战友惜年少，血染山川更妖娆。
四海神医擒恶兽，牛羊健壮乐陶陶。

## 奠基口蹄疫研究

为了扑灭口蹄疫的大流行，尹德华从 1951 年带队协助西北扑灭疫情开始，到 1993 年止，他曾到过东北、华北、华东、中南、西北、西南的 28 个省（直辖市、自治区）的重点疫区。他深入农村和牧区，组织和指导防疫，并从技术上研究试制了口蹄疫灭活疫苗和培育出 O 型、亚洲Ⅰ型鼠化弱毒与兔化弱毒，填补了当时我国尚无口蹄疫疫苗的历史空白。

1951 年春，西北五省流行口蹄疫。周恩来总理特别重视，紧急指示要求扑灭，保护春耕。当时扑灭疫情的唯一办法和经验是"封锁，隔离，消毒，毁尸"八字经。虽然历时 3 个月扑灭了疫情，尹德华并荣获西北口蹄疫委员会宁夏回族自治区分会通报表扬，但教训是没有疫苗，不能主动预防。防疫总结时，尹德华说，在防疫行动上必须早，快，严，小（早发现，早报告，快行动，措施严，在小范围时就地扑灭），在技术上要"研究解决疫苗"。

同年秋，华北、东北、内蒙古的口蹄疫流行开来，尹德华又投入东北地区防疫。到 1952 年春，已形成口蹄疫防不胜防、治不胜治的局面，为不影响耕牛下地，春耕播种，必须变被动防疫为主动迎击扑灭。

尹德华主张对耕牛实行强毒人工接种，抢在春耕播种两个月之前，抢先发病抢先治疗，促其自然康复。尹德华等人的实践，虽未影响或很少影响到4—5月的耕田犁地和播种，但在西北、东北的防疫过程中，尹德华深刻体会到中国必须抓紧解决疫苗。

1957年冬，尹德华在青海省湟源县的防疫中，征得青海省兽医诊断室和湟源畜牧学校同意，借用教室一间，以火炉烧水代替温箱，从病牛中采得野外病毒，开展了制苗试验。试制的蜂蜜灭活苗免疫牛失败后，又转移到条件较好的西宁市试制福尔马林灭活苗、结晶紫甘油灭活苗、蜂蜜灭活苗和牛痘干扰苗。试验中选出安全性和免疫效力较好的结晶紫甘油灭活苗重复试验。经改进反复试验提高后，又转移到互助土族自治县，结合防疫，借用生产队牛群，进行了较大范围的注射疫苗攻毒免疫试验，初获成功。且免疫率高达98%～100%。同群对照牛不注射疫苗的均发病。

第一批疫苗成功后，1958年初尹德华奉派到兰州西北畜牧兽医研究所协助筹建口蹄疫研究室。同时在中国农业科学院兽医学家程绍迥指导下，又补充了提高疫苗效力和疫苗保存期，免疫期试验。将疫苗送到甘肃、青海、新疆、云南发生口蹄疫地区试用。河南开封生物药品厂派出人力在新乡建立制苗点，尹德华协助制出产品用于防疫注射。之后，新疆兽医生物制品厂也投产试用。并于1963年邀尹德华到厂协助改进提高产品（后为弱毒苗所代替）。

1957年，尹德华在青海还同时制出了高免血清，用于保护奶牛和耕牛。在西北畜牧兽医研究所筹建口蹄疫研究室期间，还利用牛舍做实验室培育成功了O型及亚洲型（当时暂命名ZB型）口蹄疫鼠化弱毒及兔化弱毒。并在陈凌风、程绍迥教授和苏联专家沙·阿斯维里多夫指导下，做了改进补充试验。

1964年东北、华北、西北、内蒙古流行口蹄疫时，尹德华曾先由中国兽医药品监察所，继由兰州、南京、郑州和成都4个兽医生物药品厂赶制疫苗供应全国防疫，注射牛羊千万头（只），建设边疆免疫带，有效防止了外疫传入，全面控制了牛、羊口蹄疫。

1965年4～9月，尹德华带领由河北、辽宁、甘肃、北京和西北兽医研究所借调的干部，到新疆协助开展口蹄疫防疫注射，曾到北疆塔城、阿勒泰专区和南疆喀什专区和克孜勒苏自治州（1966年）全面推广鼠化弱苗注射，以后再无流行。1965年9～10月，随同商业部到四川重庆和万县地区检查口蹄疫防治工作，研究解决肉联厂病猪肉处理问题。

1968年4～6月，同西北兽医研究所一起到河北省邯郸地区大名县进行口蹄疫A型鼠化毒和组织培养弱毒苗对猪、牛的安全性比较试验。

1976年3～7月，奉命到广东协助扑灭口蹄疫，并参加AEI灭能苗的试生产和安全效力试验。

1982年，随着家畜饲养数量和交通运输数量的迅速增加，猪的口蹄疫在全国很多省地迅速传播蔓延开来。随之国务院成立"全国防治五号病指挥部"，尹德华是首席专家。同年，尹德华和其他兽医专家共同发起成立了"中国口蹄疫研究会"，成为我国开辟口蹄疫研究的奠基人之一，他先后被选为副理事长、理事长、名誉理事长。

1987年11月离休后，尹德华同志仍发挥余热返聘农业部，继续参与动物疫病防治管理工作直至1993年。

1953年尹德华受农业部李书城部长给予"优秀工作者"奖励；1956年被农业部评为"全国先进工作者"；1978年荣获

"全国科学大会集体荣誉奖"，1979年集体获"农业部疫苗细胞培养科技改进一等奖"。1982年获国家科委、农委联合颁发"农业科技推广（口蹄疫疫苗）奖"；1987年荣获农牧渔业部畜牧局授予的先进工作者荣誉奖；1993年国务院全国防治五号病总指挥部，农业部共同发证，授予"防治口蹄疫先进工作者荣誉奖"；1993年10月荣获国务院表彰"为发展我国农业技术事业做出突出贡献的专家奖"，并享受国务院特殊津贴。

# 第五部分 媒体报道

《中国日报》记者采访中国兽医协会会长
贾幼陵解读兽医管理体制改革
贾幼陵：在食品安全问题上不必迷信国外产品

# 农业部兽医局成立
# 贾幼陵任首位国家首席兽医师

(《人民日报》2004 年 7 月)

农业部 30 日宣布，经中央编委批准，农业部兽医局近日正式成立。贾幼陵被任命为首位国家首席兽医师兼兽医局局长。农业部兽医局的成立是加强我国动物防疫工作和公共卫生建设的迫切需要；是增加农民收入、促进我国畜牧业健康发展和畜产品贸易的重要举措；是树立科学发展观、坚持以人为本、统筹城乡发展的具体体现。

新成立的农业部兽医局将依法履行国家兽医行政管理职责。主要工作任务是：承办起草动物防疫检疫法律、法规和政府间动物检疫协议，发布禁止入境动物及其产品名录；研究、指导动物防疫检疫队伍和体系建设，组织兽医医政管理、兽药药政药检和兽医实验室监管；提出动物防疫检疫、畜禽产品安全、动物福利方面的方针、措施并组织落实；组织制订兽医、兽药标准并监督实施；组织兽药、兽医医疗器械和兽用生物制品的登记和进出口审批等。兽医局内设综合处、医政处、防疫处、检疫监督处、药政药械处等五个职能机构。目前，农业部兽医局已经正式运转。

同时，中央编委批准在农业部设立国家首席兽医师，国际活动中称"国家首席兽医官"。世界上大多数国家设有首席兽医官，代表本国政府参与国际兽医事务。我国首席兽医师的设立，是兽医管理体制的一项重要突破，标志着我国兽医管理体制逐步与国际接轨，也表明随着综合国力的增强，我国将在国际兽医事务中发挥日益重要的作用。

# 守土有责　不辱使命
## ——农业部抗击高致病性禽流感纪实

2004 年 2 月 22 日在广西壮族自治区隆安县丁当镇，我国首个高致病性禽流感疫区解除封锁，此时距离疫情发生正好 1 个月。2 月 23 日，发生于上海市南汇区和浙江省永康市的高致病性禽流感疫情已被扑灭，疫区封锁解除截至 23 日，农业部已经连续 7 日未接到疑似疫情报告和确诊报告。

就在同一天，农业部总畜牧师、防治高致病性禽流感新闻发言人贾幼陵做客人民网。他在回答网友提问时表示：全国 48 个确诊的和 1 个疑似的疫点已经得到完全控制，没有蔓延。"禽流感疫情已经开始得到控制"，但"现在仍然是禽流感的高发季节，还会有禽流感发生"。

对于新年伊始掀起的这场重大战役，虽然现在言彻底胜利还为时尚早，但说取得阶段性胜利应不为过。如果说去年抗击非典的主角是卫生部，那么在这场抗击禽流感的斗争中，农业部则无疑是防治工作的主角，发挥了举足轻重的作用。这一论断从以下事实可见一斑：全国防治高致病性禽流感指挥部办公室设在农业部，农业部部长杜青林任防治组组长，农业部副部长齐景发任指挥部办公室主任。

## 一、公开疫情、主动应战

2004 年 1 月 27 日，农历正月初六，国人还沉浸在春节的欢乐中。当天晚上，中国权威媒体发布消息：广西隆安县发生一起 H5N1 亚型高致病性禽流感疫情。

此消息发布后，党中央、国务院高度重视。胡锦涛总书记、温家宝总理多次向有关地方和部门做出重要指示，强调要依靠科学、依靠法制、依靠群众做好防治工作；切实加强疫情监控，落实各项预防措施，一旦发现疫禽，坚决扑杀，彻底消毒，防止疫情扩散；务必把疫情扑灭在疫点上，阻断疫情向人的传播，确保人民群众身体健康。

1 月 29 日，国务院总理温家宝主持召开了国务院第 37 次常务会议，研究部署高致病性禽流感防治工作。提出"加强领导、紧密配合，依靠科学、依法防治，群防群控、果断处置"的 24 字方针。同时提出严防高致病性禽流感要重点落实八大措施。

农业部作为动物疫病防治的主管部门，在这个消息对外公布之前，虽然还没到法定上班时间，但已经进入全面应战状态，轮流值班形成制度，加班加点成为常态，彻夜忙碌也不鲜见。

从广西 1 月 23 日报告疫情到疫情确诊发布，时间间隔只有 4 天。如果考虑到所有病样都要送到位于哈尔滨的国家禽流感参考实验室监测，那么中国首例高致病性禽流感疫情发布可谓相当及时。在国家参考实验室确诊当晚，农业部立即向国内外公布疫情，并把相关信息及时通报了联合国粮农组织驻北京代表处和世界卫生组织代表处。

其实在此之前，一些周边国家暴发的禽流感事件已经引起我国政府的高度重视。

1 月 14 日，农业部和国家质检总局联合发出公告：从即日起，严禁从疫情国家和地区进口各种禽类动物及产品。1 月 16 日，农业部发出公告：我国已将高致病性禽流感列为危害严重的一类动物疫病进行预防，同时向全国畜牧兽医系统发出紧急通知，要求加强疫情监测工作和检疫监督管理。1 月 19 日，农业部再次向各地发出紧急通知，要求对高致病性禽流感实行疫情每日报告制度，各级畜牧兽医部门春节期间实行 24 小时值班制度。1 月 20 日农业部部长杜青林深入河北省三河市的养鸡场和养鸡大户调研。他对养鸡户说，实践证明禽流感可以预防得好，控制得住，关键是要做到早防早控、严防严控。

当第一起疫情发生后，农业部按照国务院的要求加强疫情监测和防治工作的力度，并对非疫区的预防工作作出具体部署。农业部规范了四级疫情诊断程序，即专家临床初步诊断，省级实验室确认疑似，国家参考实验室毒型鉴定，农业部最终确认和公布。按照有关法律规定，自1月27日起，农业部每日公开发布禽流感疫情信息。农业部网站上开辟了防治高致病性禽流感专栏，随时刊登最新信息。同时，通过新华社、中央电视台及时公布疫情，介绍有关防治知识。

1月28日，农业部发出《关于加强高致病性禽流感防治工作的紧急通知》，对加强高致病性禽流感的防治，严防疫情扩散，促进畜牧业持续健康发展和保护人民身体健康，提出严格和具体的要求。当天，农业部副部长齐景发在泰国曼谷出席关于当前禽流感形势部长级会议上，通报了我国的禽流感疫情及中国政府采取的果断处置措施，并明确表示：中国政府对禽流感的防控工作做了充分的准备，完全有信心、有能力控制和扑灭已发生的疫情。

由于预防措施到位，疫情公布及时，每个疫点都得到完全控制，没有扩散，更没有发现高致病性禽流感传染到人的情况，中国在疫情信息上公开透明的做法得到了国内民众和国际社会的广泛赞同，联合国粮农组织和世界卫生组织的官员均对中国的疫情发布和防治工作表示满意。

## 二、科学防治、沉着应对

由于亚洲10个国家和地区都相继发生了高致病性禽流感疫情，由于中国禽类养殖数量巨大，更由于中国地域辽阔，禽类分散养殖比较普遍，中国政府高度重视这次禽流感防治工作。当人们还在欢度春节时，党中央国务院就开始对疫情防治工作进行紧急部署。在党中央和国务院的正确领导下，防治一开始就规范有序。农业部门沉着应对，工作紧张有序。

1月30日，国务院决定成立全国防治高致病性禽流感指挥部，主管农业的国务院副总理回良玉任总指挥。指挥部自成立之日就投入紧张高效的运转，从2月1日到2月20日，全国防治高致病性禽流感指挥部前后召开4次全体会议，周密指导部署全国的防治工作。各个省（直辖市、自治区）都按中央要求建立健全了领导机构，制订应急预案，部署防治工作。

全国防治禽流感指挥部成立后第二天，农业部的防治组就宣告成立，其首要任务就是指导、督促各地制定防治禽流感工作预案，地方禽流感疫情处理和防疫工作并检查实施情况。防治组成立前，农业部已先后派出十多个观察组，分赴将近20个省地。其次是组织制定全国禽流感防治预案规划，起草有关技术规程。再次，负责禽流感疫情监测，及时提出全国禽流感疫情控制措施和政策建议。比如研究免疫扑杀和产业损害救助政策等；提出有关防治知识的宣传要点、培训计划和群防群控指导意见；组织和指导流行病学调查和疫情监测；开展对重点地区、重点人群的流感监测，制定并组织实施《全国卫生系统人间禽流感疫情应急处理预案（试行）》；抓紧协调加入世界动物卫生组织的有关事宜。其中有多个方案措施已被采纳应用。

2月2日，全国防治高致病性禽流感指挥部防治组在农业部召开第一次全体会议。会议确定了防治组人员组成及职责，部署了近期的主要工作。当天，全国防治高致病性禽流感指挥部办公室也召开了第一次会议。在疫情公布初期，公众最需要了解有关疫情和防治的科学知识和法律、政策。在疫情公布的第一时间，农业部抽调专家组织编写了"两书一挂图"（《高致病性禽流感防治知识问答》《高致病性禽流感防治政策法律问答》《高致病性禽流感防治挂图》），经多位专家夜以继日的工作，只用了5天，"两书一挂图"就由中国农业出版社出版，并免费向各地赠阅。图书和挂图以简明扼要、通俗易懂的方式，科学准确地介绍了高致病性禽流感的特点、症状与诊断、防治政策和措施，以及群众关心的相关问题，对广大群众及时了解、防治高致病性禽流感起了重要作用。

2月3日，全国高致病性禽流感防治工作会议在北京召开，国务院办公厅发布《全国高致病性禽流感应急预案》。随后，农业部组织专家讨论制订并颁布了1个配套的技术规范，为各地的防治工作提供了工作规范和科学依据。为了贯彻落实这次会议精神，第二天，农业部召开全国农牧厅局长会议，杜青林部长作主题报告——《履行职责，狠抓落实，坚决打赢高致病性禽流感这场硬仗》。会议传达了国务院防治工作会议精神，学习领会中央的重大决策和部署，交流防治工作情况，研究落实防治工作的具体措施。

在此后的日子里，按照党中央和国务院的整体部署，农业部与其他相关部委紧密配合，始终把防治工作放到各项工作的首位，全力以赴，集中精力，抗击高致病性禽流感的攻坚战节节告胜。在2月5日的新闻发布会上，刘坚副部长介绍了我国高致病性禽流感的防治工作并答记者问，赢得了中外媒体的广泛关注和普遍好评。

为了让农民群众认识高致病性禽流感并及时防治，2月13日设在农业部的指挥部防治组向全国发出《致广大农民朋友的一封信》，介绍了禽流感的主要症状和应对措施。同时指出禽流感对养禽业危害比较大，但只要认真做好各项防治工作，这个病不仅可以预防，而且也可以控制。

2月19日至20日，全国防治高致病禽流感科普与法律知识培训在北京圆山大饭店召开，来自全国各省（直辖市、自治区）主管防治宣传工作的和畜牧兽医、动物防疫监督部门的负责人参加会议。在短短的两天时间里，有关领导和专家分别给培训班上课，介绍有关防控形势、法律法规、科普知识。各地代表交流讨论了禽流感防治经验和心得。

面对这次疫情，党中央、国务院及时出台了相关政策，发动群众、群防群治，尽量减低疫情造成的损失。国家对高致病性禽流感地区扑杀的家禽给予合理补偿，地方政府根据实际情况制定具体的补偿标准。对疫区周围5千米范围内所有禽只实行强制免疫。所需免疫费用全部由国家承担。非强制免疫地区进行免疫所需费由国家和养殖户分担，使广大群众解除了后顾之忧。国务院于2月1日批准了《关于应对禽流感疫情扶持家禽业发展的若干政策》。为保持和促进家禽业持续稳定发展，将禽流感疫情对家禽养殖业、加工业造成的损失降到最低，政府采取财政贴息、税收优惠减免部分政府性基金和行政性收费等措施给予扶持。

在此次对突发疫情的处理中，我国政府的一系列做法"正迅速和世界接轨"。"其中一些经验值得认真总结。"农业部总畜牧师贾幼陵说，禽流感疫情发生以来，整个疫情防治工作不仅是业务部门的行为，更是一个重要的政府行为。各级人民政府对防治工作负总责，地方主要领导为第一责任人，分管领导为主要责任人，把人民群众的健康和安全放在第一位。这是"中国疫情防治工作的最大亮点"。

做好防治工作，需要有关部门通力协作。在抗击高致病性禽流感的斗争中，针对禽流感疫情多点暴发的趋势，在全国防治高致病性禽流感指挥部的领导下，农业部与科技部、卫生部等一起，汇聚各方面的科研力量，在现有科研成果的基础上，合力攻关，较短的时间，就在疫病预防治疗、控制传播感染、疫苗生产等方面，取得了重大成果，为有效防止疫情蔓延做出了重大贡献。

依法防治是阻止禽流感疫情蔓延的有效手段。综观整个防疫的过程，无论是疫区划分还是处理措施，农业部的各项工作始终在法治的轨道上前行。各地区各部门认真贯彻《中华人民共和国动物防疫法》等国家法律法规，制定了与之相配套的各项规定。《高致病性禽流感应急预案》迅速出台，使得各项防治工作有法可依，有章可循。近期部分疫区解除封锁，也是严格依照《高致病性禽流感疫区解除封锁规范》

确定的工作程序和要求进行的，这标志着我国在依法防疫的进程上又迈出了坚实的一步。

目前，防治高致病性禽流感的工作正在继续。由于候鸟迁徙和长途贩运等因素，谁也不能保证今后不再发生新的疫情。但是，我们相信，在党中央、国务院的正确领导下，只要坚持求真务实的精神，落实"加强领导、密切配合，依靠科学、依法防治，群防群控、果断处理"的方针，做好应对各种困难和复杂局面的充分准备，将各项防治禽流感的措施落实到位，我们一定能取得最终胜利。

# 华尔街日报专访中国农业部兽医局局长贾幼陵

(2005年7月26日)

中国是对抗禽流感的一个主战场，科学家担心禽流感可能发展成为人与人之间的传播的疾病，从而导致全球范围内疫情蔓延。中国国家首席兽医官、农业部（Ministry of Agriculture）兽医局局长贾幼陵日前接受了《华尔街日报》（The Wall Street Journal）的专访，公开就中国根除禽流感的努力给出了最为详尽的介绍。

上周，香港和国际媒体上出现的新闻显示，中国正在试图阻止一位独立科学家——香港大学病毒学专家管轶——在中国进行禽流感的研究。应《华尔街日报》的邀请，贾幼陵就此做出了回应。以下就

是具体的采访内容，略有删节。

问：在中国南方工作的禽流感研究专家管轶称，中国政府向他施压，要求他停止在汕头的实验室进行禽流感的研究，是否真有此事？如果是的话，中国政府为何要这样做？

答：2004年11月12日国务院颁布了《病原微生物实验室管理条例》，要求公布之日起实施，这是一部法律，在中国称为法规，国务院颁布的，强制性的。实验室设施若在6个月后达不到标准将被关闭。今年5月12日，达不到有关标准的实验室

将被停止有关活动，我们在5月份也连续地对有关实验室进行检查，绝不是针对管轶一家，还有其他的。

这个法律跟去年SARS有关。2004年的SARS没有一起是自然暴发，完全是实验室造成的。任何一个国家对于有风险的、高致病的病原微生物都有严格管理，对实验室都有严格管理。有些国家甚至禁止进行活的病原微生物研究。那个国家的研究人员可以到国外去研究，但不许在本国研究，但是我也知道有些国家借助同中国和不发达国家的技术合作专家进行研究，在不发达国家进行研究和攻毒，在没有生物安全的条件下进行研究，这是非常危险也是不道德的。我们这部法律颁布后也对这样的现象进行了制止。

就管轶先生来说，他在美国的实验室工作过、研究过禽流感，那个国家对于高致病性禽流感的研究、实验室的要求是超生物安全三级，在生物安全三级的基础上又增加了防护内网。

香港有一个生物安全三级的实验室，管轶先生在那里工作过，他也知道香港其他的实验室不能搞这种工作，那你为什么不在香港研究，你跑内地来，完全没有达到规定的实验室来搞非常危险的试验。他不是不知道这样的规定，他也不是没在这样的实验室工作过，他完全了解关于实验室安全的各种规定，他在中国内地违反了中国的有关规定去做研究，我认为不仅仅是对世界公理准则的蔑视，也是对中国内地法律法规的蔑视。这是我们对于他的行为进行制止的法律依据和国际惯例。

（汕头的实验室）BL2都不是，没有经过政府的认定，即使达到BL3，能够有高致病性病原微生物的研究资格，每次研究也要经过批准，这是法律的程式。我们曾经去过三次，他的实验室不具备基本的生物安全条件，对环境和对周围的居民都是很大的威胁，这是不负责任的。

问：在中国什么样的实验室可以进行此类研究？如果管轶建立了一个BL-3实验室，中国政府是否会批准呢？

答：从动物病原微生物的角度，农业部曾经批准了三个实验室，但现在都在履行重新认证的程式；哈尔滨的国家参考实验室，正在建设P4实验室，建成以后高风险的实验都要放到那儿做。参考实验室正在做病毒分离和攻毒，另外两个也正在作研究。

三个实验室够不够？美国的疯牛病要送到英国的参考实验室，菲律宾的H5N1要送到澳大利亚的基隆实验室去确认，东南亚的H5N1要送到法国BASF实验室去研究。管轶却说，都要送到哈尔滨实验室是不可想象的。

对于一个病毒的最后确认，按照法定程式，最后确定，在国内必须要经过国家参考实验室，在国际必须要经过OIE认可的国际参考实验室。参考实验室每个国家只能有一个，由这个参考实验室对所有实验室的研究和疫情进行确认，没有经过确认的，只能是一种杂说、野说、一家之说，是得不到国家认可的。

据我所知，很多国家对于实验室安全越来越重视，甚至美国长岛实验室已经从农业部拿出去了，由国土安全部管理，防止生物安全变成生化武器被恐怖分子所利用，他们对实验室的管理都是非常严格的，所有科学家都自觉地遵守。我想任何一个守法的、有道德的、有知识的科学家应该是能够做到的。

问：在这个月的《自然》杂志上，管轶和他的同事发表研究报告，其中提供了目前中国西部青海省的候鸟禽流感疫情和去年中国南方的禽流感疫情之间存在联系的基因证据。管轶的研究团队今年还在中国南方四省的一些鸭和鸡身上发现了禽流感病毒。这是我们首次听说在中国这些地方有禽流感疫情。不过您公开对他们的研究结果提出了质疑。

答：对于这个说法，我曾经说过，作者没有一个人去过青海采样，所以他的病料的来源是不确实的，这是第一。第二，他说在南方分离到病毒，按照国家《动物防疫法》的规定，任何单位和个人如果发现病毒要立刻向当地报告，因为你不报告，如果真有疫情，会对当地老百姓、当地养殖业造成重大损害；要及时报告是义务和责任，谁要是瞒报或是不报，都是法律所不容的。从管轶在中国南部开展有关工作至今，我们没有接到过他一起报告。如果他要是一个有良心的、有责任心的科学家，他发现了，他应该赶快告诉当地，这个地方有，你们要小心。

问：管轶的团队正在四处寻找禽流感病毒，中国政府采取了哪些监控措施呢？中国政府是否像管轶这样的独立研究者一样积极主动？或者只是单纯依赖地方政府，在禽流感发生的时候再针对发生的疫情采取措施呢？

答：中国政府对于这个监测工作非常重视。我们每年的禽流感检测都超过 200 万份样本。我们 2004 年在 OIE/FAO 召集的会议上，应 OIE 要求，提交了中国政府禽流感控制报告，在这个报告中，我们说了 2004 年，我们监测了 286.8 万份样本，其中有 11 份样本病原学［PCR］检测呈阳性。同时我们农业部还直接组织了监测样本 13 400 份，共计分离到 5 株 H5N1 病毒。我们这个报告在国际上发表之后，国际上对于中国的监测是高度评价的，认为我们的监测数量和质量都是很高的，恐怕，我们还没有听说哪个国家能够跟我们相比。

同时，农业部正式向各省下发过一个文件，对每个县都有要求，计划实行期是从 2004 到 2008，对多大的牧场怎样检查，种禽场、蛋禽场、肉禽场、猪场都有规定。农业部有 304 个监测站，有 146 个边境监测站，负责随时搜集有关疫情，直接报告农业部。农业部的报告体系在全国除西藏外都直接联网。

问：是否有这样的可能，地方政府因为某些利益冲突而不向中央政府报告禽流感疫情？比如在 SARS 暴发的时候，我曾在一个鲜活动物市场亲眼目睹，摊贩们在农业部官员来检查前提前得到了通知，得以在检查团到来之前，将他们售卖的野生动物，比如果子狸和其他可能会带有 SARS 病毒的动物，藏匿起来。

答：有这个问题，但是我们都是直接到这个场，到养殖地，他不能把它搬走，市场也必须见到鸡，否则没办法采样啊，采样是规定的数量，采不到样是完不成任务的。当然我们不可避免有些地方有地方保护主义，但是我们除了监测以外，还有检查，我们刚刚对 31 个省份的免疫抗体情况进行检查，农业部直接组织这个省去检查那个省，另外一个省检查这个省。

管轶说他检查了 10 万份，他如果是负责任的，那你检查了，把样本交给政府确认，所以你仅仅是为了发表文章，你的文章没有经过确认，它的意义也是低的；如果你仅仅是为了发表文章，不顾当地老百姓的利益，你发现了没有及时报告，引起了疫情暴发，那你良心上过得去吗？…如果一个欧洲的兽医发现了疫情没有报告，反而拿去发表，那他兽医的资格还能保住吗？这是世界公理，不是中国的规定。

**问：你提到中国去年为禽流感检测了200多万份样本，但世界卫生组织（World Health Organization）和联合国粮农组织（FAO）官员近期考察了发生候鸟禽流感疫情的青海省，他们担心中国政府未能在当地进行检测。这些官员们称赞了中国应对禽流感疫情所做的一些努力，但表示，让他们感到惊讶的是，他们发现只有一些已经死亡的鸟接受了检测，而那些可能携带病毒的活着的鸟却没有被检测。另外，为什么只有四个人接受了禽流感检测呢？**

答：这个有误解。WHO说到监测的候鸟的数量，因为当地有10万只候鸟，只是一个是在半岛上，密度很大，我们想查活的带不带病毒，但是捕捉起来很困难，当地林业部门告诉我们这是保护动物，不要伤害它们，按照国际上规范要求，要不干预野生动物的行为，它发了病了，自生自灭，大自然维持生态平衡。我们要防止这个病毒到人，到家禽，这是我们的工作；我们的工作重点是防范。我们采到了死鸟的样本，查出了这是H5N1，查到了一个，又查到了十几个，工作一点没停顿，一直在对死掉的鸟进行检查，结论都是一样，第十几个和第一个都证明是H5N1，同时我们也在查粪便，所以我们对它的情况是了解的。

我们对整个青海200万只家禽都进行了免疫，对家禽的普查数量达到500多万份，就是两遍，反复查；一个一个农户去看，有没有发病的症状。对家禽的采样，采集了6 000多份，青海一共就200多万只，但对家禽的监测是6 000多份。而且对于距离青海湖近一点的家禽全部给予捕杀，这样就阻断了禽流感向家禽和动物的传染，FAO说我们做的工作可以成为其他地方发现候鸟疫情时的一个典范。我觉得我们能做的都做了，唯一没做到的是对活鸟的监测，因为捕捉它容易伤害它，林业部门也怕；对于人的监测，不是我们管，我们没有资格说。

**问：独立科学家们在发现SARS病毒方面发挥了重要的作用。一些科学家私下承认，为了进行研究，他们不得不想办法规避中国大陆严格的法规。中国是否欢迎对疾病进行独立科学研究？有哪些限制条件？**

答：如果实验室条件符合要求，我们鼓励科学家参与，前提是保证生物安全，符合国家法律，发现疫情后及时报告。独立科学家采取、保存和运输样本都要有规则，谁都可以参与。

同样，我们去年也监测到病毒，包括11株水禽的阳性和5个病毒。今年，我们监测了40多万份样品，也发现了水禽和候鸟带毒的现象；但只是带毒。要把带毒和疫情区分开来。但是我们发现了带病毒的，为防止隐患，也要处理掉；水禽包括鸭和鹅经常带毒不发病，鸡一般会发病。所以我非常怀疑管轶说的在市场上监测到带H5N1的健康的活鸡，我们认为不太可能，因为全世界没有发现过。带毒的鸡100%发病，90%以上死亡。H5N2就不是，鸡可能带毒不发病；一部分死亡，一部分发病，一部分没有症状。

**问：海外媒体一直怀疑中国为控制禽流感疫情所做的努力，部分原因是人们对中国政府2003年处理SARS疫情的最初做法记忆犹新。当时中国政府极力否认出现了疫情。**

答：H5N1第一个发现的病例是在

1996 年广东佛山的鹅。我们发现了就说了，其他地方没有发现，不等于没有，现在所有的研究都说广东是 H5 的发源地，因为中国说了，查到了，广东和其他国家非常近，他们没有查或没能力查不等于没有，这就把源头放在华南，这是不公平的。所以后来我们就非常慎重，有证据我们就公布。按照国际规定，只要确诊就报告。

但是我们要小心，比如说青海的这次禽流感我们发现毒性很强，那它回归的路，包括中国沿途，包括其他国家，都要高度警惕，目标要放在这上面，防止可能发生的事情，而不是给谁乱戴帽子。另外，中国之所以总是被国际上怀疑，因为中国国土面积大，家禽数量多……但我们在处理疫情上，措施是到位的，发现疫情周围 3 公里都要扑杀，日本都没有做到，亚洲很多国家都没有做到。我们采取的是扑杀加免疫的办法。

# 国家首席兽医师贾幼陵谈猪链球菌病疫情防控形势

(2005 年 8 月)

四川省资阳等部分地区发生猪链球菌病疫情后，农业部迅速派出专家组和督导组，协助四川省采取了一系列有效措施，及时控制疫情的扩散和蔓延。为了让广大群众深入了解和认识疫情，切实做到依法防控，科学防治，8 月 5 日，国家首席兽医师、农业部兽医局局长贾幼陵接受了记者专访。

**记者:猪链球菌病是一种新出现的病吗？当前疫情防控形势怎样？**

贾幼陵：猪链球菌病并不是新发生的疫病，它是由链球菌引起的一种细菌性传染病，是我国规定的二类动物疫病。本病在猪与猪之间主要经过损伤皮肤、呼吸道和消化道等途径传播，猪临床一般呈败血症、脑膜炎型和关节炎型，人也会因与病死猪接触而感染发病，是一种人猪共患的疫病。这一疫病以往在我国多次发生过，今年暴发相对集中。现在，四川省的疫情虽然总体较为平稳，但眼下正是高温炎热季节，病原污染面大，极易引发新的疫情。而且这次疫情病菌致病性强，疫病零星发生，疫点散状分布，给防控工作带来一定难度。因此，需要高度重视，采取果断有力措施，坚决遏制疫情扩散蔓延。

**记者:发生疫情后，如何有效防止疫情传播到人？**

贾幼陵：一旦发生猪链球菌病疫情，各地要严格依照《动物防疫法》和《国家突发重大动物疫情应急预案》有关规定，及时启动应急机制，按照农业部制定的技术规范，坚决果断地处置疫情，在关键环节采取有效措施，阻断病源传播。四川省已经采取"三个控制"和"四不准一处理"的防控措施，即：小区域封锁控制、路口查验控制、上市检疫控制、强化市场监管，切断疫源，防止疫情扩散蔓延。对病死猪一律不准宰杀，不准食用，不准出售，不准转运，对死猪必须按无害化处理的要求就地消毒深埋。可以说，如果上述措施能够得到切实落实，就可以有效防止疫情传播到人。这就要求各级动物防疫监督机构要切实履行职责，加强生猪的产地检疫和定点屠宰场（点）的屠宰检疫。

**记者：目前没有发生疫情的地区，需要做些什么？**

贾幼陵：目前没有发生疫情的地区，要对重点区域、重点部位、重点环节进行细致排查，掌握猪群带菌情况，摸清养殖户的环境卫生和防疫现状，有针对性地制定和实施科学防控措施，做到早发现、早报告、早处置、早防控。要组织好疫苗的生产和供应，确保疫苗质量，科研部门要认真做好试验数据的收集、整理，科学指导免疫工作，加强技术指导，继续做好预防性治疗工作。有关单位还要继续深入研究猪链球菌病流行规律和传播途径，建立和推广猪链球菌病快速诊断技术，科学有效地开展防控工作。

**记者：从四川疫区疫情初发时的情况看，一些农民由于对疫病的危害性不太了解，舍不得把病死猪深埋，而是宰杀食用。在当前防控工作中，如何解决这一问题？**

贾幼陵：这是一个现实问题，也是一个非常严重的问题。这需要各地发挥和调动群众积极性，形成群防群控的局面。要彻底杜绝农民宰食病死牲畜的陋习。一方面，我们要广泛宣传疫病防控知识，做到家喻户晓，使群众认识到接触病死猪的危害和进行无害化处理的重要性，增强自我防护意识，提高自我保护能力。提高养殖户、屠宰加工人员识别病猪的能力，教育群众及时报告疫情，防止病死猪肉流入市场。另一方面，要制定相关政策，有效防止农民宰杀、食用、销售病死猪现象。

**记者：有报道说，四川疫区沼气猪舍养殖户的生猪都没有发病。这里面有什么联系吗？**

贾幼陵：是的。我们在四川省调研时也发现了这一现象。实行猪舍、厕所、沼气池"三位一体"建设，既解决了猪、人粪便及猪舍垫料等废弃物利用问题，又能减少环境污染，有效改善饲养卫生条件，起到了防控生猪疫病的作用。这说明发展沼气对防疫工作大有好处，值得认真总结推广。

**记者：这次疫情发生，对我们探索建立健全大动物疫病防控长效机制有什么启示？**

贾幼陵：加快推进畜牧业增长方式转变是当务之急。从四川疫区看，疫病多发生在散养农户，而规模养殖场、专业养殖大户、沼气猪舍养殖户的生猪都没有发病。这说明，养殖条件对防控疫病极为重要。因此，加快生猪饲养方式转变、屠宰加工方式转变、流通方式转变，积极引导农民实行标准化养殖、清洁养殖、文明养殖，对防控动物疫病意义重大。与此同时，要进一步加强动物防疫体系建设，推进兽医管理体制改革，健全基层动物防疫机构，稳定防疫队伍，消除农村公共卫生安全的"盲区"。

# 贾幼陵就禽流感答记者问

(2005 年 10 月 28 日)

2005 年 10 月 28 日下午，国务院新闻办公厅举行新闻发布会，请中国国家首席兽医师、农业部兽医局局长贾幼陵介绍近期中国防治高致病性禽流感情况，并答记者问。

郭卫民：女士们、先生们，下午好！目前，防治禽流感已经成为世界性的话题。近来媒体对中国一些地方出现的疫情和防治工作也十分关注。

近年来中国政府对防治禽流感工作一直高度重视，采取了积极有效的防治措施，为了使大家充分了解有关情况，今天我们特地邀请国家首席兽医师、农业部兽医局局长贾幼陵先生，全国畜牧兽医总站站长于康震先生出席我办新闻发布会，介绍近期中国有关禽流感的情况。

考虑到公众和媒体十分关心防止人感染禽流感的问题，卫生部应急办公室主任陈贤义也应邀出席了今天的发布会，回答大家关心的问题。现在请贾幼陵先生做介绍。

贾幼陵：女士们、先生们，今秋以来，经国家禽流感参考实验室确诊，我国内蒙古自治区、安徽省、湖南省先后各发生一起 H5N1 亚型高致病性禽流感疫情。内蒙古自治区疫情发生在呼和浩特市赛罕区巴颜镇腾家营村，共发病鸡、鸭 2 600 只，死亡 2 600，扑杀销毁各类家禽 91 100 只。此次疫情 10 月 19 日由国家参考实验室确

诊。安徽省疫情发生在天长市便益乡梁营村，共发病鹅 550 只，死亡 550 只，扑杀销毁各类家禽 44 736 只。此次疫情 10 月 24 日由国家参考实验室确诊。湖南省疫情发生在湘潭县射埠镇湾塘村，此次疫情共发病鸡、鸭 545 只，死亡 545 只，扑杀销毁各类家禽 2 487 只。此次疫情 10 月 25 日由国家参考实验室确诊。

上述疫情发生后，农业部均迅速派出工作组，赴当地指导开展防控工作。及时和卫生部门通报有关情况，通过媒体向社会发布疫情。及时向我国香港、澳门有关方面，联合国粮农组织（FAO）、外国驻华使（领）馆进行了通报，以我个人名义向世界动物卫生组织（OIE）进行了通报，海峡两岸农业交流协会向我国台湾有关民间团体进行了通报。疫情发生地各级政府高度重视，按照《国家突发重大动物疫情应急预案》《全国高致病性禽流感应急预案》以及国家和农业部有关规定，启动应急预案，采取了一系列应急防控措施。对疫区进行封锁，严禁疫区家禽及其产品调出，严格控制人员、车辆出入。对疫点 3 千米范围内全部家禽进行彻底扑杀，并进行焚烧、深埋等无害化处理，同时及时向养殖户发放了补助款。对养殖场禽舍、笼具、道路环境和出入疫区的车辆、人员进行严格消毒。对受威胁区所有易感家禽实施紧急加强免疫，三省（自治区）已在受威胁区紧急免疫家禽 29 万只，扩大免疫

696.2万只。目前，三起疫情均已扑灭，没有发现新的疫点。据卫生部通报，目前没有发现人感染高致病性禽流感的病例。

中国政府高度重视高致病性禽流感防控工作。2004年，按照"加强领导、密切配合，依靠科学、依法防治，群防群控、果断处置"的方针，成功打赢了禽流感阻击战。今年以来，针对国际禽流感疫情不断发展的形势，中共中央和国务院领导多次对加强禽流感防控工作作出重要指示和明确要求，国务院召开专门会议进行部署，各级政府进一步加强对防控工作的领导，层层落实责任制。

农业部全力抓好禽流感防控各项措施的落实。一是完善禽流感疫情应急机制。根据国家应急预案，制定下发了《2005年秋冬季防控高致病性禽流感应急预案》以及实施方案和应急工作程序，指导各地进一步完善高致病性禽流感应急管理机制，做好应对疫情发生和流行的各项准备工作。保证一旦发生疫情，坚决把疫情控制在疫点上。二是开展禽流感疫情监测。突出加强对边境地区、发生过疫情地区、养殖密集区的监测。加强对鄱阳湖、洞庭湖等大型湖泊周围，以及水库、湿地、自然保护区周围的监测。今年1～8月，全国共监测2 879个规模养禽场、810个活禽交易市场以及7 231个养禽农户，196个猪场和176个野鸟栖息地。共检测禽流感样品165.2万份，在安徽、湖南等地检出病原学阳性样品10份。通过监测工作的开展，为禽流感疫情的预警预报提供了科学、准确的依据。三是加强科技攻关和关键技术的储备研究。重点开展禽流感诊断试剂、新型高效疫苗的研制和推广工作，加强对禽流感流行病学规律的研究。组织开展禽流感防控新技术的普及工作，做好群众防控科普知识宣传。四是积极推进家禽饲养方式转变。专门召开全国推进畜牧业生产方式转变会议，要求各地采取有效措施，改变目前家禽饲养现状，改变落后饲养方式，提倡标准化养殖、清洁养殖、集约化养殖，改善饲养环境。五是与卫生等部门开展联防联控。特别是与卫生部建立了防控禽流感联合领导小组和工作小组，实行例会制度。进一步完善疫情通报制度，在禽流感等重大人畜共患病确诊后，24小时之内互相通报疫情。共同开展疫情监测，相互提供所需相关样本及诊断试剂标准品。共享专家资源，加强国家禽流感参考实验室与卫生部流感实验室之间的合作研究。六是积极开展禽流感防控国际合作。会同卫生部与FAO、WHO建立了四方联席会议制度；及时向有关国际组织通报我国禽流感防控政策及疫情状况；积极参加有关国际和区域禽流感防控会议；对越南、泰国、朝鲜、蒙古、印度尼西亚等国家开展禽流感防控技术和物资援助。

需要指出的是，中国农业部依照法律法规的规定，本着及时、准确、公开、透明的原则，一旦发生疫情，均如实进行了公布。另外，还建立了严格的疫情举报核查制度，对缓报、瞒报、阻碍他人报告疫情的，将依照《中华人民共和国动物防疫法》予以查处。中国在高致病性禽流感的防控工作中，所实行的免疫和扑杀相结合的综合防治政策已经被相关国际组织和大多数国家认为是行之有效的。

在禽流感免疫方面，我国自行研制的分别用于鸡、水禽、肉禽的H5N2灭活苗、H5N1基因重组灭活苗、H5禽流感重组禽痘病毒活载体疫苗等系列疫苗的应用，有效降低了免疫成本，保证了各种不同禽类的免疫需要。新研制的禽流感重组新城疫活载体疫苗也在进行产业化开发，这种新型疫苗价格低廉、使用方便，应用于防控工作后，将极大提高禽流感免疫效果。我部制定的 3 千米范围内的扑杀政策，在全国得到了非常好的执行，与很多国家相比更为彻底。

中国在高致病性禽流感防控工作中所采取的措施，得到了联合国和有关国际组织的好评。有关国际组织代表认为中国的有关研究成果、防控经验可以为有关国家提供很好的借鉴，中国在全球禽流感防控中发挥了重要作用。

当前，我国高致病禽流感防控也存在一些困难。一是候鸟迁徙给我国防控工作带来严重隐患。全球八条候鸟迁徙路线有三条经过我国，候鸟迁徙路经省份多，涉及范围广，迁徙途中与禽类接触频繁，可能造成家禽感染，引发疫情。二是我国家禽饲养量大。家禽饲养量 142.32 亿只，占世界总量的 20.83%。其中，水禽饲养量 37.35 亿只，占世界的 76%，发生和传播禽流感的概率较高。三是我国家禽饲养以散养为主，饲养条件差，管理粗放，防疫难度较大。

由于上述困难的存在，我国完全阻止高致病性禽流感疫情的发生是不现实的，一些省份仍有发生疫情的可能。但是，目前我国完全有能力在发生疫情后迅速控制和扑灭疫情。今年以来，加上 6～8 月发生在新疆、西藏的 3 起家禽疫情，我国共有 5 个省（自治区）的家禽发生禽流感疫情，都迅速把疫情控制在疫点之内，没有扩散蔓延。青海省发生的 1 起候鸟疫情，也没有感染到家禽。

下一步，农业部将按照国家总体部署，进一步完善应急预案，建立健全突发动物疫情应急机制；认真落实秋冬季各项防控措施，加大各项工作力度；抓住关键环节，切实加强重点地区防控；大力提高防控工作的科技水平，做好防控新技术的普及工作；积极推进家禽饲养方式转变，改善饲养环境；加快推进体制改革和机制创新，完善动物防疫体系。

> 中央电视台记者：贾总，这次疫情我们注意到，大概 3 起的疫情都是在一个星期之内发现的。那么，在这么短时间内集中出现，是不是有一些特殊的原因，比如说我们防控的体系是不是存在一些漏洞？另外，这次的禽流感会不会短期内在全国内暴发？

贾幼陵：今年的情况应该说是比较严峻的。第一，今年候鸟的活动频繁，而且候鸟带毒比较严重，青海湖的候鸟死亡 6 345 只，在历史上从来没有这么多。刚才说全国有 8 条候鸟迁徙路线，中国有 3 条，这三条路线几乎覆盖了中国的全部领域。8 条候鸟迁徙路线都集中在北极圈，在北极圈又交互感染，而后分布到全世界。现在是候鸟往南迁的季节。从现在来看，候鸟和留鸟、野生禽鸟对养殖业的威胁是非常大的。

第二，中国的饲养方式以散养为主，有 60% 的家禽是散养的，和东南亚很多国家是类似的，它的防疫难度是很大的。

第三，从现在来看，我们虽然有很好的防治技术，也做了大量的工作，但是工作是不平衡的，有些地方的免疫力度还不够。在 9 月 29 日召开的全国的视频会上，我们曾经向全国展示了哪些省份的免疫密度比较低，现在这些省份正在加强。但是，从现在来看，当时免疫密度非常低的省份现在发生的疫情比较多。有国务院、党中央的领导，有农业部和各部门的共同努力，我们有信心把它控制住。去年发生了 50 起，今年到现在一共发生了 6 起，我想完全可以把疫情控制在最低。

农业部根据国务院领导的指示，加强

了禽流感防治工作的力度。到目前已经有30多个重大动物疫情的防控检查组到基层检查工作，已经组织了31个省份的春秋两季的免疫密度和防疫工作的检查组，春季已经检查完了，秋季刚刚开始。我们根据当前的疫情已经派出了10余次疫情处理督导组，包括这6次，还有1次是群众举报的，经过我们工作组到现场进行排查，一户一户地进行调查，最后否认了这起。应该说，我们的工作力度是加大了。

外国记者：我有两个问题，一个是问国务院的官员，一个是问农业部的官员。在政府的官员当中，是谁来负责禽流感的防治工作，是一种集体领导还是由一名官员进行总的协调来进行禽流感的防治？在中国有很多的部委，比如说农业部、卫生部和疾病防治中心，还有很多的省级部门，还有香港和澳门，怎么样来具体协调处理有关的问题，及时向公众公布有关的信息？对于农业部官员的问题是，现在是不是在市场上还能够买到活鸡，你们怎样确保在餐馆里的含有鸡肉的那些菜，食客食用的鸡肉是没有被病毒感染的鸡肉？还有就是疫苗的问题，疫苗的费用是由国家来出还是个人来出？

贾幼陵：根据《中华人民共和国动物防疫法》，防疫工作由各级地方政府负责，全国的防疫工作当然是由国务院来负责。农业部负责具体的防疫工作。在禽流感大暴发的时候，去年国务院成立了全国禽流感防治指挥部，由回良玉副总理担任指挥长，协调了国家质检总局、卫生部等，共同组织了非常坚强有力的工作班子，进行有效的工作。在各部门协同合作的前提下，农业部发挥了职能作用，主要负责疫病的控制，负责免疫封锁、扑杀、消毒、销毁等一系列的具体工作，负责疫情的检测、诊断。我们认为这个工作机制是有效的。从去年的经验来看，在短短的50天里就扑灭了49起疫情，取得了很好的成效。我们想今后也是这样。对于当前市场上的活鸡，我希望大家能够有一个概念，就是只要经过兽医部门检疫过的鸡是健康的，就是没有问题的。还告诉大家一个小知识，如果鸡得了禽流感不可能再活蹦乱跳，很快会死亡，但是，恐怕水禽有一定的危险性。

但是，我们和其他国家有一个不同的是我们进行了大规模的免疫，经过免疫的家禽是能够完全抵抗禽流感的侵袭，保证是健康的。谢谢！

外国记者：请谈谈疫苗费用问题。

贾幼陵：疫苗费用由国家财政和地方财政支出。当然，到现在为止对所有的家禽还没有全部支付，只支付了一些像水网地带、种禽、水禽、边境地区，重点防疫带由中央和地方财政两级进行支付。其他的在去年，国家支付是50%，今后是否这样执行，还要和国家有关部门协商。

新加坡联合早报记者：万一出现人感染病例的话，当局有什么应变的措施？

贾幼陵：涉及人和人的防治问题，应该是由卫生部来回答。

陈贤义：非常高兴借此机会回答大家关心的问题。万一出现人的病例，第一是预防、控制不出现人感染病例。体现预防为主，发现了禽间、动物间的禽流感，刚才讲要迅速扑灭，减少人感染禽流感的机会。第二，发生了动物间的疫情以后，卫生部门立即启动相应的应急机制，注意高危人群的流调、医学观察，尽早发现可疑的病例，同时和农业部紧密的信息沟通和措施的联动。第三，如果发现可疑的病人，我们及早进行医学观察，及早诊断。真正的得病要采取相应的治疗，要进行医学的观察，采取一系列治疗措施，防止密集感染等等一系列的防治、治疗和控制的措施，这里包括协助农业部门做一些销、杀、灭的工作。从我们卫生部门来说，一个是预防在前面，准备是基础，有效的应对是我们控制的根本保证。所以，尽量的做到一是不发生人得病，二就是发生了病就及时治疗，使疫情不能扩散。

日本记者：5 月在青海发生的禽流感疫情，那个时候信息公开不够，所以，有些海外报道说，那时候已经有 121 个人死于禽流感，可是卫生部否认了。但是，我们还忘不掉 2003 年的"非典"的事情，我想再问一下，今年真的没有人感染禽流感？请以专家的良心回答一下。

贾幼陵：说到青海的疫情，说疫情通报不透明，我不同意这个看法。青海的候鸟疫情，一确诊我们马上公布了，而且中间也公布了几次，同时邀请了 WHO、FAO 有关国际组织的专家专门进行了考察，从来没有隐瞒过一点疫情，而且考察组对当地的农民进行了询问，对我们采取的措施，一致给予好评。我不知道"不透明"是从哪儿来的。至于说死了 121 个人，这是有人在故意造谣。中国有句老话，叫做"谣言止于智者"，我想到现在还听信这种话的人肯定不是智者。

郭卫民：我想补充一句。在防治 SARS 的过程中，我们国家卫生部门和农业部门关于人的疫情和动物疫情的通报制度是逐步建立起来的，而且一年多来在逐步地完善。从我们国务院新闻办邀请卫生部或者农业部举办的有关发布会的次数和内容，和卫生部他们自己举行的发布会的情况都可以看出这一点，我们现在的通报制度透明化越来越强了。我想这个制度还在不断的完善过程中。

香港凤凰卫视记者：大家非常关心的还是人有没有可能遭到感染的问题。虽然到现在还没有被证实的个案，但是由于中国的人口比较多，在一些比较偏远的地方，目前防御的机制是不是可以保证将来有这样一些个案的发生不会被遗漏掉？怎么样来做到这一点？另外，世卫也认为中国未来面临一个挑战，就是可能产生病毒变异的情况，如果发生，中国政府在储存疫苗和生产疫苗方面有没有什么举措？

陈贤义：非常高兴借此机会把卫生部及全国卫生部门在防范人感染高致病性禽流感这方面的工作做一个简要的介绍。自去年春季以来，全球的禽流感疫情迅速蔓延和多点发生的局面，国际社会对此普遍关注。在党中央、国务院的领导下，卫生部加强了对防控人感染高致病性禽流感的工作的领导，健全了相应的应急机制，成立了卫生部防控人感染高致病性禽流感的工作领导小组，指导和协调全国的预防控制人感染高致病性禽流感的相关工作。建立了部门的协调机制，分别与农业部、质检总局等部门建立了合作机制，同时，也建立了内地、香港、澳门三地的突发公共卫生事件应急合作机制，及时通报疫情信息，研究防控对策，采取联防联控的措施。

最近，卫生部组织开展了对禽流感疫情重点地区的人感染高致病性禽流感防控工作进行督导检查，并对各地的防控工作提出了明确要求。切实加强领导、明确责任、完善与农业、质检等部门的合作机制，完善人感染高致病性禽流感应急预案及有关的防治方案，并组织培训、演练，做好相应的防控布置的准备，加强禽流感疫情的监测，及早发现人感染高致病性禽流感的病例，及时通报信息，确保各项防控措施的落实。加强健康知识和防病知识的宣传，广泛开展国际交流与合作。通过我们多部门的共同努力，目前个别省的一些乡村发生的禽流感疫情已经得到了有效控制，没有出现人感染高致病性禽流感的病例。我也想借此机会对大家非常关注的湖南省发生的不明原因的肺炎情况，在这里向大家作一简要的通报。2005 年 10 月 27 日，湖南省卫生厅报告，该省发现了两例不明原因的肺炎病例。病例一，患者贺某，女性，12 岁，中学一年级学生，10 月 12 日开始出现咳嗽、发热症状，胸片显示有肺炎的特征。由于病情的加重 10 月 18 日上午抢救无效死亡，是重症肺炎伴急性呼吸综合征。湖南省疾病控制中心和中国疾病预防控制中心对患者的标本进行了禽流感实验室检测，结果均为阴性。病例二，患者贺某，男性，9 岁，是病例一患者的弟弟，小学四年级学生，2005 年 10 月 11 日开始出现发热、咳嗽症状，胸片显示肺炎的特征。目前患者病情稳定，精神状态良好，肺部的炎症进一步好转，已连续 8 天体温正常。经湖南省疾病预防控制中心和中国疾病预防控制中心对患者采集的标本进行的禽流感实验室检测，结果均为阴性。目前，病人的密切接触者，该村所有的村民及患者的省、市、县乡的医疗卫生人员均没有发现异常情况。上述病例出现以后，湖南省卫生部门进一步强化了人感染禽流感防治工作。全省的卫生机构加大了不明原因肺炎病例及死亡病例的监测工作，疾病预防控制机构实行了 24 小时值班制度，动物疫情发生地实行了疫情日报与零报告制度，进一步加强了观察，及时发现与报告疫情。下一步将积极救治病人，采集病例标本进行相关检测与明确病例，继续开展流行病学范围研究，扩大搜索范围，查找可疑病例。卫生部专家组 6 人已抵达湖南省，指导和协助当地救治病人，开展流行病学调查和进行实验室的检测。

农民日报社记者：有媒体报道说，由于金刚烷胺在中国大量的使用，使禽流感的病毒产生了变异，并使疫情进一步蔓延。请问贾局长对此有什么评价？谢谢！

贾幼陵：金刚烷胺作为人治疗流感的药物已经用了几十年了。但是，人的 H3N1、H3N2 已经产生了抗金刚烷胺的毒株。最近有媒体报道，有人用"达菲"也已经开始产生新的毒株，这是我们非常关心的，但是这主要出现在人的身上。我首先要说的是金刚烷胺不是兽药，在兽药典里没有记载，我们不允许使用。按照现行的兽药管理条例，只要发现把金刚烷胺用于兽药销售和生产，就要给予行政处罚。同时，中国有防治 H5N1 型禽流感的疫苗，这个疫苗非常便宜，只有几分钱，打一次起码管 6 个月，而金刚烷胺药物作为预防用，就得一直用下去，在经济上和效率上都是不划算的。但是，我也承认，以前，在人用的处方药还没有严格之前，有些兽医为了预防 H9N2 和其他的病毒病，曾经开过或者使用过金刚烷胺。这些兽医使用金刚烷胺是有所依据的，依据的就是美国出版的《默克兽医手册》。《默克兽医手册》对于兽医的重要性相当于《飞行员手册》对飞行员的重要性。在《默克兽医手册》中提到，鼓励把金刚烷胺用以预防禽的流感，是预防，但是，它也提到，可能会产生抗药作用。

从 2004 年中国发生禽流感之后，中国加大了疫苗的使用，而且明令禁止使用金刚烷胺。使用金刚烷胺是可以查出来的，是有案可查的。有人说，由于中国曾经使用过金刚烷胺，给现在的全世界的禽流感的防治带来了灾难性的后果，我认为这是不公平的。

CNN记者：您是不是在此时可以非常明确无误地说，在中国确实没有人感染禽流感的事情发生？如果是那样的话，其他的国家是不是能够从中国身上学到一些经验？还有一点，如果中国发生了人感染禽流感病例的话，中国有没有可能把自己的边界关闭了？

陈贤义：我刚才给大家介绍了情况，目前个别省发生的疫情得到了控制，没有出现人感染高致病性禽流感的病例。关于如果中国出现了人感染高致病性禽流感的病例以后是否关闭边界的问题，我想，首先我们要加强对病人的治疗和隔离与观察，要积极治疗病人。第二，要积极保护其他人免受疾病的困扰，对一些人进行观察，建立一些相应的防护措施。至于是否关闭边界，应该按照国际的通行办法来做，世界卫生组织在这方面有相应的指南，我们按照世界卫生组织和国际惯例来做。

贾幼陵：因为禽流感的防治首先在于家禽的防疫、防治、防控，如果家禽禽流感防控不好，传到人是早晚的事情。国际组织曾经多次在中国进行考察，在和我们的座谈中，对我们防控中最肯定的经验有几条：第一，我们对疫点周边3千米之内的家禽进行彻底的扑杀，这一点说起来容易，可是在绝大多数国家是做不到的。第二，我们进行了大面积的免疫，而且免疫政策和扑杀政策不互相取代，是同时进行的。这一点，应该说绝大多数国家也没有这样做。第三，农业部、卫生部和林业部都有一个庞大的监测网络。我们每年取的样都超过200万份。监测的情况，在东南亚的会议上，也曾经作为经验来介绍。另

外，政府采取了扑杀的补贴政策。补贴政策能够得到完全的落实，这是使农民能够上报疫情的很重要的一项措施。在国务院的统一领导下，全国开展了群防群控，采取了一系列的综合措施，使我们的疫情能够控制在比较低的水平，有数字可以说明。按一个时段来说，中国的家禽存栏量是52亿多只，占世界存栏量的29％。但是，我们发病的疫点的比例只占全世界的1.5％。据我们不完全统计，从2004年年初到现在全世界共发生疫情3600多起，有很多没有报，或者没有报全，统计上来是3600多起，但是中国发生的疫情是56起，仅占1.5％，而亚洲发生的疫情占全世界的94％，亚洲发病次数是3400次，中国只占发病数的1.6％，而同时我们存栏的家禽占了亚洲的53.9％。中国农业部将继续努力，力争把疫情控制在最低水平，以保证不传染给人。

美联社记者：刚才在您的介绍当中说过，因为中国的很多家禽是散养的，所以，不可能在中国完全消除禽流感。那么，中国有没有采取这样的措施，就是把这种散养的方式改变为大型的，能够有安全保证的，有严格控制的集体的或者是集约式饲养方式，这样做对中国来说是不是现实？因为在中国这种家庭散养的方式，是很多贫穷农民收入的来源，刚才的这种做法是不是有现实性？

贾幼陵：这个建议非常好，也是我们一个奋斗的目标。中国的农民数量太多了，我说过有9亿农民，不像发达国家，欧洲只占人口的1％、2％。每个农民都把家禽的养殖或者其他的畜牧业作为收入的来源或者补充。但是，由于动物疫病的发生，农业部正在倡导和发展集约化的养殖，进行养殖方式的改革。我国禽蛋的产量占全

世界的 43%，其中很大一部分是规模化养殖场生产的，最大的蛋鸡场达到 300 万只蛋鸡的水平。最大的肉鸡企业也达到了年出栏量 5 亿多只的水平。但是，全部变成规模化养殖，我感觉要经历比较漫长的过程，尽管我们在下很大的力量推进规模化养殖，采取很多优惠的措施，鼓励农民进行规模化的改革。面对这个现实，农业部采取了一系列其他的补救措施，比如说我们规定规模化养殖场养殖家禽，在防止禽流感的过程中，一定要保证在室内饲养，要隔断家禽与野禽的接触机会。对于散养户，我们要求所有的散养的和露天的各种家禽一定要进行百分之百的免疫。目前，刚发明的新城疫活载体的禽流感疫苗价钱非常便宜，就是两分钱左右，可以采取喷雾、饮水等方法，非常方便。我们的疫苗投入以后，对一般的农户、散养户是一个非常好的方法。采取了以上各种综合措施，无论是规模化养殖场还是散养户，都能对禽流感进行有效的防护。

# 国家首席兽医师贾幼陵答记者问
# 禽流感可防可控不可耽误

(2005 年 11 月)

记者：在防范禽流感传染给人这方面，农业部已经和准备采取哪些措施？

贾幼陵：农业部已经制定了人感染禽流感疫情的应急预案。一旦人感染了禽流感，各地动物防疫部门将按照预案积极地配合卫生部门，采取查找疫源防止家禽禽流感疫情发生等各项措施。实际上，禽流感感染到人有多种途径，一是人接触病禽可以直接通过消化道呼吸道感染，这就需要我们严密地控制禽流感的发生和蔓延。禽流感控制得越好，人得禽流感的机会就越少；二是要进行严密的监测。因为当前候鸟、野鸟的带毒比例很高，候鸟在池塘、水田、树林栖息的过程中，它的排泄物对于水源和环境都会造成污染。如果人接触了被污染的水源，比如说直接用湖水洗菜，再去吃生菜，就有可能直接接触到病源。所以，我们要加大对候鸟的监测，与林业部门一起掌握候鸟迁徙的规律，及时对候鸟的带毒情况进行检测。配合卫生部门，对被污染的环境，尽可能地进行消毒，这样就能减少从不同渠道传染给人的机会。

更重要的，我们要指导农民科学防范，改变饲养环境，防止多种家禽家畜混养，防止交叉感染。同时，我们要提醒广大动物防疫人员和乡村兽医，在对疫情进行处理的时候，一定要加强自我防护，要按照规范进行病死禽的处置，防止对兽医工作者造成感染。

记者:现在已经确认我国有人患禽流感,一些人不敢消费禽类产品,你能给出什么建议?

贾幼陵:大可不必过于紧张。鸡肉和鸡蛋是高蛋白的食品,消费者只要购买经过检疫的家禽产品,就应该放心。千万注意不买、不吃病死家禽。在当前禽流感疫情较多的情况下,食用禽类产品,要注意煮熟、煮透。

另外,一些热爱野生动物和喜欢养鸟的朋友们要特别注意,不要主动接近和喂喂野生的鸟类。我曾经在电视上看到,有一位老人坐在公园的长凳上,瓶子里装着食物,在自己的膝盖上给麻雀喂食。如果野鸟带毒,它的粪便和羽毛散发出的一些粉尘都有可能对人造成危害。家里饲养的宠物鸟和鸽子,在禽流感疫情较多的情况下,最好不放飞,应该进行免疫,并经常消毒鸟巢。同时,国家对禽流感疫苗实施免费供应,农户要做好养殖场消毒。

记者:据了解,前不久乌鲁木齐市天山区的一个农户家1次死了8只鸡。由于上报疫情及时,当地损失较小是吗?

贾幼陵:如果上报不及时,疫情蔓延开再采取措施,损失就大了,防控工作也将更加艰巨。因此,发生一起禽流感疫情,按照我们现在的诊断程序和高致病性禽流感的处理规范,能够及时地把疫病控制在疫点上,发现得越早,控制得越早,损失就越小。禽流感是可防可控的,但不可耽误。所以我们要求一定要严格执行报告制度,养殖户都要有警惕性,及早报告,各级动物防疫部门要及时地进行诊断和上报,这样就能尽快地扑灭禽流感疫情。

记者:目前,国家正在对全国范围内的家禽接种疫苗。广大农民养殖户配合情况怎样?

贾幼陵:国家对禽流感疫苗实施免费供应,对东、中、西部中央财政补贴比例分别是20%、50%和80%,其余的由地方政府支付。农民和养殖户主要是搞好自己养殖场的消毒和防范,疫苗是不用拿钱的。在这里提醒农民朋友,不要相信一些疫苗贩子的话,要通过正规的渠道,在防疫部门的帮助下实施免疫,防止自己花钱买的是假疫苗,造成更大的损失。

记者:从禽流感疫情监测、控制、免疫各个环节,暴露出我们一些基层动物防疫体系的脆弱。你怎么看这个问题?

贾幼陵:我们禽流感防控工作的确面临一些问题,比如说一些基层动物防疫体系薄弱,散养比例仍然比较高,部分农民也有一些麻痹心理,所以这次禽流感来得比较迅猛,个别省份已经突破了点状散发的发病规律,形成了比较集中的连片暴发。党中央、国务院非常重视加强动物防疫体系问题,国务院在5月已经出台了推进兽医管理体制改革的文件,充分说明了健全兽医体系对农村经济发展和公共卫生安全的重要意义。

# 国家首席兽医师、农业部兽医局局长贾幼陵：人感染禽流感途径复杂，瞒报疫情严惩不贷

(2006年3月)

据新华社电：国家首席兽医师、农业部兽医局局长贾幼陵18日表示，目前我国共确诊15例人感染禽流感病例，其中4例当地有家禽疫情（占27%），11例当地无家禽疫情（占73%），这表明人感染禽流感途径很多，疫源来源不明的问题已成为国际社会共同关注的焦点。

贾幼陵说，经专家分析，禽流感病毒可以通过多种途径感染人。一是直接接触、食用发病死亡禽只。二是通过呼吸道吸入含有高浓度禽流感病毒的飞沫及粪便粉尘。三是接触被禽流感病毒污染的污染物和水源。四是接触带毒的野鸟和观赏鸟。

"和我国有些禽流感患者的居住地并未报告发生家禽疫情一样，这种情况在其他一些国家也存在。"贾幼陵说，据报道，国外也有一部分人感染禽流感确诊病例所在地家禽未发生高致病性禽流感疫情，疫源来源不明。这也是在禽流感防控工作中，各国动物流行病学专家亟待解决的问题。

贾幼陵表示，我国在报告疫情方面实行严格的制度，绝不允许地方瞒报疫情。我国已建立健全了国家、省、地、县、乡五级全国动物疫情监测报告和快速反应系统，在全国建立了450个重大动物疫情检测站，在全国90%的行政村设立了动物防疫员，共有村级动物防疫员64.5万名。

"可以说，中国在重大动物疫情报告、监测上，体系健全、制度完备。农业部至今没有发现瞒报疫情的情况。一旦发现，必将严肃查处。"贾幼陵说。

## 五大措施有效防控

贾幼陵18日说，今年以来我国的3起禽流感疫情都发生在偏远农村，均为散养家禽，均是免疫不到位、不规范的养禽场。针对这一情况，我国及时采取五大有效措施，确保各项防控措施落实到位。

加强免疫，大力推广使用禽流感—新城疫重组二联活疫苗。该疫苗可以通过饮水、滴鼻、点眼、注射等途径免疫，具有使用方便、免疫效果好、价格便宜（雏鸡每羽份2.5分钱）及一苗防两病等特点。就是一次免疫既可预防高致病性禽流感，又可预防鸡新城疫，比较适用广大农村散养家禽。

加强疫情监测和报告。农业部已经制订并下发《2006年高致病性禽流感等重大动物疫病监测方案》，要求各地定期对禽流感等重大动物疫病进行监测并及时报告监测情况。

充分发挥村级动物防疫员的作用。目前我国已经有64.5万名村级动物防疫员，要求每周对本村畜禽饲养情况巡查。

# 贾幼陵：家禽免疫是防控禽流感的有效措施

(2006 年 3 月)

3 月 18 日，农业部新闻办公室召开新闻发布会，国家首席兽医师、农业部兽医局局长贾幼陵通报了我国近期禽流感防控工作情况，并回答了记者的提问。

**记者：** 有报道称，禽流感病毒已发生变异，目前使用的疫苗无法起到预防保护作用，甚至认为当前广泛使用疫苗会导致疫情更加复杂，实际情况真是这样的吗？

**贾幼陵：** 禽流感病毒确实存在变异现象，但变异是呈渐变的。目前我国使用的疫苗是国家禽流感参考实验室研制的，经实验室攻毒试验和田间试验证明对禽类可以产生有效保护，通过免疫可以有效阻止病毒在禽体内复制，减少环境病毒量。2005 年，我国实施全面免疫政策后，疫情发生频率明显下降，2005 年 32 起，2006 年截至目前只发生了 3 起疫情，而这 3 起疫情都发生在免疫不到位、不规范的养禽场，经过认真免疫的规模化养禽场都没有发生疫情。由此也可证明，对家禽实施免疫是防控禽流感的有效措施，不会使疫情更加复杂。最近，有个别专家称免疫家禽带毒，纯属这些专家的一种猜测或担心，截至目前，还没有一例确切实例证明。

**记者：** 针对偏远农村散养家禽，如何保证以免疫为主的各项防控措施落实到位？

**贾幼陵：** 针对这一情况，农业部一是加强免疫，大力推广使用禽流感—新城疫重组二联活疫苗等新型疫苗。该苗可以通过饮水、滴鼻、点眼、注射等途径免疫，具有使用方便、免疫效果好、价格便宜（雏鸡每羽份 2.5 分钱）及一苗防两病等特点，比较适用广大农村散养家禽。二是加强疫情监测和报告，农业部已制定并下发了《禽流感等重大动物疫病监测方案》，要求各地定期对禽流感等重大动物疫病进行监测并及时报告监测情况。三是充分发挥村级动物防疫员和疫情报告观察员的作用，要求每周对本村畜禽饲养情况巡查一次，确保疫情报告的及时性和准确性。四是加大督促检查力度。今年以来，农业部已先后派出了 28 个督查组、70 人次，分赴全国 31 个省（区、市）开展禽流感防控工作督查，特别是偏远地区疫情防控措施落实情况。五是加强宣传，群防群控。2005 年以来，农业部组织印制了 700 万张防控禽流感明白纸，60 万张禽流感防控知识挂图和 20 万册防控禽流感口袋书，免费发放到村到户。此外，还通过电视、广播、报纸、互联网等媒体向广大群众宣传禽流感科普知识和国家的政策、措施。

**记者：** 2005 年 10 月份以来，中国内地确诊了多例人感染禽流感病例，有些患者的居住地并未报告发生家禽疫情。请问中国是否存在隐瞒疫情的情况？

**贾幼陵：** 据专家分析，禽流感病毒可以通过多种途径感染人，一是直接接触、食用发病死亡禽只；二是通过呼吸道吸入含有高浓度禽流感病毒的飞沫及粪便粉尘；三是接触被禽流感病毒污染的污染物和水源；四是接触带毒的候鸟、野鸟和观赏鸟。出现疫源来源不明这种情况在其他一些国家也存在，是各国动物流行病学专家亟待解决的问题。中国重大动物疫情报告监测体系健全、制度完备，已建立健全了国家、省、地、县、乡五级全国动物疫情监测报告和快速反应系统，在全国建立了 450 个重大动物疫情检测站，在全国 90% 的行政村设立了疫情报告员，共有村级疫情报告观察员 64.5 万名。在报告疫情方面实行严格的制度，决不允许地方瞒报疫情，至今，农业部没有发现瞒报疫情的情况，一旦发现，必将严肃查处。

# 加大力度做好预防　全面加强狂犬病防控工作

## 国家首席兽医师、农业部兽医局局长贾幼陵答记者问

(2006 年)

近日，国家首席兽医师、农业部兽医局局长贾幼陵就我国动物狂犬病防控工作接受了农民日报记者采访，并就有关问题回答了记者提问。

**记者：狂犬病主要感染哪些动物？**

贾幼陵：狂犬病是由狂犬病病毒引起的主要侵犯中枢神经系统的人畜共患烈性传染病。所有温血动物都可能感染狂犬病，但敏感程度不一，哺乳类动物最为敏感。在自然界中狂犬病曾见于家犬、野犬、猫、狼、狐狸、豺、獾、猪、牛、羊、马、骆驼、熊、鹿、象、野兔、松鼠、鼬鼠等动物。家禽也曾有感染狂犬病的报道。人对狂犬病易感。由于犬与人接触密切，患狂犬病的犬或带狂犬病病毒的犬，对人的危害最大。

**记者：我国动物狂犬病发病情况如何？**

贾幼陵：狂犬病在我国流行历史较长，犬等家畜狂犬病疫情常年在部分地区零星发生。20 世纪 80 年代，是我国流行高峰时期，发病家畜达到 11.5 万只，平均每年超过 1 万只。此后，由于对犬实行免疫和扑杀等措施，疫情逐渐下降。近几年，随着犬养殖数量增加，狂犬病疫情呈上升趋势。

**记者：我国狂犬病防控工作面临哪些困难？**

贾幼陵：当前狂犬病防控工作主要面临以下困难：一是犬的管理难度大。我国犬饲养数量大，增加了管理难度。据初步统计，全国饲养犬的数量达 7 509.5 万只，其中城市饲养犬 1 144.3 万只，农村饲养犬 6 365.2 万只。按目前规定，城市犬审批、注册管理由公安部门负责，畜牧兽医部门负责城市犬和农村犬的狂犬病免疫。由于农村

犬没有明确管理部门，加之城市和农村还有大量未注册犬和流浪犬，犬管理难度很大。二是实施免疫难度大。对犬进行全面免疫，是世界各国防控狂犬病的有效措施。我国没有实行犬强制免疫政策，城市中的未注册犬和流浪犬、农村饲养犬免疫难度大。目前，全国犬总免疫密度不足 10%，不能有效防止狂犬病疫情发生。三是流动控制难度大。犬交易频繁，加之流浪犬和农村散养犬流动，难以有效控制。犬一旦患狂犬病，极易咬伤人和家畜引起发病，导致狂犬病传播。四是防控工作难度大。犬对人具有很强攻击性，开展狂犬病免疫、采血检测等工作，容易被犬咬伤。我国对狂犬病免疫、扑杀等尚没有经费补助，畜主与防疫人员配合积极性不高，免疫与扑杀等措施落实困难。五是病毒流行情况复杂。狂犬病病毒可以感染多种动物，潜伏期从几天到一年，甚至更长。潜伏期的犬本身虽不表现症状，一旦咬伤人或家畜，仍有可能引起发病。

**记者：** 前一时期，我国部分地区不断出现病犬咬伤人，导致人发病的情况，对此农业部门采取了哪些措施？

贾幼陵：近年来，随着我国养犬数量不断增加，人、畜狂犬病病例有上升趋势。前一时期，我国部分地区出现发病犬咬人致病的情况。对此，我部高度重视，按照国务院关于加强人畜共患病防控工作的总体部署，采取了一系列防控措施，加大狂犬病防控力度，保障人民群众健康安全。一是及时研究部署狂犬病防控。多次召开专家研讨会，研究防控策略。及时下发《关于加强狂犬病防治工作的紧急通知》，要求各地切实落实各项防控措施，做好狂犬病防控工作。召开"全国秋季禽流感等重大动物疫病防控工作视频会议"，在部署今年秋季和明年春季防控工作时，对狂犬病防控工作进一步提出明确要求。同时，及时组织狂犬病疫苗的生产供应，确保免疫工作的开展，并组织专家修订了 2002 年制订的《狂犬病防治技术规范》，对狂犬病诊断、疫情报告、疫情处理、紧急免疫、预防与控制等作出明确规定，以指导各地的狂犬病防控工作。二是加大狂犬病防控科技攻关和技术培训力度。为进一步提高狂犬病防治技术水平，我部积极组织国内权威科研单位，加强新型、高效狂犬病疫苗和快速诊断技术科研攻关，并及时推广应用新的科研成果，为狂犬病防控提供有力技术支撑。为提高各地狂犬病防治和诊断技术水平，近期，农业部与军事医学科学院联合举办了"全国狂犬病防治与诊断技术培训班"。全国 31 省（自治区、直辖市）、5 个计划单列市兽医主管部门技术人员和疫情重点省份狂犬病防控工作负责人参加了培训。有关专家结合最新研究成果，就狂犬病基本理论和防治对策，以及实验室检测诊断技术进行系统介绍和培训，提高了有关管理人员和技术人员理论水平和检测诊断技术水平。三是加强部门间合作。狂犬病防控涉及农业、公安、卫生等多个部门，农业部在做好家畜狂犬病免疫、疫情监测等防控工作的同时，密切与公安、卫生等部门合作，充分发挥跨部门合作机制作用，密切配合，及时通报情况，做好联防联控。四是强化狂犬病防控知识宣传。农业部和各地都加大狂犬病防治知识宣传力度，配合今年秋防和明年春防集中免疫活动，通过报纸、广播电视等多种形式，广泛开展宣传咨询活动，提高广大群众对犬只免疫重要性的认识，增强群众狂犬病防控意识，提高自我防范能力。

**记者：** 患狂犬病的犬或其他家畜的肉，经加工熟制，吃了以后能否被感染？

贾幼陵：患狂犬病动物的肉煮熟后，

狂犬病病毒即可被杀死，人吃了并不能患狂犬病，但这并不意味着食用患有狂犬病的动物肉是安全的。在屠宰加工过程中，病毒可经伤口，甚至不易观察到的细小伤口感染发病。因此，要禁止宰杀、食用患狂犬病动物及死亡动物。农业部制定下发了《病死动物处置技术规范》，要求对患病死亡或不明原因死亡的所有动物都要进行无害化处理，不能宰杀、食用或者转运。

**记者：怎样做好犬的狂犬病预防工作？**

贾幼陵：防控狂犬病，关键是要做好犬的狂犬病预防。要按照农业部制定的《狂犬病防治技术规范》要求做好各项防控工作。一是实行登记制度，进一步加强对城市和农村养犬管理，及时捕捉无主犬，防止犬咬伤人。二是对所有的犬实施狂犬病强制性免疫接种，建立免疫档案。通常幼犬应在出生后3月龄时进行狂犬病疫苗首次免疫，12月龄时加强免疫一次，之后坚持每年免疫一次。三是加强产地检疫和流通环节的检疫监管，严格限制疫区犬进入非疫区。四是及时捕杀处理病犬，同时对被病犬咬伤的动物也应该捕杀并做无害化处理。五是加强狂犬病防控知识宣传工作，增强老百姓的防范意识，养成养犬就自觉对犬进行免疫的习惯。

**记者：下一步农业部关于加强狂犬病防控工作有何打算？**

贾幼陵：针对当前疫情形势和防控工作需要，我们要继续完善综合防控措施，密切与公安、卫生等部门配合，加大防控力度。一是进一步做好犬的免疫工作。对所有犬实施强制免疫。对城市犬，结合公安部门审批注册和年检工作，对犬进行全面免疫，并给免疫后的犬佩戴免疫标识，建立免疫档案。目前，我国农村地区养犬较为普遍，犬只免疫接种率低，狂犬病发病率大大高于城市。我们将逐步实施农村散养犬强制免疫政策。二是加强犬的管理。积极配合公安部门加强对城市犬的管理，特别是在城乡结合部和农村，大力宣传科学养犬常识和管理要求，培养良好的养犬、放犬习惯，防止犬咬伤人。三是加强监测，及时掌握疫情动态。要求各地加大狂犬病疫情监测力度，定期进行疫情监测，必要时农业部将直接到重点地区抽检，发现阳性带毒犬及时处置，防止疫情发生。

# 贾幼陵：38年兽医

(2006年3月)

贾幼陵，1947年生，1967年插队内蒙古，农业部兽医局局长。"我曾和西班牙公主说过，我前后当了38年的兽医"。农业部兽医局局长办公室内，贾幼陵凝视着电脑视屏上20岁时的自己：小平头、学生眼镜、青春无邪，在天安门广场上正笑容满面地向亲人朋友挥手告别。

1966 年，毕业于北航附中的贾幼陵，即将赴匈牙利学习做一名外交官，阴差阳错，最后成了内蒙古锡林郭勒盟东乌珠穆沁旗胡热图诺尔公社的一名兽医。"文革"开始，担任中央党校常务副校长的父亲被打倒，大学、留学、外交官统统泡汤了。下过工厂、徒步延安 2 个月后，贾幼陵回到北京。那是 1967 年的春天，他原本是申请去北大荒的，但那里正好是反修前线，而自己的父亲又是"走资派"，只好改去了内蒙古。

1967 年 11 月 6 日。天安门广场，10 辆大卡车，载着 400 名知青，浩浩荡荡开往内蒙古，20 岁的贾幼陵就在其中。10 多天的车程，他一言不发，"黑帮子弟""低贱"的身份，让他无言开口。唯一令他温暖的，是当地牧民为知青们准备防寒的皮袍子和羊毛做的靴子——"毡疙瘩"。当地的俗语：冬天的马，亲老子也不让骑，但牧民们却骑着马夹道欢迎这些知青。那天贾幼陵第一次骑上了杆子马，一个月后，他住进了牧民沾布拉的家中。1967 年年底，赶上一场大雪，雪深 2 尺，为了避雪，牧民们迁居到二百里外的山地，沾布拉家 1 000 多只羊一半以上死在了路上。"那是我第一次领略到大自然的残酷，以及草原上靠天养畜的脆弱。"到了最严酷的冬季，到了大伙不再说冷、只知道明天会更冷的时候，热茶、羊油灯、牛粪火就成了取暖的工具。每个深夜，贾幼陵都蜗居在蒙古包里，在羊粪做的炉子旁，点着用羊尾巴熬成的油烧的油灯，巡视毡上有没有小洞，以免火烤胸前暖，风吹背后寒。在蒙古包里生起羊粪火来，烟都是红的，在这火红的烟火里，贾幼陵想着自己什么时候回北京。

灯灭了，养的猫伏在他的胸前打着呼噜，与他取暖，有时有嘎吱嘎吱的响声，

抬眼一看，是无头的地鼠。第二年春天，万物复苏，又见青草。贾幼陵却下定决心，在草原上做一名兽医。那次他给一匹患了淋巴管炎的马扎针，结果扎下一百多针，将马脖子都扎烂了，还没找到马的静脉。自那后，贾幼陵边干边学，牧民家马、牛、羊的生老病死，就全由贾幼陵张罗了，包括牲畜的去势。"牧民们说做这事满两年就会断子绝孙，可我一干就是 12 年，常常一天忙完，累得手指夹不起筷子。"有时在野外看到要生产的牛，赶紧脱去皮袍子，把手伸进牛的产道里为它接生。牛的子宫压迫力很大，整只胳膊进去，立马就麻木了，还得换另一只手进去。出来时天寒地冻，袖子上的血也凝固了。"抢救一名牧民，往往要骑上一天的马才能打通电话，第二天，救护车才能赶到。卫生条件极差，我的手常年泡在来苏儿水里，每年开春都会脱皮，直到回京后才好点。"他不由自主地磨蹭了一下手背。

1974 年，父亲的"问题"解决，他迎来了一次回城读大学的机会，最终，他还是放弃了，理由是他带的 4 个学生还都年轻，草原上还需要他。生产队队长急匆匆地找到他说，如果他回京，就让他把草原上的种马种牛种羊一块儿牵回京去，当时他回京的意念并不强，但他还是走了。1976 年粉碎"四人帮"后，贾幼陵被调到内蒙古东珠穆沁旗畜牧局任副局长。

9 年来，贾幼陵一直在草原上与纯朴的牧民们打交道。"我在生产队里从没当过官，却当了局长。头两年，我都跑基层，牧区打井时，我和别人一起打石头，别人干活，我没法一旁站着指挥。"

无意当官的贾幼陵，1978 年又被选为全国人大代表，并于 1979 年 10 月，正式调回北京，调入农业部畜牧兽医总局。

2003 年，贾幼陵萌生退意。没想到紧

接着就暴发了 SARS、禽流感、口蹄疫。

2004 年 1 月，贾幼陵出任农业部防治高致病性禽流感工作新闻发言人。他说，那个年代像一个大筛子，每个人都身不由己地被旋转、被筛选，有人沉沦了，有人没有放弃——建设兵团里被凌辱的女知青；满怀赤子之情、死在草原建设上的同伴；迫不得已在当地安家、10 年后历尽艰辛、举家难返的知青们……

他喟叹，沉思，难以表述他已经很长时间没有触摸那段历史，也没有一本知青文学能真正打动他，"没有人真正写活那片草原"。这位明年就要退休的农业部兽医局局长，悲欣交集于自己人生的那一时段。

# 贾幼陵解析家禽市场
## ——访国家首席兽医师、农业部兽医局局长贾幼陵
(2006 年 5 月)

**记者：当前我国禽流感疫情形势如何？**

贾幼陵：2005 年以来，青海、西藏、新疆、内蒙古、安徽、湖南、辽宁、湖北、山西、宁夏、云南、江西、四川、贵州 14 省（自治区）先后发生 35 起高致病性禽流感疫情，35 起疫情共有 19.4 万只禽发病，死亡 18.6 万只，扑杀 2 284.9 万只。目前，所有疫情都已扑灭。当前，全球禽流感疫情形势依然较为严峻，我国也仍然处于禽流感的高发季节，不排除禽流感有零星散发的可能，但随着春季集中免疫行动的完成，家禽免疫密度会维持在较高水平，我们有信心有能力防止禽流感疫情大范围的发生和流行。

**记者：随着疫情的扑灭，我国的禽类制品市场恢复情况如何？我国家禽消费的现状如何？**

贾幼陵：据统计，2005 年全国禽肉产量约为 1 400 万吨，比 2004 年增长 3.6%；2005 年全国禽蛋产量约为 2 845 万吨，比 2004 年增长 4.4%。就目前情况来看，禽类制品市场供应充足，禽蛋市场受到的影响不大。当前的主要问题是禽类制品的价格还没有恢复到正常水平。据对全国 374 个定点农贸市场的调查数据表明，2 月份活鸡价格为每千克 9.86 元，比去年同期低 16.6%；鸡蛋价格为每千克 5.8 元，比去年同期低 19.1%。可以说，禽流感疫情对家禽业的发展还是产生了比较大的影响。但是，我相信，有国家对家禽业扶持的政策措施，我们一定能够与家禽企业共同渡过难关。禽肉、禽蛋营养高，食用熟制禽产品不会引发感染。

**记者：我们应当如何认识禽类产品的营养价值？**

贾幼陵：禽肉富含人体所需的多种氨基酸、维生素、矿物质元素等，同时具有高蛋白、低脂肪、低热量、低胆固醇、易

消化吸收等特点，是理想的营养来源。禽蛋富含蛋白质、脂肪、矿物元素和维生素等人体必需营养物质，而且易被人体吸收。如鸡蛋中含有约12％的脂肪，不仅利于消化吸收，同时又是多种脂溶性维生素的载体。

记者:尽管禽流感疫情已经被扑灭，但仍有一些普通消费者担心现在市场的禽类产品能否放心食用，在加工过程中应当注意哪些问题?

贾幼陵：我国已建立了严格的动物及动物产品检疫体系，经过检疫合格的家禽及家禽产品都是健康和安全的。目前各级政府都加大了对活禽的监管力度，要求活禽进入市场时出具检疫证明，加强市场检疫、定期消毒等。经过兽医部门检疫的、在市场上出售的禽类产品是可以放心食用的。

目前，在已确诊的人感染禽流感病例中，没有一例是因为食用熟制禽类制品引起发病的。禽流感病毒在60℃的环境下，10分钟就会失去活性，不会再引发感染。世界卫生组织也重申，熟制的禽类产品不会造成对人的感染。

记者:对进一步加强禽流感的防控，保证广大消费者禽肉消费更应该关注哪些问题?

贾幼陵：作为政府部门，我们将建立禽流感防控长效机制，加大禽流感防控投入，推进兽医管理体制改革，完善动物防疫体系，落实各项防控措施，依靠法制、依靠科学、依靠群众，坚决防止禽流感疫情扩散蔓延。同时，禽流感防控也需要广大家禽养殖企业和广大养禽户的参与和支持。大家都要从禽流感防控的大局出发，从家禽业的持续发展出发，不断转变家禽的饲养方式，提倡健康养殖、清洁养殖和标准化养殖，特别要支持国家制定的全面免疫政策，共同把禽流感防控措施落到实处。这里我也希望广大消费者逐步转变活禽现卖现宰的落后消费习惯，共同推动家禽的规模化集中屠宰。

# 贾幼陵——共和国首席兽医师

(2006年5月 记者高红十)

贾幼陵：国家首席兽医师、农业部兽医局局长，农业部防治高致病性禽流感工作新闻发言人。

近年主持并参与制定《草原法》《畜牧法》《动物防疫法》和《国家突发重大动物疫情应急预案》《全国高致病性禽流感应急预案》《高致病性禽流感疫情处置规范》等法律法规。

**禽流感暴发以来，3个春节都在基层过**

过去几年，由于我国发生高致病性禽

流感疫情，贾幼陵的忙碌可想而知。现在该不太忙了吧……记者五一前联系采访，贾幼陵还说忙，说五一以后吧。这以后就到了五月下半月。采访当日的相关新闻是：全国防控高致病性禽流感指挥部召开第六次会议，国务院副总理、全国防控高致病性禽流感指挥部总指挥回良玉指出，我国已连续83天没有新发家禽禽流感疫情，春季禽流感防控取得阶段性成果。

采访进行中，有人给贾局长送来青海玉树地区当日染病斑头雁等候鸟的数字，还有越南方面联系购买禽流感疫苗事宜——这些都解读了共和国首席兽医师、农业部兽医局局长贾幼陵"忙"的内容。

2004年，我国境内发生大规模高致病性禽流感疫情，56岁的贾幼陵临危受命，由农业部总畜牧师调履新任。

贾局长给记者在电脑上演示了世界8条候鸟迁徙路线，其中三条经过我国。春季正是候鸟大规模北迁的季节，据专家介绍，候鸟是禽流感病毒的天然病毒库。我国每年的家禽饲养量达到140多亿只，居世界首位。养殖规模化发展极不平衡，有300万只的蛋鸡企业，有年出栏1亿~5亿只的肉鸡企业，也有大量散养一两只鸡鸭的家庭。兽医去村里打免疫针，找不到人，也抓不到鸡鸭——他家的鸡鸭有可能去带毒的候鸟那"串门"了。因此禽流感防控任务十分艰巨。我国2 800多个县的兽医站，450个监测点严阵以待，加强领导、依法防治。

贾幼陵的3个春节都在基层过的，3年来可谓"小心翼翼如履薄冰"，所有努力换来新闻通稿中"取得阶段性成果"几个字。所做一切源于一种危机感：1918年欧洲暴发4 000万人死亡的大流感，就是由禽流感病毒变异为可在人间流行的H1N1病毒造成的。专家担心，如果此次H5N1

禽流感病毒经过变异具备了在人际间传播能力，人类将再次面临巨大威胁。

一把高悬的达摩克利斯剑！

贾幼陵局长说，据专家目前的研究成果，动物疾病60％可传染到人，人的疾病70％可至少传染给一种动物。人病畜防，兽医局要先管好动物疫情。

还有很重要的一项工作是加强宣传。一要宣传防病知识，比如发生疫情地区农牧民不要食用死禽，游客也别接触和喂食禽鸟等；再就是召开大范围的新闻发布会。去年，贾幼陵4次出镜，参加由国务院新闻办召开的我国防治高致病性禽流感工作新闻发布会。他以权威人士身份，解答媒体提问，其表现得到新闻办肯定。

## 提供给社会安全的肉、蛋、奶

贾幼陵说，兽医局所管兽医，除了猫狗医生等执业兽医，其余官方兽医工作应归入国家公共卫生管理体系。

兽医局日常工作之一，依法管理生猪屠宰检疫（记者戏称给猪屁股盖戳）；兽药和疫苗的管理，批准正规厂家生产，打击假冒伪劣产品。还有检疫上市肉类中兽药的残留，可别小看这兽药残留，人要是长期食用，会影响得病后用药效果。提供市场安全的肉蛋奶，这可是与百姓生活息息相关的大事。

还有一个大的工程，依据畜牧法给猪、牛、羊等牲畜上耳标，也就是给牲畜建档。美国前两年刚开始强制执行，这样，发现10岁的牛得了疯牛病，可追溯这头牛1岁时同群饲养的所有的牛十年来喂的饲料、兽药、免疫接种情况，以及出栏、运输、宰杀、出售情况。这个工程量相当大。我国每年养猪11.6亿头，羊6.8亿只，牛1.86亿头，上耳标，把这么多信息全国联网，此项工程需要政府投入，技术上没问题，自主知识产权，关键在做此事的兽医，在兽医的水平和责任心。现在四川、重庆两地试点，然后全国铺开。大约用10年时间一步一步把这个系统建起来，再后来要做到每块出售的商品肉都清楚来龙去脉。所做一切为了两个字——控制，能控制，风险就在掌握中，否则风险是不确定的。

贾幼陵感慨地说，我现在的工作是打基础，任内是看不到该工程建成了。

说到自己的身份，贾幼陵感觉有些尴尬。专家以为他是官员，官员又以为他是专家。他说专家和官员做事的准则是不同的，专家只管是非，而官员顾及利弊。

那你怎么处置呢？记者问。

在决策时，更多表达专家意见。

对自己工作的评价，贾幼陵说有逃避不开的责任，努力干，干好，至少在这个行业里得到大家认可。

贾幼陵局长说，兽医对应服务的畜牧业应该算产业，近年来，我国畜牧业发展很快，20世纪80年代初，畜牧业产值仅占农业总产值的15%，截至2005年底，这个数字已上升接近35%。再给你几个数字：20世纪80年代初，我国人均年占有肉类才十几千克，现人均年占有肉类59千克，远超出世界人均年占有肉类40千克的水平。鸡蛋从人均年占有3～4千克上升至22千克（差不多350个），也超过美国人均年占有鸡蛋220个的水平。1997年，我国人均年占有奶还不如白酒多，年人均占有奶5千克，而白酒达到6千克，现在奶上去了，也达到22千克，但是距离世界平均水平100千克还差得远。按照世界卫生组织提出的人均一天一个鸡蛋、一磅奶的标准，我国公民现在的饮食习惯应该少吃肉、多喝奶。

## 首席兽医师从草原大学走来

提起内蒙古大草原，贾幼陵语气轻松，表情神往。他自我介绍说，我是老三届最高一届，也就是说，不搞"文革"，1966年该由高中三年级高考升入大学。

"文革"来了，从国家到个人命运都改变了。他是最早插队的北京知青，1967年11月7日，他和另外400名北京知青乘大轿车，去了内蒙古自治区锡林郭勒盟东乌珠穆沁旗胡勒图淖尔公社。第二年他当了一名给牲口看病的兽医。他记得第一次给患病的马扎静脉针，几十针下去，把马脖子都扎烂了（记者问，马的主人牧民能干么？贾幼陵说，那时候马都是生产队的）。后来他成了远近闻名的兽医，百里方圆的牧民赶着患病牲畜让他治。他说喜欢并且自学过植物分类，比蒙医还认得草药，过眼的草原植物能叫出汉名、蒙名和拉丁名。后来他还拜农科院草原所的教授为师。他在队里一共干了9年，又到旗畜牧局干了3年副局长，这12年草原生活是他受益终生的"大学"。后来他回到北京，进了农业部，先草原处，又扶贫办，又畜牧局，又兽医局，一直做到共和国首席兽医师。记者戏说，别人是一条道走到黑，你是一条道走到明。

内蒙古大草原在贾幼陵心中是美丽的、神圣的、故乡亲人一般的。记者提起不久前去的杭锦旗库布齐沙漠，贾幼陵如数家珍，哪里是荒漠化草原，哪里是草原化荒漠，哪里打井水好，哪里种甘草，甘草可做药做戒烟品"如烟"，轮作隔垅采挖，不会破坏生态，可谓"经济行为与生态行为很好结合"。他说最近搞新农村建设调查，他又回了一趟东乌珠穆沁旗，变化很大，牧民家家有车、有手机、有大锅（收看电视的天线），高中升学率高达78%，牲畜过载基本得到控制。

不难看出，贾幼陵深爱草原，草原牧民也以他为傲。

他说，记者你信么，我能从不同香味中辨别出是什么花。那天晚上我和妻子在小区散步，一闻就知道是合欢花开了。我分辨得出草原上花的不同味道，沙枣花的香味，远闻香，近闻腻。丁香花是熏人的香气。当知青时有一天我去公社开会，会散了赶上大雨。雨过天晴，突然一股花香袭来，清淡的香味吸引我骑马上山，山下的美景让我永世难忘：乌云镶着落日的金边，起伏的沙丘被雨水浸染颜色发深，低处是大片绿草，再往下是一片白色花海。

记者问他，什么花？

他说，蒙古砂引草。

# 彻头彻尾的胜利

(2006 年 11 月)

Thunder：一直以为政府官员对于批评的反驳都是软弱的和可笑的，午饭时间看到国家首席兽医师反驳香港教授文章的记者答录，颠覆了我的看法。首席就是首席，对手连还嘴的份儿都没了。

http：//news. sina. com. cn/c/2006 - 11 - 10/111611478900. shtml

11 月 10 日上午 10 时，就《美国国家科学院院刊》刊登《中国出现 H5N1 禽流感变异病毒并出现流行》一文举行新闻发布会，邀请国家首席兽医官、农业部兽医局局长贾幼陵，国家禽流感参考实验室主任陈化兰，中国疾病预防控制中心病毒病研究所国家流感中心主任舒跃龙介绍有关情况，并答记者问。

香港文汇报记者：香港大学教授管轶最近发表文章称，在中国南方 6 省份采集到了 53 200 份样品，其中分离到 1 294 株病毒，并且很准确地指出鸡的分离率是 0.5%，鸭的分离率是 3.3%，鹅的分离率是 3.5%。而中国公布的监测阳性数远远低于这个数字，请问您对此有何解释？

贾幼陵：我们在刚开始对这篇文章的第一个评价就是数据不真实。我毫不怀疑，管轶先生从采集到的样品中分离到病毒，因为我们也公布了我们的监测数据，我们也曾采集到病毒，但是我们认真分析了文章，看到他所提供的监测结果和数据可信度极低。

按照国际通行的采集样品的规范要求，采集时要有准确的记录，像采集地点、畜主姓名、家禽品种等，我们在采集过程中都是严格要求的，而我们从文章的介绍中看不到管轶有类似的认真的记录。

按照管轶提供的数据，采集的 5 万多份样品都是咽喉拭子和泄殖腔拭子样品，并且按照他所提供的采集频率，每次采集都要采集 1 000～2 000 份样品，根据中国的法律，没有兽医主管部门的许可，任何人不得随意采取家禽的样品。我们了解福建、广东、广西、湖南、云南、贵州等六地的主管部门没有接到过管轶先生采样的申请，也就是说如果真是采集了样品，也是不敢声张的私自采集。

每次采集一两千个样品，工作量是很大的，就是通过政府的行政手段也有很大的难度，这些鸡鸭都是要卖的，任何货主都不可能轻易地让不相干的人随意在自己的鸡、鸭、鹅的咽喉部、泄殖腔里捅来捅去采样，更何况还有市场的检疫人员监督，这种情况下，没有人允许是不可能的。

可能有人说，我把这5万多只都买下来，这是有可能的，但是他提供的血清样本数据只有76份，而血清学试验比病原学试验容易得多，如果真是买了5万只家禽，那他所提供的血清的监测绝对不会是76份，他会用大量的数据支持他的观点，但是他没有，说明他并没有买下这5万多只鸡鸭。这样只剩下一个可能，就是在家禽交易市场的粪便中采集样品，但是市场的粪便是混杂的，鸡鸭鹅也是混杂的，鸡鸭鹅的粪便也是混杂的，不可能拿出精确的数据。我刚才说的都是普通的基层的采样者的常识，可能管轶先生没有到实地采集，他不知道难度，所编出的数据，有实际工作经验的人都不会相信。

还有一个事例支持我们的判断。2005年青海发生候鸟疫情，我们国家参考实验室采集了大量的候鸟样品，最后分离到4种不同的H5N1病毒，也进行了系统的基因学序列分析、独立的测定、免疫学试验的工作。而管轶发表的文章，声称从候鸟的病毒中分离到了20株H5N1病毒。

这篇文章的所有作者没有一个人现场采集过病毒。据了解管轶先生是通过不正当的手段从别人那儿获得了一株病毒，分

析其提供的20个基因序列，同源性为百分之百，证实为一株病毒，可见他的可信度只有二十分之一，也就是说5%，我们只能用这个比例来衡量PNAS上的这篇文章的可信度。

我还想说一句题外话，可能有的记者会说我指责了一位科学家的良心，就在这里，曾经有记者问过所谓科学家的良心的问题。我们农业部组织了450万份的禽流感监测，一旦发现病原学阳性，都要采取扑杀、消毒等措施，如果在市场上发现，要及时停市消毒，防止疫情蔓延，防止感染到人。

按照我们国家有关的法律法规规定，一旦发现了重大的动物疫情应立即报告，如果管轶真的发现了有禽流感病毒却不及时上报，使疫情得不到及时处理，六个省份的市场上一年起码有上百万人有可能接触到禽流感病毒，他所提到的1 000多个病毒样品，很可能随着鸡鸭鹅卖到妇女和儿童手里，这是个职业道德的问题，在国际上一个兽医如果发现疫情又不报告疫情，会马上被取消兽医资格。

管先生在世界著名的刊物上发表文章，声称要向全世界发出告诫，防止禽流感的威胁，但为什么不在发现病毒的第一时间就报告政府，以采取措施，扑灭眼前可能发生的疫情呢？在座的都是记者，使我联想到记者的职业道德问题，我相信在座的任何一位也不会为了获取新闻而眼睁睁地看着一个孩子遭受灭顶之灾却不伸出援助之手。1994年记者卡特因一幅《饥饿的非洲小女孩》获得了普利策新闻奖，秃鹰注视下的非洲小孩难逃死亡厄运，记者也遭受良心的谴责。如果管轶的数据是真实的，面对着成千上万的人受到禽流感的威胁，良心能不受到谴责吗？

# 中央国家机关工委领导为贾幼陵同志颁发全国"五一"劳动奖章

本网讯：2007年10月10日下午，中央国家机关工委副书记、中央国家机关工会联合会主席黄燕明来农业部，为国家首席兽医师、兽医局局长贾幼陵颁发全国"五一"劳动奖章。农业部党组副书记、副部长尹成杰会见了黄燕明及其一行，并进行了热情座谈。

在座谈中，黄燕明副书记对贾幼陵荣获全国"五一"劳动奖章表示热烈祝贺，对他在动物疫病防控工作中作出的突出成绩给予高度评价。他强调，中央国家机关广大干部职工要向贾幼陵同志学习，大力弘扬劳模精神，形成学习劳模、追赶劳模、争当劳模的浓厚氛围。他希望贾幼陵同志保持荣誉，继续努力，为农业和农村经济发展做出新的贡献。

尹成杰副部长代表农业部党组感谢中央国家机关工委对"三农"工作、对农业部机关党建工作给予的支持和指导。他说，

贾幼陵同志被授予2007年度"五一"劳动奖章，不仅是他个人的荣誉，也是农业部全体公务员的荣誉，这对于激励我们大家进一步做好"三农"工作具有重要作用。目前动物疫病防控工作取得了重大进展，但任务仍然十分艰巨，我们要按照党中央、国务院的部署和要求，坚持依法防控、科学防控的原则，进一步做好动物疫病防控工作。农业部广大干部职工要向贾幼陵同志学习，大力弘扬劳模精神，继续做好"三农"各项工作，为发展现代农业和建设社会主义新农村而不懈努力。

贾幼陵衷心感谢中央国家机关工委领导的关心，表示一定珍惜荣誉、戒骄戒躁，团结带领兽医局全体同志继续努力，为国家的兽医事业做出新的贡献。

中央国家机关工委统战群工部部长、中央国家机关工会联合会常务副主席吴汉圣，以及农业部直属机关党委、兽医局负责同志参加了会见和座谈。

# 科学指导 不辱使命

## ——记农业部抗震救灾前线专家工作组组长贾幼陵

(2008 年 7 月)

他性格率直、刚毅，处事果断。他带领兽医工作者成功打赢了禽流感阻击战；他在汶川 8.0 级特大地震发生后，迅速带领专家组奔赴抗震救灾第一线。他就是全国"五一"劳动奖章获得者、国家首席兽医师——贾幼陵。

灾情就是命令，时间就是生命。5 月 12 日，汶川 8.0 级特大地震灾害发生后，农业部高度重视，按照党中央、国务院的部署，迅速成立了抗震救灾指挥部，并立即派出农业部抗震救灾指挥部副指挥长、国家首席兽医师贾幼陵同志为组长的 8 人农业部抗震救灾前线专家工作组赶赴四川重灾区，指导和协助当地开展农业抗震救灾工作。

半个多月以来，在抗震救灾这场特殊的战斗中，农业部抗震救灾前线专家工作组急灾区之所急，想灾区之所想，解灾区之所难，克服重重困难，殚精竭虑，夜以继日地忘我工作，为确保"大灾之后无大疫"，保障灾区群众生命健康安全奉献了心血、汗水和智慧。

面对灾区的震后惨状，面对废墟前一声声撕心裂肺的痛哭，作为专家组组长的贾幼陵痛心之后，选择了勇往直前、义无反顾。他身先士卒，多次冒着余震的危险，在重灾区镇村辗转奔波，深入一线了解灾情，指导开展灾后防疫工作。每到一地，他都要特别强调，大灾之后特别容易发生疫情，做好灾后动物防疫工作是我们兽医部门义不容辞的职责，必须以对人民生命健康高度负责的态度做好灾区防疫工作！考虑到他的年龄和身体状况，部领导多次提出让他返京，他却笑笑说，我年龄大，但我经验多，留在前线更能发挥作用。行动胜于语言。贾幼陵同志用奉献实践着党的宗旨，用激情表达对党和灾区人们的热爱，用实际行动带领团队谱写了一曲抗震救灾、科学防疫的奋斗之歌。

### 第一时间摸清灾情，科学指导赢得农业抗震救灾的战略主动

5 月 13 日，贾幼陵同志带领专家组 8 名成员直奔机场，在首都机场等待了 10 多个小时后，于 5 月 14 日凌晨 3:30 抵达成都。到达驻地后，立即听取四川省畜牧食品局对灾情的简要汇报，并及时兵分两路奔赴重灾区一线，一队由组长贾幼陵带队前往都江堰市、彭州市，一队由中国动物疫病预防控制中心副主任王功民带队前往绵竹市、什邡市，看望和慰问农业部门干部职工，深入基层摸清灾情。所到之处，畜牧兽医部门房屋设备严重损毁，规模化养殖场和农户的畜禽大量死亡，相当一部分已经开始腐败变质，灾区人们临时安置场所生活条件差。如不及早对动物尸体进行无害化处理和环境消毒，极易引发乙型脑炎、炭疽等人畜共患病和重大动

物疫情，严重威胁灾区人民生命健康安全。

摸清灾情后，贾幼陵同志带领专家组会同四川省有关部门及时研究部署抗震救灾方案：一是以农业部抗震救灾前线专家工作组名义向省指挥部提出紧急预警，建议尽快将消毒和无害化处理工作列入抗震救灾工作日程，确保进入灾区防疫物资和人员交通通畅。二是保证农业部组织的消毒药品、器械等应急物资供应到位。进一步明确消毒药品供应原则："需要多少、调拨多少、就近供应、满足需要"。三是重新集聚队伍，全面动员农业系统，要求在做好抗震自救和互救同时，突击开展消毒、无害化处理等工作。四是加强检疫监管工作，防止病害动物和动物产品流入市场。五是加强疫情监测，密切关注疫情状况。

贾幼陵同志指出，动物尸体无害化处理和环境消毒时间不等人，在不影响救人为主要目标的前提下，越早动手就越主动。专家组确定了"由外向内、逐步推进"的原则：一旦人的救援工作完成，动物防疫人员马上跟进；先突击动物死亡集中的乡村，再推进到城镇人口密集区。贾幼陵同志的建议得到四川抗震救灾指挥部的采纳，使整个行动既不与全力抢救人员的首要任务相冲突，又保证了灾区防疫工作得以迅即展开，赢得了农业抗震救灾的战略主动。

在开展动物尸体无害化处理和环境消毒的同时，贾幼陵同志带领专家组及早研究谋划灾区狂犬病、乙型脑炎、链球菌病、炭疽等人畜共患病紧急免疫工作，与省局共同研究制定《四川省灾区动物疫病紧急免疫方案》，指导灾区科学开展狂犬病、猪乙型脑炎等人畜共患病紧急免疫工作，协助四川省积极争取灾区紧急免疫工作经费，组织疫苗等免疫物资供应，迅速实现由"无害化处理和环境消毒大会战"向"灾区动物紧急免疫大会战"的战略转移。

## 协调动员各方力量展开"大会战"确保"大灾之后无大疫"

地震过后，灾区基层动物防疫系统人员伤亡较重，难以及时开展防疫工作，而灾区多属边远地区，交通运输和后勤保障比较困难，从外面大量抽调防疫人员支援灾区很不现实。为迅速凝聚力量，在贾幼陵同志的倡议下，专家组会同省畜牧兽医部门、农业院校、军事医学科学院兽医研究所等部门组建了10支共388人的部省联合防疫应急分队，先后分3批赴重灾区市县，示范带动当地组建3632支共1.97万人的防疫小分队，带领当地群众开展无害化处理和消毒工作"大会战"。

根据抗震救灾需要，贾幼陵同志及时与后方联系，先后组织40多家消毒剂、医疗器械生产厂家，加班生产，确保了灾区防疫工作需要。协调解决应急防疫资金5550万元（其中鼠害防控资金1550万元），用于采购消毒药品、消毒器械、毒饵、捕鼠夹等物资。截至5月31日，累计调拨消毒药品933.95吨（已使用783.13吨）、消毒器械43759台（其中机动喷雾器7762台、手动35997台）、一次性防护服10000件，狂犬病疫苗50万头份、猪乙型脑炎疫苗9万头份、猪Ⅱ型链球菌病疫苗18万毫升、炭疽疫苗100万头份，以及雨衣、帐篷、睡袋、冰箱冰柜、冷藏包、注射器等防疫物资15.6万台（套/件）和犬只免疫标识牌5.28万枚。还联系中国扶贫基金会捐赠了价值1000多万元的50辆越野车和500辆摩托车，专门用于灾区运送疫苗等物资，开展紧急免疫等防疫工作。

前线专家工作组会同省有关部门，积极争取四川抗震救灾指挥部支持，开通了绿色通道，确保农业部组织的抗震救灾和防疫应急物资能迅速送达灾区县市每一个最需要的地方。有的消毒药品不宜长途运输，专家组积极指导灾区企业紧急恢复生产和周边企业加班加点，主动协调解决消毒药品大包装生产、除尸臭和灭菌效果等难题，大大提高了生产效率。

针对绝大部分基层站房屋倒塌，冷链体系严重毁损的情况，专家组建议将疫苗用冷藏包包装，每天从省里直接用汽车送往灾区市县，再用摩托车分送镇村基层防疫人员，并向农业部建议紧急调运疫苗和增拨运输车辆。

贾幼陵同志积极协调卫生部抗震救灾前线领导工作小组和专家组，建立定期会商制度，定期分析灾区防疫形势，加强灾区信息交流和资源共享，建立重灾区无害化处理和环境消毒工作合作机制。卫生部门在重灾区由内向外开展工作，农业部门在人员救援基本结束后及时跟进，由外向内推进工作，内外呼应，不留死角，共同做好灾区狂犬病等人畜共患病防控工作。针对防疫分队无法进入汶川、茂县、礼县、北川、江油和青川等6个重灾区市县情况，专家组千方百计争取部队支持，使得部省联合防疫应急人员在总后卫生部和解放军疾控中心帮助下，深入极重灾区县市，使无害化处理和环境消毒全面展开，不留隐患。

在贾幼陵同志的科学指导和专家组大力协助下，两次"大会战"得以科学有效有序全面展开，取得了良好的效果。灾后动物防疫工作的突出成绩，受到了回良玉副总理等领导的高度肯定。

**想在前面、干在前面的"前线指挥长"**

5月15日，专家组到达前线第二天，经部直属机关党委研究决定，成立了部抗震救灾前线专家工作组临时党支部，由国家首席兽医师贾幼陵任临时党支部书记。

赴川以来，临时党支部每晚召开碰头会，总结当天工作，及时分析形势，部署安排后续工作。在抗灾防疫一线，临时党支部充分发挥领导核心和战斗堡垒作用，成为坚强的农业抗震救灾"前线指挥部"，贾幼陵同志就是"前线指挥长"。

为摸清灾情发展和抗震救灾一线实际情况，专家组要求每天工作都要有计划、按步骤、抓落实。要深入灾区一线，走村串户指导基层人员开展动物防疫工作，及时了解灾区困难，保证提出的建议切实有效。农业部副部长高鸿宾赞扬专家组"想在了前面、干在了前面"。

半个多月过去了，在贾幼陵同志的领导下，专家组带领群众无害化处理死亡畜禽2 193.96万头/只，消毒养殖场户3.6万个，消毒面积达1.66亿平方米。全省21个极重灾县市的445个重灾乡镇已完成无害化处理和消毒工作，占全部471个乡镇数的94.5%。重灾区已开始进行狂犬病等重大动物疫病紧急免疫，截至目前，灾区没有发生人畜共患病和重大动物疫情。

贾幼陵同志多次说："与抗震救灾中许多可歌可泣的人物事迹相比，我们所做的工作是平凡的，但绝对是重要的，是保证'灾后无大疫'所必不可少的。全体同志一定要以对人民高度负责的态度，全力以赴地做好灾后防疫工作。"他们是这样说的，也是这样做的。

人们不会忘记这样的镜头：重灾区，贾幼陵同志紧紧握住损失惨重的养殖户的双手，神情凝重；无害化处理场所，他冒着余震的危险现场指导，坚决而果断；凌晨2点，他仍在与专家组成员探讨方案，细致并严谨……同行的专家怎能没有注意到，贾幼陵同志在匆匆挂断家人电话马上投入工作时，流露出的不舍与决然；心绞痛犯了，吃点药，依然坚持工作；还有这些天他两鬓的白发又增多了……

5月25日是贾幼陵的生日。去年的生日他是在巴黎作为中方代表团团长积极争取并成功恢复了我国在 OIE 合法地位的庆典中度过的，今年的生日也注定意义非凡。在抗震一线，全体专家工作组成员以隆重

而简洁的方式，方便面代替"长寿面"，庆祝他的 61 岁生日！

这就是我们可敬的国家首席兽医师贾幼陵！

*稿件来源：农民日报　作者：朱先春*

# 贾幼陵：草原上走出的共和国首席兽医官

(2008年8月记者　张泊寒)

人物：贾幼陵
籍贯：北京
插队地点：锡林郭勒
主要事迹：奉献兽医事业

贾幼陵似乎从来没有把自己当作官员，兽医是他给自己贴上的终身标签。

在草原上，他改良畜种，改变生产方式，为牧民增收不遗余力。赴京上任，他的心依然留在草原上。身为共和国首席兽医官，两个特殊生日，折射出他对国家和人民的赤子之心。

贾幼陵

## 悲伤的草原

外交部在京遴选一批优秀高中生到匈牙利上大学，学习外交，已经入党的北京航空学院附中学生贾幼陵被选中，他走上外交官职业生涯看似近在咫尺。

1966年，当"文革"运动席卷全国，打破了千百万年轻人的梦想，包括贾幼陵的外交官梦想。当许多学校掀起派性争斗时，贾幼陵却躲得远远的，他到农村劳动，到工厂锻炼，在北京金星钢笔厂工作了两个多月。

11月，贾幼陵和4名同伴背上行囊，开始了"新的长征"。他们告别北京，踏上平型关，渡过黄河，到达革命圣地延安。这一路是用脚板子丈量出来的，沿途艰辛不言而喻。当贾幼陵从延安走回北京时，两个半月已经过去，身边的同伴只剩一位……

1967年11月16日，在前往锡林郭勒盟插队的400名北京知青中，20岁的贾幼陵就在其中。此时，身为党的高级干部的

父亲受到冲击，被关押。经过 10 天颠簸，贾幼陵被分到东乌珠穆沁旗胡热图诺尔公社阿尔斯楞图生产队。

"我一去就做好了吃苦的准备。"贾幼陵说。当时，他坚持不穿带去的绒衣绒裤，只想等到最冷时穿。最后，最冷时过去了，他也没穿。而他硬挺的这一冬，乌珠穆沁草原上正遭遇雪灾。

放牧生活让贾幼陵忧心忡忡，他放牧的羊群有 1 000 多只，在雪灾中，每天都有羊死去。

贾幼陵永远不会忘记自己当时放牧的情景：每天，他骑在马背上，而他背上则插着一把木锨，看见哪只羊走不动了，下马过去把雪铲开，让它吃几口干枯的草。一天，一只羊走不动了，他铲开雪，把羊留下了。放牧回来，他想把那只羊带回去，可是羊还是走不了。他骑马回家里找两张破羊皮，给它搭了个小棚子，等第二天早上过来，羊还是死了。

"所有的羊都是这样，只要走不动了，它就活不了了。"在雪原上，贾幼陵心里充满了悲伤，他触景生情："巨鹰张翅扑冻马，瘦羊布野喂寒鸦……"

这个寒冬，他放的羊死了一半，邦邦硬的死羊垛成了羊圈，为活羊避风寒。

他心里萌动了一个念头：要改变这种落后的游牧生活和生产方式。

## 牧羊识百草

贾幼陵是一个有心人！放牧时，他拿着望远镜，看羊吃什么草，然后自己也拔下"品尝"，"吃得嘴都肿了"。他在辨别牧草，以致有了他识百草的说法。

"四五百种吧，草地上见到的都能认出来，大多数能叫出蒙古、拉丁和汉名。"贾幼陵说。

一年初夏，雨过天晴，贾幼陵正骑马在草原上。突然，一股香味儿迎风而来。"我一定要知道它是什么，这么好的香味儿！"贾幼陵骑马寻找，远远地看到沙窝子地上一片白花。他豁然开朗，是紫草科的蒙古砂引草！乌云上顶着红日，辽阔的草原上盛开着溢香的白花。贾幼陵身置其间，感悟到自然中的生命芳香……

贾幼陵识百草传开。连续数年，草原上的蒙医赶着牛车，从很远的地方来请他帮忙采草药。在罕乌拉山上，蒙医想要什么草药，贾幼陵就去帮他们找。几天下来，蒙医满载而归。

现在，在树林里一走，像槐花、玫瑰、月季、椴树花，包括砂引草、沙枣花，香味儿迎风过来，贾幼陵就知道是什么花儿。"我觉着我这种本事一般人没有，因为我亲近过大自然，感悟过大自然，不光是眼睛上，所有的感官都能感觉到。"贾幼陵更喜欢呼吸鲜草的味道，一闻到草的芳香，他顿感心旷神怡，有一种领悟自然的舒服感。

## 当上赤脚兽医

"当时我没什么雄心壮志，就想当一个好兽医。"看到生产队的牲畜不断生病死亡，门外汉贾幼陵干起了赤脚兽医，他需要从头学起。

让贾幼陵记忆犹新的是，一匹两岁的小马得了淋巴管炎，需要静脉注射。他不知道在哪儿扎，牧民也不知道静脉在哪儿。结果，他扎了 100 多针……

贾幼陵迫切地渴望兽医知识，他不断托人找来一些书，刻苦研读。

"在学习过程中，做手术期间有时牲畜死在手术台上，死掉了我都要解剖，知青说我是解剖大夫。我自己也说，我治死的比治活的多。"贾幼陵说。

为牲畜治病讲究"三分治七分护"，比如马难产，取出小马驹后，母马因为中枢神经受压迫无法站立，唯一的办法是把它吊起来慢慢恢复。但是，草原上条件所限，根本无法做到，母马往往死去。每当这个时候，他都非常沮丧。

"当时，连小孩见了我都说，你把我的丢了妈的小羊羔治死了。"贾幼陵心里非常难受，"这个过程中，摸索探索防疫、治疗，应该说积累了一些经验。"

1971 年，贾幼陵参加了盟里举办的培训班，学习了两个月兽医知识。他在生产队建起了兽医室。

"你当兽医，牧民喜欢不喜欢你，信任不信任你，有一个标准。"贾幼陵说。在草原上，牧民对自己的马比较爱惜，"冬天的马亲爹也不能骑，春天的马仇人也可以借"。春天的马出汗就出汗了，冬天的马出汗是让人心疼的。但是牧民都愿意把马交给贾幼陵，包括在秋天最保膘的时候，他给牧民的马驱虫，发现有病及时给予治疗。

"跟牧民打成一片，牧民从怀疑到支持，我就觉着挺自豪的。"贾幼陵至今还有幸福感。

### 草原上的变革

当时，年纪轻轻的贾幼陵是公社唯一的知青党员，他还担任了公社党委委员，他的愿望是让牧民改变生产方式，增加收入。

贾幼陵进行牧草种植实验，改良草原植被。带领牧民发展棚圈，提高牲畜存活量。购买种畜进行人工授精，改良马牛羊。他一年四季，生活都非常紧张。每年配种，虽然没有人教，但是他的技术慢慢越来越熟练。

在牲畜改良中，母马的发情期很难掌握，这与马的个体和气候变化有关。贾幼陵把手伸进母马的直肠去摸卵巢，灵敏地判断出卵巢是否发育，是否在 12 小时内排卵。"这是一个比较有经验的兽医的做法，（我）当时确实能做到。"贾幼陵说。

"我记得当时闹了一头种驴给马配种，牧民说，马下出骡子来，我也能下出骡子来。"贾幼陵爽朗地笑了。

当时，每斤羊毛只能卖 1 块多钱，他们改良的羊毛却能卖两三块钱。但是，收购站却把改良羊毛当成当地羊毛来收购。"我随便拿一根毛，在深色衣服上一对，就能说出支数和细度，非常熟悉。"收购站人根本争论不过他。最后，收购站的人服软："1 斤毛我给你提高多少钱，你不能白让我加价钱，你给我从北京弄两瓶茅台酒来。"

"当时我们队很富，有 5 万头（匹）牲畜，但是草场压力越来越大！"贾幼陵看到牧民原来都是卖 3 岁以上的大羊，就跟他们商量，能不能卖 1 岁的小羊。牧民不同意。贾幼陵给牧民一个组一个组开会，苦口婆心地算了一夜账：小羊能卖多少钱，大羊能卖多少钱？如果不卖小羊，冬天要死多少、用多少劳动力、多养多少天、多吃多少草？牧民同意了。

1974 年，生产队 4 万多只羊卖了 1 万只，这是从来没有的事情，收入一下增加了。牧民把精力放在打草和照料母羊上。

以后，这种出售当年育肥羊羔的做法在全旗推广，牧民的生产方式发生了变化。

因为牧民，贾幼陵放弃了上大学的机会。当时，内蒙古农业大学点名招收贾幼陵，但是牧民舍不得他。"牧民给我说，你要回北京，你把这两个种马牵回北京去，你的种牛、种羊牵回去。"在牧民看来，贾幼陵上大学意味着要回北京。贾幼陵也觉着自己离不开草原和牧民，他放弃了。他还带了 4 个男孩子学兽医。

"1976 年，'四人帮'垮台以后，我也有上学机会。"但是，忙于工作的贾幼陵一次次放弃了。

牧民都是冬天打井，点燃羊粪把冻土烧化，化一层打一层，打出井来不塌陷。贾幼陵和其他知青带领牧民夏天打井。牧民不信："你们要夏天打出井来，我头朝下栽下去。"贾幼陵用沉井的方法打成功了，而且水抽不尽。"当时打出来井的时候，我们把那位牧民的腿用马笼头栓上，给他吊下（井）去。"贾幼陵又笑了。

1976年12月，贾幼陵从一名赤脚兽医，调任东乌珠穆沁旗畜牧局副局长。此时，他已经是一位远近闻名的兽医。

"我感觉到牧民的生活、生产方式在逐步变化，这是我感觉到比较自豪的。"这一年，经过牲畜改良、棚圈建设和改变生产方式，生产队的收入由原来的每年四五万元跃升至四五十万元。在收入分配上，贾幼陵想采取多劳多得的方式，让牧民多分一些，为此他和公社"争吵得非常厉害"。

## 泡在基层的官儿

在东乌珠穆沁旗为官的3年里，贾幼陵有两年在基层牧场蹲点、搞调查，他甚至和牧民一块儿打井搞水利建设。看到牧民们干活儿，他闲不下来。

"我在东乌珠穆沁旗畜牧局的时候做了很多傻事，我以前做的那些傻事现在还是有人在做。"如今，身为国家首席兽医师的贾幼陵在公开场合并不避讳往事。

1977年大雪之前，贾幼陵带着小学生在草原上撒灭鼠药，药是他亲手配的，药性很厉害，一粒饵料能毒死一只老鼠。

"我们去的时候撒的药，回来就看见死老鼠了。当时觉得这是我对生态做的贡献啊。"贾幼陵想。但是第二天，他就看出毛病了。老鹰走不动了，抓住它，拍拍，吐出来三只死老鼠。小学生撒药不匀，一头母牛吃到了药，死了，牛犊子喝了奶，也死了，第二天倒在它周围有10匹狼。有一只吃了药而死的羊被牧民深埋，狗把尸体扒拉出来，中毒后很痛苦跳到井里死了，大家也不再用那井里的水了。

"连续的生态灾难是我们没有想到的！"本来，撒药两个多月后就可以放牧，但是一场大雪覆盖了草原。羊半年没有吃的，雪一化，遍地死老鼠，羊去吃老鼠，死了200多只。

1979年10月，国家畜牧总局扩编，贾幼陵被调到北京工作。1993年起，他先后担任农业部畜牧兽医司司长、畜牧兽医局局长。

2003年，SARS爆发，他带领专家奔赴广州，经过9天的努力，排除了疫情是禽流感的可能。

2004年7月，贾幼陵被任命为农业部兽医局局长、国家首席兽医师。

2005年，禽流感暴发，他奔赴全国各地……

每一次，贾幼陵都被推到风口浪尖上。

"他经受着考验，中国经受着考验；他给我们以勇气和信心，他给人类以勇气和信心！在那场阻击禽流感的战役里，'科学、理性、果敢'，是他的英雄本色！"这是2005年度三农人物颁奖晚会给贾幼陵的颁奖词，全国人大常委会副委员长田纪云亲自为他颁发了奖杯。而他荣辱不惊："我想大家现在应该能放心吃鸡肉了，我们会为广大消费者站好岗，把好关。"

2007年10月10日，中央国家机关工委副书记、中央国家机关工会联合会主席黄燕明来到农业部，为贾幼陵颁发全国五一劳动奖章，对他在动物疫病防控工作中做出的突出成绩给予充分肯定。

"我觉着自己别的本事不大，就是能够坚持，能够持之以恒，这是我的优点。"贾幼陵对自己从年轻至今没有脱离兽医工作岗位感到欣慰，"在技术方面，我秉承了一个观点：不怕得罪人。我们搞技术的人要说实话。有一句话，'科学家讲的是对和错，官员讲的是利和弊'。对于我们来说，我们要把实际的情况，应该怎么做，告诉决策者。这样，决策者再根据当时的形势，根据利和弊做判断，做决策。"

### 两个特殊的生日

在草原上，贾幼陵过了 12 个生日。他的生活印染着草原的影子。但是，他去年和今年过生日，是很特殊的。

2007 年 5 月 25 日，巴黎。

世界动物卫生组织第 75 届国际大会高票通过决议，同意中国作为主权国家成员加入。这是中国经过 10 多年谈判的结果。世界动物卫生组织国际大会主席奥尼尔邀请中国代表团团长贾幼陵代表中国出席大会，并请他在大会上发言。

这一天，是贾幼陵 60 岁生日。世界动物卫生组织的官员对贾幼陵说："（中国加入世界动物卫生组织）这是你最好的礼物，这是给你的最好的生日礼物！"

2008 年 5 月 12 日，汶川发生特大地震。

"当时第一反应，这么大的地震，肯定会死好多人。四川是养殖大省，不知道会死多少牲畜，消毒和无害化处理迫在眉睫，否则瘟疫随时暴发。"当日，农业部抗震救灾指挥部成立。贾幼陵还担任了农业部抗震救灾前线专家工作组组长。

13 日上午，贾幼陵等助手耽误了搭乘军机的机会。从 15 时等待，换了几次飞机，但是迟迟未起飞。四川籍一些老板疯狂地打电话嘱咐家人，并抗议飞机不起飞。"大家都别着急，最着急的是水泥板子底下受伤的人，他们在等着救援。"贾幼陵见机内乱做一团，劝说大家。机内顿时安静。

14 日凌晨 1 时，飞机终于起飞，凌晨

3 时 30 分到达成都。

当天，贾幼陵奔赴灾区，眼前的场景"惨不忍睹"。

当地兽医站被摧毁，消毒物资和疫苗荡然无存。动物防疫人员都忙着救人，防疫工作无法开展。贾幼陵紧急调动 1 000 多吨消毒药品运往灾区，他和当地政府一起，立即组织动物防疫人员、征集大学生志愿者，共有 19 700 多人投入到震区消毒工作中。

"我们刚去的时候，带着两层口罩，那尸臭味都受不了。"贾幼陵回忆说。

救援人员每搜寻一块，消毒人员跟进一块，一步步向震中推进，先后消毒处理 16 亿平方米。

专家组分赴 13 个重灾区指导消毒防疫工作，贾幼陵在指挥的同时，先后深入 4 个重灾区。

事后统计，震区死亡牲畜、家禽 3 500 万头（只），动物防疫人员及时进行了无害化处理。

贾幼陵丝毫不敢松懈，无主犬疯狂咬人，蚊子不断叮咬死尸、活猪和人，人畜共患病随时暴发，他立即组织免疫工作。

看到夜以继日工作的贾幼陵，部领导劝说他回京休息。他说："这么大的灾难罕见，我年纪大了经验多，我要继续干下去……"

5 月 25 日，当大家给贾幼陵端来一碗"长寿面"时，他才想起这一天是自己的生日。让他感动的是，大家不知道在哪儿买来一个蛋糕……

5 月 30 日，农业部党组做出《关于表彰抗震救灾先进集体和个人的决定》，授予贾幼陵"抗震救灾先进个人"荣誉称号，他担任组长的农业部抗震救灾前线专家工作组受到通报表彰。

当震区消毒、动物无害化处理工作基

本结束，免疫工作全面展开后，农业部派员替换贾幼陵回京。

"回来该退休了，结果没退成，等奥运结束后退吧，这个位子应该让年轻人上……"作为全国政协委员，贾幼陵还会继续痴心他的兽医事业。

# 立足服务，为加快兽医事业发展贡献力量

## ——访中国兽医协会会长贾幼陵

(2009 年 12 月)

雪后，积雪挂在枝头压弯树梢，本该寒冷的天气因为太阳的照耀让人的心中不由生出丝丝暖意。在喜闻中国兽医协会已于 2009 年 10 月 28 日正式成立后的一天，本社得到机会随北京小动物诊疗行业协会刘朗理事长对中国兽医协会首届会长贾幼陵先生进行了专访。

在办公室内，刘理事长先就刚参加的 FASAVA 会议向贾会长作了汇报，我有幸旁听。为了可以照顾到大家，贾会长特意把椅子搬到桌前认真倾听，偶尔提些问题，并对未来的工作提出了宝贵意见。

汇报结束，短暂的调整后，贾会长接受了我的专访。贾会长谈到：

兽医在中国是个古老的行业，在商周时代就把负责医马的兽医称作天官。中国传统兽医有很多非常独特的技术，像中草药、针灸放血，在国际上都很有名。但是，随着社会的进步和发展，中国传统兽医已经不能适应现代畜牧业和现代公共卫生的需求。

中华人民共和国成立以来，中国兽医逐步从农村走家串户的牛医、马医，走进了在政府组织下的乡镇兽医站，到县、到各级政府所属的动物疫病的防控部门，临床兽医逐渐弱化。但是随着国际现代兽医理念逐渐传入，我国的兽医体制改革也在逐步深化。国际上对于兽医的要求是非常严格的，一般是采取精英式教育，只有学习好的才能成为兽医，兽医是高收入、社会地位比较高的群体。这些年，随着中国宠物行业的发展，跟宠物行业相适应的临床兽医业也开始有了发展，兽医执业考试制度正在起步。

在北京，地方政府前期曾做过有关宠物医师考核的试点工作，但按照现行的法律制度，还需要得到国家认可的证书。总的来说，执业兽医的考试制度会越来越严格，拿到执业兽医资格的人并不会很多。只有拿到资质的人才有权开处方，才有权开办诊疗服务。对于动物医院的规模、条件，农业部也已作了规定。我们的总体想法是：中国的兽医教育要逐步和国际兽医教育接轨，在中国拿到的兽医专业毕业证

书应该在国外也被承认，这是教育必须达到的一个层次；中国兽医执业考试要逐步同国际接轨，当然需要一个过程，因为目前还有几十万的乡村兽医，他们当中很多人是子承父业，如果按照现在的要求，大部分很难拿到资格证书。所以，在一段时期内还会有一个乡村兽医的认证，乡村兽医和执业兽医还是有很大的差距，但慢慢地要把执业兽医和乡村兽医统一起来。

中国兽医协会宠物诊疗分会是中国最有基础的一个群体。中国兽医协会的基础应该是执业兽医，而执业兽医认证工作刚刚在起步，所以现在中国兽医协会的大部分会员都是国内的科研单位、教育单位有高级职称的兽医工作人员。兽医协会应该有这部分人，但更主要的是执业兽医。这些都还需要一个过程，这部分人中最容易拿到资质的就是大中城市的宠物医师。他们是接受过现代兽医教育的，市场上有需求，教育上有基础，宠物医师相对集中，又有一定的经验，所以他们是能最先发挥作用的一个群体，相信他们会率先在中国兽医协会中发挥影响力。

我感觉目前的中国兽医教育比较落后，确实存在很大缺陷，大部分兽医专业还是4年，五年制的还不到10所，特别是中国的兽医教育实习课特别少，几乎没有，大部分学生没有实习机会，只有在工作实践中逐渐摸索经验。临床兽医和实验室兽医有着极大的不同。实验室兽医可以利用现代技术、现代仪器和所学专业，容易在一个项目上得到快速发展。而临床兽医需要积累大量的经验。今后的兽医要根据市场的需求进行分科，专业化势在必行。

作为合格的兽医师首先要热爱这个行业，乐于献身这个行业，另外必须有扎实的基础。我非常寄希望于我们国家的兽医教育，要把普及教育转变为精英教育，培养更多更好更尖的兽医从业人员。兽医如果不爱动物不喜欢动物是没有资格做兽医的。兽医不光是把工作当成饭碗，以此安身立命，而且需要对社会有责任感。兽医是公共卫生的重要支柱，人类疫病中有70%是从动物疫病传过来的。所以兽医一定要有法律意识，发现问题要提醒人们，要报告有关部门，在任何一个国家这都是最基本的素质要求，如果你不报告就要丢饭碗，这是非常严肃的问题。对职业的热爱，对知识的积累，对法律的了解，对社会的责任都体现在兽医行业中，如果做不到就没有资格成为一名合格的兽医。

中国兽医协会主要是把中国的兽医团结起来，协会要给兽医更好的服务。我认为，中国兽医协会要想做好工作，首先要做好兽医的教育，这方面的事情有很多，包括本科、专科、还有研究生的教育，要加强和国际方面的交流与合作。还有一个非常重要的问题是兽医的再教育。我国目前的法规，得到从业资格以后就一直有效，而国际上通用的作法是必须要有再教育，再考核，达不到要求就要取消你的资格。通过兽医协会的努力，兽医积极地参加，为兽医资格准入承担一些需要我们做的事情，让中国兽医协会成为中国执业兽医自己的家。

对于即将成为或者已经成为兽医的人们，我希望他们在上学的时候就是因为热爱这个专业而不是因为考不上其他的才考兽医这个专业，这个专业应该只有第一志愿才能加入。在欧洲如果能上兽医学院是很了不起的，希望中国逐渐的能够达到这个层次，如果你进了这个门，就要把这个行业作为天职，爱护动物、保护动物，认真地搞好动物的诊疗工作。要注意平时的积累。有一些兽医系的学生，害怕到牧场上去，兽医不接触动物绝对不是件好事。

我在牧区发现当地非常需要兽医，需要防疫，我从1967年开始接触这个行业，从村级防疫员做起，为生产队5万多头牲畜做防疫和品种改良工作，后又在旗里、农业部里继续做这方面的工作，不断积累的经验对我来说都是非常宝贵的。

结束采访，我带着满满的收获，走出了农科院的大门。天气还是亦如来时一般，忽然觉得贾会长有些像今天的天气，他对待工作一丝不苟的态度，像这雪后的天气让人不敢懈怠，而在方式上他又平易近人，犹如这暖暖的阳光给人们温暖与希望。相信有这样的一位领导者，中国兽医协会一定会为兽医事业的发展做出杰出的贡献！

# "科学家只讲对错"

（《中国科学报》2014年2月28日　记者王庆）

**中国科学报：听说您在工作中以敢于讲实话为荣？**

贾幼陵：在技术方面，我秉承了一个观点：不怕得罪人。我们搞技术的人要说实话。科学家只讲对错，政治家则要考虑利弊。对于我们来说，我们要把实际情况，应该怎么做，告诉决策者。这样，决策者再根据当时的形势，根据利和弊做判断，做决策。

**中国科学报：请问能举例说明吗？**

贾幼陵：我国的动物疫情曾是高度保密的，不同疾病编成不同数字，不定期更换码，防止疫情的信息对外泄露。那是计划经济时期遗留下来的产物，对动物疫病防控不利。

在农业部兽医局局长任上，我希望能推动动物疫情公开。农业部曾就这一问题给国务院打过两次报告。但要知道，动物疫情并非简单的技术问题，有时它是经济问题、政治问题，比如公布疫情就可能对出口是个打击。所以推进动物疫情公开需要协调各方利益。

2004年，广西发现禽流感疫情，我向当时的农业部部长杜青林建议，我国应该抓住这个时机对外公布疫情。当时他仔细斟酌后当着我的面给温家宝总理打电话请示，最终获准对外公布。

这是我国首次正式对外公布动物疫情，当时这在世界动物卫生组织都引起了轰动。后来，我们将动物疫情公布形成了制度，固定下来。

**中国科学报：推动这个事情，当时您感觉压力大吗？**

贾幼陵：在政府职能的有效运转中，我扮演着技术行政的角色，这个角色要求我必须如实反映情况，坚持自己认为对的，这样在重大问题上才能给更高层决策者提供有价值的参考。不是压力大不大的问题，而是职业要求必须这么做。

2003年的SARS，一开始医学界高度怀疑是禽流感。我带领团队到广州之后发现，尽管疑似，但没有确凿的证据。即没有分离到病毒不能证明那就是禽流感。虽然公众和舆论压力迫切希望得到一个准确的答案，尽快明确病因，但科学家必须拿事实说话。事实证明确实不是禽流感，而是大家以前都没见到过的SARS病毒。以后在禽流感暴发时，分离病毒就成为法定程序。

中国科学报：根据这些年的经验，您觉得动物疫情防控的关键是什么？

贾幼陵：首先，就算是一开始执行得不好，也要把制度和体系抓紧建立起来。比如疫情的报告和公布制度。再比如，我在任内还坚持推动了一个事情，就是在猪的耳朵上打上耳标，建立可追溯体系，争取让每一头猪都能追溯到它的最初来源。虽然执行起来还有很多问题，但如果没有制度，那就不是好坏的问题，而是有无的问题。

其次，动物疫情防控不是一个纯粹的技术问题，涉及政府的有效组织问题，利益问题等。比如地方政府报告疫情可能遭受处罚，但不报告则可能使疫情失控。这需要政府自身建立起有效的管理体系。

此外，你会发现，全世界最大的鸡场在中国，最小的也在中国。牲畜和禽类散养、大量活禽市场的存在、公众不喜欢买冷冻肉而喜欢吃新鲜肉食等习惯，都给动物疫情暴发埋下了隐患，也给防控带来了难度。

随着经济的发展，我们有很多习惯需要改变，比如减少小规模的散养，变为风险更易控制的集中养殖；逐步关闭活禽市场，降低传染风险；公众改变现宰现吃的不卫生饮食习惯等。

中国科学报：干了大半辈子兽医，您如何看待这个职业？

贾幼陵：在发达国家，兽医是像律师、牙医一样受人尊敬的高薪职业。在牧区，牧民们也很尊敬兽医。我对这个职业很有感情，你可以看到我家里有很多和马有关的摆设。

现在我退休了，有时还是忍不住惦记国内兽医教育和发达国家差距太大的问题。希望能走一步是一步，争取为国内的兽医教育做点事情。

# 首席兽医　有一说一

(2014年2月　记者王庆)

1967年的天安门广场上，一个留着平头、戴着眼镜、脸上焕发着青春意气的年轻人，正向亲友挥手告别。那是20岁时的贾幼陵。

当年严冬，在蒙古包内用羊粪生起的烟火里，陷入沉思的贾幼陵并不确定自己的人生之路将会划出怎样一道轨迹。

时间再向前推一年多，从北航附中毕业的他，原本将赴匈牙利学习做一名外交官。然而，随着"文革"开始，担任中央党校常务副校长的父亲被打倒，贾幼陵外交官的梦破灭了。

摆在他面前的现实是：作为知青在内蒙古锡林郭勒盟插队，伴随着恶劣的环境和未知的前途。

从不坐等命运选择自己，他习惯主动出击，在有限的选择中重新定位自己的坐标。

抄起简陋的器械，这个从城里来、爱动脑子的学生，成了草原上边干边学的赤脚兽医。

这个给牲畜看病的活儿，他干了40年，并且做到了国内的最顶尖——曾任国家首席兽医师、农业部兽医局局长、农业部突发重大动物疫情应急指挥中心顾问。"五一劳动奖章""全国抗震救灾英雄模范"等荣誉也从侧面印证了他职业生涯的高度。

如今虽已退休并迈向古稀之年，但思路清晰的贾幼陵还是能快速说出关于畜牧业的各种数据，3个小时的访谈并未让他显露疲态，而且随后他将再次飞到内蒙古。在那里，他被特聘为内蒙古农业大学兽医学院院长。

近年来，他把自己的余热主要发挥在了提高国内兽医教育水平上。他从不急于求成，"能往前走一步是一步"，但每步都力求扎实。

这位身上带着知识分子深深烙印的前政府官员，有着强烈的职业尊严感。他坚信"搞技术的人要说实话""科学家只讲对错"。

他干了大半辈子兽医，他喜欢有一说一。

## 在草原上　野蛮生长

坦诚，是贾幼陵谈话时的鲜明特点："我治死的牲口比治活的要多。"

20世纪60年代，他刚开始学着做一名兽医时，首先体会到的是失败的滋味。一次，他给一匹患有淋巴血管炎的马扎针，结果一百多针扎下去，还没找到马的经脉，而马脖子已被扎烂了。

还有这项工作不得不面对的辛劳和痛苦。有时在寒冬的野外，赶上要生产的牛，这位年轻的兽医师需要把皮袍子脱掉，把手伸进牛的产道里为它接生。

受牛子宫强大的压迫力，往往是整个手臂伸进去后，马上就麻木了，然后再换另一只手。遭遇天寒地冻的环境，令贾幼陵胳膊上的血迅速凝固。

一次次实践中，他积累着经验，"死在手术台上的牲畜我都要解剖，有人说我是'解剖大夫'"贾幼陵说。另一方面，他搜集各种专业书籍，参加培训班，补充专业知识。

渐渐地，这个从北京来的书生大夫水平越来越高，牧民们也越来越信任他，家里马、牛、羊的生老病死都离不开他了。

他能像经验丰富的老兽医一样，把手伸进母马的直肠去摸卵巢，灵敏地判断出卵巢是否发育，是否在12小时内排卵。

他所在的东乌珠穆沁旗生产队，每户牧民家他都去过，有时忙完一天，晚饭时拿筷子的手抖个不停。由于当地卫生条件差，贾幼陵的手常年泡在来苏水里，此后相当长一段时间内，每到春天手就会脱皮。

谈话间，贾幼陵下意识地摊开双手，上面依稀可见当年的印记。

在牧区，除了兽医工作本身外，他还

不得不和严酷的环境战斗。

他到内蒙古的第一年，便见识到了暴风雪的威力。在躲避风雪的迁徙途中，他放牧的 1 000 多只羊有一多半死在了路上。

羊死去的场景令他一生难忘：他看见哪只羊走不动了，就把雪铲开，让它吃几口干枯的草。一次，一只羊实在走不动，他就用两张羊皮搭成小棚子。第二天早上，贾幼陵发现，那只羊还是没挺过来。

羊越死越多，僵硬的尸体剁成了羊圈，为活羊遮挡风寒。

"在那里生活，搬家是家常便饭。一年得搬 40 多次，一冬天往往就得搬 20 多次。"贾幼陵回忆道。

极端的逆境反而激发了他的"野蛮生长"，把他性格打磨得更加坚韧。不过面对困难，他并不蛮干，而是牧民眼中的有心人。

牧草，是牲畜生命健康的关键。贾幼陵放牧的时候，总是喜欢观察牲畜喜欢吃什么草，然后拔几根尝尝。有时尝得多了嘴都会肿起来。品种越尝越多，越来越熟，他逐渐从"尝白草"变成了"识百草"——能辨认出四五百种不同的牧草，并能说出它们的蒙语和汉语名。

## 汶川震后　灾区排险

在牧区的 12 年，贾幼陵只回过两次北京，有 10 个春节是和牧民一起度过的。

1976 年粉碎"四人帮"后，他被调到内蒙古东乌珠穆沁旗畜牧局任副局长。

1978 年，贾幼陵当选全国人大代表。随后的 1979 年，由于业务能力突出，他被调回北京，进入农业部畜牧兽医总局。

2003 年，贾幼陵原本萌生退意，却没承想紧接着经历了 SARS、禽流感、口蹄疫等一系列重大动物疫情暴发。

2004 年，贾幼陵出任农业部防治高致病性禽流感工作新闻发言人。这个在很多人看来是烫手山芋的角色，他并不发怵："我一直没有脱离基层工作，心里对实际情况非常清楚。"

曾有人建议他照本宣科，但他觉得那样就失去了新闻发言人的意义。面对国内外记者的提问，他能随时调取大脑中存储的各种资料和数据，言之有物，有一说一。

他的底气来自于扎实的基层工作经验。这种经验，往往来自于突发状况甚至危险境地；另一方面，他的经验又保证了危机时刻的恰当应对。

2008 年 5 月 12 日，汶川大地震撼动了整个中国。

贾幼陵马上意识到："四川这个养殖大省，震后不知会死多少牲畜，大灾之后往往伴有大疫，必须立即启动消毒和无害化处理。"

14 日凌晨，贾幼陵作为农业部抗震救灾指挥部副指挥长到达成都，随即奔赴灾区。

尸体腐烂的味道，透过两层口罩钻进贾幼陵的鼻子，刺激着他的神经。多达 3 500 万头牲畜死亡，蚊虫叮咬着死尸，它们像一个个随时可能引发人畜共患病暴发的定时炸弹，仿佛在贾幼陵耳边滴答作响……

他紧急调来 1 000 多吨消毒药品，组织起动物防疫人员和志愿者共 19 700 多人投入到震区动物防疫消毒工作中。

在贾幼陵的指挥下，每块区域救援人员一旦搜索完毕，消毒人员马上跟上，向着震中步步推进。

其间，他先后深入 4 个重灾区，而他领导的整个防疫队伍则对 16 亿平方米土地进行了消毒处理。

部领导担心年过六十的他身体吃不消，劝他早些回京休息。而年龄却成了他拒绝的理由："这么大的灾难罕见，我年纪大了经验多。"

## 老骥伏枥 志在教育

访谈中，相对于自己的故事，他说的更多的是对国内兽医临床经验不足，相关教育水平远落后于发达国家的担忧："我国兽医教育与发达国家的差距越来越大，对我国兽医学科的发展和兽医教育的国际化十分不利。"

在世界各国，兽医都是一门强调临床和实践能力的学科。"一个兽医不会看病，那就什么都别说了"。而在我国重科研、轻临床的兽医教育体制下，贾幼陵却遗憾地发现"一些兽医教授都不会给马插胃管"。

据了解，目前我国大学兽医本科教育大部分为 4 年制，少数农业大学恢复到 5 年制。与国外教育相比，我国不重视临床兽医学教学，也缺少完备的教学兽医院设施。"绝大多数毕业生无临床经验，上不得手术台"。

而国外兽医教育学制为 6～7 年，其中 2～3 年预科、4～5 年专业学习（包括 1 年专业实习），90％以上的学生毕业后即能取得执业兽医资格，只有 3％～5％的毕业生继续读研究生，毕业后从事科研和教育工作。

贾幼陵这样分析兽医工作的重要性：在现代社会，兽医在保障动物源性食品供应及安全，预防人畜共患传染病，开展生物医学和比较医学研究及保护国家农业和生物安全方面肩负着重要责任。兽医教育水平直接地影响到兽医执业水平，进而影响到国家对动物疾病及人畜共患病的防控能力。

为此，在 2011 年，他联合中国兽医协会等单位以及美国 6 所知名兽医学院，共同发起"选派优秀学生赴美留学 DVM 项目"。

所谓 DVM（Doctor of Veterinary Medicine），即兽医学博士。在贾幼陵看来，美国的兽医教育拥有举世公认的全球最先进的教育体系和严格的准入和认证体系，是训练最严格、最规范、水平最高的兽医教育体系，引领着兽医教育全球化的未来。

贾幼陵希望通过精英留洋的方式带回先进经验。在他的推动下，"选派优秀学生赴美留学 DVM 项目"得到了国家基金委的支持，成为现实。

此外，这位从业 40 载的老兽医也认识到，提高兽医水平更依赖于国内教育的加强。借助全国政协委员身份，他通过提案呼吁加大兽医教育投入，尽早引入执业兽医教育机制。

对此，教育部 2012 年答复称，在 1.8 万元的基础上，"2013 年将进一步提高中央部门所属高校动物医学本科专业生均拨款到 2.7 万元"，并承诺"引导和支持有条件的农林高校开展动物医学专业人才培养模式改革试点，加强临床兽医教育，强化兽医临床实习，加大与欧美国家兽医院校的交流，逐步缩小我国兽医教育与发达国家的差距"。

退休前，贾幼陵的工作节奏通常是每天早晨 6 点半到单位，7 点半下班，一日三餐在单位解决。而且由于动物疫情在节假日更易暴发的特点，赶上"十一"和春节长假他往往也没得歇，经常得往现场跑，业余骑马锻炼的爱好后来也丢掉了。

如今退休了，心里放不下兽医教育问题的他没能拒绝内蒙古农业大学的邀请，出任其兽医学院院长。

在上任前，他向对方提了几个"条件"："一是将兽医学院从畜牧学院中独立出来；二是将学制从 4 年延至 5 年；三是壮大兽医学院。"

如今，已奔向自己人生第七十个年头的贾幼陵，跨上了推动兽医教育的这匹马。对于能骑多远，他不想浮夸，有一说一。

贾幼陵希望这匹马儿蹄疾而步稳。策马扬鞭，他期待着中国兽医教育的明天。

# 贾幼陵：反思是在逆境中前进

（记者彭苏）

"反——思？反思什么呢？反思整个上山下乡的年代？还是反思知青的个人命运？年代，现在大量书籍为它做了结论。个人命运，当时我们就像处在一个大筛子里，不由自主地被旋转、筛选，中间有人沉沦了，有人仍在努力……"59 岁的贾幼陵嗓音低沉而富有磁性。

身为国家首席兽医师兼农业部兽医局局长的他，不知是个性使然，还是对身份的顾忌，若要他回顾在内蒙古锡林郭勒盟东乌珠穆沁旗的知青岁月，竟如此之难：咬文嚼字、口吻慎度。而且工作繁忙的他，刚刚欲言，时不时又被下属的汇报打断。

"对不起，我今天实在没有这个心情……关于草原，关于我在那里的 12 年生活，也不是一句话可以概述的。"他的嘴角挂起一抹歉意的微笑，可那一丝丝颤音，眼中不易发觉的微烫还是将他"出卖"了。

从 20 岁到 32 岁的每天的点点滴滴，每一段或轻或重的细节，沉淀下来，不提也罢；既然提起，岂可放下？那么，还是细细道来吧。

## 如果我回北京，就让我把草原上的马牛羊都牵回京去

1966 年，贾幼陵毕业于北航附中。本来要去匈牙利学习如何做一名外交官，没想到，事隔两年，自己却成为了内蒙古锡林郭勒盟东乌珠穆沁旗胡热图诺尔公社的一名兽医。

"我曾和西班牙公主说过，我一共当了 38 年的兽医。其实，细细想来，外交官、航空人员并不是我年轻时的理想，我们和你们这个年代的人不一样，我们是抱着一颗炽热的心，一股子信念，就想像我们的父辈一样，以天下为己任，随时准备奉献自己……"

1966 年到了，担任中央党校常务副校长的父亲被打倒了，大学、留学、外交官统统泡汤了，下过工厂无偿劳动、往返徒步延安两个多月后，贾幼陵折回了北京，迎来 1967 年的春天。

这年的 11 月 6 日，他笑容满面地在天安门广场上与家人告别，步上了内蒙古之行。他记得很清楚，那天是 10 辆大轿车，400 多名知青。

"为什么很高兴？难道一点不留恋故土？还是因为父亲的事，想用上山下乡去证明什么？"

贾幼陵凝视着电脑视屏上的 20 岁时的他：小平头、学生眼镜、一脸无邪青春，摇摇头，"我知道我父亲是好人，他迟早会放出来的……本来申请要去黑龙江，因为那里是反修前线，我父亲又是走资派，所以去了内蒙古。你不明白，上山下乡对于那时的青年人是很光荣的事。"

十天车程里，他一言不发，离群索居。唯一令他感到温暖的是，当地牧民早在张家口为知青们准备了防寒的皮袍子、羊毛做的靴子——毡疙瘩。

"到牧区时，牧民们更是骑着马来欢迎我们。你知道吗？内蒙古有句俗语，冬天的马，亲老子也不让骑。可是他们从公社一直骑到生产队，并为我们搭建了蒙古包，我第一次骑上了杆子马，一个月后，我住进了牧民沾布拉的家中。"

下放的第一件事就是学着牧羊。1967年年底，正赶上内蒙古第一场大雪，雪深一两尺，牧民们为了避雪，都迁居到了二百里外的山区。贾幼陵和沾布拉在沙窝子里放羊，他每天背着一把锹，随时为走不动的羊铲出一块平地，"羊走不动了，死了很多。一千多只羊死得只剩下六百多只，我们用死羊搭起羊圈，每天却仍有羊死掉。"

土生土长的羊尚且如此，初来乍到的知青们呢？曾有人写过：……人们对春天不再有任何期盼，"冬天到了，春天还会远吗？"这句我们喜欢的雪莱的诗句在这里已被完全地推翻了，冬天到了，春天不仅遥远而且艰难，变得像个神话，一个远古的神话，另一个星球的神话，草原像是甩落在宇宙间的一粒冰屑，孤独地在太空中旋转着……

到了草原上最严酷的冬季，到了人们不再说冷，只知道明天会更冷，珍视任何一点热乎的东西：热茶、羊油灯、牛粪火，还有牛羊身上的体温的时候，贾幼陵深夜蜗居在蒙古包里，在羊粪做的炉子里，点着那羊尾巴熬成的油做的油灯，巡视毡上有没有小洞，"在蒙古包里生起羊粪火来，烟囱都会红，可如果透了一个小洞，就会火烤胸前暖，风吹背后寒。"

灯熄灭后，养的小猫会伏在他胸前打着呼噜，与他取暖，"有天晚上，听到一阵嘎吱—嘎吱声，等我醒来一看，胸前是三只无头的老鼠，那是猫给我的奉献……"他儒雅如许。

"在那时对未来有过打算吗？"

"有，就想搞好牧区建设，提高牧民生活，那是我第一次领略到了大自然的严酷，还有草原上靠天养畜的脆弱。"

第二年春天，万物复苏，又见青草。贾幼陵决定做一名兽医。

"我在这方面一点知识也没有，只有边看边学，看的资料很旧很老。"他第一次当兽医时，给一匹患在淋巴管炎的马扎针，结果他扎下一百多针，将马脖子都扎烂了，才找到了马的静脉。"一切都是边干边学，只有在实践中摸索了。"

被人惧怕的为马、牛、羊去势工作，也全由贾幼陵张罗了，"他们说做这事满两年就会断子绝孙，可我一干就是 12 年，常常一天忙完后，累得手指夹不起筷子。"

还有为牲口接生，"有时在野外半道上，看到了要生产的牛，我要赶紧脱去皮袍子，把手伸进牛的产道里为它接生。牛的胎盘很多，要把胎衣一个个剥开，如果胎盘剥漏了，还要找到它。牛的子宫压迫力很大，整只胳膊进去了，立马就麻木了，还得换另一只手进去。出来时天寒地冻，袖上的血也凝固了……"

"当地人的死亡率也非常高,往往抢救一名患者要骑上一天的马,才能打通电话,第三天,救护车才能赶到。卫生条件也极差,我的手常年泡在来苏水里,每年开春都会脱皮,直到回京后才好点。"他不由自主地磨蹭了一下手背。

当然,还有更残酷的。他微笑着说,你是女孩子,就不用一一细说了。

其后,他谈到了引进的俄罗斯种马、高加索种羊;聊起了五年后,他第一次回家,看到白发苍苍的母亲,倍感心酸;说起了过年时到每个蒙古包里,牧民们真诚为他准备的蒙古酒、手扒肉、月饼、饺子、一条充作哈达的白毛巾,他从一家喝到另一家……说着说着,声音渐小,一缕谦和,"12年里,我每天几乎这样生活工作。微不足道,真的——没什么可说的。"

"难道一直都很平静?"

"也不是。你会因为救活一匹患脑疾的母马,目睹牧民欣喜若狂的神情,而由衷欣慰。也会因为一只完全可以治愈的羊羔意外死去,而痛心疾首。牧民们将马视为亲人,可他们相信我,都愿意在秋天时,将自己的马给我骑,让我观察,我在他们眼里是公认的名医。"

"相对于人的世界,您好像更喜欢大自然,更喜欢动物。"

"呵呵,那是卖弄辞藻。不过,1974年,我父亲快放出来前,我有一次上大学的机会,由于手下的4个学生都不成熟,我放弃了。生产队的干部说如果我回北京,就让我把草原上的种马种牛羊都牵回京去。"

## 反思,是在逆境中前进

1976年,贾幼陵被调到内蒙古东乌珠穆沁旗畜牧局任副局长。"9年来,我一直在做防疫工作,牧民们虽然在文化观念上不一样,可他们很淳朴,我也很少与人真正打交道。"

这需要一个过程,"我在生产队里没当过官,之后当了局长。我开始并不适应和机关、官员、甚至是酒场打交道。于是,我有两年去跑基层。牧区打井时,我和别人一起打石头,别人干活,我没法一旁站着指挥。"

无意当官的贾幼陵,1978年又被选为全国人大代表,并于1979年10月,正式调回北京,调入农业部畜牧兽医总局。此后历任全国畜牧兽医总站副站长、站长、农业部畜牧兽医局局长、农业部总畜牧师。

"从1993年,我就是司局级的一把手。到了2003年,我向组织上提出,我已经当了十年的一把手,应该下来了。可没想到接着暴发了SARS、禽流感、口蹄疫。"他深叹着。

2004年1月,贾幼陵出任农业部防治高致病性禽流感工作新闻发言人。在2005年国务院新闻办公室就中国禽流感防控工作举行的一系列发布会上,他不仅要通报最新的禽流感疫情,还要回答中外记者的各种提问。"此后,一直担任着我国防控禽流感情况的发布者和防治禽流感知识的传播者的角色。"

与动物打了一辈子交道的贾幼陵,桌上摆放的仍是小动物:粉色的小猪、金铜色的牛,银色的马,他说的也是动物,"人是不应该违背自然规律的,否则会受到大自然的报复。"彼时的他仿佛又回到了那个兽医贾幼陵。

"那么'文革',大批知青的上山下乡是否也违背了社会发展规律?"

"它无疑是场损耗。可是二战过后,日本、德国也是从平地中崛起。"

"可有很多知青的命运不及您,甚至有些知青在下放时就受到迫害……"

"是的，"他毋庸置疑，"但我没有受到迫害，我爱那片草原，它是我的大学。如果用放大镜集中人生中的某一点，也许，彼时彼刻，我可能是为一匹马的倒下，青草混合泥土的气息而心潮澎湃，可拉长了就是一条平直的直线。青一春一无一悔，

这四个字在你看来也许过于轻飘，只有付出代价、心血的知青才能明白其中的分量。反思，是在逆境中前进，否则仅是一个时髦的词。"他放下了放大镜，秘书再次进来，通知他就要召开防疫工作会议了……

# 应时而生　引领行业健康发展
## ——专访中国兽医协会会长贾幼陵

(2010 年 3 月　记者金玲)

编者按：2009 年 10 月，经民政部正式批准，由中国动物疫病预防控制中心、中国兽医药品监察所、中国动物卫生与流行病学中心、中国农业大学等单位共同发起的"中国兽医协会"正式成立。这个协会是由全国兽医从业人员和兽医相关单位自愿参加的全国性、行业性、非营利性的社会组织，在兽医工作中担负着管理、服务、协调、维权、自律和指导等职能，将在促进畜牧业健康发展、规范兽医行业标准、推进动物卫生福利事业的建设、保障动物性食品安全和人民群众身体健康、促进兽医行业国际合作交流等方面发挥着重要作用。新年伊始，新成立的中国兽医协会将有哪些新举措，将为行业做哪些工作？带着这些问题，记者专访了中国兽医协会会长贾幼陵。

**中国兽医协会是时代发展的必然产物**

当记者问及为什么要成立中国兽医协

会时，中国兽医协会会长贾幼陵语重心长地说，我国现代执业兽医行业正处于起步阶段，正在经历一个从无到有的过程。目前，无论兽医教育水平还是从业兽医的整体技术能力，与国际水平相比都有很大差距，我国兽医专业毕业生资质还不被大多数国家承认。

多年来，我国兽医工作者一直期盼有一个自己的协会组织，并以此为平台，促进各地兽医协会发展，促进我国兽医体系的完善，从而加快我国兽医教育、执业兽医认可制度与国际接轨。由此可见，成立中国兽医协会意义重大。主要表现在以下几个方面：

一是贯彻落实科学发展观，深化兽医管理体制改革的重要举措。我国现行兽医体制建立于计划经济时代，基本特征是"国家承担一切"，具体反映在动物检疫、预防、疫情监测、控制、扑灭等诸多方面。当前，随着我国经济体制政策的不断深化，

市场经济的发展给当前的兽医体制提出了巨大的挑战，传统的兽医管理模式已经不能适应当前形势的要求。兽医体制改革的方向是执法与服务的分离，监督和重大动物疫病的扑灭属于政府行为，技术服务与推广工作、临床诊疗服务等则应在政府的统一管理下，交由专门的行业组织管理，从而形成官方兽医和执业兽医两支队伍。政府管理官方兽医，协会管理执业兽医。

二是规范兽医行业发展的需要。近年来，兽医工作的组织形式和从业方式发生了重大转变，从大城市到中小城市出现了大量宠物诊所，在养殖服务环节出现了个体兽医服务行为，有的处于游离状态，兽医职业道德良莠不齐。规范兽医工作，强化专业标准建设，树立良好的兽医职业道德，成立兽医协会已是势在必行。

三是更好地参与兽医国际事务的需要。世界上大多数国家都有不同形式的兽医协会，在国家兽医事务中担负着桥梁和纽带作用。我国成立兽医协会，对加入国际相关组织，融入国际社会，加强兽医国际性、区域性交流与合作，履行我国政府在国际上应尽的兽医责任、权利和义务有着重要的意义。

## 搭建兽医行业交流合作平台

中国兽医协会的成立固然是件利国利民的大事，但作为一个新生组织，如何切实推进兽医行业健康发展呢？面对记者的疑惑，贾幼陵一一作出了解释：我们的协会将为政府与兽医从业者、政府与企业、企业与兽医工作者搭建一架交流合作的桥梁，为规范兽医从业行为、营建公平竞争环境、强化兽医执业素质、促进教育发展、服务政府保障畜牧业生产和兽医公共卫生等搭建技术支撑平台。我们的主要举措有：

一是充分发挥桥梁作用，为我国兽医事业发展搭建新的平台。要成为兽医从业人员与政府兽医行政管理部门、执法监督机构之间的连接纽带；要积极承担政府主管部门委托的有关工作，协助政府加强和改善兽医行业管理；要调动兽医从业人员的积极性；积极研究兽医从业人员职业分类、诊疗机构建设、兽医用品用具行业发展中存在的重大问题，为政府决策提供技术支持。

二是充分发挥自身优势，为促进养殖业健康发展、保障公共卫生安全提供技术支持。利用大部分会员工作在生产、科研、管理一线，掌握第一手情况的优势，及时发现、报告兽医行业发展中存在的主要问题，同时，宣传爱护动物的理念，从民间和技术层面推动我国动物福利工作的开展。

三是充分发挥引导作用，促进兽医队伍素质的不断提高。从促进兽医事业发展的实际需要出发，研究制定兽医从业人员行为规范、建立和完善对会员和行业的服务机制、推动建立有利于兽医学历教育与继续教育的机制和符合我国国情的执业兽医认证、认可制度。

四是加强内部管理，保证协会的顺利运行。明确各部门的职责任务、工作流程，建立有效的信息沟通机制，制定合理的协调管理办法，保证各项工作有章可循、有据可依。

## 立足协会职能　服务行业发展

自从协会成立以来，农业部副部长高鸿宾多次强调，中国兽医协会的成立将在我国畜牧业发展和公共卫生安全领域发挥着至关重要的作用，并且不同于产业协会。贾幼陵说，的确，这个组织不同于其他产业协会组织，我们的协会是以从业兽医、执业兽医为主的，体现的是以人为本的思想，且是由兽医从业人员和兽医相关单位自愿结成的全国性、行业性、非营利性的社会组织。

我们的宗旨是遵守国家宪法、法律、法规和政策，遵守社会道德风尚；发挥行业指导、服务、协调、维权和自律等作用；团结和组织全国兽医，提高兽医的业务素质、医疗水平和服务质量；维护会员的合法权益；整合行业资源、规范行业行为、开展行业活动，促进兽医工作的全面、健康发展。在业务开展方面，我们作了如下规定：

一是协调行业内外部关系，坚持兽医依法执业，维护兽医在执业活动中的合法权益。

二是实行行业自律，完善职业道德建设，规范兽医从业行为。

三是经政府有关部门批准，调查研究国内外兽医及相关行业的发展动态和趋势，为会员的发展等提供咨询和建议，研究兽医执业规范，建立兽医考核体系，逐步参与兽医执业资格认证工作，检查兽医执业情况，积极探索兽医队伍管理的新模式、新方法，加强兽医队伍建设；积极参与行业法律、法规、标准的制定、修订和宣传贯彻工作；组织起草动物卫生福利、兽医用品用具、动物保险、动物标识等行业技术标准，规范和推动中国动物卫生服务与福利工作；研究兽医教育机构质量评估、认证标准，促进兽医教育工作的健康发展；表彰奖励在工作中做出突出贡献的兽医以及优秀的协会工作人员。

四是指导动物诊疗机构规范化工作。

五是参加国际兽医相关组织，开展国内外兽医技术交流与合作，为会员提供技术交流平台，提高整体执业水准，推动兽医事业健康发展。

六是组织开展执业兽医的继续教育活动，提高执业兽医技术水平。

七是普及兽医知识，传播科学思想和科学方法，推广先进兽医技术，依照规定出版兽医刊物、软件、音像制品等，建立行业网站，建立全国兽医行业综合信息交流与服务平台。

八是了解兽医的现状、要求和愿望，掌握行业面临的重点问题，积极向有关部门提出建设性意见。

九是促进兽医科技进步，推广新技术、新成果，提高兽医科技成果的转化率。

十是承办业务主管部门委托的关工作以及与本协会宗旨有关的事宜。

## 首个关键年　开好局　起好步

2010年，是实施"十一五"规划的最后一年，也是谋划"十二五"规划的启动之年。同时，也是中国兽医协会成立后的首个快速发展的关键年。为此，贾幼陵重点指出了2010年协会的具体工作安排。

一是召开常务理事会第二次全体会议。根据《中国兽医协会章程》规定，每半年召开一次常务理事会，拟于6月中旬组织召开第一届常务理事会第二次全体会议。

二是举办兽医年会。为推动中国兽医协会的活动力度，拓宽活动影响，拟定于2010年10月28日举办首届中国兽医大会。同时，隆重召开批准成立的工作委员会和分会成立大会，届时由各工作委员会和分会安排培训会、研讨会、交流会等各项活动，并组织人员参加。

三是加快分支机构的建立。在2010年年内完成专家工作委员会、职业道德与维权工作委员会、教育科技工作委员会的组建部署，安排调研，提出各工作委员会的职责、任务和具体工作意见，由各工作委员会负责人组织实施。

四是积极配合全国执业兽医资格考试工作。通过调研，向农业部提出执业兽医考试、管理及相关服务的建议，为规范兽医从业行为奠定基础。参加全国执业兽医资格考试的培训、评价和继续教育工作。参与组织专家编写 2010 年执业兽医资格考试大纲、应试指南、试题集等考前辅导材料并出版发行。组织编写执业兽医执业培训教材，作为执业兽医临床指导性用书。

五是做好信息服务和宣传工作。信息服务和宣传工作是协会对外的一个窗口，拟在网站、会刊、杂志、宣传报道等方面做好宣传工作。

六是加强会员发展、管理与服务工作计划。全年拟发展个人会员 3 000 名，单位会员 100 家；针对执业兽医保险、兽医用品用具等服务项目安排重点调研。

七是开展与相关组织的交流与合作。与国内相关机构建立联络交流机制，为开展合作奠定基础；与世界兽医协会、世界小动物兽医师协会等相关组织机构建立联系，了解加入及合作的有关事宜；同时，与有关国家、地区性兽医协会建立联系，重点了解美国、加拿大、欧盟国家等兽医协会情况，加强交流与合作。

八是开展专业调研。为配合业务主管部门制定相关政策，提供合理化建议，规范行业管理，拟开展以下调研工作：

（1）动物诊疗专项调研。协助分会开展全国性从事宠物诊疗、动物诊疗工作的机构、人员、服务现状等全方位调研工作，根据调研结果，在向业务主管部门报告的同时，提出协会管理和继续教育工作的发展思路。

（2）远程教育调研。为抓紧继续教育的网络建设，摸清兽医继续教育基本程序，拟在 2010 年组织相关学院、培训机构及有关专家进行系统调研，提出论证和实施方案。

（3）执业兽医培训工作调研。对通过 2009 年考试并注册执业的兽医人员分类，并针对不同专业组织 2—3 期职业道德和临床诊疗技术的试验性培训，通过培训开展座谈、调研，提出针对执业兽医开展分级、分类的继续教育方案。

# 《中国日报》记者采访中国兽医协会会长

采访稿　中国日报

记者：中国兽医实践仍然基于传统的中国兽医教育方法和标准。中国兽医实践与发达国家（如美国、日本或欧盟）比有什么不同？

中国兽医有着优良的传统教育，早在 1 000 多年前的唐朝，《司牧安骥集》就成为中国最早的一部兽医教科书。唐代还制定了有关畜牧兽医的法规，然而到了近代，中国传统兽医学已经不能满足畜牧业发展和公共卫生的需要。

中国现代兽医教育起步较晚，和发达

国家比起来，确实有较大的差距。特别是临床兽医教育更为落后，导致大部分学生实践机会少，动手能力弱。

中国现代执业兽医行业正在处于起步阶段，目前，无论兽医教育水平还是兽医整体技术能力，与国际先进水平相比都有很大差距，我国兽医专业毕业生资质还不被大多数国家承认。2010年，中国在全国开展执业兽医资格考试，从此中国兽医开始走向规范化。

**记者：随着中国在世界经济中的崛起，中国兽医科学怎样才能快速发展以满足社会发展的需求？**

近几年，SARS、禽流感、口蹄疫、猪链球菌，甲型H1N1流感等公共卫生灾害给国家人民造成极大损失。政府开始重视兽医科学的发展，投入大量资金用于建立国家级兽医实验室网络，加强兽医基础理论的研究，增加兽医技术创新。2007年中国加入OIE，增进了国际间的交流，通过学习借鉴国外的先进理念和技术，促进了中国兽医科学的发展。

同时，兽医本科教育逐步由4年改为5年，增加了临床实践，学生毕业后可以直接参加执业兽医考试。

我认为，必须进一步健全兽医法律，参考国际通行做法，如OIE、FAO、WSPA、WVA等国际公认的组织机构的法典、规则，争取在未来几年出台《中华人民共和国兽医法》，保障中国的兽医事业的健康发展。

要加强宣传，提高全社会对兽医行业的认识，扶持兽医事业的发展。

**记者：中国兽医实践存在哪些问题？**

中国是畜牧业大国，动物饲养量占世界比例都很大。例如，中国的养猪量占世界一半，家禽饲养量占全世界的30％。禽蛋的产量也在世界上占40％的份额，可以说中国兽医任务非常艰巨。

但是，中国的养殖业大部分是分散的家庭式饲养，形成了家庭散养和工厂化规模饲养共存的局面。政府兽医执法部门在饲养、防疫、屠宰、运输等各环节很难实施有效监管。这是中国的国情，在欧美国家不存在这样的问题。

中国现行兽医体制还未与国际全面接轨，特别是刚刚开始执业兽医的准入，中国兽医协会仅仅成立一年，还未能发挥出应有的作用。尤其在农村，还有很多乡村兽医，他们没有兽医学历，只是从临床实践中学到些粗浅的知识。协会应该对他们进行教育和培训使之能够更好地发挥作用。

**记者：可能的改革是什么？**

2005年中国政府就已经颁布《关于推进兽医管理体制改革的若干意见》，中国的兽医管理体制改革直到今天依然在进行。兽医体制改革的方向是把执法和服务分离，监督和重大动物疫病的扑灭归政府管理，技术服务、临床诊疗服务则在政府统一管理下，交由专门的行业组织管理，从而形成官方兽医和执业兽医两支队伍。政府管理官方兽医，协会管理执业兽医。

今年，在全国开展执业兽医资格考试，修订《考试大纲》和《应试指南》，通过实行兽医资格准入制度，保障兽医人员素质，规范兽医诊疗行为。

提高兽医院校教育质量，加强师资水平，加强学生实践环节的教育。培养学生实验室科研能力、临床实践能力和动手能力。如：中国农业大学的宠物医院在这方面做得很不错。

有必要逐步开展执业兽医继续教育，以提高执业兽医的服务水平。

由于动物源食品生产周期长，生产和

流通环节多，完善技术法规，建立从农场到餐桌的全程安全监控体系，兽医应该发挥更大的作用。

**记者：近年来，中国是怎样在加强食品及饲料安全控制方面取得了一些相当可观的进步的？**

在食品安全问题上，当前中国确实是乏善可陈，面临的挑战很多，监管难度很大。实际上中国也在重复着发达国家在这个发展时期所遇到的挑战，可以说是"道高一尺，魔高一丈"。一些事件是从国内产生的，如三聚氰胺、红心鸭蛋等；还有一些是"舶来货"，如瘦肉精、滥用性激素、抗生素等。

动物源食品安全是个非常复杂的问题，涉及养殖、屠宰、加工、储存、流通等不同环节和不同的管理部门。解决这个问题，一是立法；二是制定标准；三是部门协调；四是国民素质教育。没有什么灵丹妙药，只能是"兵来将挡，水来土掩"，逐步解决。

**记者：考虑到多样化的农村市场，中国将如何促进兽医标准化？**

中国是世界第一人口大国、农业大国，要推行兽医标准化很困难。

畜牧业是中国农业的支柱产业，农民增收的重要途径，加入 WTO 后，中国的兽医标准化无论从数量还是技术水平上都无法满足国家的需要。目前兽医标准化正在逐步地推广。

一是搞标准化养殖小区，比如乳品企业搞规模化奶牛场，经济效益非常好，农户都自愿将自己家的散养奶牛放到奶牛场集体饲养。

二是抓住制定国家"十二五"规划的有利时机，把乡村兽医发展列入规划内容。乡村兽医是基层防控疫病、促进兽医标准化的主要力量。

三是推行科学的标准化管理体系。在欧盟，养殖业广泛应用 GAP（良好农业操作规范），在北美的畜产品加工企业主要应用 HACCP（危害分析与关键控制点）。我们需要进行深入研究，建立适合我国的标准化技术体系，完善兽医标准体系。

四是鼓励企业认证。目前在中国，体系认证主要有 ISO、GAP、HACCP、GMP；产品认证主要有无公害农产品认证、绿色食品认证、有机食品认证。

五是官方兽医应加强对生产企业的监督检查，检查其是否按标准进行生产和管理。

六是充分利用媒体，大力宣传兽医标准化工作，普及标准化知识。

**记者：为确保兽医高标准在农村实施，所面临的挑战是什么？**

一是从人的角度谈：规模小，水平低。一个乡镇就有 1 名专业兽医人员，有的甚至没有，原因就是经济条件跟不上，工资待遇太低。这导致了兽医专业毕业的大学生无用武之地，许多人都改行了。农村还缺乏专业技术人才，大学生都选择留在城市里。

二是养殖模式的问题，农村大都散养，这些散户在饲养、流通、屠宰等环节上无法达到统一标准，再加上各地的经济条件不同、民族文化差异等，实行兽医标准化很难。

三是乡村兽医是中国的一个特色，也是动物防疫工作不可缺少的一部分，它是指尚未取得执业兽医资格的，经登记可以在农村从事动物诊疗的人员。今年，农业部出台了《乡村兽医管理办法》，但总体上进展仍很缓慢，乡村兽医登记工作尚未全面推开，乡村兽医从业行为仍不规范。

四是中国中西部和广大农村的不少地区仍然相当落后，还有 1.5 亿人口生活在联合国设定的贫困线之下，提高兽医标准的难度就更大。我想，这个问题会随着国家的发展逐步得到解决。

**记者：您还有其他评论需要提供吗？**

我想为国际同行们介绍一下中国兽医协会的成立和发展。2009 年，参照国际通行做法，成立了中国兽医协会，这是中国兽医工作者一直期盼的社会组织，成立至今，组织"世界兽医日"在中国的活动，参与兽医执业资格考试工作，举办了第一届中国兽医大会，确立了每年的 10 月 28 日为"中国兽医日"等。

同时成立兽医分会，分支机构，例如专家、教育、道德维权委员会，动物卫生和福利分会等。这些组织吸收专家学者、企业和个人为会员，促进了各兽医领域的交流合作。协会作为一个平台，也为中国兽医和国际兽医提供交流的窗口。在第一届中国兽医大会上，有美国、加拿大、日本、世界兽医协会等相关组织参会。

我在任中国国家首席兽医师期间，中国加入 OIE，标志中国进一步融入世界动物卫生体系。协会与有关国家兽医协会初步达成"互派兽医学院学生"的合作意向，积极申请加入世界兽医协会。

最后我要说的是，在中国兽医是一个古老、传统的职业，它有过辉煌的历史，中国兽医在重大动物疾病防控、保障畜牧业生产的同时，在未来会更多地关注到动物产品和人类健康、改善动物福利等，借用世界兽医日的主题词来说，就是"同一个世界，同一个健康，中国兽医在行动"。谢谢！

# 贾幼陵解读兽医管理体制改革

(2010 年 12 月)

2010 年 5 月 14 日《国务院关于推进兽医管理体制改革的若干意见》（以下简称《意见》）出台，对全国兽医管理体制改革作重大部署。兽医管理体制改革也是今年农业部的一项重点工作。对为什么要推行这项改革、改革思路是什么、如何推进改革等问题，大家都很关心。近日，《农民日报》记者请国家首席兽医师、农业部兽医局局长贾幼陵进行了权威解读。

**记者：国务院就"推进兽医管理体制改革"专门出台《意见》，有什么背景？**

贾幼陵：要说有背景的话，就是随着社会经济发展，农业结构调整和农村改革的稳步推进，兽医工作将面临更加艰巨的任务。特别是在保障畜牧业生产健康发展、保护人民身体健康、促进动物及其产品出口创汇、实施统筹城乡经济发展战略上将发挥越来越重要的作用。必须看到，我国现行的兽医管理体制中法律不完善、机构不健全、职责不清晰、队伍不稳定、经费不充足等问题越来越突出，已很难适应有效控制和扑灭重大动物疫病、加强公共卫生建设以及提高农业国际竞争力的需要。因此，改革和完善兽医管理体制，加强兽医工作，是当前和今后一个时期发展农业和农村经济、加强公共卫生体系建设、促进经济社会全面、协调、可持续发展的重要任务。这次兽医管理体制改革，是新时期党和政府贯彻落实以人为本的科学发展观，进一步加强兽医工作的重要举措。

**记者：兽医管理体制改革的总体思路是什么？重点要解决哪些问题？**

贾幼陵：经过近年来多次调查论证，借鉴国外兽医管理体制的一些成功经验并结合我国实际，确定了兽医体制改革的总体思路，就是按照政府"经济调节、市场监管、社会管理、公共服务"的职能要求，健全机构、理顺职能、完善机制。以调整和完善兽医工作体系为突破口，优化重组现有兽医机构，建立健全行政、执法、技术支持三类机构。在此基础上逐步建立官方兽医和执业兽医相结合的新型兽医管理体制，整合社会兽医资源，逐步形成政府主导、社会参与、统一规范、透明高效的兽医管理体制和运转机制。

这次改革的重点主要应解决以下5个问题：一是建立健全兽医行政管理、执法监督和技术支持3类兽医工作机构；二是理顺行政、执法、技术支持3类兽医机构的职能；三是改革乡镇畜牧兽医站，合理划分基层防疫机构的公益性职能和经营性服务；四是逐步建立官方兽医制度和执业兽医制度；五是加强兽医工作基础设施建设，完善动物疫病控制和队伍保障的财政投入机制。

**记者：目前，大家对兽医工作机构改革非常关心，改革后的兽医管理将形成一个什么样的模式？**

贾幼陵：建立健全兽医管理机构是这次兽医体制改革的工作重点。兽医行政管理机构重在建立健全，执法监督机构侧重在优化重组，技术支持机构重在综合设置。机构设置要与兽医工作承担的职责任务相适应。省以下行政管理机构由省级人民政府结合本地区养殖业发展情况和兽医工作需要确定，并按程序报批。整合现有行政执法机构及职能，分别在省、市、县组建一个动物卫生监督机构。按照综合设置的原则，建立健全各级兽医工作技术支持机构。改革后各级兽医行政机构、执法机构和技术机构构成完整的兽医工作体系。兽医工作由兽医行政管理部门统一领导，执法机构负责监督执行，技术机构提供技术保障和支撑。通过改革将建立起各机构分工负责、密切合作的工作机制，确保政令统一，防止职能交叉和管理缺位。

**记者：在国务院《意见》中提出要逐步实行官方兽医制度。这项制度的内涵是什么？建立官方兽医制度将带来哪些变化？**

贾幼陵：官方兽医制度是指官方兽医对动物及动物产品从生产到消费全过程行使监督、控制的一种管理制度。其主要特征是官方兽医作为动物卫生执法主体，通过实行全国或者省级的垂直管理，对从动物疫病防治、动物及动物产品生产到消费，实施全过程独立、公正、权威的卫生监控，以保证动物及动物产品符合卫生要求，并签发动物卫生证书。官方兽医制度充分体现了兽医工作政府行为的强制性特点，是国际上评价一个国家动物卫生管理能力的主要指标。官方兽医制度是国际成功的经验和通行的做法。建立官方兽医制度是兽医管理体制改革的重要内容，是加强兽医队伍建设的重大举措。实行官方兽医制度能够使动物防疫体系建设和标准与国际接轨，将社会公益性的动物防疫执法体系与服务体系相分离，避免执法与服务部门职能混淆，确保执法的严肃性。实行官方兽医制度有利于工作统一部署、指挥调动、协调有序，有利于克服各行其是和地方保护主义的干扰，形成高效运转的管理机制，建立起责权统一、精简高效的兽医管理体制。

**记者：**全国乡镇一级的畜牧兽医站数量大、人员多，在改革中对畜牧兽医站的职能将作哪些调整？现有的基层兽医人员往哪儿去？

**贾幼陵：**通过此次改革，原来乡镇畜牧兽医站承担的诊疗服务等经营性职能与公益性职能剥离，人员也将进行调整。一部分兽医人员将通过考试、培训等途径，由县级兽医主管部门实行垂直管理，在乡镇从事动物防疫执法和公益性技术推广服务工作。其他人员将通过一段时间的调整逐步分离出去。其中，考试合格的可成为执业兽医，领办、创办经营性兽医服务机构。从畜牧兽医站剥离出来的人员，依然是乡村一级防疫队伍的重要组成部分，根据有偿的原则，安排其从事强制性免疫等工作。

以上改革措施是解决多年来基层畜牧兽医站机构不健全、人员经费无保障、公益性职能与经营性服务职责不分、防疫措施不落实的有效途径，也是做好基层兽医工作的基本要求。通过改革，乡镇从事兽医业务的兽医人员划归县里直管（派出），

从而进一步健全县级兽医工作机构特别是执法机构，堵塞基层防检疫漏洞，这也符合《动物防疫法》关于"动物防疫监督执法职能由县级以上动物防疫监督机构执行"的要求。

**记者：**在推进兽医管理体制改革的过程中，您认为要注意哪些问题？

**贾幼陵：**为积极推进兽医管理体制改革，最近农业部根据国务院《意见》下发了贯彻实施意见。7月13日，农业部在京召开了全国兽医管理体制改革工作会议，杜青林部长、尹成杰副部长就推进兽医体制改革的各项任务进行了部署，对做好今年的工作提出了明确具体的要求。总的说，推进兽医体制改革要做到积极、扎实、稳妥，同时要注意把握好以下几点：一要确定目标、明确时限。根据国务院《意见》精神，我们要求各省（自治区、直辖市）将具体实施方案报农业部备案，各地应结合本地的实际情况，抓紧制定贯彻落实的具体方案和措施。二要协调各方，配套联动。兽医体制改革是一项政策性强、涉及面广、难度大的工作，单靠兽医系统的力量是不够的，各级兽医主管部门要增强主动意识，争取各方面的支持，正确处理好本系统利益和全局利益，搞好部门配合，形成合力，在当地党委和政府的统一领导下，共同推进兽医体制改革工作。三要加强宣传，做好思想工作。兽医体制改革涉及机构的撤并、人员的划转，涉及一些职工的切身利益，没有广大干部职工的理解和支持，工作将难以推进。因此，要加大宣传教育工作力度，争取部职工对改革的理解和支持，为改革的顺利进行打下坚实的群众基础。四要落实措施，做好转岗人员安置工作。各地务必从改革、发展、稳定的大局出发，提高认识，精心组织实施。

要本着对分流人员高度负责的态度,坚持从实际出发,进一步拓宽思路,开阔视野,发挥主动性和能动性,探索制定有效措施,妥善安置分流人员。五要抓好工作进度的督查。各地要建立强有力的监督机制,对所承担的具体改革任务进行经常性的跟踪检查,发现问题及时提出改进意见和建议。农业部把兽医管理体制改革工作作为重大动物疫病防控定点联系制度的重要内容,将不定期对各地改革工作进行督查,及时把改革中出现的新情况、新问题汇总上报

国务院,向有关部委通报。六要统筹兼顾,保证改革和疫情防控工作两不误。这次兽医体制改革涉及整合、调整的机构较多,部门的职能都要重新进行界定,而当前重大动物疫病的防控任务又比较繁重,各部门必须妥善处理好兽医体制改革与重大动物疫病防控工作的关系,既要集中精力认真搞好体制改革,又要统筹兼顾,做到改革和日常工作两不误,确保重大动物防控任务的落实。

# 贾幼陵:在食品安全问题上不必迷信国外产品

(2011 年 3 月 10 日)

全国政协委员、中国兽医协会会长
贾幼陵做客中国经济网 高斌/摄

中国经济网北京 3 月 10 日讯(记者佟明彪)"民以食为天",食品安全问题仍是今年两会代表委员们十分关注的问题。全国政协委员、中国兽医协会会长、原国家首席兽医师贾幼陵做客中国经济网"中

经在线访谈"栏目时指出,"大家在重视食品安全的同时,要树立一个观念,食品安全是全球的问题,我们的科技手段和监管力度超过以前,不要什么都怀疑,什么都害怕,不必迷信外国人。"

**我国某些食品安全标准严于其他国家**

在食品安全问题中,添加剂一直是人们关注最多,也是出现问题最多的环节。对此,贾幼陵解释说,有些食品添加剂是外来的,在国外允许用,而我国是不允许用的,中国某些食品安全标准是严于其他国家的。

在谈到食品添加剂的问题时,贾幼陵指出,一方面有些人钻了我国监管制度的

空子，添加了对人体有害的添加剂，另一方面有些添加剂是"进口"过来的，比如瘦肉精，在美国是允许使用的，而在我国则明令禁止，检测出一点就是违法。另外，在中国吃动物内脏是一种饮食习惯，而猪肝脏的细菌量是肉的30～40倍，这种饮食习惯也要求我国的食品安全标准要严于国外。

贾幼陵还提醒广大网友，对食品添加剂不必谈虎色变，一些允许添加的添加剂，比如抗氧化剂、防腐剂，在国家规定的指标内，是安全的，而且从食品保鲜的角度讲是有利于食品安全的。

贾幼陵还说，在国家加大食品添加剂监管力度的同时，广大消费者也要提高自我保护意识，一旦发现问题就要及时举报，政府和群众共同努力才能更好地维护食品安全。

### 散养比重过大造成畜牧产品安全监管难度高

"现在规模化养猪只占60%，还有40%的猪养在96%的农户手中。"贾幼陵表示，我国目前这种散养比重远远大于欧洲国家，同时也大大增加了我国畜牧食品安全的监管难度。

在谈到我国食品安全监管问题时，贾幼陵提出，其中一个根本性的原因就在于我国的牛、猪等家畜的养殖还是以散养为主，以养猪为例，规模化饲养户占整个饲养户不到5%，有96%左右仍然是小规模饲养，而这96%的散养户养着我国40%的猪。如此，国家监管起来难度就非常大。

贾幼陵说，解决这一问题，需要一段时间，首先要提高饲养者的素质，"提高饲养者的知识文化水平，提升饲养者的职业素质，食品安全问题就跟现在大不一样。"

其次是推行规模化养殖。贾幼陵说，

随着大量农民进城务工，规模化养殖在加快，同时国家还要制定饲养准入标准，要根据饲养人的素质和饲养条件进行养殖资格审批。

最后，政府还要完善监管制度。贾幼陵认为，我国目前执法部门和监管部门的监管权力相对分散，"现在国务院组成了国家的管理部门，统一起来，进行统一协调，分别管理。我想今后的情况会好得多。"

### 利益主体多元化是导致食品安全问题的重要原因

贾幼陵表示，行业的利益主体多元化是导致食品安全问题的一个重要原因。以乳业为例，国际上的牛奶加工企业的利益主体只有奶农，奶的加工，是由奶农组织成龙头企业，最终的加工利益都回到奶农，一旦出现问题就是奶农的责任，而在中国，企业和奶农的利益是分割的，中间又有许多奶站，这三个利益主体都追求利益，因此监管难度更大。

贾幼陵建议可以利用合作化或者股份化的方式，使每一个环节的利益都成为共同的，那样出现安全问题的概率就会小些，政府监管的难度也会相应降低。

### 应从三方面提升消费者对食品安全的信心

针对普遍关心的食品安全问题，贾幼陵提出要依靠三个方面的努力来搞好食品安全管理，提升消费者对食品安全的信心，这些努力包括：扶持规模化养殖，加强监管力度，增加科技含量。

第一，"十二五"期间，要加大对规模化养殖和有组织程度的养殖企业的扶持力度，尽量增加科学饲养程度和管理力度，这点在"十二五"规划中已经有所体现。

第二，加强监管力度。贾幼陵指出，

监管需要政府、企业、消费者共同努力。首先政府不能免责，不能失职，要通过立法，制定标准等加强监管。要对企业和市场同时监管，增加抽检次数，抑制假劣产品的生产。从企业的角度讲，就是要加强自我监管，主动对自己的投入品、生产过程和产品进行检验。最后就是消费者在发现假劣产品时应及时举报。

第三，要加强科技含量。贾幼陵谈到，他所说的增加科技含量是覆盖食品安全的各个环节的。比如在规模化养殖过程中要增加科技含量，提高产品的质量；在监管的环节同样需要提高科技含量，制定更高更严格的食品安全标准。

**图书在版编目（CIP）数据**

草原兽医贾幼陵 / 贾幼陵著 . —北京：中国农业
出版社，2019.10
ISBN 978 - 7 - 109 - 24868 - 7

Ⅰ.①草…　Ⅱ.①贾…　Ⅲ.①兽医学-文集　Ⅳ.
①S85 - 53

中国版本图书馆 CIP 数据核字（2018）第 256552 号

中国农业出版社出版

地址：北京市朝阳区麦子店街 18 号楼
邮编：100125
责任编辑：黄向阳　孙忠超　　文字编辑：张国庆
版式设计：韩小丽　责任校对：吴丽婷
印刷：中农印务有限公司
版次：2019 年 10 月第 1 版
印次：2019 年 10 月北京第 1 次印刷
发行：新华书店北京发行所
开本：787mm×1092mm　1/16
印张：18
插页：4
字数：330 千字
定价：78.00 元